高等院校电子信息技术应用型特色教材

单片机原理及应用系统设计

杨文龙 主编

清华大学出版社
北京

内 容 简 介

本书是将 MCS-51 系列单片机原理、汇编语言程序设计、C51 程序设计及应用系统控制接口技术整合在一起的面向测控领域的教科书。本书全面系统地介绍了 MCS-51 系列单片机的结构原理、指令系统、接口技术、应用系统的设计、汇编语言程序设计、C51 高级语言程序设计以及基于 RTX51 实时多任务操作系统的多任务程序设计方法。此外,还对当前流行的以 MCS-51 为内核的 3 种系列的派生型单片机——Atmel 公司的 AT89C51 系列、Philips 公司的 P89C51 系列和宏晶科技公司的 STC89/STC90C51 系列作了详尽介绍。

本书取材广泛、先进实用,概念清晰且实例丰富,图文并茂,数据准确。

本书可作为高等院校电子与信息技术相关专业的教材或教学参考书,也可供从事单片机应用系统开发的工程技术人员阅读参考。

图书在版编目(CIP)数据

单片机原理及应用系统设计/杨文龙主编. —北京:清华大学出版社,2011.11
ISBN 978-7-302-25447-8

Ⅰ. ①单… Ⅱ. ①杨… Ⅲ. ①单片微型计算机-理论 ②单片微型计算机-系统设计
Ⅳ. ①TP368.1

中国版本图书馆 CIP 数据核字(2011)第 078767 号

责任编辑:朱怀永
责任校对:袁 芳
责任印制:杨 艳

出版发行:清华大学出版社	地 址:北京清华大学学研大厦 A 座	
http://www.tup.com.cn	邮 编:100084	
社 总 机:010-62770175	邮 购:010-62786544	
投稿与读者服务:010-62776969,c-service@tup.tsinghua.edu.cn		
质 量 反 馈:010-62772015,zhiliang@tup.tsinghua.edu.cn		

印 装 者:北京嘉实印刷有限公司
经 销:全国新华书店
开 本:185×260 印 张:27 字 数:620 千字
版 次:2011 年 11 月第 1 版 印 次:2011 年 11 月第 1 次印刷
印 数:1~3000
定 价:46.00 元

产品编号:040197-01

Intel 公司的 MCS-51 系列单片机（Single Chip Microcomputer）是当前国内外在测控领域中广泛使用的高档 8 位微控制器（Microcontroller），它是集 CPU、ROM/RAM、I/O 接口于统一芯片的大规模集成电路，具有体积小、功能强、可靠性高、功耗低、使用方便以及外围硬件支持十分丰富等优点，可满足各类工业测量控制的需要。近年来，随着电子与信息技术的迅猛发展，单片机技术已成为计算机控制技术的一个独特分支，形成了理论性和实践性都很强的一门课程。

本书以 MCS-51 系列单片机为阐述对象，系统地介绍单片机的结构原理和应用技术。全书共分 9 章，第 1 章扼要介绍单片机的发展概况、单片机的特点和应用以及当前单片机主要系列产品的性能；第 2 章以国际上知名度高、应用广泛的 MCS-51 系列单片机为主体，介绍其基本结构和性能；第 3 章重点介绍 MCS-51 单片机的指令系统和程序设计基础，使读者能更透彻地了解 MCS-51 单片机的功能，同时为编程应用打下基础；第 4 章介绍 MCS-51 单片机的中断系统、定时器和串行口的功能和应用；第 5 章介绍 MCS-51 单片机的系统扩展技术，包括程序存储器的扩展、外部数据存储器的扩展和 I/O 口的扩展；第 6 章介绍 MCS-51 单片机的实用接口技术，主要包括显示器/键盘接口、打印机接口、A/D 和 D/A 转换器接口；第 7 章介绍当前广为流行的与 MCS-51 兼容的派生型单片机，包括 Atmel 公司的 AT89C51X 系列 Flash 单片机、Philips 公司的 P89C51RX2 单片机以及宏晶科技公司的 STC89/STC90 系列单片机；第 8 章介绍单片机 C51 语言程序设计方法，重点介绍 C51 语言及用 C51 语言来编写 MCS-51 单片机应用程序的方法；第 9 章介绍 RTX51 实时多任务操作系统以及在 RTX51 环境下编写 MCS-51 单片机多任务应用程序。本书列举的应用实例大多是作者在从事教学和科研中总结和提炼而来的，每一个例子都能体现所在章节中的重点。每章均附有习题，供读者练习。编者注意了理论和实践相结合，力求做到既有一定的理论基础，又能运用理论解决实际问题；既介绍一定的先进技术，又着眼于为当前的应用服务。

本书可作为工业自动化、自动控制、计算机应用及其他有关专业的教材及教学参考书，也可作为测控领域的工程技术人员的培训教材或自学参考书。

作者在香港科技大学工作期间,在业务上得到了 X.S.Li 教授的支持和具体指导,在此均表示诚挚的感谢。由于作者水平所限,书中难免存在不足之处,希望广大读者批评指正。

杨文龙

2011 年 2 月于广州

CONTENTS

概　　述

自从 1975 年美国德克萨斯仪器公司(Texas Instruments)的第一个单片微型计算机(简称单片机)TMS-1000 问世以来,单片机技术已成为计算机技术的一个独特分支,其应用领域越来越广泛,特别是在工业控制和仪器仪表智能化中扮演着极其重要的角色。本章主要介绍单片机的发展概况、特点和应用。通过对本章的学习,读者能够对单片机有一个初步的认识,对单片机的主要系列产品的功能有所了解。

1.1　单片机的内部结构和特点

1.1.1　单片机的内部结构

一个最基本的微型计算机通常由以下部分组成:

(1) 中央处理器(CPU),包括 ALU、控制器和寄存器组;

(2) 存储器,包括 ROM 和 RAM;

(3) 输入/输出(I/O)接口,与外部输入/输出设备连接。

随着超大规模集成电路技术的发展和计算机微型化的需要,把上述微型计算机的基本功能部件全部集成在一块半导体芯片上,使得一块集成电路芯片就是一部微型计算机,这种集成电路芯片被称为单片微型计算机(Single Chip Microcomputer),简称单片机。单片机除了具备一般微型计算机的功能外,为了增强实时控制能力,绝大部分单片机的芯片上还集成有定时器/计数器,某些单片机还带有 A/D 转换器等功能部件。一个典型单片机的内部结构如图 1.1 所示。

单片机结构上的设计主要是面向控制的需要,因此,它在硬件结构、指令系统和 I/O 能力等方面均有独特之处,其显著的特点之一就是具有非常有效的控制功能,为此又被称为微控制器(Microcontroller)。所以单片机不但与一般微处理机一样是一个有效的数据处理机,而且还是一个功能很强的过程控制机。从某种意义上讲,一块单片机具有相当于一台

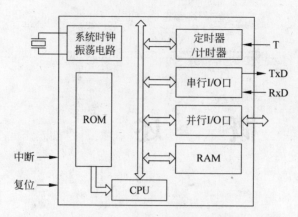

图 1.1   典型单片机的内部结构

单板(多片)微型计算机的功能,只要加上所需的输入/输出设备,就可以构成一个完整的系统,满足各种应用领域的需要。

1.1.2   单片机的特点

所谓单片机就是一块芯片上集成了 CPU、ROM、RAM、定时/计数器和多种 I/O 接口电路等达到一定规模的微型计算机。单片机与通用微型计算机比较,在硬件结构、指令设置上均有独到之处,其主要特点如下。

(1) 在存储器组织上采用哈佛(Harvard)结构。即数据存储空间与程序存储空间相互分离开来(Harvard Aiken 在 1944 年为 IBM 公司推出的 Mark 1 中,提出 Harvard 结构,并在 1946 年由 John Mauchly 采用了 Harvard 结构设计出第一台电子计算机 ENIAC)。而不太采用目前计算机常用的冯·诺依曼(Von Neumann)结构,即数据与程序合用一个存储空间(这是由 John Von Neumann 提出,并在 1951 年诞生 EDVAC 计算机)。

采用 Harvard 结构主要是考虑到单片机主要面向控制,程序存储器 ROM 和数据存储器 RAM 严格分工。通常需要较大容量的 ROM,ROM 只存放已调试好的控制程序、常数及数据表格。还需要一定容量的 RAM,用于存放少量的随机数据、变量及用做工作区。这样小容量的数据存储器能以高速 RAM 的形式集成在单片机内,加快程序运行速度。RAM 并不是当做高速数据缓冲存储器(Cache)用。

(2) 采用面向控制的指令系统。为满足控制的需要,单片机的逻辑控制能力要优于同等级的 CPU,特别是单片机具有很强的位处理能力。单片机的运行速度也较高。

(3) 单片机的 I/O 引脚通常是多功能的。由于单片机芯片上引脚数有限,为了解决实际引脚数和需要的信号线数的矛盾,采用了引脚功能复用的方法,引脚处于何种功能,可由指令来设置或由机器状态来区分。

(4) 系列齐全,功能扩展性强。单片机有内部掩膜 ROM、内部 EPROM 和外接 ROM 等形式,并可方便地扩展外部的 ROM、RAM 及 I/O 接口,与许多通用的微机接口芯片兼容,给应用系统的设计和生产带来极大的方便。

(5) 单片机的功能是通用的。单片机虽然主要作控制器用,但是功能上还是通用的,可以像一般微处理器那样广泛地应用在各个方面。

1.2 单片机的发展概况

1.2.1 单片机的发展史

大规模集成电路工艺技术的进一步发展,导致微型计算机正沿着两个引人注目的方向前进:一是高性能的32/64位微型机及其系列化向大、中型计算机挑战,二是微型计算机的单片化,使一块芯片不仅包含CPU,而且还集成了必要的存储器及I/O接口电路等功能部件,构成一台体积小、价格低、功能强、能适应各种控制领域需要的单片微型计算机。1975年德克萨斯仪器公司首先推出世界上第一个4位单片机TMS-1000型,随后各厂商竞相研制和开发各种单片机。目前,单片机的产品已达50多种系列,300多种型号,就字长而言,主要是4位、8位、16位和32位4种。

1. 4位单片机

单片机的开发和应用是从4位机开始的,由于4位单片机的字长为4位,一次并行处理(运算或传送)4位二进制数据,因此其内部结构简单,从而最早问世。自1975年以来,几乎所有的4位微型计算机全是单片结构。4位单片机有美国国家半导体NS(National Semiconductor)公司的COP4XX系列,日本电气(NEC)公司的μPD75XX系列,这两种系列的单片机产量约占4位机机产量的50%,主宰了4位机的市场。

另外,美国洛克威尔(Rockwell)公司的PPS/1系列、德克萨斯仪器公司的TMS-1000系列、日本松下(National)公司的MN1400系列、富士通(Fujitsu)公司的MB88系列和夏普(Sharp)公司的SM系列等都占有4位单片机一定的市场。

4位单片机不仅结构简单、价格低廉,而且功能灵活,既有相当的数据处理能力,又具备较强的控制能力。例如COP400系列的典型4位单片机COP444L,为NMOS低功耗28脚双列直插封装的单片机,片内包含4位CPU、时基计数器、串/并行I/O接口和存储器等,存储器的ROM为2K×8位,RAM为128×4位,并具有矢量中断功能。又如,NEC公司的μPD75308,片内的ROM可达8K×8位,RAM为512×4位,I/O引脚数为58根,还可直接驱动LCD(Liquid Crystal Display)。

由于4位单片机具有较高的性能价格比,主要用于汽车电子、网络设备、手持设备、数码相机、家用电器、民用电子装置和电子玩具等领域。近年来,4位单片机的产量虽仍很大,但在单片机生产中的比重正逐年下降,其主角地位已让位于8位单片机。

2. 8位单片机

1976年9月美国英特尔(Intel)公司首次推出了MCS-48系列8位单片机,这是第一个完全的8位单片机。它在一块芯片上包含了8位CPU、1K字节的ROM、64字节的RAM、27根I/O接口引脚端、1个8位定时器/计数器和2个中断源。随后,1977年莫斯特克(Mostek)和仙童(Fairchild)公司共同合作生产了3870(F8)系列的8位单片机;1978年摩托罗拉(Motorola)公司推出了6801系列的8位机。此后,各种8位单片机也纷纷应运而生。

在 1978 年以前各厂家生产的 8 位单片机,由于受集成度(几千只管/片)的限制,一般都没有串行 I/O 接口,并且寻址空间的范围小(小于 8KB),从性能来看,属于低档 8 位单片机,如 Intel 的 MCS-48 系列和 Fairchild 的 F8 系列。

随着集成电路工艺水平的提高,在 1978 年到 1983 年期间电路集成度提高到几万只管/片,因而一些高性能的 8 位单片机相继问世。例如,1978 年 Motorola 公司推出的 MC6801 系列、齐洛格(Zilog)公司的 Z8 系列,1979 年 NEC 公司的 μPD78XX 系列,1980 年 Intel 公司的 MCS-51 系列,美国微芯科技公司(Microchip Technology)PIC12F/16F/17F 系列,爱特梅尔(Atmel)的 AVR 系列等 8 位单片机。芯片的集成度在 52000 只管/片(MC6800)~60000 只管/片(MCS-51)之间。这类单片机的寻址能力达 64~128KB,片内 ROM 容量达 4~64KB,RAM 达 128~256B,片内除了带有并行 I/O 口外,还有串行 I/O 口,甚至某些单片机还有 A/D 和 D/A 转换功能。因此,把这类单片机称为高档 8 位单片机。

在高档 8 位单片机的基础上,功能进一步加强,近年来推出了超 8 位单片机,如 Intel 公司的 8X252、UPI-452、83C152,Zilog 公司的 Super8,Motorola 公司的 MC68HCⅡ等,其中不乏优异性能芯片,它们不但进一步扩大了片内 ROM 或 RAM 的容量,同时还增加了通信功能、DMA 传送功能以及高速 I/O 功能等。自 1985 年以来,各种高性能、大存储容量、多功能的超 8 位单片机不断涌现,它们将代表单片机发展的方向,在单片机应用领域中起越来越大的作用。

8 位单片机由于其功能强、品种多,正广泛应用于各个领域,是单片机的主流机种。由于 8 位机的价格不断下降,甚至比 4 位机的价格还要低,近几年来出现了用 8 位机取代 4 位机的趋势,4 位机相对萎缩,其市场逐渐被 8 位机侵吞,估计今后几年内 8 位单片机仍作为主角活跃在单片机的舞台上。本书将以目前应用最广的 Intel 公司 MCS-51 系列单片机为主进行介绍,它是我国优选应用的机种之一。

3. 16 位单片机

1983 年以后,集成电路的集成度可达十几万个管/片,16 位单片机逐渐问世。Mostek 公司的 68200 是第一个公布于世的 16 位单片机。但由于该公司经营不景气,68200 一直没有得到很好的开发和应用。1985 年 Mostek 公司宣布倒闭,68200 几乎要绝迹。而后,法国汤姆逊(Thomson)公司接管该公司,并在 1986 年末推出了 CMOS 型的 68HC200 16 位单片机。

1983 年 Intel 公司研制出 16 位 MCS-96 系列单片机,该公司自 1985 年修正了早期 8096AH 的错误,并推出相应的仿真器后,才开始推广 8096 的应用。8096 是整个 MCS-96 系列的代表性产品,集成度为 12 万只管/片。根据其结构不同可分为 48 引脚的双列直插式和 68 引脚的扁平式两种封装形式,内含 16 位 CPU、8KB 的 ROM、232B 的 RAM、5 个 8 位并行 I/O 口、4 个全双工串行口、4 个 16 位定时器/计数器、8 个通道的 10 位 A/D 转换器(48 脚封装的只有 4 个通道)、8 级中断处理系统。8096 的硬件设置使它具有拓扑 I/O 功能,例如,具有高速输入/输出子系统(HSIO)、具有脉冲宽度调制 PWM(Pulse-Width Modulators)输出、具有特殊用途的监视定时器(Watchdog Timer)等。1987 年年末,Intel 公司还推出了 CMOS 型的 80C96。最近 Intel 公司又推出了 MCS-96 系列的新成员 8098,它的结构与功能与 8096 类同,内部 CPU 寄存器为 16 位,但外部数据总线为

8位,这样在保持内部16位高速运算的条件下,可使用户系统更简单。8098类似于8088CPU,属于准16位单片机。由于8098单片机的价格较低廉,也便于I/O接口,因此受到广大用户的青睐,成为产量较高的16位单片机之一。

NS、Motorola和NEC公司在他们原有的8位单片机基础上,也推出了16位单片机HPC 16040、783XX和68HC12系列。他们的宗旨是使其仅为8位机的价格而具有16位机的功能。例如,68HC12与68HC11指令在源码级兼容。68HC12单片机比起68HC11来,在总线速度上由2～3MHz提高到8MHz,增加了一些新的指令,特别是提供了模糊逻辑运算与模糊控制的指令。68HC12的基本寻址空间仍为64KB,但可以采用自动分页的方式扩展应用程序到256K甚至更多。这样做的好处是指令代码短,程序代码效率高。由于它们的出现,16位单片机世界也正在开始热闹起来,这将大大促进16位单片机的发展。

4. 32位单片机

尽管8位单片机的市场份额依旧最大、生命周期依然较长,16位的单片机的需求亦在大幅上升,但随着调制解调器、GPS、路由器、机顶盒、工作站、激光打印机等中高端应用需求的增长,32位单片机应运而生。例如,Motorola公司推出的MC68HC376是一种高性能的32位单片机,它具有极强的数据处理、逻辑运算和信息存储能力,且支持BDM(Background Debug Mode)模式。其主要功能模块包括32位CPU、系统集成模块(SIM)、4KB备用RAM、8KB片内ROM、10位队列式的模数转换器(QADC)、队列式串行通信模块(QSM)、可构造时钟模块(CTM4)、时间处理单元(TPU)、3.5KB静态TPURAM和CAN控制模块(TOUCAN)。MC68HC376的基本性能如下:

(1) 24位地址总线、16位数据总线结构,支持32位数据操作。

(2) 2个8位双功能I/O,1个7位双功能I/O,16～44个模拟量输入通道。

(3) 具有系统保护逻辑,同时可进行时钟监视和总线监视。

(4) 速度快,在4.194MHz的晶振下系统时钟可达20.97MHz。

(5) 功耗低,具备低功率休眠功能。

(6) 支持高级语言和背景调试。

此外,瑞萨科技(Renesas Technology)、飞利浦(Philips)、英飞凌(Infineon)、意法半导体(ST Microelectronics)、飞思卡尔(Freescale)、Atmel、富士通、三星(Sansung)等公司的单片机产品线均覆盖到了32位单片机产品。

1.2.2 单片机的技术发展趋势

单片机自在20世纪70年代问世以来得到蓬勃发展,单片机功能正日渐完善。目前,单片机在技术上有很大的进展,主要体现在以下几个方面。

1. 提高CPU的性能

提高CPU性能主要是提高CPU的运行速度和计算精度。目前采用的技术有扩大字长、采用流水线结构和加强指令系统功能等。

2. 提高CPU运行速度

提高CPU运行速度主要措施是一方面提高CPU时钟频率,如新一代与MCS-51系列兼容的单片机,时钟频率由原来的 12MHz 提高到 16MHz、24MHz、33MHz、40MHz,甚至高达 60MHz。另一方面减少每个机器周期的时钟数,如新一代与 MCS-51 系列兼容的单片机,由原来每个机器周期包含 12 个时钟减少到 6 个时钟、4 个时钟,甚至 2 个时钟,指令的执行速度为典型 MCS-51 的 2 倍、3 倍和 6 倍。另外,有些单片机采用 RISC(Reduced Instruction Set Computer,精简指令集计算机)技术,它与 CISC(Complex Instruction Set Computer,复杂指令集计算机)结构相比,缩减了指令条数,简化了寻址方式,使指令格式规整化,指令译码和指令执行硬件相对简单,从而提高执行指令的速度和效率。例如,Microchip 公司的 PIC16CXX 系列单片机和 Motorola 公司的 68HCXX 单片机。

3. 丰富的 I/O 接口

单片机集成了越来越丰富的 I/O 内部资源,例如增加 I/O 的数量(8XC451)、设置高速 I/O 口、多种定时器/计数器、增加外部中断源、内含 A/D 和 D/A 转换器等,使用户几乎不需要扩充就能满足应用需要,不仅是开发简单,真正实现产品单片化,同时进一步提高系统稳定性和抗干扰能力,目前该方向发展为 SOC(片上系统)。

4. 多样化的串行总线

Intel 较早地在 MCS-51 系列单片机上设置了全双工串行口 UART,后来又增加了具有帧错误检测和自动地址识别的全双工串行口,称为增强 UART。而后又推出了多规程高性能串行通信接口,称为全局串行通道 GSC。另外,某些机型还增加了 SEP(SEPIO/SEPLCK)串行口。

Philips 则在单片机中全力发展芯片间总线(Inter IC),并引入(Controller Area Network)BUS 技术,推出 I²C BUS 和 CAN BUS 的单片机,对发展单片机的多机通信和网络系统具有重要意义。

Cypress 公司推出带 USB(Universal Serial Bus)接口的单片机。目前 USB 接口在 PC 上广为流行,这就使得单片机能更方便与 PC 实现即插即用高速串行通信,具有更广阔的应用前景。

5. 增大容量存储器,增强寻址能力

许多单片机不但增大了片内存储器的容量,而且扩大了 CPU 的寻址范围,存储空间高达 64KB~2MB,从而也提高了系统扩展能力。片内程序存储器也从过去的掩膜(Mask)ROM、EPROM、E²PROM 发展到现在流行的 Flash Memory。

6. 提供多种封装形式

广泛使用的双列直插塑封 PDIP(Plastic Dual In-line Package)单片机很适合原型机的开发。为了电路板工艺需要以及单片机自身发展需要,不断推出多种封装形式,例如双列直插陶瓷封装 CDIP(Ceramic Dual In-line Package)、方形壁插塑封 PLCC(Plastic Leaded Chip Carrier)、方形壁插塑陶瓷封装 CLCC(Ceramic Leaded Chip Carrier)、方形表面焊装陶封 PQFP(Plastic Quad Flat Package)、超薄超小型封装 TSSOP(Thin Shrink Small Outline Package)、小型双列表面焊装塑封 VSO(Very Short pitch small Out-line package)等。

7. 提供在线编程和在线仿真功能

在线编程目前有两种不同方式。

(1) ISP(In System Programming)：具备 ISP 的单片机内部集成 Flash 存储器,用户可以通过下载线以特定的硬件时序在线编程,但应用程序自身不可以对程序存储器的内容进行修改。这类产品如 ATMEL89S51 系列。

(2) IAP(In Application Programming)：具备这种特性的单片机厂家在出厂时内部写入了单片机引导程序,用户可以通过下载线对它在线编程,用户程序也可以自己对内存重新修改。这对于工业实时控制和数据的保存提供了方便。这类产品如 SST 的 89 系列。

用户一旦开发一个比较大的系统,开发调试变得非常复杂,同时由于单片机资源有限,不能像 PC 一样直接调试自己的软件,于是出现了品种繁多的专业仿真器,为用户的开发提供了强大功能,加速了开发进程,降低了开发难度,同时这类仿真器也给中小型用户带来沉重的经济负担,目前已经有公司推出了可以在线仿真的单片机,这类单片机采用标准 JTAG 接口,JTAG 是一种标准(IEEE 1149.1),是为测试芯片而制定的,目的是用 TCK、TDI、TDO 和 TMS 四个信号来测试芯片的内部状态,为什么测试芯片还需要专门制定标准呢? 这是因为复杂芯片引脚太多,特别是还有些芯片一旦安装到多层电路板上就无法看到引脚,更不用说测量了,这时就可以在计算机软件的支持下通过 JTAG 接口,对芯片进行测量,如果各个公司的芯片都符合该标准,就可以将各个芯片的 JTAG 口串联起来(称菊花链),无论在电路板上有多少芯片,只需 4 个引脚,就可以测量电路板上的所有芯片。既然可以测量芯片,当然可以将数据写入芯片,在可编程逻辑器件的数据下载中也使用 JTAG 接口,出现了在系统编程(ISP)的概念,也就是,即使可编程逻辑器件安装到了系统中,也可以对其内部电路进行修改,JTAG 技术和 EDA 软件的进步,使可编程逻辑器件的开发与使用得到快速发展。具备这类功能的单片机如 TI MSP430 系列。

8. 低功耗和宽范围的电源电压

发展低功耗、低电压的单片机以满足低功耗应用系统需要。CHMOS 工艺的单片机功耗极低,有些单片机还具有程控待机(Standby)方式,以进一步降低功耗。许多单片机工作电压范围大,而且能在低电源电压下工作。例如 NEC75XL 系列单片机允许工作电压范围为 1.8～5.5V。

目前,单片机正朝着强大的指令功能、大容量片上存储器、多功能 I/O 接口、宽范围电源电压和低功耗方向发展。

1.3 单片机的应用领域

由于单片机自身的特点,事实上在各领域得到了广泛的应用。它具有如下几方面的优点：

(1) 体积小、成本低、运用灵活、易于产品化,它能方便地组成各种智能化的控制设备和仪器,实现机电仪一体化。

（2）面向控制，能针对性地解决从简单到复杂的各类控制任务，因而能获得最佳的性能价格比。

（3）抗干扰能力强，适应温度范围宽，在各种恶劣的环境下都能可靠地工作，这是其他机种无法比拟的。

（4）可以方便地实现多机和分布式控制，使整个控制系统的效率和可靠性大为提高。

单片机主要是面向控制领域，特别适合于智能仪表、实时控制、家用电器控制等。下面仅列举一些典型的应用。

1．工业控制

数控机床、温度控制、可编程顺序控制、电机控制、工业机器人、智能传感器、离散与连续过程控制。

2．仪器仪表

智能仪器、医疗器械、液体和气体色谱仪、数字示波器。

3．电信技术

调制解调器、声像处理、数字滤波、智能线路运行控制。

4．办公自动化和计算机外部设备

图形终端机、传真机、复印机、打印机、绘图仪、磁盘/磁带机、智能终端机。

5．汽车与节能

点火控制、变速控制、防滑车控制、排气控制、最佳燃烧控制、计费器、交通控制。

6．导航与控制

导弹控制、鱼雷制导、智能武器装置、航天导航系统。

7．商用产品

自动售货机、电子收款机、电子秤、银行计统机。

8．家用电器

微波炉、电视机、录像机、音响设备、游戏机。

要开发单片机的应用，不但要掌握单片机硬件和软件方面的知识，而且还要深入了解各应用系统的专业知识，只有将这两方面的知识融会贯通和有机结合，才能设计出优良的应用系统。

习题 1

1.1　何谓单片机？单片机与一般微型计算机相比，具有哪些特点？

1.2　请用图示说明单片机的内部结构，并指出各单元部件的功用。

1.3　选用具有 Flash Memory 的单片机给用户带来哪些方便？有哪些在线编程方式？

1.4　单片机主要应用在哪些领域？

## CHAPTER 2

MCS-51系列单片机的结构

第 1 章介绍了有关单片机的基本概念。MCS-51 系列单片机是 Intel 公司的高档 8 位单片机,也是我国目前应用最广泛的一种单片机系列。从这一章开始将具体介绍 MCS-51 单片机硬件、软件和接口技术。本章是从用户应用的角度出发,分析 MCS-51 单片机的结构和原理,目的是为了理解和掌握 MCS-51 的外特性。

2.1 MCS-51 单片机的结构和引脚

2.1.1 MCS-51 单片机的结构框图

MCS-51 系列单片机的典型芯片是 8051,其结构框图如图 2.1 所示。

与 8051 结构兼容的系列产品还有 8751 和 8031。8751 是一个用 EPROM 代替 ROM 的 8051,8031 是一个无 ROM 的 8051,它从外部 ROM 取所有指令。除此以外,还有增强型产品 8052、8032 等。8052 片内具有 8KB 程序存储器、256B 的 SRAM、3 个定时器/计数器以及 6 个中断源,8032 是片内无 ROM 的 8052。今后,除特别说明外,用 8051 这个名称来代表 8051、8751 和 8031。用 8052 来代表增强型产品。MCS-51 的基本特性如下:

(1) 8 位 CPU。

(2) 片内时钟振荡器,最高时钟频率为 12MHz。

(3) 4KB 程序存储器 ROM/EPROM(8052 有 8KB 片内 ROM),8031 片内无 ROM。

(4) 片内有 128B 数据存储器 RAM(8052 有 256B 片内 RAM)。

(5) 可寻址外部程序存储器和数据存储器空间各 64KB。

(6) 21 个特殊功能寄存器 SFR(8052 有 27 个 SFR)。

(7) 4 个 8 位并行 I/O 口,共 32 根 I/O 线。

(8) 1 个全双工串行口。

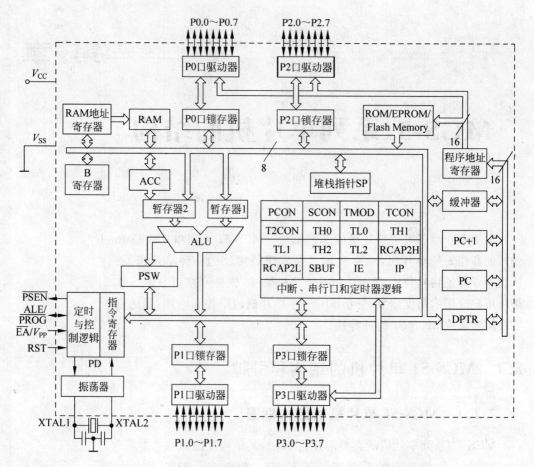

图 2.1   MCS-51 单片机结构框图

(9) 2 个 16 位定时器/计数器(8052 有 3 个定时器)。

(10) 5 个中断源(8052 有 6 个中断源),有 2 个优先级。

(11) 具有位寻址功能,适用于位(布尔)处理。

2.1.2   MCS-51 单片机的引脚定义及功能

采用双列直插封装(DIP)的 8051 单片机芯片引脚图如图 2.2(a)所示,共有 40 根引脚。其逻辑符号如图 2.2(b)所示。

MCS-51 是高性能单片机,因为受到集成电路芯片引脚数目的限制,所以有许多引脚具有双功能。各引脚功能简要说明如下。

1. 主电源引脚 V_{CC} 和 V_{SS}

V_{CC} 电源端。工作电源和对片内 ROM 编程检验工作电压,通常为+5V。

V_{SS} 接地端。

2. 时钟振荡电路引脚 XTAL1 和 XTAL2

XTAL1 和 XTAL2 分别用做晶体振荡电路的反相器输入和输出端。在使用内部振

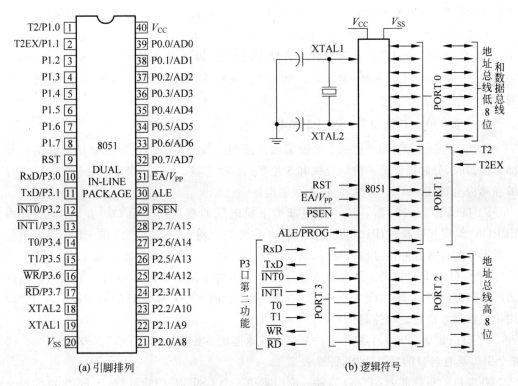

(a) 引脚排列　　　　　　　　　　　　(b) 逻辑符号

图 2.2　MCS-51 引脚图

荡电路时,这两个端子用来外接石英晶体,振荡频率为晶振频率,振荡信号送至内部时钟电路产生时钟脉冲信号;若采用外部振荡电路,则 XTAL2 用于输入外部振荡脉冲,该信号直接送至内部时钟电路,而 XTAL1 必须接地。

3. 控制信号引脚 RST/V_{PD}、ALE/$\overline{PROG}$、$\overline{PSEN}$和$\overline{EA}$/V_{PP}

RST/V_{PD}:RST 为复位信号输入端。当 RST 端保持两个机器周期(24 个时钟周期)以上的高电平时,使单片机完成复位操作。第二功能 V_{PD} 为片内 RAM 的备用电源输入端。当主电源 V_{CC} 一旦发生断电(称掉电或失电),降到一定低电压值时,可通过 V_{PD} 为单片机片内 RAM 提供电源,以保护片内 RAM 中的信息不丢失,使上电后能继续正常运行。

ALE/$\overline{PROG}$:ALE 为地址锁存允许信号。在访问外部存储器时,ALE 用来锁存 P0口输出的外部扩展存储器或 I/O 低 8 位的地址信号。在不访问外部存储器时,ALE 也以时钟振荡频率 1/6 的固定速率输出,因而它又可用作外部定时或其他需要。但是,在遇到访问外部数据存储器时,会丢失一个 ALE 脉冲。ALE 能驱动 8 个 LSTTL 门输入。第二功能$\overline{PROG}$是对 8751/8752 内部 EPROM 编程时的编程脉冲输入端。

$\overline{PSEN}$:外部程序存储器 ROM 的读选通信号。当访问外部 ROM 时,$\overline{PSEN}$产生负脉冲作为外部 ROM 的选通信号;而在访问外部数据 RAM 或片内 ROM 时,不会产生有效的$\overline{PSEN}$信号。$\overline{PSEN}$可驱动 8 个 LSTTL 门输入端。

$\overline{EA}$/V_{PP}:$\overline{EA}$为访问外部程序存储器控制信号。对 8051 和 8751,它们的片内有 4KB

的程序存储器,当 EA 为高电平时,CPU 访问程序存储器有两种情况:第一种情况是,访问的地址空间在 0～4KB 范围内,CPU 访问片内程序存储器;第二种情况是,访问的地址超出 4K 时,CPU 将自动执行外部程序存储器的程序,即访问外部 ROM。对于 8031,$\overline{EA}$ 必须接地,只能访问外部 ROM。第二功能 V_{PP} 是对 8751 的 EPROM 的 21V 编程电源输入。

4. 4 个 8 位 I/O 端口 P0、P1、P2 和 P3

P0 口(P0.0～P0.7):是一个 8 位漏极开路型的双向 I/O 口。第二功能是在访问外部存储器时,分时提供低 8 位地址线和 8 位双向数据总线。在对 8751 片内 EPROM 进行编程和检验时,P0 口用于数据的输入和输出。

P1 口(P1.0～P1.7):是一个内部带上拉电阻的准双向 I/O 口。在对 8751 片内 EPROM 编程和检验时,P1 口用于接收低 8 位地址。对于 8052/8032 的 P1.0 还可用做定时器 2 的计数脉冲信号输入端 T2,P1.1 用于定时器 2 外部控制输入端 T2EX。

P2 口(P2.0～P2.7):是一个内部带上拉电阻的 8 位准双向 I/O 口。第二功能是在访问外部存储器时,输出高 8 位地址。在对 8751 片内 EPROM 进行编程和检验时,P2 口用做接收高 8 位地址和控制信号。

P3 口(P3.0～P3.7):是一个内部带上拉电阻的 8 位准双向 I/O 口。P3.0～P3.7 这 8 个引脚都有各自的第二功能,详见表 2.1。

各端口的负载能力:P0 口的每一位能驱动 8 个 LSTTL 门输入端,P1～P3 口的每一位能驱动 3 个 LSTTL 门输入端。

表 2.1　P3 口第二功能

P3 口引脚	第 二 功 能	P3 口引脚	第 二 功 能
P3.0	RxD(串行输入口)	P3.4	T0(定时器 0 外部输入)
P3.1	TxD(串行输出口)	P3.5	T1(定时器 1 外部输入)
P3.2	$\overline{INT0}$(外部中断 0 输入)	P3.6	$\overline{WR}$(外部数据存储器写脉冲输出)
P3.3	$\overline{INT1}$(外部中断 1 输入)	P3.7	$\overline{RD}$(外部数据存储器读脉冲输出)

2.2　存储器组织和位处理器

MCS-51 单片机的存储器组织结构与一般微型计算机不同。一般微机通常是程序和数据共用一个存储空间,属于 Von Neumann 结构。而 MCS-51 单片机是把程序存储空间与数据存储空间相互分离开来,属于 Harvard 结构。Harvard 结构是将程序指令存储空间和数据存储空间分开的存储结构。Harvard 结构的微处理器执行指令时可以预先读取下一条指令,通常具有较高的执行效率。

2.2.1　MCS-51 单片机存储器组织

MCS-51 单片机的存储器组织结构分三个不同的存储地址空间。

（1）64KB 的程序存储器地址空间（包括片内 ROM 和外部 ROM）；

（2）64KB 的外部数据存储器地址空间；

（3）256B 的片内数据存储器地址空间（包括 128B 的片内 RAM 和特殊功能寄存器的地址空间）。

在对这三个不同的存储空间进行数据传送时，必须分别采用三种不同形式的指令。图 2.3 表示了 MCS-51 的存储空间结构。

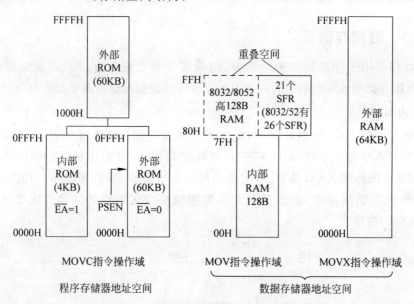

图 2.3　MCS-51 存储器组织结构

2.2.2　程序存储器

程序存储器用于存放程序及表格常数。8051/8751 片内驻留有 4KB 的 ROM/EPROM（8052 片内有 4KB 的 ROM），外部可用 16 位地址线扩展到最大 64KB 的 ROM 空间。片内 ROM 和外部扩展 ROM 是统一编址的。当芯片引脚 $\overline{EA}$ 为高电平时，8051 的程序计数器 PC 在 0000H～0FFFH 范围内（即前 4KB 地址），CPU 执行片内 ROM 中的程序。当 PC 的内容在 1000H～FFFFH 范围（超过 4KB 地址）时，CPU 自动转向外部 ROM 执行程序。如果 $\overline{EA}$ 为低电平（接地），则所有取指令操作均在外部程序存储器中进行，这时外部扩展的 ROM 可从 0000H 开始编址。对于 8031 单片机，因片内无 ROM，只能外部扩展程序存储器，并且从 0000H 开始编址，$\overline{EA}$ 必须为低电平。读取程序存储器中的常数表格用"MOVC"指令。

在程序存储器中，某些特定的单元是给系统使用的。0000H 单元是复位入口，单片机复位后，CPU 总是从 0000H 单元开始执行程序。通常在 0000H～0002H 单元安排一条无条件转移指令，使之转向主程序的入口地址。0003H～002AH 单元均匀地分为 5 段，被保留用于 5 个中断服务程序或中断入口。对于 8032/8052 有 6 个中断源。表 2.2 是 MCS-51 系统复位和中断向量地址分配，带"+"号为 8032/8052 特有的。

表 2.2　系统复位和中断入口地址

事　件	入口地址	事　件	入口地址
系统复位	0000H	定时器 1 溢出中断	001BH
外部中断 0(INT0)	0003H	串行口中断	0023H
定时器 0 溢出中断	000BH	定时器 2 溢出中断	002BH
外部中断 1(INT1)	0013H		

2.2.3　数据存储器

数据存储器用于存放运算中间结果、用做缓冲和数据暂存以及设置特征标志等。
MCS-51 数据存储器地址空间分为片内 RAM 和外部数据存储器两个独立部分。

1. 片内 RAM

片内 RAM 有 256B 的地址空间,仅用 8 位地址寻址,编址为 00H～FFH,其中高
128B 的片部 RAM 地址空间(80H～FFH)仅对 8032/8052 才有意义。片内 RAM 容量虽
小,但存取速度比外部 RAM 快得多,它是系统的宝贵资源,要合理使用。片内 RAM 作
为处理问题的数据缓冲器,它能满足大多数控制型应用场合的需要。图 2.4 为片内
RAM 地址空间映像图。

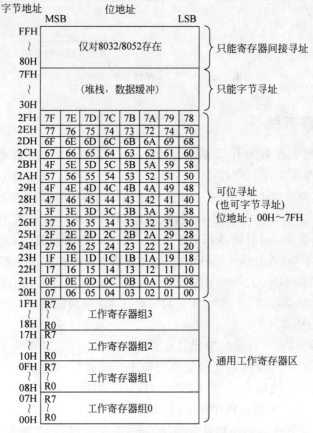

图 2.4　片内 RAM 地址空间映像图

MCS-51 把片内 RAM 00H～7FH 地址空间划分成几个用途不同的区域。对于片内 RAM 的不同区域,其用途不完全相同。

片内 RAM 00H～1FH 共 32 字节单元为通用工作寄存器区,分为 4 组,每组有 8 个 8 位寄存器 R0～R7。当前程序使用的工作寄存器组是由特殊功能寄存器程序状态字 PSW 的位 3 和位 4(RS0、RS1)来指示的。由程序修改 PSW 中 RS0、RS1 的状态,就可任选 4 个工作寄存器组之一。利用这一特点可使系统具有快速保护现场的功能,这对于提高程序的执行效率和中断响应速度是很有利的。如果实际应用中并不需要 4 组工作寄存器,那么剩下的工作寄存器组所对应的单元可作为一般的数据缓冲器使用。

要访问当前工作寄存器组中的寄存器,在指令中一般直接用其符号名 R0～R7。例如:

```
MOV    R5,#0FH    ; R5←0FH
```

片内 RAM 的 20H～2FH 为可位寻址区域,这 16 个字节的每一位都有一个位地址,编址为 00H～7FH,用户可以把它视作软件触发器,由程序对它们直接进行清 0、置位、取反和测试等操作。例如,要访问片内 RAM 中的可位寻址区的各个位(bit),一种简单而有效的方法是使用位操作指令通过位地址来寻找:

```
SETB   2FH    ; (1FH)←1
CLR    7FH    ; (2FH)←0
```

同样,位寻址区的 RAM 单元也可按字节寻址,作为一般的数据缓冲器使用。

片内 RAM 00H～7FH(低 128 字节)各个单元,都可以通过直接地址来访问。例如指令:

```
MOV    2FH,#9FH    ; (2FH)←9FH
```

也可通过间接寻址来访问片内 RAM 低 128 字节的各个单元。例如:

```
MOV    R0,2FH      ; R0 指向片内 RAM 2FH 单元
MOV    @R0,#9FH    ; (2FH)←9FH
```

对于 8032/8052 片内 RAM 80H～FFH(高 128 字节)地址空间与特殊功能寄存器区空间重叠,它们在物理上是各自独立的存储空间,但使用相同的编址。为了能区别访问不同的存储区,采用不同的寻址方式来区分。访问 8032/8052 片内 RAM 高 128 字节各单元必须使用寄存器间接寻址,而访问特殊功能寄存器则采用直接寻址。例如,访问 8032/8052 片内 RAM 的 F0H 单元需要采用寄存器间接寻址:

```
MOV    R1,#0F0H    ; R1 指向片内 RAM F0H 单元
MOV    A,@R1       ; ACC←(R1)
```

而访问直接地址为 F0H 的特殊功能寄存器则采用直接寻址。例如:

```
MOV    A,0F0H      ; B 寄存器的地址为 0FH
```

或　MOV   A,B

在程序中往往需要一个后进先出(LIFO)的 RAM 区域,用于调用子程序和响应中断

时的现场保护,这种 LIFO 的缓冲区称为堆栈。堆栈原则上可以设在片内 RAM 的任意区域,但由于 00H～1FH 为工作寄存器区,20H～2FH 为位寻址区,所以堆栈一般设在 30H～7FH 的范围之内,这个区域只能字节寻址。

2. 外部数据存储器

在应用系统中,如果需要较大的数据存储器,而片内 RAM 又不能满足要求,那么就需要外接 RAM 芯片来扩展数据存储器。外部数据存储器地址空间为 64KB,编址为 0000H～FFFFH。如果应用系统需要超过 64KB 的大容量数据存储器,可将外部 RAM 分组,每组地址空间重叠而且都为 64KB,由部分 I/O 线来选择当前外部 RAM 工作组。

当系统需要扩展 I/O 口时,I/O 地址空间就要占用一部分外部数据存储器地址空间。

片内 RAM 及特殊功能寄存器各存储单元之间的数据传送用“MOV”指令,访问外部 RAM 或扩展 I/O 口用“MOVX”指令。

2.2.4 特殊功能寄存器

MCS-51 单片机内部的 I/O 口锁存器、串行口数据缓冲器、定时器/计数器以及各种控制寄存器和状态寄存器统称为特殊功能寄存器,简记为 SFR(Special Function Registers)。8051 片内包含 21 个 8 位的 SFR,对于 8032/8052 有 27 个特殊功能寄存器,它们离散地分布在与内部数据存储区 80H～FFH 重叠地址空间内。SFR 的地址空间映像见表 2.3。

SFR 的地址是不连续的,并没有占满 80H～FFH 的整个地址空间。对于 8051 仅有 21 个字节单元有定义,而 8032/8052 仅有 27 个字节单元有定义。80H～FFH 地址空间中有很多单元是没有定义的,用户不能使用它。这些未定义的单元是为未来升级版本的单片机保留的。如果对这些未定义的单元进行读/写,将会发现读取的数不确定,欲写入的数将被丢失。

每一个 SFR 都有字节地址,并定义了符号名。其中有 11 个(8032/8052 有 12 个)SFR 具有位地址(可位寻址),对应的位也定义了位名。由表 2.3 可知,凡是字节地址能被 8 整除的 SFR 都具有位地址。

用户在访问特殊功能寄存器时,可以用直接地址,例如,累加器的地址 E0H,也可以用其符号名,例如,累加器本身的符号名为 ACC(在指令助记符中常用 A 表示)。显然,后者方便、明了。

对于具有位地址的 SFR,在表示其某一位时,可以用位地址,也可以用位定义名,或者用“寄存器名.位”表示。例如:

D3H   (位地址)
RS0   (位定义名)
PSW.3 (寄存器.位)

都表示程序状态字寄存器 PSW 中的 D3 位。

下面对部分的 SFR 进行介绍,其余将在有关章节中叙述。

表 2.3 特殊功能寄存器地址空间映像

SFR 名称	符 号	位地址/位定义								直接地址
		MSB							LSB	
B 寄存器 *	B	F7	F6	F5	F4	F3	F2	F1	F0	F0H
累加器 A *	ACC	E7	E6	E5	E4	E3	E2	E1	E0	E0H
程序状态字 *	PSW	D7	D6	D5	D4	D3	D2	D1	D0	D0H
		CY	AC	F0	RS1	RS0	OV	—	P	
T2 高字节＋	TH2									CDH
T2 低字节＋	TL2									CCH
T2 捕获高＋	RCAP2H									CBH
T2 捕获低＋	RCAP2L									CAH
T2 方式＋	T2MOD							T2OE	DCEN	C9H
T2 控制＋ *	T2CON	CF	CE	CD	CC	CB	CA	C9	C8	C8H
		TF2	EXF2	RCLK	TCLK	EXEN2	TR2	C/$\overline{\text{T2}}$	CP/$\overline{\text{TL2}}$	
中断优先级 *	IP	BF	BE	BD	BC	BB	BA	B9	B8	B8H
		—	—	PT2	PS	PT1	PX1	PT0	PX0	
I/O 端口 3 *	P3	B7	B6	B5	B4	B3	B2	B1	B0	B0H
		P3.7	P3.6	P3.5	P3.4	P3.3	P3.2	P3.1	P3.0	
中断允许 *	IE	AF	AE	AD	AC	AB	AA	A9	A8	A8H
		EA	—	ET2	ES	ET1	EX1	ET0	EX0	
I/O 端口 2 *	P2	A7	A6	A5	A4	A3	A2	A1	A0	A0H
		P2.7	P2.6	P2.5	P2.4	P2.3	P2.2	P2.1	P2.0	
串行数据缓冲	SBUF									99H
串行控制 *	SCON	9F	9E	9D	9C	9B	9A	99	98	98H
		SM0	SM1	SM2	REN	TB8	RB8	TI	RI	
I/O 端口 1 *	P1	97	96	95	94	93	92	91	90	90H
		P1.7	P1.6	P1.5	P1.4	P1.3	P1.2	P1.1	P1.0	
T1 高字节	TH1									8DH
T0 高字节	TH0									8CH
T1 低字节	TL1									8BH
T0 低字节	TL0									8AH
定时器方式	TMOD	GATE	C/$\overline{\text{T}}$	M1	M0	GATE	C/$\overline{\text{T}}$	M1	M0	89H
定时器控制 *	TCON	8F	8E	8D	8C	8B	8A	89	88	88H
		TF1	TR1	TF0	TR0	IE1	IT1	IE0	IT0	
电源控制	PCON	SMOD	—	—	—	GF1	GF0	PD	IDL	87H
数据指针高	DPH									83H
数据指针低	DPL									82H
堆栈指针	SP									81H
I/O 端口 0 *	P0	87	86	85	84	83	82	81	80	80H
		P0.7	P0.6	P0.5	P0.4	P0.3	P0.2	P0.1	P0.0	

注：带“＊”SFR 表示具有位地址，可位寻址；“＋”表示仅 8032/8052 存在。

1. 累加器 ACC

累加器是最常用的专用寄存器,许多指令的操作数取自于 ACC,许多运算结果也存放在 ACC 中。在指令系统中,累加器 ACC 的助记符常记作 A。

2. 寄存器

B 寄存器主要用于乘法和除法操作。对于其他指令,B 寄存器可作为一个通用寄存器,用于暂存数据。

3. 序状态字寄存器 PSW

PSW 相当于标志寄存器,用于指示指令执行状态,供程序查询和判别之用。其格式如图 2.5 所示。

bit	D7	D6	D5	D4	D3	D2	D1	D0
PSW	CY	AC	F0	RS1	RS0	OV	—	P

图 2.5　PSW 格式

CY　进位标志。在进行加(或减)法运算时,如果执行结果最高位 D7 有进(或借)位,CY 置 1,否则 CY 清 0。在进行位操作时,CY 又是位操作累加器。位操作指令助记符用 C 表示。

AC　辅助进位位。当进行加(或减)法运算时,如果低半字节的 D3 位向高半字节进(或借)位时,AC 置 1,否则 AC 清 0。

F0　用户标志。由用户根据需要对 F0 置位或复位,作为软件标志。

RS1 和 RS0　工作寄存器组选择控制。由用户程序改变 RS1 和 RS0 组合的内容,以选择片内 RAM 中的 4 组工作寄存器之一作为当前的工作寄存器。工作寄存器组的选择见表 2.4。

表 2.4　当前工作寄存器组的选择

RS1 (PSW.4)	RS0 (PSW.3)	当前使用的工作寄存器组 R0～R7
0	0	工作寄存器组 0(00H～07H)
0	1	工作寄存器组 1(08H～0FH)
1	0	工作寄存器组 2(10H～17H)
1	1	工作寄存器组 3(18H～1FH)

单片机在复位后,RS1 和 RS0 都为 0,CPU 默认选择工作寄存器组 0 作为当前工作寄存器。根据需要,用户可以利用传送指令或位操作指令来改变 RS1 和 RS0 的内容,选择其他工作寄存器组,这种设置为现场保护提供方便。

OV　溢出标志。在进行补码运算时,当运算结果超出 -128～+127 范围,产生溢出,OV 置 1;否则无溢出,OV 清 0。

P　奇偶标志。该标志位始终跟踪累加器 A 中 1 的数目的奇偶性。如果 A 中 1 的个数为奇数,则 P 置 1;否则若 A 中 1 的个数为偶数或 A=00H(没有 1),则 P 清 0。无论执行什么指令,只要 A 中 1 的个数改变,P 就随之而变。以后在指令系统中,凡是累加器 A

的内容对 P 标志位的影响都不再赘述。

PSW.1 这一位的含义没有定义,用户可以利用这一位来建立用户标志,如同 F0 那样,但要用位地址 D1H 或点符号 PSW.1 来表示这一位。在汇编语言中,用户可以事先给这一位定义一个名称(如 F1),以后就可以很方便地直接使用所定义的名称来表示 PSW.1。

4. 堆栈指针 SP

堆栈指针 SP(Stack Pointer)为 8 位的 SFR。SP 可指向片内 RAM(00H~7FH) 128 字节的任何单元。单片机复位后,SP 初始值自动设为 07H,这主要是考虑到 CPU 工作时通常至少要有一组工作寄存器,且复位后,自动选择当前工作寄存器组 0,当第一个数进栈时,SP 加 1,存入 08H 单元。为了合理使用片内 RAM 这个宝贵资源,堆栈一般不设立在工作寄存器区和位寻址区,通常设在片内 RAM 的 30H~7FH 地址空间内,可用数据传送指令给 SP 赋初值,但要考虑堆栈的最大深度。

堆栈可用于响应中断或调用子程序时,保护断点地址,程序断点 16 位地址(当时 PC 的值)会自动压入堆栈,数据入栈前 SP 先自动加 1,然后低 8 位地址(PC7~0)进栈,每进栈一个字节 SP 又自动加 1,而后是高 8 位地址(PC15~8)进栈。

在中断服务程序或子程序结束时,执行中断返回或子程序返回指令,原断点地址会自动从堆栈中弹出给 PC,使程序从原断点处继续顺序执行下去。堆栈中每弹出一个字节,SP 会自动减 1。

另外,还可以通过栈操作指令 PUSH 和 POP 对堆栈直接进行数据存取操作。这两条指令通常用于保护现场和恢复现场。

堆栈指针 SP 是一个双向计数器。在压栈时 SP 加 1,出栈时 SP 减 1。存取信息必须遵从先进后出(FILO)或后址先出(LIFO)的原则。

5. 数据指针 DPTR

数据地址指针 DPTR(Data Pointer)是一个 16 位专用寄存器,它由 DPH 和 DPL 这两个 8 位特殊功能寄存器组成。DPH 是 DPTR 的高 8 位;DPL 是 DPTR 的低 8 位,其组成如图 2.6 所示。

	高8位	低8位
DPTR(16位)	DPH	DPL

图 2.6 数据指针寄存器

DPTR 用于存放 16 位地址,可对外部 RAM 0000H~FFFFH 地址空间寻址。

6. I/O 端口锁存器 P0~P3

4 个特殊功能寄存 P0、P1、P2 和 P3 分别是 4 个 I/O 端口 P0 口、P1 口、P2 口和 P3 口对应的锁存器。当 I/O 端口某一位用于输入时,必须在相应口锁存器的对应位先写入 1。

在 MCS-51 单片机结构中,各功能部件与 SFR 的关系如下。

(1) CPU:ACC、B、PSW、SP、DPTR 和 PC。其中 PC 是程序计数器,这是一个 16 位地址寄存器,用于指出程序地址,它保存下一条从程序存储器中取出的待执行程序的地址。PC 在物理结构上是独立的,它不属于特殊功能寄存器。

（2）定时器/计数器：TMOD、TCON、T0（计数器 0,16 位寄存器，由 TH0 和 TL0 组成）和 T1（计数器 1,16 位寄存器，由 TH1 和 TL1 组成）。对于 8032/8052 还有 T2CON、T2（计数器 2,16 位寄存器，由 TH2 和 TL2 组成）、RCAP2H（T2 捕获寄存器高 8 位）和 RCAP2L（T2 捕获寄存器低 8 位）。

（3）并行 I/O 端口：P0、P1、P2 和 P3。

（4）中断系统：IE、IP。

（5）串行口：SCON、SBUF 和 PCON。

2.2.5　位处理器

特别值得一提的是 MCS-51 单片机内部的位（布尔，Boolean）处理器。MCS-51 片内的 CPU 不仅是一个优异的 8 位处理器。而且还是一个完整的一位处理器。这个一位机有自己的 CPU、位寄存器、位累加器（即进位标志位 CY）、I/O 口和指令系统。它们组成了一个完整的、独立的而且功能强大的位处理单片机。这是 MCS-51 系列单片机的突出优点之一。MCS-51 单片机对于位变量操作（布尔处理）有置位、清 0、取反、测试转移、传送、逻辑与和逻辑或运算等。

把 8 位微型计算机和一位微型计算机相互结合在一起是微机技术上的一个突破。一位机在开关量决策、逻辑电路仿真和实时控制方面非常有效。而 8 位机在数据采集及处理、数值运算等方面有明显的长处。在 MCS-51 单片机中，8 位微处理器和位处理器的硬件资源是复合在一起的，二者相辅相成。例如，8 位 CPU，程序状态字寄存器 PSW 中的进位标志位 CY，在位处理器中用做位累加器 C；又如内部数据存储器的某些存储区既可以字节寻址，也可以位寻址。这是 MCS-51 在设计上的精美之处，也是一般微机所不具备的。

利用位处理功能进行随机逻辑设计，可以很方便地用软件来实现各种复杂的逻辑关系，方法简单、明了，免除了许多类似 8 位数据处理中的数据传送、字节屏蔽和测试判断转移等繁琐的方法。位处理还可以实现各种组合逻辑功能。

2.3　并行 I/O 口

2.3.1　并行 I/O 口的结构

8051 有 4 个 8 位并行双向 I/O 口 P0～P3,共 32 根 I/O 线。每一根 I/O 线能独立用做输入或输出。图 2.7 给出了 P0～P3 每个端口内部的一位逻辑结构，每个端口由一个输出锁存器、一个输出驱动器和一个输入缓冲器组成。

由图 2.5 可见，MCS-51 的 4 个 I/O 端口的结构有所不同。下面对各端口的逻辑电路进行分析，以利于正确合理地使用。

1. P0 口

P0 口由一个输出锁存器（D 触发器）、2 个三态输入缓冲器、输出驱动电路（场效应管 FET）及控制电路组成。

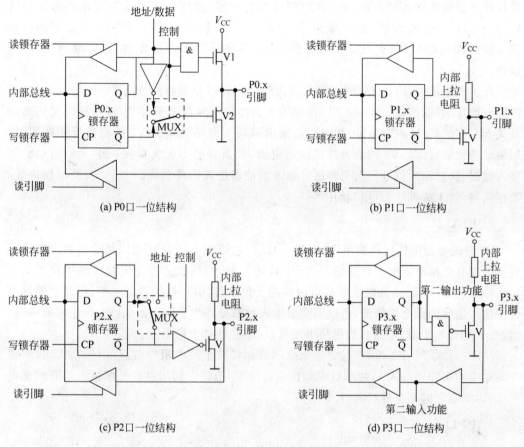

(a) P0口一位结构　　(b) P1口一位结构

(c) P2口一位结构　　(d) P3口一位结构

图 2.7　I/O 口的一位结构

　　当 P0 口作 I/O 使用时,CPU 内部发出控制信号低电平封锁与门,使输出驱动电路上方的场效应管 V1 截止,同时又使多路开关 MUX 把锁存器 $\overline{Q}$ 与输出驱动电路下方的场效应管 V2 的栅极接通。P0 口用做输出时,写脉冲加到锁存器 CP 上,内部总线的信息就会经锁存器和输出驱动器送到 P0 端口引脚,而且输出有锁存。由于 P0 口用于输出时,输出驱动器上方场效应管 V1 被关断,因此 P0 口是漏极开路电路(称为开漏输出),若驱动 NMOS 或其他拉电流负载时,需要外接上拉电阻。P0 口用做输入时,应该先向锁存器写入 1,使输出驱动电路下方场效应管 V2 截止,P0 端口引脚处于悬浮状态(高阻态),具有高阻抗输入特性。因而 P0 口是双向口。

　　P0 口有两个三态输入缓冲器用于读操作。下方的三态缓冲器用于读引脚信号,上方的三态缓冲器用于读端口锁存器的内容,由两类指令分别产生读引脚和读锁存器的脉冲,用于选通三态缓冲器。当执行一条读引脚指令(如 MOV A,P0)时,读引脚脉冲把该三态缓冲器打开,这时端口引脚上的数据经过下方缓冲器读入到内部总线。有时,端口已处于输出状态,CPU 的某些 I/O 操作是先将端口(锁存器)原状态读入,经过运算修改后,再写到端口(锁存器)输出,这类指令读入的数据是锁存器的内容,可能改变其值然后重新写入端口锁存器,称为"读一改一写"指令。例如执行一条 ANL P0,A 指令时,读锁存器脉冲打开三态缓冲器,CPU 先读取 P0 口锁存器的内容,然后和累加器 A 中的内容进行逻辑与运算,结果送回到 P0 端口(锁存器)中。MCS-51 的 4 个端口 P0～P3 都是采用两套输入缓冲器电路结构,因此,对 P0～P3 都可以进行读引脚操作和"读—改—写"两种操作。

在扩展系统中,P0 口作为地址/数据总线使用时可分为两种情况:一种是以 P0 口引脚输出地址/数据信息。这时 CPU 内部发出的控制信号高电平打开与门,同时又使多路开关 MUX 把 CPU 内部地址/数据线与输出驱动下方场效应管 V2 的栅极反相接通,输出驱动场效应管 V1、V2 构成推拉式输出电路,其负载能力大大加强;另一种情况由 P0 输入数据,这时输入信号是从引脚通过输入缓冲器进入内部总线。当 P0 口被用做地址/数据线时,就无法再作 I/O 口使用了。

2. P1 口

P1 口的电路结构比较简单,功能单一,仅用做通用 I/O 口使用。其输出驱动电路只有一个接有上拉电阻的场效应管。当 P1 口用做输入时,也必须先向对应的锁存器写入 1,使场效应管 V 截止,此时由于端口内部的上拉电阻,引脚被拉到高电平,但是它能够被外部输入信号的低电平拉低,所以不会对输入的数据产生影响。因此,P1 口是准双向口。当 P1 口用做输出时,能向外提供拉电流负载,不必外接上拉电阻。

MCS-51 的 P1、P2 和 P3 端口输出驱动器都接有上拉电阻作负载,用做输入时,都要先向对应的锁存器写入 1,使端口引脚拉成高电平,但是它们能够被外部输入信号的低电平拉低,所以它们都是准双向口。

3. P2 口

P2 口的位结构比 P1 口多了一个控制转换开关。当 P2 口作通用 I/O 时,多路开关 MUX 使锁存器输出端 Q 与输出驱动器输入端反相接通,构成一个准双向口。

在扩展系统中,P2 口输出高 8 位地址(低 8 位地址由 P0 口输出)。此时 MUX 在 CPU 的控制下转向内部地址线,使高 8 位地址码通过输出驱动器输出。

4. P3 口

P3 口也是个多功能口。用于通用 I/O 时,第二输出功能端保持高电平,打开与非门,锁存器输出通过与非门和输出驱动场效应管 V 送至引脚端,这是用做输出的情况。输入时,仍通过三态缓冲器读引脚信号。

在 P3 口用于第二功能(见表 2.1)的情况下,输出时,锁存器输出 Q=1,打开与非门,第二输出功能端内容通过与非门和输出驱动场效应管 V 送至端口引脚;输入时,端口引脚的第二功能信号通过缓冲器送到内部第二输入功能端。

2.3.2　并行 I/O 口的操作

在 MCS-51 单片机的 P0～P3 端口内部,每一位 I/O 口都有一个 D 触发器用做锁存器,这些锁存器就是组成特殊功能寄存器 SFR 的最基本记忆单元(对应 SFR 的 P0～P3),并控制着端口输出驱动电路。用做输入时,应该在对应锁存器中先写入 1,因此严格地说,P0~P3口均为准双向口。但是P1、P2和P3口输出驱动器接有上拉电阻,使端口引脚用做输入时被拉成高电平,而P0口是三态口,从这点来看,P0口与P1、P2和P3口相比更接近于真正的双向口。

对于每个I/O口读取端口的方法均有两种:读引脚和读锁存器。在MCS-51指令系统中,有些指令是读引脚内容,这类操作由数据传送指令实现。有些指令则是读锁存器内容,这类指令由"读—改—写"指令来实现。以下的指令是对I/O口的"读—改—写"指令:

ANL （逻辑与,如 ANL P1,A)
ORL （逻辑或,如 ORL P2,A)
XRL （逻辑异或,如 XRL P3,A)
JBC （测试、清0、跳转,如 JBC P1.1,NEXT)
CPL （位取反,如 CPL P3.0)
INC （加1,如 1NC P2)
DEC （减1,如 DEC P2)
DJNZ （减1不为0则转移,如 DJNZ P3,LABEL)
MOV Pi.n,C （位传送)
CLR Pi.n （位清0)
SETB Pi.n （位置1)

这些指令有一个共同的特点,就是先读入I/O口锁存器中的内容,作相应修改后,再写入该口的锁存器中,因此称为"读—改—写"指令。"读—改—写"指令之所以要读锁存器,而不是读引脚,是为了避免判错引脚电平的可能。例如,在I/O端口的某一位用于驱动一个三极管的基极场合,当锁存器写入1时,该端口输出高电平,使三极管导通,导通了的三极管PN结会把该位的高电平拉低。若此时CPU去读该位的引脚,读取的是该三极管基极的导通电位,得到低电平。为了避免这种错误,采用读锁存器,不读端口引脚的办法。

2.4 时钟和CPU时序

2.4.1 振荡器和时钟电路

HMOS工艺的单片机8051片内有一个高增益反相放大器,其输入端(XTAL1)和输出端(XTAL2)用于外接石英晶体或陶瓷谐振器以及微调电容,构成振荡器,如图2.8(a)所示。电容器C_1和C_2对频率有微调作用,一般情况下,反馈元件为石英晶体时,C_1和C_2都取30pF;在要求低成本的应用系统中可使用代替晶体,使用陶瓷谐振器时,C_1和C_2取47pF。振荡频率的选择范围为1.2~12MHz。在使用外部时钟时,8051的XTAL2用来输入外时钟信号,而XTAL1则接地,如图2.8(b)所示。

对于CHMOS型单片机80C51时钟振荡电路,由一个片内的两输入与非门和外接晶体构成,如图2.8(b)所示。振荡器受$\overline{PD}$(掉电)控制,当$\overline{PD}=0$时,关闭时钟振荡器,进入掉电状态。CHMOS型单片如果使用外部时钟,外部时钟信号必须从XTAL1输入,而XTAL2浮空,如图2.8(d)所示。

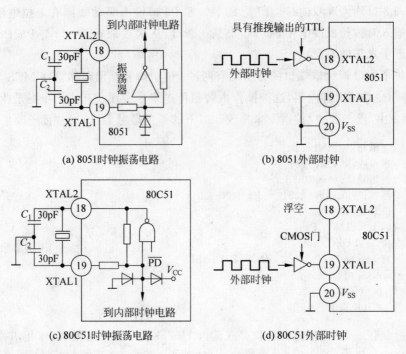

图 2.8　MCS-51 时钟源

2.4.2　CPU 时序

1. 指令执行时序

　　MCS-51 的一个机器周期(machine cycle)包含 12 个振荡周期(oscillator period),分为 6 个状态(state)——S1~S6。每个状态又分为 2 拍(phase)——P1 和 P2。因此,一个机器周期中的 2 个时钟周期表示为 S1P1、S1P2、…、S6P2,如图 2.9 所示。

　　在 MCS-51 指令系统中,有单字节指令、双字节指令和三字节指令。每条指令的执行时间要占 1 个或几个机器周期。单字节指令和双字节指令都可能是单周期和双周期,而三字节指令都是双周期,只有乘除法指令占四周期。

　　每一条指令的执行都可以包括取指和执行两个阶段。图 2.9 列举了几种典型指令的取指(fetch)和执行时序。在取指阶段,CPU 从程序存储器 ROM 中取出指令操作码及操作数,然后再执行这条指令的逻辑功能。对于绝大部分指令,在整个指令执行过程中,ALE 是周期性的信号。在每个机器周期中,ALE 信号出现两次:第一次在 S1P2 和 S2P1 期间,第二次在 S4P2 和 S5P1 期间。ALE 信号的有效宽度为 1 个 S 状态。每出现一次 ALE 信号,CPU 就进行一次取指操作。

　　对于单周期指令,从 S1P2 开始把指令操作码读到指令寄存器。如果是双字节指令,则在同一个机器周期的 S4 读入第二字节。对单字节指令,在 S4 仍有一次读指令码的操作,但读入的内容(它应是下一个指令码)被忽略(不作处理),并且程序计数器 PC 不加 1,这种无效读取称为假读。在下一个机器周期的 S1 才真正读取此指令码。图 2.9(a)和图 2.9(b)给出了这两种指令的时序。它们都能在 S6P2 结束时完成。

对于单字节双周期指令,2个机器周期内进行 4 次读取操作码操作,但后 3 次是假读。如图 2.9(c)所示。

访问外部 RAM 的 MOVX 指令,是单字节双周期指令。在第一机器周期 S5 开始送出外部 RAM 地址后,进行读/写 RAM 操作。因此,第二机器周期不产生第一个 ALE 信号无取指操作。如图 2.9(d)所示。这种情况下,ALE 信号不是周期性的。

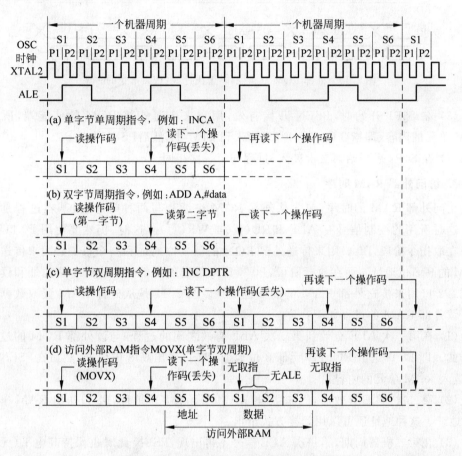

图 2.9 典型的取指操作和执行指令的时序

2. 访问外部 ROM 时序

如果指令是从外部 ROM 读取,除了 ALE 信号之外,控制信号还有 $\overline{PSEN}$。此外,还要用到 P0 和 P2 口:P0 口分时用做低 8 位地址线和数据总线,P2 用做高 8 位地址线。相应的时序如图 2.10 所示。其过程如下:

(1) 在 S1P2 时刻,产生有效的 ALE 信号。

(2) 在 P0 口送出 ROM 地址低 8 位和 P2 口送出 ROM 地址高 8 位期间,A7~A0 只持续到 S2P2,故在外部要用锁存器来锁存低 8 位地址,ALE 信号可作为锁存信号。因 A15~A8 高 8 位地址在整个读指令过程都有效,故不必锁存。S2P2 开始时,ALE 失效。

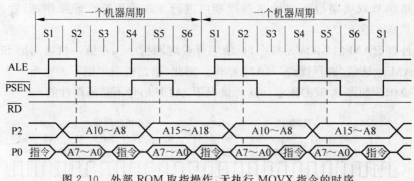

图 2.10　外部 ROM 取指操作,无执行 MOVX 指令的时序

（3）在 S3P1 开始时,PSEN 开始有效,用它来选通外部 ROM 的使能端,所选中 ROM 单元的内容（即指令码）,从 P0 口读入到 CPU 中,然后$\overline{\text{PSEN}}$失效。

（4）在 S4P2 后开始第二次读入,过程与第一次相同。

3. 访问外部 RAM 时序

访问外部 RAM 的时序,包含从外部 RAM 中读和写两种时序,但基本过程是相同的。这时所用的控制信号有 ALE 和$\overline{\text{RD}}$（读）或$\overline{\text{WR}}$（写）。这时,仍然要使用 P0 口和 P2 口。在取指令阶段,P0 口用来传送外部 ROM 的低 8 位地址和指令,P2 口用来传送外部 ROM 的高 8 位地址。而在执行阶段,P0 口用来传送外部 RAM 的低 8 位地址和读写的数据,P2 口用来传送外部 RAM 的高 8 位地址。图 2.11 是从外部 RAM 读取数据的时序。读外部 RAM 的过程如下:

（1）在第一次 ALE 有效到第二次 ALE 有效之间的过程,与读外部 ROM 的过程是一样的。即 P0 口送出 ROM 单元低 8 位地址,P2 口送出高 8 位地址,然后在$\overline{\text{PSEN}}$有效后,读入 ROM 单元的内容。

（2）第二次 ALE 有效后,P0 口送出 RAM 单元低 8 位地址,P2 口送出 RAM 单元高 8 位地址。这种地址还可以用间接方式给出。

（3）在第二机器周期,第一次 ALE 信号不再出现,PSEN 此时也保持高电平（无效）。在第二个机器周期的 S1P1 时,RD 读信号开始有效,用来选通 RAM 芯片,从 P0 口读出 RAM 单元的数据。

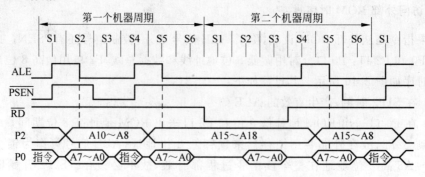

图 2.11　执行 MOVX 指令,访问外部 RAM 时序

若是对外部 RAM 写操作,则由 WR 写信号对 RAM 进行写选通。写过程与读过程是类似的。

由此可见,通常情况下,每一个机器周期中,ALE 信号有效两次。仅仅在访问外部 RAM 期间(执行 MOVX 指令时)第二机器周期才不发出第一个 ALE 脉冲。因而,在任何不使用外部 RAM 的系统中,ALE 以 1/6 时钟频率的速率发出,并能用做外设的定时信号。

2.5 复位和掉电处理及编程操作

2.5.1 复位

8051 片内的复位(reset)电路如图 2.12 所示。复位引脚 RST/V_{PD} 通过片内斯密特触发器(滤除噪声)与片内复位电路相连。复位电路在每一个机器周期的 S5P2 去采样斯密特触发器的输出。欲使单片机可靠复位,要求 RST/V_{PD} 复位端保持 2 个机器周期(24 个时钟周期)以上的高电平。

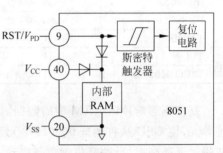

图 2.12　RST/V_{PD} 内部电路

复位时序图如图 2.13 所示,因外部的复位信号是与内部时钟异步的,所以在每个机器周期的 S5P2 都对 RST 引脚上的状态采样,当在 RST 端采样到高电平且该信号维持 19 个振荡周期以后,将 ALE 和 $\overline{PSEN}$ 拉成高电平,使单片机硬件系统复位。在 RST 端电压变低后,经过 1 至 2 个机器周期后退出复位状态,重新启动时钟,并恢复 ALE 和 $\overline{PSEN}$ 的状态。如果在系统复位期间将 ALE 和 $\overline{PSEN}$ 引脚拉成低电平,会引起芯片进入不定状态。

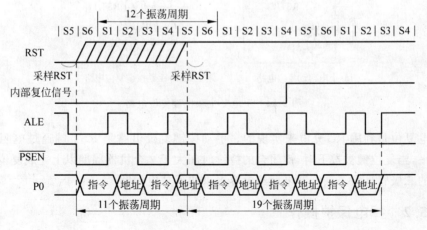

图 2.13　内部复位时序

复位后,片内各寄存器的状态如表 2.5 所示,其中 x 为不确定状态。

表 2.5 各寄存器的复位值

寄 存 器	复 位 值	寄 存 器	复 位 值
PC	0000H	TH0	00H
ACC	00H	TL0	00H
B	00H	TH1	00H
PSW	00H	TH1	00H
SP	07H	TH2(8x52)	00H
DPTR	0000H	TL2(8x52)	00H
P0～P3	FFH	RCAP2H(8x52)	00H
IP(8x51)	xxx0 0000B	RCAP2L(8x52)	00H
IP(8x52)	xx00 0000B	SCON	00H
IE(8x51)	0xx0 0000B	SBUF	不定
IE(8x52)	0x00 0000B	PCON(HMOS)	0xxx xxxxB
TMOD	00H	PCON(CHMOS)	0xxx 0000B
TCON	00H	T2MOD(8x52)	xxxxxx00B
T2CON(8x52)	00H		

复位不影响片内 RAM 中的数据。复位后,PC＝0000H,指向程序存储器 0000H 地址单元,使 CPU 从首地址 0000H 单元开始重新执行程序。所以,单片机系统在运行出错或进入死循环时,可按复位键重新启动。

RST/V_{PD}端的外部复位电路有两种工作方式,即上电自动复位和手动按键复位,如图 2.14 所示。

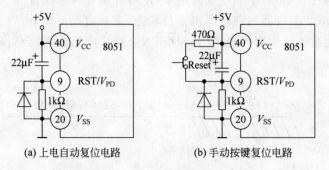

(a) 上电自动复位电路　　　　　(b) 手动按键复位电路

图 2.14 上电复位和按键复位电路

上电复位是利用 RC 充电来实现的。手动按键复位电路是 RST 端通过电阻和按键接高电平,当复位键被按下时,键闭合的持续时间大于 2 个机器周期以上完成复位。复位电路中的二极管是为了系统断电后给电容提供快速放电回路。

2.5.2 掉电保护操作

单片机系统在运行过程中,如果发生掉电,将导致片内 RAM 和 SFR 中的信息丢失。然而由图 2.12 可看出,允许把一组备用电源加到 RST/V_{PD}引脚上,只要 V_{CC} 上的电压低

于 V_{PD} 上的电压时,备用电源通过 V_{PD} 端给片内 RAM 供电,以低功耗保持片内 RAM 中的数据。

利用这种方法,可设计一个掉电保护电路,当检测到即将发生电源故障时,立即通过 $\overline{INT0}$ 或 $\overline{INT1}$ 引脚来中断 CPU,把系统中有关的重要数据送到片内 RAM 中保存起来,并在 V_{CC} 降到 CPU 工作电源电压所允许的最低下限之前,把备用电源加到 V_{PD} 上。当电源恢复时,V_{PD} 上的电压应保持足够的时间(约 10ms),以完成复位操作,然后重新开始正常的运行。

图 2.15 描述了实现掉电保护的一种方法。比较器用做掉电检测,如果检测到电源下跌时(如降为 4.7V),比较器输出由高变低,这个电源故障信号通过 $\overline{INT0}$ 向 8051 提出中断请求,CPU 响应后,中断服务程序把有关的数据(如 SFR 中的内容)送片内 RAM,然后向 P1.0 写 0。P1.0 引脚由高电平变低电平触发由 555 组成的单稳态电路。555 第 3 脚输出的脉宽取决于 R 和 C 的数值及 V_{CC} 是否掉电。如果在 555 输出的定时脉冲结束时,V_{CC} 仍旧存在,这说明是假掉电产生的误报警,并从复位开始重新运行。如果 V_{CC} 确实已掉电,则断电期间由单稳态输出给 RST/V_{PD} 供电,一直维持到 V_{CC} 恢复正常后完成复位为止。

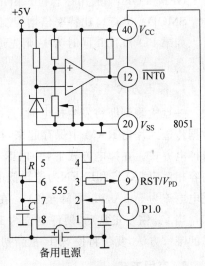

图 2.15 掉电保护电路

2.5.3 CHMOS 型 80C51 单片机的节电工作方式

CHMOS 工艺的 80C51 单片机提供了两种节电工作方式——空闲方式(idle mode)和掉电方式(power down mode)。设置节电工作方式的目的是尽可能地降低系统的功耗。在空闲工作方式下,备用电源直接加在 V_{CC} 端,其内部控制电路如图 2.16 所示。在空闲工作方式中(IDL=1),振荡器继续工作,时钟脉冲继续输出到中断系统、串行口和定时器模块,但却不提供给 CPU。在掉电方式中(PD=1)振荡器停止工作。

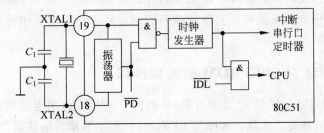

图 2.16 CHMOS 型单片机空闲方式和掉电方式控制逻辑

空闲方式和掉电方式都是由 SFR 中的电源控制寄存器 PCON 的低 4 位来控制,PCON 寄存器的控制格式如图 2.17 所示。

bit	D7	D6	D5	D4	D3	D2	D1	D0	字节地址
PCON	SMOD	—	—	—	GF1	GF0	PD	IDL	87H

图 2.17　PCON 寄存器的控制格式

IDL　空闲方式位。若 IDL＝1,进入空闲方式。

PD　　掉电方式位。若 PD＝1,进入掉电方式。

GF1 和 GF0　通用标志位。由用户置位或复位。

SMOD　串行口比特率倍增控制位(详见第 4 章)。

如果 PD 和 IDL 同时为 1,则先进入掉电工作方式。复位后,PCON 中有定义的位均为零。

1. 掉电方式

一旦检测到即将发生掉电时,立即通过 INT0 中断 CPU,CPU 作出响应后,把有关的数据传送到片内 RAM 中保存起来,执行字节操作指令使 PD(PCON.1)＝1,单片机就进入掉电方式。在掉电方式下,片内 RAM 的内容被保留,I/O 引脚状态和相关的 SFR 的内容相对应,ALE 和 $\overline{PSEN}$ 为逻辑低电平,其他一切工作都停止。在此期间片内 RAM 的耗电电流为 50μA,V_{CC} 可降至 2V。在 V_{CC} 恢复正常之前,不可进行复位。

当 V_{CC} 恢复正常后,硬件复位约 10ms 能使单片机退出掉电方式。复位是退出掉电方式的唯一方法,复位将使 SFR 重新初始化,但 RAM 的内容保持不变。

2. 空闲方式

执行字节操作指令使 IDL(PCON.0)＝1,单片机即进入空闲方式。在空闲方式下,单片机内部只是把供给 CPU 的时钟信号切断。使 CPU 暂停,CPU 的状态(如 PC)也被保留起来。片内 RAM 和各 SFR 的内容保持不变,各 I/O 口也保持着空闲前的逻辑值。时钟振荡电路继续工作,为中断逻辑、定时器和串行口继续提供时钟信号。但 ALE 和 $\overline{PSEN}$ 均进入无效状态。这时,80C51 的耗电电流可由正常的 24mA 降为 3mA,处于节电状态。

有两种退出空闲方式的方法:一种是在空闲期间,一旦有中断发生,IDL 将被硬件清 0,单片机退出空闲方式,CPU 进入中断服务程序。中断处理完后中,执行一条中断返回 RETI 指令,即可回到原来的停止点继续执行程序;另一种退出空闲方式的方法是硬件复位。

2.5.4　8751 片内 EPROM 的编程接口

8751 是 EPROM 形式的 8051 单片机,片内的 EPROM 能用电编程(programming),并能通过暴露在紫外光下擦除。擦除后 EPROM 所有字节单元的状态均为 FFH。

1. 片内 EPROM 编程

编程时,8751 的时钟频率必须在 4～6MHz 范围内。有关引脚的连接和用法如下:

(1) P1 口和 P2 口的 P2.0～P2.3 为 EPROM 的 4KB 地址输入线,P1 口为低 8 位地址线,P2.0～P2.3 为高 4 位地址线。

(2) P2.4~P2.6 以及$\overline{PSEN}$应保持低电平。

(3) P0 口为数据输入线,要编程写入的数据字节加到 P0 口上。

(4) P2.7 和 RST 应为高电平。但是 RST 的高电平为 2.5V,其余的都为 TTL 电平。

(5) $\overline{EA}/V_{PP}$ 端加编程电压 V_{PP}。编程电压要求稳定,规定在 21±0.5V 范围内。

(6) 在$\overline{EA}/V_{PP}$端出现正脉冲期间,ALE/$\overline{PROG}$端加上 50ms 宽的负脉冲,完成一次选中单元的写入操作。

8751 的 EPROM 编程逻辑如图 2.18 所示,通常用专门的单片机编程器来实现。

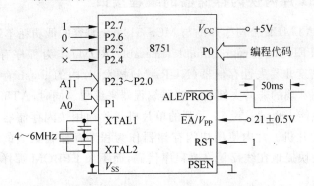

图 2.18　8751 的 EPROM 编程逻辑

2. EPROM 程序检验

若程序的保密位尚未设置,无论在数据写入的当时或写入之后,均可将片内 EPROM 的内容读出进行检验(program verification)。在读出时,除 P2.7 脚用做读 EPROM 的选通输入外,其他引脚的连接方式与写入数据编程时完全相同。要读出的 EPROM 单元地址由 P1 口和 P2 口的 P2.0~P2.3 送入,P2 口其他引脚及$\overline{PSEN}$保持低电平,ALE/$\overline{PROG}$、$\overline{EA}/V_{PP}$和 RST 接高电平,读出单元的内容由 P0 口送出。在检验操作时,P0 口的各位需外接上拉电阻 10kΩ×8。当 P2.7=1 时,P0 口浮空,当 P2.7=0 时,被寻址单元的内容出现在 P0 口上。P2.7 为 TTL 电平。EPROM 程序检验逻辑如图 2.19 所示。

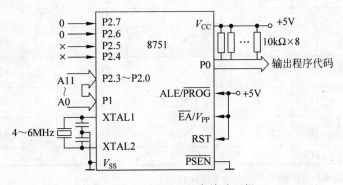

图 2.19　EPROM 程序检验逻辑

3. EPROM 程序的保密

8751 片内有一个保密位。一旦将该位写入,便建立了保险,就可禁止任何外部方法对片内程序存储器进行读/写操作。保密位写入的过程与编程时正常写入的过程相似,仅只需在 P2.6 脚加 TTL 高电平而不是像正常写入时加低电平。而 P0、P1 和 P2 的P2.0~P2.3 的状态随意。加上编程脉冲后就把保密位写入,即设置了保密位。

保密位一旦写入,EPROM 的程序便不能读出检验了,也不能向 EPROM 写入数据,而且 8751 只能执行片内 EPROM 的程序,不能执行外部程序存储器的程序。只有将EPROM 的内容全部擦除,保密位才能被一起擦除。保密位也可以再次建立。

2.5.5　8951 片内快闪存储器的编程接口

AT89C51 是 ATMEL 公司生产的与 MCS-51 完全兼容的低功耗单片机,片内带有一个 4KB 的 Flash PEROM(Programmable Erasable ROM)作为程序存储器,它采用了CMOS 工艺和高密度非易失性存储器(NURAM)技术,片内的 Flash 存储器允许在系统内可改编程序或用常规的非易失性的存储器编程器来编程。同时,AT89C51 具有三级程序存储器保密的性能。也就是说 89 系列的单片机是片内用快闪存储器(Flash Memory)代替 EPROM 的单片机。片内使用快闪存储器作为程序存储器最大的优点是在开发过程中可以非常方便快捷地在线反复修改程序代码,而不像 EPROM 那样需要用紫外线擦除后才能重新编程。

89C51 片内的 4KB Flash 存储阵列为空时存储单元的内容为 FFH,表示处于擦除状态,随时可对它进行编程。编程接口可接收电压(12V)或低电压(+5V)的允许编程信号。低电压编程方式可很方便地对 AT89C51/LV651 内的用户系统进行编程;而高电压编程方式则可与通用的 EPROM 编程器兼容。

AT89C51 单片机中,有些允许用高电压编程方式编程,有些允许用低电压编程方式编程,各自芯片面上的型号和片内特征字节的内容不同,详见表 2.6。

表 2.6　89C51 Flash 编程方式

操作方式		PST	$\overline{PSEN}$	ALE/$\overline{PROG}$	$\overline{EA}/V_{PP}$②	P2.6	P2.7	P3.6	P3.7
写代码数据		H	L	⌄	H/12V	L	H	H	H
读代码数据		H	L	H	H	L	L	H	H
写加密位	Bit-1	H	L	⌄	H/12V	H	H	H	H
	Bit-2	H	L	⌄	H/12V	H	H	L	L
	Bit-3	H	L	⌄	H/12V	H	L	H	L
芯片擦除		H	L	⌄①	H/12V	H	L	L	L
读特征字节		H	L	H	H	L	L	L	L

注意:① 片擦除操作时要求$\overline{PROG}$的脉冲宽度为 10ms。
　　　② 根据特征节(地址为 032H)的内容选择合适的编程电压(V_{PP}=12V 或 V_{PP}=5V)。

AT89C51 的程序存储器阵列是采用字节写入方式编程的,即每次写入一个字节。要对片内的 PEROM 程序存储器写入任何一个非空字节,都必须用片擦除方式将整个存储器的内容清除。

1. 对 Flash 存储器的编程

对 89C51 片内 Flash Memory 编程时，按照图 2.20 所示建立好地址、数据和相应的控制信号。编程单元的地址在 P1 端口和 P2 端口的 P2.0～P2.3(11 位地址为 0000H～0FFFH)，编程代码从 P0 端口输入。引脚 P2.6、P2.7 和 P3.6、P3.7 的电平选择见表 2.6。$\overline{PSEN}$ 保持低电平，而 RST 应保持高电平。EA/V_{PP} 是编程电源的输入端，按要求加入编程电压。ALE/$\overline{PROG}$ 端输入编程脉冲(应为负脉冲信号)。编程时，采用 4～20MHz 的振荡器。对 AT89C51/LV51 编程的步骤如下：

(1) 在地址线上输入要编程单元的地址。

(2) 在数据线上输入要写入的数据字节。

(3) 激活相应的控制信号。

(4) 对采用高电压编程芯片，将 $\overline{EA}$/V_{PP} 端的电压加到 12V。对某些采用低压编程芯片，V_{PP} 则为 5V。

(5) 每对 Flash 存储阵列写入一个字节或每写入一个程序加密位，加一个 ALE/$\overline{PROG}$ 编程脉冲。

改变编程单元的地址和待写入的数据，重复步骤(1)～(5)，直到全部文件编程完毕。

每个字节写入周期是自动定时的，通常不大于 1.5ms。

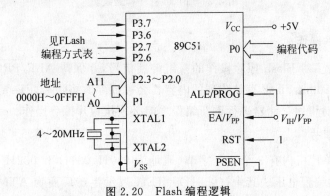

图 2.20　Flash 编程逻辑

2. 数据查询方式

AT89C51 单片机用数据查询方式来检测一个写周期是否结束。在一个写周期期间，如果试图读出最后写入的字节，则读出数据的最高位(P0.7)是原来写入字节最高位的反码。写周期一旦完成后，有效的数据就会出现在所有输出端上，这时可开始下一个写周期。一个写周期开始后，可在任何时间开始进行数据查询。

3. 准备就绪/忙信号

字节编程的过程也可以通过 RDY/BSY 输出信号来监视。在编程期间，当 ALE 变为高电平后，P3.4(RDY/BSY)端的电平被拉低，表示忙(正在编程)状态。编程完毕后，P3.4 的电平变高表示准备就绪状态。

4. 程序的检验

如果加密 LB1 和 LB2 没有被编程,那么就可以对 AT89C51 内部已编好的程序进行检验,程序检验逻辑如图 2.21 所示。程序存储器的地址仍由 P1 端口和 P2 端口的 P2.0~P2.3 输入,数据由 P0 端口输出。P2.6、P2.7 和 P3.6 和 P3.7 的电平见表 2.6。$\overline{PSEN}$ 保持低电平,而 ALE/$\overline{PROG}$、$\overline{EA}/V_{PP}$ 和 RST 保持高电平。检验时,在 P0 端口上要求外接 10kΩ 左右的上拉电阻。

程序加密位不能直接检验。加密位的检验可通过观察它们的功能是否被允许来进行。

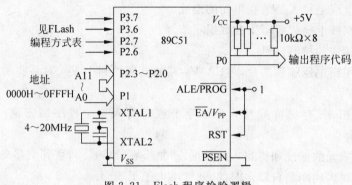

图 2.21　Flash 程序检验逻辑

5. 芯片擦除操作

表 2.6 给出了对 Flash 擦除操作的一组控制信号,并保持 ALE/$\overline{PROG}$ 脉冲宽度(低电平的时间)约 10ms,Flash 存储阵列的内容就会被擦除。擦除后,Flash 存储阵列全为 1 状态。注意,在对程序存储器进行重新编程之前必须执行片擦除操作。

6. 读特征字节

AT89C51 单片机内有 3 个特征字节(地址为 030H、031H 和 032H),用来指出该器件的厂商型号和编程电压。其中,(030H)=1EH 表示生产厂商为 ATMEL;(031H)=51H 表示 89C51;(032H)=FFH 表示 12V 编程电压;(032H)=05H 表示 5V 编程电压。

7. 编程接口

采用合适的控制信号组成,可对 Flash 存储阵列写入每一个代码字节,也可以擦除整个存储阵列内容。写操作周期是自动定时的,一旦开始写操作后,就会自动确定其完成的时间。

习题 2

2.1　8051 单片机内部包含哪些主要逻辑功能部件?

2.2　$\overline{EA}/V_{PP}$ 引脚有何功用? 8031 的 $\overline{EA}$ 引脚应如何处理? 为什么?

2.3　8051单片机存储器的组织结构是怎样的？片内数据存储器分为哪几个性质和用途不同的区域？

2.4　8051单片机有哪几个特殊功能寄存器？各在单片机中的哪些功能部件里？

2.5　单片机是如何确定和改变当前工作寄存器的？

2.6　PC是什么寄存器？是否属于特殊功能寄存器？它有什么作用？

2.7　DPTR是什么寄存器？它由哪些特殊功能寄存器组成？它的主要作用是什么？

2.8　MCS-51单片机有哪几个并行I/O端口？各I/O有什么特性？

2.9　什么I/O接口？什么I/O端口？接口和端口有什么区别？I/O接口的功能是什么？

2.10　常用的I/O接口编址有哪两种方式？它们各有什么特点？MCS-51的I/O端口编址采用的是哪种方式？

2.11　何谓对I/O口的"读—改—写"操作？

2.12　8051的时钟周期、机器周期、指令周期是如何分配的？当晶振频率为6MHz时，一个机器周期为多少微秒？

2.13　ALE信号有何功用？一般情况下它与机器周期的关系如何？在什么条件下ALE信号可用做外部设备的定时信号。

2.14　有哪几种方法能使单片机复位？复位后各寄存器的状态如何？复位对片内RAM有何影响？

2.15　在工业控制微机系统中，掉电时要设法保存RAM中的内容，有何意义？试分析图2.15掉电保护电路的工作原理。

2.16　简述CHMOS型单片机80C51的两种节电方式：掉电方式和空闲方式，各用于什么场合？

2.17　AT89C51片内程序存储器采用Flash Memory有何优点？

第 3 章

MCS-51单片机的指令
系统和程序设计

只有硬件而没有任何软件(程序)的机器称为裸机,裸机是不能工作的。单片机原型芯片就是裸机,由单片机构成的应用系统必须配合相应的软件才能按软件的要求指挥系统工作。而软件中最基础的东西,就是计算机的指令系统。在这一章里,先介绍 MCS-51 的指令系统,然后再介绍程序设计的一般方法。

3.1 指令格式和寻址方式

3.1.1 程序设计语言

单片机是在特定程序(program)支持下工作的,程序包含了一系列的指令(instruction),为完成某一任务的一系列指令,组合在一起就构成程序。换言之,程序就是为完成某一任务的一系列指令的集合。而指令是计算机指定进行某种操作的命令。

MCS-51 单片机的程序设计语言和一般的微型计算机一样,可分为三个层次:机器语言、汇编语言和高级语言。机器语言(machine language)是用 0 和 1 的二进制编码来表示的机器指令代码的语言,机器语言最底层的计算机语言,计算机硬件能直接识别,不同的 CPU 其机器指令代码是不同的。由于机器语言指令很难被人们记忆,程序员用机器语言来编写程序只在计算机诞生的早期出现过。汇编语言(assembly language)是采用能帮助记忆的英文缩写符号(助记符 memonic)来表示机器语言指令代码,与机器语言指令代码有一一对应关系,这种符号化的语言要比机器语言直观,且容易理解和记忆,方便程序员编程。但机器不能直接识别汇编语言程序,必须把它翻译为机器语言程序才能执行。高级语言(high-level language)是面向问题的程序设计语言(例如 C 语言),其表达方式接近于自然语言和数学语言,更易于被人们所接受和掌握。高级语言独立于具体的计算机硬件,程序的编制和调试方便,通用性和可移植性好。在计算机执行之前,需要通过编译程序将高级语言程序翻译成目标语言程序,或需要通过解释程序对高级语言语句逐一解释,并执行。

单片机应用系统大多是面向控制的,与硬件有着密切的关系,通常采用汇编语言编程。需要将汇编语言程序(源程序)翻译成机器语言程序(目标程序),才能使计算机运行。将汇编语言程序翻译成机器语言程序的过程称为汇编,如图3.1所示。有两种汇编方法:人工汇编和机器汇编。人工汇编是用人工通过查指令代码表的方法将汇编语言源程序翻译成目标机器码;机器汇编是用计算机通过汇编软件将汇编语言源程序翻译成目标机器码。反之,将机器语言程序转换为汇编语言程序的过程称为反汇编。

图 3.1　汇编和反汇编

3.1.2　指令格式

构成程序的基本语句是指令。

1. 机器语言指令格式

计算机能直接识别和执行的指令是用二进制编码表示的机器指令。机器指令代码内部包括两个基本部分:操作码和操作数,机器指令基本格式如图3.2所示。

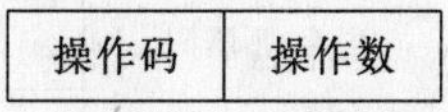

操作码	操作数

图 3.2　机器指令基本格式

操作码字段规定了指令操作的性质,例如,所要执行的加、减法运算或数据传送操作等。这是指令中唯一不可缺少的核心字段。操作数字段则表示指令操作的对象,它可能是操作数本身或操作数的地址。MCS-51 指令系统中,有单字节、双字节和三字节共 3 种指令,它们分别占有 1～3 个存储单元。机器语言指令格式如图 3.3 所示。

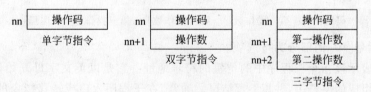

图 3.3　机器语言指令格式

单字节指令的操作码本身可能隐含了操作数的信息。例如,使数据指针 DPTR 的内容加 1 的指令,由于操作的对象和内容明确,无需另加操作数字段。其指令格式如图 3.4 所示。

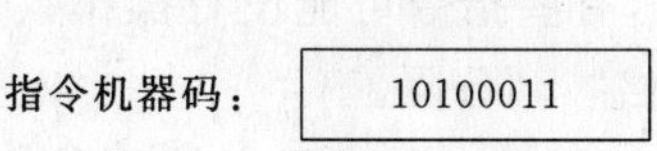

指令机器码:　10100011

图 3.4　DPTR 加 1 指令的机器码

数据指针加 1 指令汇编语言助记符为 INC DPTR。又如,由工作寄存器 Rn(n=0～7)向累加器 ACC 传送数据的指令也是单字节指令。该指令操作码的低

3 位表示这 8 个工作寄存器。指令格式如图 3.5 所示。

Rn 向累加器 ACC 传送数据指令汇编语言助记符为 MOV A, Rn。

有些指令只有操作码,没有操作数,例如,空操作指令。它不完成具体的操作,只消耗指令的执行时间。该指令也是单字节指令,机器指令格式如图 3.6 所示。

指令机器码: | 11101 rrr |

操作码 操作数
Rn(n=0~7)

图 3.5 Rn 向 ACC 传送数据的指令格式

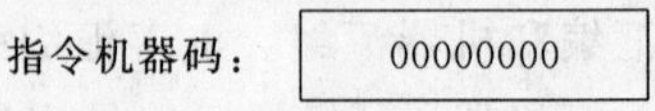

指令机器码: | 00000000 |

图 3.6 空操作指令的机器码

空操作指令助记符为 NOP。

一般情况下,双字节指令的首字节为操作码,第二字节为操作数或操作数的地址。例如给累加器 ACC 赋值的机器指令格式如图 3.7 所示。

ACC 赋予立即数指令汇编语言助记符为 MOV A, ♯data,其中"♯"为立即数符号,data 为 8 位立即数。

3 字节指令的首字节为操作码,后面两个字节为操作数或操作数的地址。例如,将内部 RAM 地址为 direct1 字节单元的数据传送到内部 RAM 地址为 direct2 单元中,机器指令格式如图 3.8 所示。

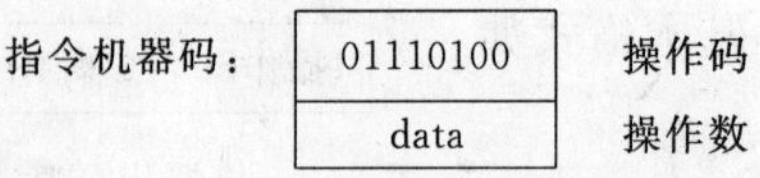

指令机器码: | 01110100 | 操作码
| data | 操作数

图 3.7 给 ACC 赋值的机器指令

指令机器码: | 10000101 | 操作码
| direct1 | 第一操作数
| direct2 | 第二操作数

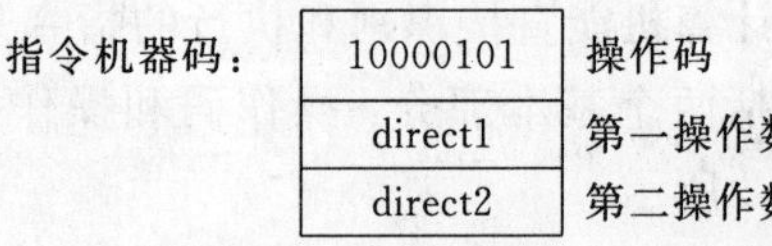

图 3.8 内部 RAM 单元之间的数据传送机器指令

其汇编语言助记符为 MOV direct2, direct1,其中 direct 为 8 位直接地址。

2. 汇编语言指令格式

汇编语言是一种符号化语言,汇编语言指令的一般格式如下:

[标号:]操作码助记符 [第一操作数] [,第二操作数] [,第三操作数] [; 注释]

其中,带方括号[…]的部分为可选项。

标号是表示该指令在程序中的位置的符号地址。它是以英文字母开始的由 1~6 个字母或数字组成的字符串,并以":"结尾。通常,在子程序入口或转移指令的目标地址处才赋予标号。

操作码助记符是表示指令操作功能的英文缩写。每条指令都有操作码助记符。它是指令的核心部分。

操作数字段表示指令操作所需要的操作数或操作数的地址。操作数字段的表达形式与寻址方式有关。指令的操作数可以是 1 个、2 个或 3 个,有些指令可能没有操作数。操作数与操作数之间以","分隔,操作码与操作数之间以空格" "分隔。

注释是用户给该条指令或该段程序的注解说明,是为了方便阅读程序的一种标注。注释以";"开始。注释部分不影响指令的执行。

3. 伪指令

在汇编语言中,除了 MCS-51 指令系统所规定的指令外,还定义了一些伪指令(pseudo instruction)。伪指令只对汇编程序提供必要的控制信息,以便在汇编过程中执行一些特殊操作,但汇编程序不对伪指令编译,即不产生任何目标程序代码,因此伪指令不是机器执行的指令,也就不占用任何程序存储器空间。在汇编语言程序设计中正确使用伪指令,可使程序结构表达更加清晰,增强可读性,也能使汇编器的编译效率提高。伪指令的格式与汇编语言指令格式很相似。常用的伪指令有如下几条。

(1) ORG(Origin,起始地址)伪指令

ORG 伪指令用于为在它之后指出程序段或数据块的起始地址,其格式为

ORG nn

ORG 后面必须跟一个表示起始地址值的表达式 nn,nn 表示双字节数。例如:

```
        ORG   1000H
START:  MOV   A,#20    ;本程序段从 1000H 地址单元开始,标号 START 的地址为 1000H
        ...
```

(2) DB/DEFB(Define Byte,定义字节)伪指令

DB 伪指令用于给一块连续的存储区装载字节型数据,其格式为

[变量名:] DB $n_1, n_2, \cdots, n_N$

表示将 DB 后面的几项单字节数据 $n_i(i=1\sim N)$ 存入指定的连续单元中,通常用于定义一个常数表。例如:

```
        ORG   2000H
X:      DB    0,1,4,9,16,25,36,49,64,81
```

在程序存储器 2000H~20009H 共连续 10 个字节单元区域定义平方表 X^2($X=0,1,2,\cdots,9$)。变量 X 所在单元的地址为 2000H,其内容为(X)=0;X+1 单元的地址为 20001H,其内容为(X+1)=1;依此类推 X+n 单元。又如:

```
BUF:  DB  2*3,?      ;(BUF)=6 表达式允许使用运算符,(BUF+1)作为保留单元,"?"表
                      示其值未定
CHAR: DB  '0','A'    ;字符用单引号,其值是字符的 ASCII 码,2 个字节分别为 30H,61H,
                      41H
STR:  DB  'Hello'    ;字符串也用单引号,占连续 5 个字节单元,内容分别为 48H,65H,
                      6CH,6CH,6FH
TEMP: DB  100 DUP(0) ;定义了连续 100 个内容为 0 的字节单元,DUP 是重复操作说明
```

(3) DW/DEFW(Define Word,定义字)伪指令

DW 伪指令功能与 DB 类似,DW 用于给一块连续的存储区装载字(双字节)数据,其格式为

[变量名:] DW $nn_1, nn_2, \cdots, nn_N$

表示将 DW 后面的几项双字节数据 $nn_i(i=1\sim N)$ 存入指定的连续字单元中。每个

数据项占 2 个字节，16 位二进制数的高 8 位存放在低地址字节单元中，低 8 位存放在高地址字节单元中。常用于定义一个地址表。例如：

```
        ORG    1000H
ADDR: DW       100,2050H    ;从程序存储器 1000H 地址单元开始存放着数据 00H,64H,20H,
                             50H,共占 4 字节
```

（4）DS（Define Storage，定义存储区）伪指令

DS 从指定的地址单元开始，预留指定的存储单元，作为备用空间。其格式为

［变量名：］DS 表达式

表达式的值为预留字节单元数。例如：

```
        ORG    2500H
BUFF: DS      50          ;在程序存储器中，将 2500H～2531H 共 50 个字节单元作为备用空间
```

以上 DB/DW/DS 伪指令，仅对程序存储器定义，不能用来定义数据存储器。

（5）EQU（Equat，等值）伪指令

EQU 属于符号定义伪指令，用来给程序中出现的一些符号赋值，其格式为

符号名 EQU 数或汇编符号

将一个数或特定的汇编符号赋予所定义的符号名。程序中 EQU 定义的符号名必须先定义，后使用。例如：

```
COUNT    EQU    10
LED      EQU    P1.0
        …
        MOV    R0,#COUNT    ;COUNT 即为常数 10
        SETB   LED          ;LED 就是 P1.0
```

（6）DATA（数据地址赋值）伪指令

DATA 是符号地址（双字节）定义伪指令，用于将指定 16 值赋予所定义的字符名。通常用来定义数据地址。其格式为

符号名 DATA nn 或汇编符号

将双字节数 nn 或汇编符号定义为指定的符号名。程序中 DATA 定义的符号名可先使用后定义，例如：

```
        LJMP BR                      ;程序将在 2000H 处执行
        …
BR    DATA  2000H
```

（7）BIT（定义位地址符号）伪指令

BIT 伪指令是将指定的位地址 bit 赋予所定义的符号名，其格式为

符号名 BIT bit

经定义的符号名在程序中就为指定的位地址。如果所使用的汇编程序不具备识别

BIT 伪指令的能力时,可以用 EQU 命令来定义符号位地址。例如:

```
B1      BIT     00H
        ...
        SETB    B1 ; (00H)←1
```

(8) END(汇编结束)伪指令

END 伪指令告诉汇编程序,汇编语言源程序到此结束,其格式为

END ［表达式］

END 通常出现在源程序末尾,它标志着源程序到此结束。

此外,汇编语言中的数据形式可采用二进制数(后缀为 B)、八进制数(后缀为 Q)、十进制数(后缀为 D 或省略)和十六进制数(后缀为 H)来表示。为了使汇编程序能正确区分是数字还是符号名字,在汇编语言语句中,如果操作数是以字母开头的十六进制数,在该数字的前面必须添加一个"0"。例如:

```
MOV     A,＃0A5H                      ; 立即数 A5 的前面加一个 0
```

汇编语言语句的操作数字段也允许使用算术、逻辑表达式以及已赋值的符号名。

3.1.3　寻址方式

获得操作数地址的方式,称为操作数地址的寻址方式,简称为寻址方式(addressing mode)。MCS-51 指令的操作数或操作数地址主要有以下 7 种寻址方式。

1. 立即寻址

指令的操作数为 8 或 16 位数据,这个操作数叫做立即数,这种寻址方式称为立即寻址(immediate addressing)。例如:

```
MOV     A,＃57H                       ; A←57H
```

表示将立即数 57H 送累加器 A 中。在 MCS-51 指令系统中,用"＃"表示立即数。这类指令的立即数绝大多数是一个字节的 8 位二进制数。只有一条指令的立即数为 16 位,这就是:

```
MOV     DPTR,＃data16                 ; DPTR←data16
```

这条指令的功能是把 16 位立即数 data16 送入数据指针 DPTR 中。DPTR 由两个特殊功能寄存器 DPH 和 DPL 组成。立即数的高 8 位送入 DPH 中,低 8 位送入 DPL 中。

立即寻址示意图如图 3.9 所示。

2. 直接寻址

直接寻址(direct addressing)是指令中直接给出操作数的地址。这种寻址方式提供了访问内部数据存储器 3 种地址空间的方法。

(1) 特殊功能寄存器地址空间,这是唯一可寻址特殊功能寄存器的寻址方式;

(2) 内部 RAM 的 128 个字节单元地址空间;

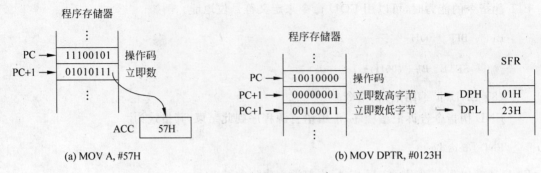

(a) MOV A, #57H　　　　　　　　　　　　(b) MOV DPTR, #0123H

图 3.9　立即寻址示意图

（3）位地址空间。

例如：

MOV　A,60H　　　　　　　　　　　　　　　　; A←(60H)

该指令就属于直接寻址。其中 60H 是表示内部 RAM 单元的直接地址。这条指令的功能是把内部 RAM 中 70H 单元的内容送入累加器 ACC 中。指令的功能可表示为 A←(60H)。这里用括号来表示内存单元的内容。寻址示意图如图 3.10 所示。

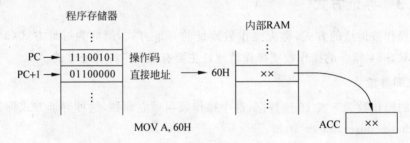

图 3.10　直接寻址示意图

3. 寄存器寻址

寄存器寻址（register addressing）是指令中指出某一寄存器，其内容用做操作数。以这种寻址方式对所选的当前工作寄存器 R0～R7 进行数据操作的指令，其操作码字节的低 3 位指明了所用的寄存器；而对于累加器 A、B 寄存器、数据指针 DPTR 和位处理器的位累加器 C 也可以用寄存器寻址方式来访问，只是对它们以这种方式寻址时具体寄存器名隐含在操作码中。例如：

MOV　A,R5　　　　　　　　　　　　　　　　; A←R5

该指令属于寄存器寻址。这条指令的功能是，把寄存器 R5 的内容送入累加器 ACC 中。寄存器寻址示意图如图 3.11 所示。

4. 寄存器间接寻址

寄存器间接寻址（register indirect addressing）是把指令中指定的寄存器的内容作为操作数的地址，把该地址对应单元的内容作为操作数。这种寻址方式用于访问内部

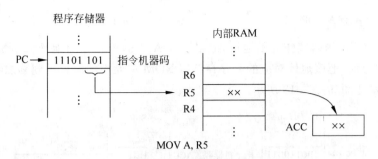

图 3.11 寄存器寻址示意图

RAM 和外部 RAM。

在访问内部 RAM 的 00H～7FH 地址单元时,用当前工作寄存器 R0 或 R1 作地址指针来间接寻址。对于栈操作指令 PUSH 和 POP,则用堆栈指针 SP 进行寄存器间接寻址。

在访问外部 RAM 的页内 256 个单元(00H～FFH)时,用 R0 或 R1 工作寄存器来间接寻址。

在访问外部 RAM 整个 64KB(0000H～FFFFH)地址空间时,用数据指针 DPTR 来间接寻址。

例如:

    MOV   A,@R1   ; A←(R1)

本指令属于寄存器间接寻址。这条指令的功能是,将寄存器 R1 的内容(设 R1＝70H)作为地址,再将片内 RAM 70H 单元的内容送入累加器 ACC 中。指令中在寄存器名前冠以"@",表示寄存器间接寻址,称之为间址符。寄存器间接寻址示意图如图 3.12 所示。

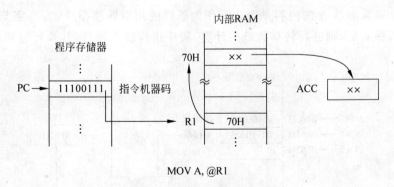

MOV A,@R1

图 3.12 寄存器间接寻址示意图

5. 变址寻址

变址寻址(indexed addressing)是以程序计数器 PC 或数据指针 DPTR 作为基地址寄存器,以累加器 A 作为变址寄存器,把两者的内容相加形成操作数的地址(16 位)。这种寻址方式用于读取程序存储器中的常数表。例如:

MOVC　　A,@A+DPTR　　　　　　　　　; A←(A + DPTR)

其功能是把 DPTR 的内容作为基地址,把累加器 A 中的内容作为地址偏移量,两者相加后得到 16 位地址,把该地址对应的程序存储器 ROM 单元中的内容送到累加器 A 中。变址寻址过程示意图如图 3.13 所示。

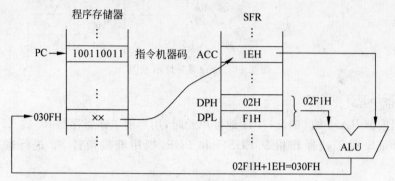

图 3.13　变址寻址示意图

6. 相对寻址

相对寻址(relative addressing)是以程序计数器 PC 的当前值作为基地址,与指令中给定的相对偏移量 rel 进行相加,把所得之和作为程序的转移地址。这种寻址方式用于相对转移指令中,指令中的相对偏移量是一个 8 位带符号数,用补码表示。

例如:

JZ　　30H　　　　　　　　　　　; 当 A = 0 时,则 PC←PC+2+rel
　　　　　　　　　　　　　　　　　; 若 A≠0,则 PC←PC + 2,程序顺序执行

这条指令是以累加器 A 的内容是否为零作为条件的相对转移指令,为 2 字节指令。如果 A=0,条件满足,则进行转移地址的计算,程序执行发生转移,其执行过程如图 3.14 所示。

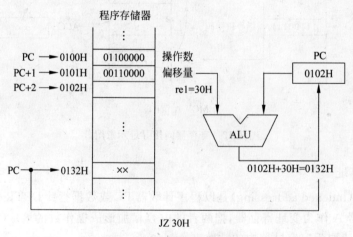

图 3.14　相对寻址示意图

如果 A≠0,条件不能满足,程序仍将顺序执行。

在 MCS-51 指令系统中,相对转移指令多数为 2 字节指令,执行完相对转移指令后,当前的 PC 值应该为这条指令首字节所在单元的地址值(源地址)加 2,所以偏移量应该为

$$rel=目的地址-(源地址+2)$$

但是,也有一些是 3 字节的相对转移指令,如 CJNE A,direct,rel,那么执行完这条指令后,当前的 PC 值应该为本指令首字节所在单元的地址值加 3,所以偏移量为

$$rel=目的地址-(源地址+3)$$

相对偏移量 rel 是一个带符号的 8 位二进制数,以补码形式出现。因此,程序的转移范围在相对 PC 当前值的-128~+127 个字节单元之间。

7. 位寻址

MCS-51 单片机中设有独立的位处理器。位操作指令能对内部 RAM 中的位寻址区和某些有位地址的特殊功能寄存器进行位操作。也就是说可对位地址空间的每个位进行位变量传送、状态控制、逻辑运算等操作。这种寻址方式属于位寻址(bit addressing)。例如:

```
MOV      C,07H                    ; C←(07H)
```

这条指令属于位寻址指令,其功能是,把内部 RAM 20H 单元的 D7 位(位地址为 07H)的内容传送到位累加器 C 中,其操作过程如图 3.15 所示。

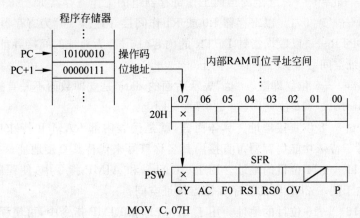

图 3.15　位寻址示意图

以上介绍了 MCS-51 指令系统的 7 种寻址方式,实际上许多指令本身包含着 2 个或 3 个操作数,这时往往就具有几种类型的寻址方式。例如:

```
MOV      A,      #4FH
         寄存器寻址   立即寻址
CJNE     A,      30H,    NEXT
         寄存器寻址   直接寻址   相对寻址
```

3.2　指令系统

　　一台计算机所能执行的全部指令的集合,称为这台计算机的指令系统。指令系统是计算机所固有的,是表征计算机性能的重要标志。

　　MCS-51 单片机的指令系统内容丰富、完整,功能较强。其汇编语言指令有 42 种操作码助记符。各种操作码助记符与各种寻址方式组合,得到 111 种指令。如果按字节数分类,则有 49 条单字节指令、45 条双字节指令和 17 条 3 字节指令。若按指令执行时间分类,有 64 条单周期指令、45 条双周期指令和 2 条 4 周期指令。由此可见,MCS-51 指令系统的指令长度比较短,执行速度比较快。

　　按指令操作功能分类,MCS-51 指令系统可分为如下 5 大类:

　　(1) 数据传送指令　　28 条。

　　(2) 算术运算指令　　24 条。

　　(3) 逻辑运算指令　　25 条。

　　(4) 控制转移指令　　22 条。

　　(5) 位操作指令　　　12 条。

　　本节根据功能分类介绍 MCS-51 的指令系统。在汇编语言指令中,有关操作数及寻址方式采用了以下符号:

　　(1) Rn——n＝0~7。选定的当前工作寄存器组的工作寄存器 R0~R7。

　　(2) @Ri—— i＝0,1。以寄存器 R0 或 R1 作间接寻址。"@"为寄存器间址符。

　　(3) @ DPTR——以数据指针 DPTR 的内容(16 位)为地址的间接寻址,用于对外部RAM 64K 地址空间寻址。"@"意义同上。

　　(4) ♯data——8 位立即数。"♯"表示后面的 data 是立即数而不是直接地址。

　　(5) ♯data16——16 位立即数。"♯"意义同上。

　　(6) direct——8 位直接地址。具体而言,就是代表内部 RAM 和特殊功能寄存器的直接地址。对于特殊功能寄存器可直接用其名称符号来代替其直接地址。

　　(7) addr11——11 位目的地址。用于 ACALL 和 AJMP 指令中,使程序转向与下条指令首字节位于同一 2KB 区的程序存储器地址空间。

　　(8) addr16——16 位目的地址。用于 LCALL 和 LJMP 指令中,可使程序转向 64KB程序存储器地址空间的任何单元。

　　(9) rel——补码形式的 8 位地址偏移量。地址偏移量在 −128~+127 范围内变化。地址偏移量用于相对转移指令中,基地址为下条指令首字节的地址。

　　(10) bit——可位寻址的内部 RAM 或 SFR 中的直接寻址位的位地址。如果在位操作指令中使用/bit,"/"为取反符,表示对该位(bit)先取反,然后再参与运算,但不改变位(bit)的原值。

3.2.1　数据传送指令

　　数据传送指令把"源操作数"中的数据传送到"目的操作数"中去,而"源操作数"中的内容保持不变。其一般格式为：

　　MOV　目的操作数,源操作数

　　数据传送指令助记符 MOV 是英文 move(移动)的缩写形式,数据传送指令在程序中占有较大的比重,是一种最基本、最常用的操作指令。

1. 对内部 RAM 和 SFR 的一般数据传送指令

　　MCS-51 内部 RAM 和特殊功能寄存器 SFR 各存储单元之间的数据传送,通常是通过 MOV 指令来实现的,这类指令称为内部 RAM 和 SFR 的一般数据传送指令,见表 3.1。

表 3.1　内部 RAM 和 SFR 的一般数据传送指令

指令名称	助记符	机器码	操作	机器周期
以累加器 A 为目的操作数	MOV A,Rn	11101rrr	A←Rn	1
	MOV A,direct	11100101 direct	A←(direct)	1
	MOV A,@Ri	1110011i	A←(Ri)	1
	MOV A,#data	01110100 data	A←data	1
以寄存器 Rn 为目的操作数	MOV Rn,A	11111rrr	Rn←A	1
	MOV Rn,direct	10101rrr direct	Rn←(direct)	2
	MOV Rn,#data	01111rrr data	Rn←data	1
以直接地址为目的操作数	MOV direct,A	11110101 direct	(direct)←A	1
	MOV direct,Rn	10001rrr direct	(direct)←Rn	2
	MOV direct2,direct1	10000101 direct1 direct2	(direct2)←(direct1)	2
	MOV direct,@Ri	1000011i direct	(direct)←(Ri)	2
	MOV direct,#data	01110101 direct data	(direct)←data	2
以寄存器间接地址为目的操作数	MOV @Ri,A	1111011i	(Ri)←A	1
	MOV @Ri,direct	1010011i direct	(Ri)←(direct)	2
	MOV @Ri,#data	0111011i data	(Ri)←data	1
16 位数据传送	MOV DPTR,#data16	1001000 data15~8 data7~0	DPH←data15~8 DPL←data7~0	2

　　下面对这些指令要注意的问题加以说明。

　　(1) 操作码助记符为 MOV 的数据传送指令,用于寻址内部 RAM 和 SFR。图 3.16 描述了 MOV 指令对内部 RAM 和 SFR 的数据传送操作。

　　(2) 指令操作数为 Rn 时,属于寄存器寻址。MCS-51 内部 RAM 区中有 4 组工作寄存器,每组由8 个寄存器组成,用户可通过改变 PSW 中的 RS0 和RS1 这两位来切换当前工作寄存器组。Rn 寻址的

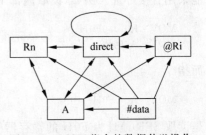

图 3.16　MOV 指令的数据传送操作

指令,其操作码字节的低 3 位为 rrr,对应于 8 个工作寄存器之一,对应关系如表 3.2所列。

表 3.2　rrr 与工作寄存器的关系

r	r	r	对应的工作寄存器
0	0	0	R0
0	0	1	R1
0	1	0	R2
0	1	1	R3
1	0	0	R4
1	0	1	R5
1	1	0	R6
1	1	1	R7

（3）指令中操作数为 @Ri 时，属于寄存器 R0 或 R1 间接寻址。它根据操作码字节中 D0 位的取值为 0 或 1，来决定以哪个寄存器进行间接寻址。i＝0 是寄存器 R0 间接寻址；i＝1 是寄存器 R1 间接寻址。以后凡遇到上述两类寻址方式的指令时，亦用此方法得出其指令机器码的低 3 位或 D0 位。

（4）直接寻址的数据传送指令比较丰富，使得内部数据存储器各单元之间的数据传送十分方便。特别令人感兴趣的是直接地址到直接地址的传送，它允许把一个端口引脚的状态值读入到内部数据存储器单元中，或者把内部数据存储单元的内容输出到端口锁存器中，而不需要通过累加器 A 或中间寄存器。例如：

```
MOV  2FH,90H                    ; (2FH)←P1
```

其功能是把 P1 口引脚状态读入到内部 RAM 2FH 单元中。对于特殊功能寄存器的直接地址，可用其名称符号来代替。因此，上述指令等价于

```
MOV  2FH,P1
```

直接地址 direct 是 8 位地址，原则上寻址范围为 00H～FFH。对 8051 来说，内部 RAM 地址是 00H～7FH。而 8052 内部 RAM 地址是 00H～FFH。SFR 块的地址与 8052 内部 RAM 的高 128 个字节单元的地址是重叠的，都为 08H～FFH。对于访问 8052 内部 RAM 的高 128 个字节单元（80H～FFH）只能采用寄存器间接寻址，而访问 SFR 只能采用直接寻址。例如，读取内部 RAM F0H 单元的内容，可由 R0 间接寻址：

```
MOV  R0,＃0F0H
MOV  A,@R0
```

而指令

```
MOV  A, 0F0H                   ;A←(F0H)SFR
```

是读取 SFR 地址为 F0H 的寄存器的内容，等价于

```
MOV  A, B                      ;A←B
```

SFR 离散分布在地址 80H～FFH 区域中，有许多单元是无定义的。若对无定义的内部字节单元进行访问，所得的结果是不正确的。

（5）某些指令的功能是相同的,但指令机器码字节可能不同。比较下列两条指令：

```
MOV    A    ,   ♯0FH          ;A←0FH,2 字节(机器码:74H,0FH)
   寄存器寻址   立即寻址
```

```
MOV    ACC   ,   ♯0FH          ;A←0FH,3 字节(机器码:75H,E0H,0FH)
   直接寻址   立即寻址
```

这里的 ACC 表示累加器 A 的直接地址 E0H。

（6）数据传送指令都不影响标志位。

2. 栈操作指令

用户可以在 MCS-51 的内部 RAM 中设定一个 LIFO(后进先出)或 FILO(先进后出)区域作为堆栈,在 SFR 中有一堆栈指针 SP,它指出栈顶的位置。系统复位后 SP 的默认值为 07H,表示内部 RAM 从 08H 单元开始可用于堆栈区,然而内部 RAM 08H 单元是工作寄存器组 1 的 R0 寄存器,为了能使用较多的工作寄存器组,通常用软件对 SP 进行初始化,令 SP 指向没有被数据存储所用的内部 RAM 其他区域(例如 MOV SP,♯50H)。在 MCS-51 指令系统中,有两条用于数据传送的栈操作指令,见表 3.3。

表 3.3　栈操作指令

指令名称	助记符	机器码	操　作	机器周期
进栈	PUSH　direct	10000000　direct	SP←SP+1, (SP)←(direct)	2
出栈	POP　direct	11010000　direct	(direct)←(SP),SP←SP−1	2

堆栈是在 RAM 中设定的存储区,栈底是固定的,栈顶是浮动的,所有信息的存入和取出都是在浮动的栈顶进行的。堆栈技术在子程序嵌套时常用于保存断点,在多级中断时用来保存断点和现场等,以及在对逆波兰式表达公式进行计算时用于保存中间结果等。用堆栈指令也可以实现内部 RAM 单元之间的数据传送和交换。

进栈指令 PUSH 用于把 direct 为地址的操作数压入到堆栈中去。执行该指令分 2 步,首先将 SP 加 1,使 SP 指向栈顶,即栈顶向上浮动一个单元;然后将 direct 单元中的数据传送到由 SP 指示的栈顶单元。

出栈指令 POP 用于把栈顶中的元素弹出给 direct 为地址的单元中去。执行该指令也分 2 步,首先将 SP 所指示的栈顶单元中的数据传送到 direct 单元,然后将 SP 减 1,即栈顶向下浮动一个单元。

例如,设(70H)=55H,(71H)= AAH。将内部 RAM 的 70H 与 71H 两单元的内容交换。

```
MOV    SP,♯50H          ;初始化堆栈指针
PUSH   70H              ;将 70H 单元的内容压入堆栈
PUSH   71H              ;再将 71H 单元的内容压入堆栈
POP    70H              ;将栈顶元素弹出给 70H 单元
POP    71H              ;再将下一个元素弹出给 71H 单元
```

执行上述指令堆栈变化的情况如图 3.17 所示。执行结果为 (70H)= AAH,

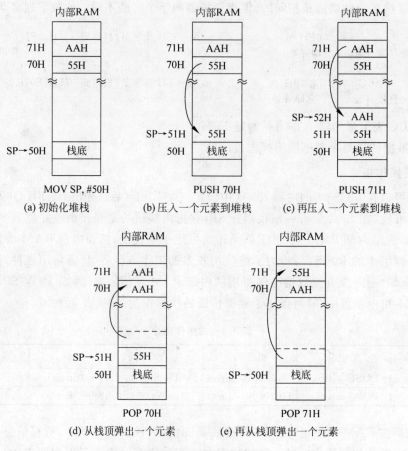

图 3.17 堆栈变化示意图

$(71H)=55H$。

又如,在中断处理时堆栈指令用于保护现场和恢复现场。设 $SP=60H$,中断服务程序的一般结构如下:

PUSH	ACC	; $SP \leftarrow SP + 1(SP=61H),(61H) \leftarrow A$
PUSH	B	
PUSH	PSW	; $SP \leftarrow SP + 1 (SP=62H),(62H) \leftarrow PSW$
...		; 中断处理
POP	PSW	; $PSW \leftarrow (62H),SP \leftarrow SP-1 (SP=61H)$
POP	B	
POP	ACC	; $A \leftarrow (61H),SP \leftarrow SP-1 (SP=60H)$
RETI		; 中断返回

注意:将累加器 A 的数据压入堆栈或从堆栈中弹出数据给累加器 A 时,汇编指令的操作数部分应写成 ACC,表示累加器的直接地址,而不能写成 A。

3. 字节交换指令

数据传送指令还提供了 4 条数据交换指令,包括 3 条字节交换指令和 1 条低半字节交换指令,见表 3.4。

表 3.4　字节交换指令

指令名称	助 记 符	机 器 码	操 作	机器周期
字节交换	XCH A,Rn	11001rrr	A↔Rn	1
	XCH A,direct	11000101 direct	A↔(direct)	1
	XCH A,@Ri	11000111	A↔(Ri)	1
低半字节交换	XCHD A,@Ri	1101011i	$A_{0\sim3}$↔$(Ri)_{0\sim3}$	1

　　字节交换指令的功能是将累加器 A 的内容与内部 RAM 中任何一个单元的内容相互交换。其操作如图 3.18 所示。

图 3.18　字节交换操作

　　例如,设 A=55H,(30H)=AAH,执行指令:

XCH　A,30H

结果为 A=AAH,(30H)=55H。

　　低半字节交换指令的功能是,将累加器 A 的低 4 位与 Ri 间接寻址单元的低 4 位相互交换,而各自的高 4 位保持不变。其操作如图 3.19 所示。

图 3.19　低半字节交换操作

　　例如,设 A=25H,R0=30H,(30H)=3AH,执行指令:

XCHD　　A,@R0

结果为 A=2AH,R0=30H(不变),(30H)=35H。

4. 累加器 A 与外部数据存储器传送指令

　　CPU 与外部 RAM 的数据传送指令,其助记符为 MOVX,其中的 X 就是 eXternal(外部)的第二个字母,表示访问外部 RAM。这类指令共有 4 条,见表 3.5。

表 3.5　累加器 A 与外部数据存储器传送指令

指令名称	助 记 符	机 器 码	操 作	机器周期
累加器 A 与外部 RAM 的数据传送	MOVX A,@DPTR	11100000	A←(DPTR)	2
	MOVX @DPTR, A	11110000	(DPTR)←A	2
	MOVX A,@Ri	1110001i	A←(Ri)	2
	MOVX @Ri, A	1111001i	(Ri)←A	2

这组指令的功能是,在累加器 A 与外部 RAM 或扩展 I/O 口之间进行数据传送,且仅为寄存器间接寻址。

表 3.5 中的前 2 条指令以 DPTR 作为外部 RAM 的 16 位地址指针,由 P0 口送出低 8 位地址,由 P2 口送出高 8 位地址,寻址能力为 64KB;后 2 条指令用 R0 或 R1 作外部 RAM 的低 8 位地址指针,由 P0 口送出地址码,P2 口的状态不受影响。Ri 对外部 RAM 寻址能力为 256 个字节单元,若将这 256 个字节单元作为 1 页,页号由 P2 口指出,共有 256 页。

若外部 RAM 地址空间上设置了扩展 I/O 端口,则这 4 条指令就为输入/输出指令。MCS-51 只能用这些指令对外部扩展 I/O 的端口进行存取操作。

5. 累加器 A 与程序存储器的传送指令

MCS-51 指令系统提供了 2 条累加器 A 与程序存储器的数据传送指令,指令助记符采用 MOVC,其中的 C 就是 Code(代码)的第一字母,表示读取 ROM 中的代码。这是两条极为有用的查表指令,见表 3.6。

表 3.6　累加器 A 与程序存储器的传送指令

指令名称	助　记　符	机器码	操　　作	机器周期
查表	MOVC A,@A+PC	10000011	PC←PC+1 A←(A+PC)	2
	MOVC A,@A+DPTR	10010011	A←(A+DPTR)	2

表 3.6 所列的累加器 A 与程序存储器的传送指令都为单字节两机器周期指令,第一条指令是以 PC 作为基础寄存器,累加器 A 的内容为无符号整数,两者相加得到一个 16 位地址,把该地址指出的程序存储器单元的内容送到累加器 A 中,CPU 读取本指令后,PC 已执行加 1 操作,并指向下一条指令的首字节地址。

例如,设 A=30H,执行

1000H:　MOVC　A,@A+PC

指令后,将程序存储器 1031H 单元的内容送入累加器 A 中,即 A←(1031H)$_{ROM}$。

本指令的优点是不改变 PC 的状态,仅根据累加器 A 的内容就可以取出表格中的数据。缺点是表格只能存放在该查表指令后面的 256 个单元之内,表格的长度受到限制,而且表格只能被一段程序所使用。

第二条指令以 DPTR 作为基础寄存器,累加器 A 的内容作为无符号数,两者相加后得到一个 16 位地址,把该地址指出的程序存储器单元的内容送到累加器 A 中。

例如,设 DPTR=8000H,A=50H,执行

MOVC　A,@A+DPTR

指令后,程序存储器中的 8050H 单元中的内容送入累加器 A 中,即 A←(8050H)$_{ROM}$。本查表指令的执行结果只与 DPTR 和 A 的内容有关,与该指令存放的地址及表格存放的地址无关。因此,表格的长度和位置可以在 64KB 程序存储器空间中任意改变,而且一个表格可以被多个程序段共享。

以上介绍的数据传送指令,一般都不影响 PSW 的标志位,仅当数据传送后累加器 A 的值改变时,奇偶标志 P 才根据 A 的值被重新设定。

3.2.2　算术运算指令

MCS-51 的算术运算指令也比较丰富,包括加、减、乘法和除法指令,数据运算功能较强。

MCS-51 的算术运算指令,仅仅直接执行 8 位数的算术操作。指令的执行结果将使程序状态字 PSW 中的进位标志 CY、半进位标志 AC 和溢出标志 OV 置位或复位,只有加 1 和减 1 指令不影响这些标志,乘法和除法指令不影响 AC 标志位。注意,无论执行何种指令,PSW 中的奇偶标志 P 总是指示累加器 A 的奇偶性。

1. 加法指令

加法指令分两组,即不带进位加和带进位加指令,见表 3.7。

表 3.7　加法指令

指令名称	助　记　符	机　器　码	操　　作	机器周期
不带进位加	ADD A,Rn	00101rrr	A←A+ Rn	1
	ADD A,direct	00100101 direct	A←A+（direct）	1
	ADD A,@Ri	0010011i	A←A +(Ri)	1
	ADD A,#data	00100100 data	A←A + data	1
带进位加	ADDC A,Rn	00111rrr	A←A+ Rn+CY	1
	ADDC A,direct	00110101 direct	A←A+(direct) +CY	1
	ADDC A,@Ri	0011011i	A←A+(Ri)+CY	1
	ADDC A,#data	00110100 data	A←A+ data+CY	1

在表 3.7 中,第一组不带进位加法指令的功能是把所指出的字节变量加到累加器 A 中去,运算结果存放在累加器 A 中。第二组带进位加法指令的功能是同时把所指出的字节变量、进位标志 CY 和累加器 A 的内容相加,相加后的结果存放在累加器 A 中。

加法指令将对 PSW 各标志位产生影响。在相加的结果中,如果 D7 有进位,则 CY=1,否则 CY=0;如果 D3 有进位,则 AC=1,否则 AC=0;如果 D6 有进位而 D7 没进位,或者 D7 有进位而 D6 没进位,则 OV=1,否则 OV=0;如果相加结果在 A 中 1 的个数为奇数,则 P=1,否则 P=0。

例如,设 A=46H,R1=5AH,执行指令:

ADD　A, R1　　　　　　　　　　;A←A+R1

运算过程如图 3.20 所示。

结果为 A=A0H,R1=5AH(不变);标志位:CY=0,OV=1,AC=1,P=0。

又如,设 A=95H,(20H)=F9H,CY=1,执行指令:

ADDC　A,20H　　　　　　　　　;A←A+(20H)+CY

运算过程如图 3.21 所示。

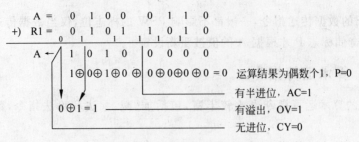

图 3.20　ADD 指令运算过程

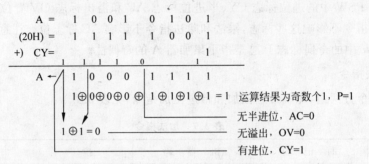

图 3.21　ADDC 指令运算过程

结果为 A＝8FH,(20H)＝F9H(不变);标志位:CY＝1,OV＝0,AC＝0,P＝1。

2. 加 1 指令

加 1 指令是特殊的加法指令,即规定加数为 1,见表 3.8。

表 3.8　加 1 指令

指令名称	助　记　符	机　器　码	操　　作	机器周期
加 1	INC A	0000100	A←A+1	1
	INC Rn	00001rrr	Rn←Rn+1	1
	INC direct	00000101 direct	(direct)←(direct)+1	1
	INC @Ri	0000011i	(Ri)←(Ri)+1	1
	INC DPTR	10100011	DPTR←DPTR+1	2

加 1 指令的功能是把操作数的内容加 1,除奇偶标志外,操作结果不影响 PSW 中的标志位。若操作数原有的内容为 FFH 时,加 1 后将上溢出为 00H。

在表 3.8 中第三条指令,若直接地址 direct 为 I/O 端口 Pi(i＝0,1,2,3)时,可用本指令修改输出口,即进行"读—改—写"操作。原来端口的数据将从输出口锁存器读入,而不是从引脚读入。例如:

INC　P1　　　　　　　　　　　　　;P1 口为输出口

如果要将累加器 A 的内容加 1,有以下两种方法:

(1) INC A;单字节指令,只影响奇偶标志 P,不影响其他标志位。

(2) ADD A,♯01H;双字节指令,影响 PSW 各标志位(CY,OV,AC,P)。

从标志位状态和指令长度来看,这两条指令是不等价的。

3. 减法指令

减法指令只提供带借位减指令,见表3.9。

表3.9　减法指令

指令名称	助 记 符	机 器 码	操 作	机器周期
带借位减	SUBB A,Rn	10011rrr	A←A−Rn−CY	1
	SUBB A,direct	10010101 direct	A←A−(direct)−CY	1
	SUBB A,@Ri	1001011i	A←A−(Ri)−CY	1
	SUBB A,#data	10010100 data	A←A−data−CY	1

减法指令的功能是从累加器 A 中的值减去指定变量及借位 CY 的值,差值存放在累加器 A 中。

在 MCS-51 指令系统中没有提供不带借位减法指令,若要实现不带借位减法操作,可以在"SUBB"指令之前加一条"CLR C"指令,先将 CY 清 0。

减法指令对 PSW 各标志位产生影响。在相减时,如果 D7 位有借位,则 CY=1,否则 CY=0;若 D3 位有借位,则 AC=1,否则 AC=0;如果 D6 位发生借位而 D7 位无借位,或者 D7 位发生借位而 D6 位无借位,则 OV=1,否则 OV=0;如果 A 中(相减的差)1 的个数为奇数,则 P=1,否则 P=0。

例如,设 A=C9H,R2=54H,CY=1,执行指令:

SUBB　A,R2　　　　　　　　　　　; A←A−R2−CY

运算过程如图 3.22 所示。

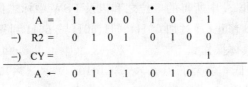

图 3.22　SUBB 指令运算过程

结果为 A=74H,R2=54H(不变);标志位:CY=0,AC=0,OV=1,P=0。

本例中,若视为两个无符号数相减,差为 74H,是正确的;若视为两个带符号数相减,则一个负数减去一个正数,结果为正数是错误的,OV=1 表示运算有溢出。

4. 减 1 指令

减 1 指令是特殊的减法指令,即规定减数为 1,见表 3.10。

表 3.10　减 1 指令

指令名称	助 记 符	机 器 码	操 作	机器周期
减 1	DEC A	00010100	A←A−1	1
	DEC Rn	00011rrr	Rn←Rn−1	1
	DEC direct	00010101 direct	(direct)←(direct)−1	1
	DEC @Ri	0001011i	(Ri)←(Ri)−1	1

减 1 指令的功能是,将操作数的内容减 1。除奇偶标志外,操作结果不影响 PSW 的标志位。若操作数原有的内容为 00H,则减 1 后下溢出为 FFH。其他情况与加 1 指令类同。

当减 1 指令用于修改输出口时,用做原始口的数据值将从输出口锁存器 Pi(i＝0,1,2,3)读入,而不是从引脚读入,进行"读—改—写"操作。

MCS-51 没有提供专门对 DPTR 减 1 的指令,如果要对 DPTR 减 1,由下列程序段来实现:

```
MOV    A,DPL        ；取 DPTR 低字节
CLR    C            ；第一次做减法之前清借位位
SUBB   A,#1         ；低字节减 1
MOV    DPL,A        ；更新 DPL
MOV    A,DPH        ；取高字节
SUBB   A,#0         ；如果有来自低字节运算的借位,则高字节减去借位位
MOV    DPH,A        ；更新 DPH
```

5. 十进制调整指令

如果要进行 BCD 码的十进制运算,可利用十进制调整指令,见表 3.11。

表 3.11　十进制调整指令

指令名称	助记符	机器码	操　　作	机器周期
二-十进制调整	DA A	11010100	将 A 的内容转换为 BCD 码	1

这是一条专用于实现 BCD 码加法的指令。此指令的功能是,在累加器 A 进行压缩 BCD 码加法运算后,根据 A 中所得的 8 位之和以及 PSW 中标志位 AC、CY 的状态,对 A 中两个半字节进行"加 6 修正(通过加 00H、06H、60H 或 66H 到累加器上)",使其转换成压缩的 BCD 码形式。具体操作如下:

(1) 若累加器 A 的低 4 位大于 9(××××1010～××××1111),或者 AC＝1,则对 A 的低 4 位进行加 6 调整(A←A ＋ 06H),以产生低 4 位正确的 BCD 码。在加 6 调整后,如果低 4 位向高 4 位产生进位,且 A 的高 4 位均为 1 时,则进位标志 CY＝1;反之,它不能使 CY＝0。

(2) 若累加器 A 的高 4 位大于 9(1010××××～1111××××),或者 CY＝1(包括由于低 4 位调整后导致 CY＝1),则本指令对 A 的高 4 位进行加 6 调整(A←A＋60H),以产生高 4 位正确的 BCD 码。如果加 6 调整后,最高位产生进位,则 CY＝1;反之,它不能使 CY＝0。这时的 CY＝1,表示两个 BCD 码相加后,所加之和的 BCD 码大于或等于 100,这对多字节加法有用,但不影响溢出标志 OV。

例如,设 A ＝ 45H(01000101B),表示十进制 45 的压缩 BCD 码;R5 ＝ 78H (01111000B),表示十进制数 78 的压缩 BCD 码。执行下列指令:

```
ADD    A,R5         ；使 A＝BDH(10111101B),CY＝0,AC＝0
DA     A            ；使 A＝23H(00100011B),CY＝1
```

指令执行情况如下:

① 第一条 ADD 指令执行一个标准的二进制加法,如图 3.23 所示。

```
    A =  0 1 0 0   0 1 0 1
 +) R5 =  0 1 1 1   1 0 0 0
    ———————————————————————————
    A ←  1 0 1 1   1 1 0 1   CY=0, AC=0
```

图 3.23 二进制数相加

② 第二条 DA 指令,根据 A 中数据的低 4 位和高 4 位都大于 9,进行加 66H 的修正,如图 3.24 所示。

```
    A =   1 0 1 1   1 1 0 1
 +) 66H =  0 1 1 0   0 1 1 0
    ———————————————————————————
    A ←   0 0 1 0   0 0 1 1   CY=1
```

图 3.24 进行"加 6 修正"

结果为 A=23H,CY=1,相当于十进制数 123。

在 MCS-51 指令系统中没有十进制减法调整指令。如果要做十进制减法运算,就必须用其他适当的方法来实现所需的"减 6 修正"。对于十进制减法运算,减去一个数可用加上该减数的补数来进行。例如两个十进制数相减:

$$70-20=50$$

可改为被减数与减数的补数(两位十进制数对 100 取补)相加:

$$70+(100-20)=150$$

丢掉进位后,得到正确的结果。

为了实现 BCD 码减法运算,用 8 位二进制数 10011010(9AH)来表示十进制数 100,这是因为 9AH 经过十进制调整后为 100H。那么十进制无符号数的减法运算变为:

$$被减数 +(9AH-减数)$$

对结果进行十进制加法调整后就得到差的 BCD 码。

例如,设内部 RAM 中 30H、31H 单元分别存放着两位压缩 BCD 码的形式表示的被减数和减数,两者相减后的差仍以压缩 BCD 码的形式存放在 32H 单元中。以下几条指令可实现该两数的 BCD 码减法运算:

```
CLR    C           ;为做减法,清借位位 CY = 0
MOV    A,#9AH
SUBB   A,31H       ;求减数的补数
ADD    A,30H       ;被减数加上补数
DA     A           ;十进制调整
MOV    32H,A       ;差存入 32H 单元
```

6. 乘法指令

MCS-51 提供有单字节乘法指令,见表 3.12。

表 3.12 乘法指令

指令名称	助记符	机器码	操 作	机器周期
乘法	MUL AB	10100100	BA←A×B	4

乘法指令的功能是,把累加器 A 和 B 寄存器中的两个 8 位无符号数相乘,把 16 位乘积的低 8 位存放在累加器 A 中,高 8 位存放在 B 寄存器中。如果乘积大于 255(FFH),则使溢出标志 OV 置 1,否则 OV 清 0。进位标志 CY 总是清 0,不影响半进位标志,奇偶标志 P 仍按 A 中 1 的奇偶性来确定。

例如,设 A=32H(即 50),B=60H(即 96),执行指令:

MUL   AB   ; BA←A×B

结果:乘积为 12C0H(即 4800)＞FFH(即 255)。A=C0H,B=12H。各标志位:CY=0,OV=1,P=0。

7. 除法指令

MCS-51 提供有单字节除法指令,见表 3.13。

表 3.13 除法指令

指令名称	助记符	机器码	操　作	机器周期
除法	DIV　AB	10000100	A(商)…B(余数)← A/B	4

除法指令的功能是,把累加器 A 中的 8 位无符号整数除以 B 寄存器中的 8 位无符号整数,所得的商存放在 A 中,余数存放在 B 中。标志位 CY 和 OV 均被清 0。如果除数 B=00H 时,则返回到 A、B 中的值无法确定,且溢出标志 OV 置 1,CY 仍为 0。执行除法指令时,半进位标志 AC 不受影响,奇偶标志 P 仍根据 A 的内容而定。

例如,设 A=FFH(255),B=12H(18),执行指令:

DIV   AB   ; A…B←A÷B

结果:商为 A=0EH(14)、余数为 B=03H(3)。各标志位:CY=0,OV=0,P=1。

3.2.3 逻辑运算指令

逻辑运算指令是另一类经常使用的指令,它包括:清 0、取反、半字节交换、逻辑与、逻辑或、逻辑异或,见表 3.14。

表 3.14 逻辑运算指令

指令名称			助　记　符	机器码	操　作	机器周期
简单逻辑操作		清 0	CLR A	11100100	A←0	1
		取反	CPL A	11110100	A←$\overline{A}$	1
循环移位	左移	左环移	RL A	00100011	ACC.7 ← ACC.0	1
		带进位左环移	RLC A	00110011	CY ← ACC.7 ← ACC.0	1
	右移	右环移	RR A	00000011	ACC.7 → ACC.0	1
		带进位右环移	RRC A	00010011	CY → ACC.7 → ACC.0	1

续表

指令名称	助记符	机器码	操作	机器周期
累加器 A 半字节交换	SWAP A	11000100	A 高4位 低4位	1
逻辑与	ANL A,Rn	01011rrr	A←A∧(Rn)	1
	ANL A,direct	01010101 direct	A←A∧(direct)	1
	ANL A,@Ri	0101011i	A←A∧(Ri)	1
	ANL A,#data	01010100 data	A←A∧data	1
	ANL direct,A	01010010 direct	(direct)←(direct)∧A	1
	ANL direct,#data	01010011 direct data	(direct)←(direct)∧data	2
逻辑或	ORL A,Rn	01001rrr	A←A∨(Rn)	1
	ORL A,direct	01000101 direct	A←A∨(direct)	1
	ORL A,@Ri	0100011i	A←A∨(Ri)	1
	ORL A,#data	01000100 data	A←A∨data	1
	ORL direct,A	01000010 direct	(direct)←(direct)∨A	1
	ORL direct,#data	01000011 direct data	(direct)←(direct)∨data	2
逻辑异或	XRL A,Rn	01101rrr	A←A⊕(Rn)	1
	XRL A,direct	01100101 direct	A←A⊕(Rn)	1
	XRL A,@Ri	0110011i	A←A⊕(direct)	1
	XRL A,#data	01100100 data	A←A⊕(Ri)	1
	XRL direct,A	01100010 direct	A←A⊕data	1
	XRL direct,#data	01100011 direct data	(direct)←(direct)⊕data	2

表 3.14 所列的逻辑运算指令包括对累加器 A 进行清 0、求反、循环移位、半字节交换等操作的指令,以及对操作数执行以位为基础的逻辑与、逻辑或和逻辑异或等操作的指令。这些逻辑运算指令,除了带进位标志位 CY 循环移位指令只影响 CY 和 P 标志位外,其余的逻辑运算指令都不会影响 PSW 的各标志位。

循环移位指令每操作一次移一位,例如,设 A＝01011010B(5AH),执行指令:

RL　A　　　　　　　　　　　　;使 A 中的 8 位数向左移动 1 位,最高位移到最低位

结果为 A＝10110100B(B4H)。

带进位循环移位指令能方便地实现对多字节数的移位,例如,对 R1R0 中的 16 位数 (低 8 位在 R0 中)左移一位,最低位补 0,最高位移出到 CY 中,可由下列指令实现:

```
MOV    A,R0       ;取低字节
CLR    C          ;CY 清 0
RLC    A          ;低字节左移 1 位
MOV    R0,A
MOV    A,R1       ;取高字节
RLC    A          ;左移 1 位
MOV    R1,A
```

逻辑运算指令是对字节数按位进行逻辑运算的。例如,设 A＝5AH 执行逻辑与指令:

ANL　　A,＃0F0H

运算规则如图 3.25 所示。

```
      0  1  0  1   1  0  1  0   (5AH)
 ∧)   0  0  0  0   1  1  1  1   (0FH)
     ─────────────────────────
      0  0  0  0   1  0  1  0   屏蔽A中的高4位,低4位不变
```

图 3.25　ANL 指令运算规则

结果为 A＝0AH。

又如,设 A＝5AH 执行逻辑或指令:

ORL　　A,＃0F0H

运算规则如图 3.26 所示。

```
      0  1  0  1   1  0  1  0   (5AH)
 ∨)   0  0  0  0   1  1  1  1   (0FH)
     ─────────────────────────
      0  1  0  1   1  1  1  1   A中的高4位不变,低4位全为1
```

图 3.26　ORL 指令运算规则

结果为 A＝5FH。

再如,同样设 A＝5AH 执行逻辑异或指令:

XRL A,＃0F0H

运算规则如图 3.27 所示。

```
      0  1  0  1   1  0  1  0   (5AH)
 ⊕)   0  0  0  0   1  1  1  1   (0FH)
     ─────────────────────────
      0  1  0  1   0  1  0  1   A中的高4位不变,低4位变反
```

图 3.27　XRL 指令运算规则

结果为 A＝55H。

当用逻辑与、逻辑或、逻辑异或指令修改一个输出口时,参加逻辑运算的原始口数据是从输出口的锁存器中读取,而不是从输出口的引脚读取,即为"读—改—写"操作。

3.2.4　控制转移指令

控制转移指令是控制程序的走向,包括无条件转移、条件转移、子程序调用和返回、空操作指令。

1. 无条件转移指令

MCS-51 有 3 条无条件转移指令,见表 3.15。当程序执行无条件转移指令时,程序就无条件地转移到该指令所提供的目标地址。下面将分别介绍各种无条件转移指令的功能。

表 3.15　无条件转移指令

指令名称	助　记　符	机　器　码	操　　作	机器周期
绝对转移	AJMP　addr11	$a_{10}\,a_9\,a_8\,00001$ $a_7 \sim a_0$	$PC \leftarrow PC+2$ $PC\,a_{10\sim0} \leftarrow addr_{10\sim0}$ $PC\,a_{15\sim11}$不变	2
长转移	LJMP　addr16	00000010 $a_{15} \sim a_8$ $a_7 \sim a_0$	$PC \leftarrow addr_{15\sim0}$	2
短转移	SJMP　rel	10000000 rel	$PC \leftarrow PC+2$ $PC \leftarrow PC+rel$	2
间接转移	JMP　@A+DPTR	01110011	$PC \leftarrow A+DPTR$	2

(1) 绝对无条件转移指令 AJMP addr11

绝对转移指令 AJMP 是两字节无条件转移指令,指令中包含 addr11 共 11 位地址码,转移的目标地址必须与 AJMP 指令的下一条指令首字节位于程序存储器的同一 2KB 区内。指令执行过程是:先将 PC 值加 2,然后把指令中给出的 11 位地址 addr11($a_{10} \sim a_0$)送入 PC 的低 11 位($PC_{10} \sim PC_0$),PC 的高 5 位($PC_{15} \sim PC_{11}$)保持不变,形成新的目标地址 $PC_{15\sim11}\,a_{10} \sim a_0$,程序随即转移到该地址处。应当注意,转移到达的目标地址必须与本指令取指后 PC＋2 的地址(源地址＋2)位于同一 2KB 区域内,即 PC＋2 后的 PC 值和目标地址的高 5 位 $a_{15} \sim a_{11}$ 应该相同。这里的 PC 就是指向 AJMP 指令首字节单元的指针,如图 3.28 所示。

绝对无条件转移指令仅为 2 个字节的指令,却能提供 2KB 范围的转移空间,它比相对转移指令的转移范围大得多。但是,要求 AJMP 指令的转移目标地址和 PC＋2 的地址处于同一 2KB 区域内,故受一定的限制。

例如,设指令 AJMP 27BCH 存放在 ROM 的 1FFEH 和 1FFFH 两地址单元中。在执行该指令时,PC＋2 指向 2000H 单元。转移目标地址 27BCH 和 PC＋2 后指向的单元地址 2000H 在同一 2KB 区,因此能够转移。

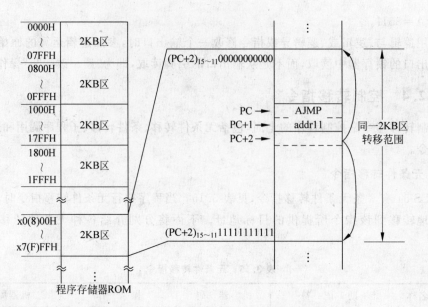

图 3.28　AJMP 指令的转移范围

如果把存放在 1FFEH 和 1FFFH 两单元的绝对转移指令改为 AJMP 1F00H,这种转移是不能实现的,因为转移目标地址 1F00H 和指令执行时 PC+2 后指向的下一单元的地址 2000H 不在同一 2KB 区内。

(2) 长转移指令 LJMP addr16

长转移指令 LJMP 是 3 字节无条件转移指令。在执行 JMP 指令时,把指令操作数提供的 16 位目标地址 $a_{15} \sim a_0$ 装入 PC 中,即 PC=$a_{15} \sim a_0$,因此长转移指令可以跳到 64KB 程序存储器的任何位置。

(3) 短转移指令 SJMP rel

短转移指令 SJMP 是 2 字节无条件相对转移指令,转移的目标地址为

$$目标地址 = 源地址 + 2 + rel$$

源地址是 SJMP 指令操作码所在的地址。短转移指令的机器码为两字节,首字节是操作码,第二字节 rel 为相对偏移量。相对偏移量是一个用补码表示的 8 位带符号数。在执行 SJMP 指令时 PC+2 指向下一条指令的首字节地址,因此转移范围为 $-128 \sim +127$ 共 256 个单元,即转移目标地址可以在 SJMP 指令的下条指令首字节前 128 个字节和后 127 个字节之间,或从(源地址-126)到(源地址+129)范围内。

若偏移量 rel 取值为 FEH,则目标地址等于源地址,相当于动态停机,程序"终止"在这条指令上。停机指令在调试程序时很有用。MCS-51 没有专用的停机指令,若要求动态停机可以用 SJMP 指令来实现:

Here: SJMP　Here　　　　；动态停机(80H,FEH)

或写成

SJMP　　$　　　　　　；"$"表示本指令首字节所在单元的地址,使用它可省略标号

这是一条死循环指令。如果系统的中断是开放的,那么 SJMP ＄指令实际上是在等待中断。当有中断申请后,CPU 转至执行中断服务程序。中断返回时,仍然返回到这条死循环指令,继续等待中断,而不是返回到该指令的下一条指令。这是因为执行 SJMP ＄后,PC 仍指向这条指令,中断的断点就是这条指令的首字节地址。

(4) 间接转移指令 JMP @A＋DPTR

间接转移指令的功能是把累加器 A 中的 8 位无符号数与数据指针 DPTR 的 16 位数相加(模 2^{16}),所加之和作为下一条指令的地址送入 PC 中,不改变 A 和 DPTR 的内容,也不影响标志。

间接转移指令采用变址方式实现无条件转移,其特点是转移地址可以在程序运行中加以改变。例如,当把 DPTR 作为基地址且确定时,根据 A 的不同值就可以实现多分支转移,故一条指令可完成多个条件判断转移指令功能。这种功能称为散转功能,所以间接转移指令又称为散转指令。

2. 条件转移指令

条件转移指令是依某种特定条件转移的指令。条件满足时转移(相当于执行一条相对转移指令);条件不满足时则按顺序执行下面一条指令,见表 3.16。

表 3.16　条件转移指令

指 令 名 称		助 记 符	机 器 码	操　作	机器周期
判断 A＝0? 转移	零转移	JZ rel	01100000·rel	PC←PC＋2 若 A＝0,则 PC←PC＋rel 若 A≠0,则顺序执行	2
	非零转移	JNZ rel	01110000 rel	PC←PC＋2 若 A≠0,则 PC←PC＋rel 若 A＝0,则顺序执行	
位 条 件 转 移	CY＝1 转移	JC rel	01000000 rel	PC←PC＋2 若 CY＝1,则 PC←PC＋rel 若 CY＝0,则顺序执行	2
	CY＝0 转移	JNC rel	01010000 rel	PC←PC＋2 若 CY＝0,则 PC←PC＋rel 若 CY＝1,则顺序执行	2
	(bit)＝1 转移	JB bit,rel	001000000 bit rel	PC←PC＋3 若 (bit)＝1,则 PC←PC＋rel 若 (bit)＝0,则顺序执行	2
	(bit)＝0 转移	JNB bit,rel	00110000 bit rel	PC←PC＋3 若 (bit)＝0,则 PC←PC＋rel 若 (bit)＝1,则顺序执行	2
	(bit)＝1 则位清0 转移	JBC bit,rel	00010000 bit rel	PC←PC＋3 若 (bit)＝1,则 (bit)←0 PC←PC＋rel 若 (bit)＝0,则顺序执行	2

指 令 名 称	助 记 符	机 器 码	操　　作	机器周期
比较转移	CJNE A,direct,rel	10110101 direct rel	PC←PC+3 若 A>(direct),PC←PC+rel 且 CY←0 若 A<(direct),则 PC←PC+rel 且 CY←1 若 A=(direct),则顺序执行,且 CY←0	2
	CJNE A,♯data,rel	10110100 data rel	PC←PC+3 若 A>data,PC←PC+rel 且 CY←0 若 A<data,PC←PC+rel 且 CY←1 若 A=data,顺序执行,且 CY←0	2
	CJNE Rn,♯data,rel	10111rrr data rel	PC←PC+3 若 Rn>data,PC←PC+rel 且 CY←0 若 Rn<data,C←PC+rel 且 CY←1 若 Rn=data,则顺序执行,且 CY←0	2
	CJNE @Ri,♯data,rel	1011011i data rel	PC←PC+3 若(Ri)>data,则 PC←PC+rel 且 CY←0 若(Ri)<data,则 PC←PC+rel 且 CY←1 若(Ri)=data,则顺序执行,且 CY←0	2
减 1 不为 0 循环转移	DJNZ Rn,rel	11011rrr rel	PC←PC+2 Rn←Rn-1 当 Rn≠0,则 PC←PC+rel 当 Rn=0,则结束循环,程序往下执行	2
	DJNZ direct,rel	11010101 direct rel	PC←PC+3 (direct)←(direct)-1 当(direct)≠0,则 PC←PC+rel 当(direct)=0,则结束循环,程序往下执行	2

　　MCS-51 的条件转移目标地址位于条件转移指令的下一条指令首字节地址前 128 个字节和后 127 个字节之间,即转移可以向前也可以向后,转移范围为 -128~+127,共 256 个单元。在执行条件转移指令时,PC 已指向下一条指令的第一字节地址,如果条件满足,再把相对偏移量 rel 加到 PC 上,计算出转移目标地址。

　　MCS-51 的条件转移指令非常丰富,包括判累加器零转移、判位(bit)状态转移、比较转移和循环转移共 4 组。

表 3.16 所列的 4 组条件转移指令中,比较转移指令是 MCS-51 指令系统中仅有的具有 3 个操作数的指令组。比较转移指令的功能是比较前两个无符号操作数的大小。若不相等,则转移;否则顺序往下执行。如果第一个操作数大于或等于第二个操作数,则 CY 清 0,否则 CY 置 1。指令执行结果不影响其他标志位和所有的操作数。这组指令为 3 字节指令,因此转移目标地址应是 PC 加 3 以后再加偏移量 rel 所得的 PC 的值。即

$$目标地址＝源地址＋3＋rel$$

源地址是比较转移指令所在位置的首字节地址。

除了比较转移指令外,3 字节的条件相对转移指令还包括 3 条位判断转移指令和 1 条减 1 不为 0 循环转移指令,其余的都是 2 字节指令。因此在计算偏移量时要特别注意。

减 1 不为 0 转移指令是把源操作数减 1,结果送回到源操作数中去。如果结果不为 0,则转移。源操作数有寄存器寻址和直接寻址两种方式,允许用户把内部 RAM 单元用做程序循环计数器。例如,由单条 DJNZ 指令来实现软件延时:

LOOP: DJNZ R1,LOOP ;2 个机器周期

可写成省略标号的形式:

DJNZ R1,$;"$"表示本指令首字节地址

其中,R1 的取值范围为 00H~FFH,可实现延时 2~512 个机器周期(当时钟频率为 12MHz 时,一个机器周期为 $1\mu s$)。

注意:在用 DJNZ Pi,rel 指令对输出口 Pi(i＝0~3)的内容进行减 1 循环时,为"读—写—改"操作。另外,当用 JBC Pi.n,rel 指令测试输出口的某一位 Pi.n(i＝0~3,n＝0~7)时也为"读—改—写"操作。

3. 调用子程序指令

调用子程序指令有两种——绝对调用和长调用,见表 3.17。

表 3.17 调用子程序指令

指令名称	助 记 符	机 器 码	操 作	机器周期
绝对调用	ACALL addr11	$a_{10}a_9a_8$ 10001 $a_7 \sim a_0$	PC←PC＋2 SP←SP＋1 (SP)←$PC_{7\sim0}$ SP←SP＋1 (SP)←$PC_{15\sim8}$ PC $a_{10\sim0}$←$a_{10} \sim a_0$ PC $a_{15\sim11}$不变	2
长调用	LCALL addr16	00010010 $a_{15} \sim a_8$ $a_7 \sim a_0$	PC←PC＋3 SP←SP＋1 (SP)←$PC_{7\sim0}$ SP←SP＋1 (SP)←$PC_{15\sim8}$ PC $a_{15\sim11}$←$a_{15} \sim a_0$	2

（1）绝对调用指令 ACALL

绝对调用指令 ACALL 是一条 2 字节的调用子程序指令。该指令提供了 11 位目标地址 addr11，产生调用地址的方法和绝对转移指令 AJMP 产生转移地址的方法相同。ACALL 是在同一 2KB 区范围内调用子程序的指令。执行 ACALL 指令时，PC 加 2 后获得了下一条指令的地址，然后把 PC 的当前值压栈（栈指针 SP 加 1，PCL 进栈，SP 再加 1，PCH 进栈）。最后把 PC 的高 5 位和指令给出的 11 位地址 addr11 连接组成 16 位目标地址（$PC_{15\sim11}a_{10}\sim a_0$），并作为子程序入口地址送入 PC 中，使 CPU 转向执行子程序。因此，所调用的子程序入口地址必须和 ACALL 指令的下一条指令的第一个字节在同一个 2KB 区域的程序存储器空间。

例如，若 ACALL 指令所在的地址为 2000H 和 2001H，其下一条指令的地址应该为 2002H，该地址的高 5 位是 00100B，因此，可调用子程序的入口地址范围是 2000H～27FFH。

如果 ACALL 指令位于 07FEH 和 07FFH 两地址单元，执行该指令时 PC 加 2 后的值为 0800H，使其高 5 位变为 00001，因此，可调用子程序入口地址的范围是 0800H～0FFFH。

（2）长调用指令 LCALL

长调用指令 LCALL 是一条 3 字节的调用子程序指令，子程序可位于 64KB 程序存储器内任意位置。执行 LCALL 指令时，把 PC 加 3 获得的下一条指令的地址进栈（先压入低字节，后压入高字节）。进栈操作使 SP 加 1 两次。接着把指令的第二和第三字节（$a_{15\sim8}$，$a_{7\sim0}$）分别装入 PC 的高位和低位字节中，然后从该地址 addr16（$a_{15\sim0}$）开始执行子程序。

4. 从子程序返回指令

从子程序返回指令有两条——从子程序返回和从中断返回，见表 3.18。

表 3.18　从子程序返回指令

指令名称	助记符	机器码	操　作	机器周期
从子程序返回	RET	00100010	$PC_{15\sim8}\leftarrow(SP)$ $SP\leftarrow SP-1$ $PC_{7\sim0}\leftarrow(SP)$ $SP\leftarrow SP-1$	2
从中断返回	RETI	00110010	$PC_{15\sim8}\leftarrow(SP)$ $SP\leftarrow SP-1$ $PC_{7\sim0}\leftarrow(SP)$ $SP\leftarrow SP-1$	2

这两条返回指令的功能都是从堆栈中取出断点地址送给 PC，并从断点处开始继续执行程序。RET 应放在一般子程序的末尾，而 RETI 应放在中断服务子程序的末尾。在执行 RETI 指令时，还将清除 MCS-51 中断响应时所置位的优先级状态触发器，开放中断逻辑，以便能响应其他的中断请求，如果在执行 RETI 指令时，已经有一个优先级或同等优先级的中断源申请等待处理，则在处理该中断前至少要再执行一条指令才能响应这个

中断。

5. 空操作指令

空操作指令 NOP 见表 3.19。

表 3.19 空操作指令

指令名称	助记符	机器码	操 作	机器周期
空操作	NOP	00000000	PC←PC+1	1

空操作指令也是一条控制指令，它控制 CPU 不作任何操作，只是消耗该指令的执行时间。在执行 NOP 指令时，仅使 PC 加1，时间上消耗了 12 个时钟周期，不做其他操作。常用于等待、延时等。

以上介绍的控制转移指令，除"CJNE"指令对 CY 有影响外，其他指令的操作都不影响标志。

3.2.5 位操作指令

MCS-51 单片机内部有一个性能优异的位处理器，实际上是一个 1 位微处理器，它有自己的位变量操作运算器、位累加器（借用进位标志 CY）和存储器（位寻址区中的各位）等。MCS-51 指令系统加强了对位变量的处理能力，具有丰富的位操作指令，可以完成以位变量为对象的传送、运算、控制转移等操作。位操作指令的操作对象是内部 RAM 的位寻址区，即字节地址为 20H～2FH 单元中连续的 128 位（位地址为 00H～7FH），以及特殊功能寄存器中可以进行位寻址的各位。位操作指令分为位变量传送、位变量修改控制和逻辑运算 3 组，见表 3.20。

表 3.20 位操作指令

指令名称		助 记 符	机 器 码	操 作	机器周期
位变量传送		MOV C,bit	10100010 bit	C←(bit)	1
		MOV bit,C	10010010 bit	(bit)←C	2
位变量修改	位清0	CLR C	11000011	C←0	1
		CLR bit	11000010 bit	(bit)←0	1
	位求反	CPL C	10110011	C←$\overline{\text{C}}$	1
		CPL bit	10110010 bit	(bit)←$\overline{\text{(bit)}}$	1
	位置1	SETB C	11010011	C←1	1
		SETB bit	11010010 bit	(bit)←1	1
位逻辑运算	逻辑与	ANL C,bit	10000010 bit	C←C∧(bit)	2
		ANL C,/bit	10110000 bit	C←C∧$\overline{\text{(bit)}}$	2
	逻辑或	ORL C,bit	01110010 bit	C←C∨(bit)	2
		ORL C,/bit	10100000 bit	C←C∨$\overline{\text{(bit)}}$	2

除了表 3.20 所列的 3 组位操作指令外，位条件转移指令也是位操作指令的子集，这些指令已在控制转移指令中介绍过。下面对表 3.20 所列的 3 组位操作指令作几点说明。

(1) 对于用位累加器 C 作为操作数的指令(除 MOV bit,C 指令外)仅影响 CY 标志,而不影响其他标志;其余的指令都不影响任何标志。

(2) 在对位变量进行逻辑运算的指令中,只有逻辑与和逻辑或指令,没有逻辑异或指令。根据异或公式:

$$z = x \oplus y = x\bar{y} + \bar{x}y$$

可由位逻辑与和位逻辑或等若干条位操作指令来实现异或运算。

例如,设 x、y、z 为位变量,可由以下 8 条指令来完成异或运算。

```
MOV    C,y
ANL    C,/x          ; C←x̄ ∧ y
MOV    PSW.1,C       ; 暂存在 PSW.1 中
MOV    C,x
ANL    C,/y          ; C←x∧ȳ
ORL    C,PSW.1       ; C←x⊕y
MOV    z,C           ; 存结果
```

(3) 下面 4 条指令是位变量修改及传送指令,当直接位地址 bit 为 I/O 端口的某一位 Pi.n(i=0～3,n=0～7)时,是对某一位端口锁存器进行"读—改—写"操作:

```
CPL    Pi.n          ; Pi.n←‾Pi.n‾
CLR    Pi.n          ; Pi.n←0
SETB   Pi.n          ; Pi.n←1
MOV    Pi.n,C        ; Pi.n←CY
```

很显然,第一条位取反指令把端口某位锁存器的状态读出后进行取反操作,结果送回锁存器中。后 3 条指令从表面上看似乎不是"读—改—写"指令,然而它们确实是"读—改—写"指令。在对端口的位操作时,它们先读取端口 8 位锁存器的全部内容,然后修改寻址位,最后将更新后的 8 位数据写回到锁存器中。

(4) 关于位地址 bit 表示方式。

在汇编语言级指令格式中,位地址有多种表示方式。

① 直接(位)地址方式,如 0DH。

② 字节地址.位方式,如 21H.5。

③ 寄存器名.位方式,如 ACC.7,但不能写成 A.7。

④ 位定义名方式,如 RS0。

⑤ 用伪指令 BIT 定义位名方式,如 F1 BIT PSW.1,经定义后,允许在指令中用 F1 来代替 PSW.1。

对于不同的汇编程序,位地址的表示方式不尽相同,可参考有关资料。

3.3　程序设计举例

本节将结合 MCS-51 指令系统的特点,介绍一些常用程序的设计方法。

3.3.1　查表程序

所谓查表,就是根据某个数 x,进入表格中寻找 y,使满足 $y = f(x)$。在很多情况下,

通过查表比通过计算要简便得多,查表程序也较为容易编制。

在 MCS-51 指令系统中,提供了以下两条查表指令:

MOVC   A,@A+DPTR
MOVC   A,@A+PC

用于查找存放在程序存储器中的数据表格。

第一条指令是以 DPTR 作为基地址寄存器、累加器 A 中的内容作为无符号数,两者相加后所得的 16 位数作为程序存储器的地址,取出该地址所对应单元的内容送回到累加器 A 中。执行完这条指令后 DPTR 的内容不变。由于能在执行该查表指令前先给 DPTR 赋值,因此所查表格可位于 64KB 程序存储器空间任何位置。用 DPTR 的内容作为基地址来查表,方法比较简单,通常可分 3 步来完成。

(1) 将所查表格的首地址存入 DPTR 中。

(2) 将所查表格的项数(即所需读取的表格元素在表中的位置是第几项)送到累加器 A 中。

(3) 执行查表指令 MOVC A,@A+DPTR,把表中读取的数据送回累加器 A 中。

第二条指令以 PC 作为基地址寄存器,A 中的内容作为无符号数,两者相加后所得的 16 位数作为地址,取出程序存储器相应单元的内容送回到 A 中,这条指令执行完以后 PC 的内容不发生变化,仍指向下一条指令。用 PC 的内容作为基地址来查表,由于 PC 不能被赋值,其基地址的值是当前查表指令的下一条指令首字节地址,并不表示表格首地址,由于 A 中的内容为 8 位无符号数,所以只能在本查表指令的下面 256 个地址单元内查表,即表格数据只能存放在本查表指令之后的 256 个地址单元之内。使用本指令进行查表,也可分为以下三步:

(1) 将所查表格的项数(即在表格中的位置是第几项)送到累加器 A 中,在 MOVC A,@A+PC 指令之前应加上一条 ADD A,♯data 指令,data 的值是指在执行 MOVC A,@A+PC 指令后,从当前的 PC 值到表格首地址之间的距离(即偏移量),data 的值待定。

(2) 计算偏移量:

$$偏移量 = 表格首地址 - (MOVC 指令所在的地址 + 1)$$

把偏移量作为 A 的调整量取代 ADD 指令中的 data。

(3) 执行查表指令 MOVC A,@A+PC 进行查表,查表的结果送回 A 中。

【例 3.1】 将十六进制数转换为 ASCII 码。

设 1 位十六进制数存放在 R0 寄存器的低 4 位,转换后的 ASCII 码仍送回 R0 中存放。根据 ASCII 码表可知,0~9 的 ASCII 码为 30H~39H,而 A~F 的 ASCII 码为 41H~46H。算法为:当 R0≤9 时,相应的 ASCII 码为 R0+30H;当 R0>9 时,相应的 ASCII 码为 R0+30H+07H。

采用这种算法的程序如下:

```
HEXASC1:    MOV     A,R0        ；取十六进制数
            ANL     A,♯0FH      ；屏蔽高 4 位
            MOV     R1,A        ；暂存要转换的数
```

```
          ADD     A,#0F6H           ；判断 A > 9 ?
          MOV     A,R1              ；恢复要转换的数
          JNC     SMALL             ；若小于或等于 9,转 SMALL
          ADD     A,#07H            ；大于 9,则先加上 07H
SMALL:    ADD     A,#30H            ；转换为 ASCII 码
          MOV     R0,A              ；转换结果送回 R0 中
          RET                       ；子程序返回
```

如果采用查表的方法来实现上述的代码转换,则整个程序将显得更为简单,也很容易理解:

```
HEXASC2:  PUSH    DPH               ；保护 DPTR 的内容
          PUSH    DPL
          MOV     DPTR,#ASCTAB      ；表格首地址送 DPTR
          MOV     A,R0              ；取待转换的数
          ANL     A,#0FH
          MOVC    A,@A + DPTR       ；查表
          MOV     R0,A              ；存转换结果
          POP     DPL               ；恢复 DPTR 的原值
          POP     DPH
          RET
ASCTAB:   DB      30H,31H,32H,33H,34H
          DB      35H,36H,37H,38H,39H
          DB      41H,42H,43H,44H,45H,46H
```

本查表程序采用 DPTR 作为基地址寄存器,如果 DPTR 已被使用,那么子程序的开头就应先将 DPTR 的内容进栈保护,代码转换完成后再恢复 DPTR 的内容。事先建立的 ASCII 码表 ASCTAB 顺序存放着十六进制数 0～F 的 ASCII 码。实际上,使用 MOVC A,@A+DPTR 指令查表,其表格可以放在程序存储器 64KB 地址空间的任何地方。

如果将例 3.1 改为以 PC 作为基地址寄存器,查表程序如下:

```
HEXASC3:  MOV     A,R0              ；取待转换的数
          ANL     A,#0FH
          ADD     A,#02H            ；距离调整
          MOVC    A,@A+PC           ；查 ASCII 码表
          MOV     R0,A              ；存结果
          RET
ASCTAB:   DB      30H,31H,32H,33H,34H
          DB      35H,36H,37H,38H,39H
          DB      41H,42H,43H,44H,45H,46H
          END
```

从查表指令 MOVC 到表格的首地址 ASCTAB 之间的距离相差 2 个单元,所以 MOVC 指令前面加一条 ADD A,#02H 指令,用于跳过表格上面的 2 条指令(占 2 个字节单元)。

【例 3.2】 用程序实现 $y = x^2$。

设 x 为 0～9 的十进制数,用 BCD 码(00H～09H)表示并存放在 R0 中,把 x 转换为平方值后,其结果 y 仍以 BCD 码的形式存放在 R1 中。程序如下:

```
        MOV     DPTR,＃SQR          ; DPTR 指向平方表
        MOV     A,R0                ; 取 x
        MOVC    A,@A＋DPTR          ; 查表
        MOV     R1,A                ; 存结果
        RET
SQR:    DB      00H,01H,04H,09H,16H
        DB      25H,36H,49H,64H,81H
        END
```

上述查表程序的表格长度不能超过 256 个字节单元,有很大的局限性。对于表格长度大于 256 字节单元时,可利用对 DPH、DPL 进行运算的方法进行查表。

【例 3.3】　设表格有 256 个数据项,每个数据为 2 字节,表格总长度为 512 字节。根据 R0 的数值 x 来读取表格的数据项,并将查表的结果存放到 R7R6 中。程序如下:

```
        MOV     DPTR,＃TABLE        ; DPTR 指向表格
        MOV     A,R0                ; R0 数值 x
        RL      A                   ; 求 2x
        MOV     R0,A                ; 暂存 2x
        MOVC    A,@A＋DPTR          ; 读出表格数据项高字节
        MOV     R7,A                ; 保存高字节
        INC     DPTR                ; 指针＋1
        MOV     A,R0                ; 重取 2x
        MOVC    A,@A＋DPTR          ; 读出表格数据项低字节
        MOV     R6,A                ; 保存低字节
        RET
TABLE:  DW      ××××H,××××H,…,××××H    ; 共 256 个字
        END
```

【例 3.4】　设表格有 1024 个数据项,每个数据项为 2 个字节,表格总长度为 2048 个字节。现要求根据 R1R0 中元素序号从表格中找出对应的数据项的值,并送回到 R7R6 中。程序如下:

```
        MOV     DPTR,＃TABLE        ; DPTR 指向表首
        MOV     A,R0                ; R1R0←2×(R1R0)
        CLR     C
        RLC     A
        XCH     A,R1
        RLC     A
        XCH     A,R1
        ADD     A,DPL               ; 调整 DPL、DPH
        MOV     DPL,A
        MOV     A,DPH
        ADDC    A,R1
        MOV     DPH,A
        CLR     A                   ; A←0
        MOVC    A,@A＋DPTR          ; 查表
        MOV     R7,A                ; 第 1 字节
        CLR     A                   ; A←0
        INC     DPTR                ; 指针＋1
        MOVC    A,@A ＋ DPTR        ; 查第 2 字节
        MOV     R6,A
```

```
            RET
TABLE:      DW      ××××H          ; 共 1024 个数据项
            DW      ××××H
            ...
            DW      ××××H

            END
```

3.3.2　分支程序

分支程序根据不同的条件,转向执行不同的程序段,称为条件分支程序。

1. 简单分支程序

对于条件比较简单,所分支路也不多(如 yes 或 no)时,可以直接用判断分支条件的指令来完成条件分支。

【例 3.5】 比较内部 RAM 20H 和 21H 两单元无符号数的大小,将较大者存放到 22H 单元中。程序如下:

```
            MOV     A,20H
            JNE     A,21H,NEXT
NEXT:       JNC     U_MAX
            MOV     A,21H
U_MAX:      MOV     22H,A
```

若要查找两个无符号数的最小值,只要将以上程序段的第 3 条指令改为 JC 即可实现。

【例 3.6】 比较 X 和 Y 两单元有符号数的大小,将较大者存入 MAX 单元中。

两个带符号数比较,可将两数相减后的正负数和溢出标志结合在一起判断,即

当 $x-y>0$ 为正时,若 $OV=0$,则 $x>y$;如果 $OV=1$,则 $x<y$。

当 $x-y<0$ 为负时,若 $OV=0$,则 $x<y$;如果 $OV=1$,则 $x>y$。

当 $x-y=0$,则 $x=y$。

程序如下:

```
X           EQU     30H
Y           EQU     31H
MAX         EQU     32H

            CLR     C              ; 为进行减法运算,清 CY
            MOV     A,X            ; 取 x 到 A 中
            SUBB    A,Y            ; x - y
            JZ      X_AMX          ; x = y
            JB      ACC.7,NEG      ; x - y < 0,转 NEG
            JB      OV,Y_MAX       ; x - y > 0,OV = 1,则 y > x
            SJMP    X_MAX          ; x - y < 0,OV = 0,则 x > y
NEG:        JB      OV,X_MAX       ; x - y < 0,OV = 1,则 x > y
Y_MAX:      MOV     A,Y            ; y > x
            SJMP    S_MAX
X_MAX:      MOV     A,X            ; x > y
S_MAX:      MOV     MAX,A          ; 存最大值
            RET
            END
```

2. 多路分支程序

根据某变量的内容,分别转入处理程序 0、处理程序 1、…、处理程序 n。这种类型的分支程序称为多路分支程序,又称为散转程序。

MCS-51 指令系统中有一条采用变址寻址的转移指令 JMP @A ＋ DPTR,可以较方便地实现散转功能。利用该指令实现散转的方法有两种:

(1) DPTR 的内容固定,根据 A 的内容来决定分支程序的走向。

(2) A 清 0,根据 DPTR 的值来决定程序转向的目标地址。DPTR 的内容可以通过查表或其他方法获得。

【例 3.7】 根据 R0 的内容,转入不同的处理程序。

```
R0 = 0,转 PROGRAM0
R0 = 1,转 PROGRAM1
…
R0 = n,转 PROGRAMn
```

程序如下:

```
            MOV     DPTR,♯JPTAB        ;取表首地址
            MOV     A,R0
            CLR     C
            RLC     A                  ;修正变址值 A←R0×2
            JNC     BRANCH             ;判断是否有进位?
            INC     DPH                ;有进位,则 DPH 加 1
BRANCH:     JMP     @A ＋ DPTR         ;转向形成的散转地址
JPTAB:      AJMP    PROGRAM0           ;直接转移地址表
            AJMP    PROGRAM1
            …
            AJMP    PROGRAMn
            …
PROGRAM0:
               ⋮                       ;操作程序 0
PROGRAM1:
               ⋮                       ;操作程序 1
PROGRAMn:
               ⋮                       ;操作程序 n
            END
```

直接转移表是由 2 字节的绝对转移指令 AJMP 组成,各转移指令的地址依次相差 2 个字节,所以 A 中的变址值必须作乘 2 修正,当修正值有进位时,应将进位加在数据指针高字节 DPH 上。这样的分支程序有一定局限性,鉴于 AJMP 的转移范围,这就要求所有的处理程序入口 PROGRAM0,PROGRAM1,…,PROGRAMn 必须和散转表指令 AJMP 位于同一 2KB 的程序存储器地址空间范围内。为了避免这种情况,可以把 AJMP 换为 LJMP(3 字节指令),程序如下:

```
            MOV     DPTR,♯JPTAB        ;表首地址送 DPTR
            MOV     A,R0
```

```
            MOV     B,#03H
            MUL     AB              ;BA←R0×3
            PUSH    ACC
            MOV     A,B
            ADD     A,DPH           ;将乘积的高8位加到DPH中
            MOV     DPH,A           ;DPH←B+DPH
            POP     ACC
            JMP     @A + DPTR       ;散转
JPTAB:      LJMP    PROGRAM0
            LJMP    PROGRAM1
            ...
            LJMP    PROGRAMn
            ...
PROGRAM0:
            ⋮       ;处理程序0
PROGRAM1:
            ⋮       ;处理程序1
PROGRAMn:
            ⋮       ;处理程序n
            END
```

由于转移表是由3字节长转移指令LJMP组成的,所以A中的变址值必须乘3,乘积的高8位应加在DPH上。

以上的多路分支程序其散转点不能超过256个,这是因为R0为8位寄存器,当散转点超过256个时,可采用2字节的工作单元来存放散转数。

【例3.8】 根据R1R0中的数,转向对应的处理程序。

```
            MOV     DPTR,#JPTAB     ;DPTR←表首地址
            MOV     A,R1            ;取散转数高8位
            MOV     B,#03H
            MUL     AB              ;BA←R1×3
            ADD     A,DPH           ;DPH←R1×3 + DPH
            MOV     DPH,A
            MOV     A,R0            ;取散转数低8位
            MOV     B,#03H
            MUL     AB              ;BA←R0×3
            XCH     A,B
            ADD     A,DPH           ;积的高8位加到DPH中
            MOV     DPH,A
            XCH     A,B             ;积的低8位放在A中
            JMP     @A+DPTR         ;散转
JPTAB:      LJMP    PROGRAM0
            LJMP    PROGRAM1
            ...
            LJMP    PROGRAMn
            ...
            END
```

利用此方法,可以进行多达64KB表格的散转。

以上介绍的散转程序,需要建立转移表,程序根据散转数进行散转。如果散转点较少时,也可使用地址偏移量表进行查表散转。

【例3.9】　根据 R0 的内容转向 3 个处理程序,采用地址偏移量表。程序如下:

```
        MOV     A,R0
        MOV     DPTR,#TAB       ;分支表首地址送 DPTR
        MOVC    A,@A+DPTR       ;查表
        JMP     @A+DPTR         ;散转
TAB:    DB      PR0-TAB         ;地址偏移量
        DB      PR1-TAB
        DB      PR2-TAB
        ⋮
PR0:    ⋮                       ;处理程序 0
PR1:    ⋮                       ;处理程序 1
PR2:    ⋮                       ;处理程序 2
        END
```

在这个程序中,地址偏移量表每项对应一个处理程序的入口,占 1 个字节,表示对应处理程序入口地址与表首的偏移量。在执行 MOVC 查表指令后,查表结果使 $A \leftarrow PRi - TAB$。在执行 JMP 散转指令时,$A + DPTR = PRi - TAB + TAB = PRi$,使程序转移到第 i 个处理程序入口 PRi。

使用这种方法,要求地址偏移量表的长度加上各处理程序的长度在同一页(256 字节)范围内,当然最后一个处理程序的长度不受限制;如果需要转向较大的范围,可以建立一个转向地址(2 字节)表。在散转时,先用查表方法获得表中的转向地址,然后将该地址装入 DPTR 中,再清 A,最后进行散转。

【例3.10】　根据 R0 的内容转入各个处理程序,采用转向地址表。程序如下:

```
        MOV     DPTR,#TAB
        MOV     A,R0
        ADD     A,R0            ;A←R0×2
        JNC     NEXT
        INC     DPH             ;R0×2 的进位加到 DPH 上
NEXT:   MOV     B,A             ;暂存
        MOVC    A,@A+DPTR       ;取地址高 8 位
        XCH     A,B             ;转移地址高 8 位
        INC     A
        MOVC    A,@A+DPTR       ;取地址低 8 位
        MOV     DPL,A           ;转移地址低 8 位
        MOV     DPH,B
        CLR     A
        JMP     @A+DPTR         ;散转
TAB:    DW      PR0
        DW      PR1
        DW      PR2
        ⋮
PR0:    ⋮                       ;处理程序 0
```

```
PR1:        ⋮                    ;处理程序 1
PR2:        ⋮                    ;处理程序 2
            END
```

这个散转程序的散转点不能超过 256 个,若要超过 256 个散转点,可用双字节加法运算的方法来修改 DPTR。

【例 3.11】 利用 RET 指令根据 R0 中存放的散转数进行散转。

RET 指令的功能是将堆栈中的内容弹出到 PC 中,如果例 3.10 的程序在查表获得转移地址后,将转移地址压入堆栈(先压入低字节,后压入高字节),然后执行 RET 指令,把该地址从堆栈中弹出给 PC,转向执行转移地址处的程序。

```
        MOV     DPTR,♯TAB
        MOV     A,R0
        ADD     A,R0            ;A←R0×2
        JNC     NEXT
        INC     DPH             ;R0×2 的进位加到 DPH 上
NEXT:   MOV     B,A             ;暂存
        MOVC    A,@A+DPTR       ;读取高 8 位地址
        XCH     A,B             ;暂存
        INC     A
        MOVC    A,@A+DPTR       ;读取低 8 位地址
        PUSH    ACC             ;进栈
        MOV     A,B             ;取高 8 位地址
        PUSH    ACC             ;进栈
        RET                     ;散转
TAB:    DW      PR0
        DW      PR1
        DW      PR2
        ...
PR0:        ⋮                    ;处理程序 0
PR1:        ⋮                    ;处理程序 1
PR2:        ⋮                    ;处理程序 2
        END
```

3.3.3　循环程序

在程序设计中,有时要求对某一段程序重复执行多次,在这种情况下可用循环程序结构,有助于缩减程序长度。一个循环程序的结构由以下三部分组成。

(1) 循环初态,在循环开始时往往需要设置循环过程工作单元的初始值,如工作单元清 0、计数器置初值等。

(2) 循环体,即要求重复执行的程序段部分。

(3) 循环控制部分。在循环程序中必须给出循环结束的条件,否则就成为死循环。循环控制就是根据循环结束条件,判断是否结束循环。

【例 3.12】 内部 RAM 从 BLOCK 单元开始,有一无符号数数据块,其长度存于 LEN 单元,找出数据块中最大的数,并存入 MAX 单元。程序如下:

```
BLOCK    DATA    30H
LEN      DATA    20H
MAX      DATA    21H

         CLR     A
         MOV     R2,LEN          ;数据块长度
         MOV     R0,♯BLOCK       ;数据块首址
LOOP:    CLR     C               ;清 CY,准备相减
         SUBB    A,@R0           ;用减法进行比较
         JNC     NEXT1           ;A≥(R0),转移
         MOV     A,@R0           ;A<(R0),则 A←(R0)
         SJMP    NEXT2
NEXT1:   ADD     A,@R0           ;A≥(R0),恢复 A
NEXT2:   INC     R0
         DJNZ    R2,LOOP
         MOV     MAX,A           ;存最大值
```

这个程序采用两数相减判 CY 的方法来比较两数的大小。当被减数大于或等于减数时,加法指令用于恢复被减数的值,这是用减法作比较而需要的。当然也可用 CJNE 指令来比较两数的大小,程序如下:

```
         MOV     R0,♯BLOCK       ;数据块首地址
         MOV     R2,LEN          ;数据块长度
         DEC     R2
         MOV     A,@R0           ;取第 1 个数
LOOP:    INC     R0              ;数据指针指向下一个单元
         MOV     B,@R0           ;取下一个数
         CJNE    A,B,NEXT1       ;比较,影响 CY
NEXT1:   JNC     NEXT2
         MOV     A,@R0           ;CY=1,取较大者
NEXT2:   DJNZ    R2,LOOP
         MOV     MAX,A           ;存最大值
```

【例 3.13】 内部 RAM 从 BLOCK 单元开始的数据块是一组带符号数,其长度存于 LEN 单元,找出数据块中最大的数,并存入 MAX 单元。

比较两个带符号数的大小在例 3.5 已作介绍。查找带符号数的最大值程序如下:

```
         MOV     R0,♯BLOCK       ;数据块首地址
         MOV     R2,LEN          ;数据块长度
         MOV     A,@R0           ;取第 1 个数
         INC     R0              ;指向下一个数
         DEC     R2              ;计算器减 1
LOOP:    MOV     B,A             ;暂存
         CLC     C
         SUBB    A,@R0           ;与下一个数比较
         JB      ACC.7,NEXT1
         JB      OV,NEXT2
         SJMP    NEXT3
```

```
NEXT1:      JB      OV,NEXT3
NEXT2:      MOV     A,@R0                    ;@R0 为较大者
            SJMP    NEXT4
NEXT3:      MOV     A,B                      ;原有的数为较大者
NEXT4:      INC     R0
            DJNZ    R2,LOOP                  ;若未比较完,则继续
            MOV     MAX,A                    ;比较结束,存最大值
```

【例 3.14】 内部 RAM 首地址为 BLOCK 的数据区存放着 N 字节的无符号数数组, 使该数组中的数从大到小顺序排列。

本程序采用起泡排序算法,从第一个数开始依次对相邻两数进行比较,如果次序对则不做任何操作;如果次序不对则交换这两数的位置。用两重循环(内循环和外循环)来实现排序,程序如下:

```
BLOCK       EQU     30H
N           EQU     10

LOOP:       MOV     R0,#BLOCK                ;数据指针
            MOV     R2,#N
            CLR     F0                       ;F0(PSW.5)作为交换标志
            DEC     R2                       ;内循环计数器
            MOV     A,R2
            MOV     R3,A                     ;外循环计数器
LOOP1:      MOV     A,@R0                    ;取第 1 个数
            INC     R0
            MOV     B,@R0                    ;取下一个数
            CJNE    A,B,NEXT1                ;比较两个数
NEXT1:      JNC     NEXT2                    ;若 A≥B,不交换
            XCH     A,@R0                    ;A<B,则交换
            DEC     R0
            XCH     A,@R1
            SETB    F0                       ;建立交换标志
            INC     R0
NEXT2:      DJNZ    R2,LOOP1                 ;内循环
            DJNZ    R3,NEXT3
            SJMP    EXIT                     ;退出
NEXT3:      JB      F0,LOOP                  ;外循环
EXIT:       RET
```

如果将程序中的 JNC NEXT2 指令改为 JC NEXT2,那么这组无符号字节数数据将按从小到大顺序排列。

【例 3.15】 如图 3.29 所示,当开关 K 闭合后,从 P1.0 输出脉冲宽度为 100 个机器周期的方波。程序如下:

```
            MOV     SP,#50H                  ;设置堆栈指针
            ORL     P1,#10H                  ;置 P1.4 为输入状态
WAIT:       JB      P1.4,WAIT                ;检测 K 状态,2 个机器周期
            CPL     P1.0                     ;对 P1.0 取反,1
            ACALL   DELAY                    ;2
```

```
            SJMP      WAIT              ; 2
; 延时子程序,93 个机器周期
DELAY:      MOV       R2,#45            ; 1
LOOP:       DJNZ      R2,LOOP           ; 2×45＝90
            RET                         ; 2
```

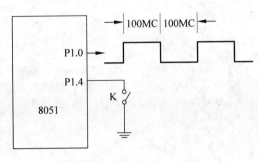

图 3.29　P1.0 输出方波

当单片机使用 12MHz 晶振时,振荡频率为 12MHz,机器周期为 $1\mu s$,P1.0 输出周期为 $200\mu s$ 的方波。程序中采用软件延时来调整周期,但是要求 CPU 执行程序期间不发生中断,否则将影响软件延时的准确性。如果要求更加精确的定时时间,可采用定时器来实现。

软件延时程序独立设计为子程序,使结构更清晰,也便于调试。在程序设计中,如果要多次使用某一例行程序段,往往就把这个例行程序段设计成具有特定功能的子程序,在需要时就调用它,从而使程序设计更加灵活、简捷,减少编程中不必要的重复性工作。顺便指出,在调用子程序时,必须注意堆栈区设置、参数传递和现场保护等问题。

如果要获得更长的延时时间,可通过降低振荡频率或增加循环次数解决。当一重循环最大的次数还不能满足要求时,可多重循环。例如,设系统振荡频率为 6MHz,即机器周期为 $2\mu s$,下列程序能实现 1s 的延时。

```
DELAY1s:    MOV       R7,#250           ; 1
LOOP2:      MOV       R6,#250           ; 1
LOOP1:      NOP                         ; 1
            NOP
            NOP
            NOP
            NOP
            NOP
            DJNZ      R6,LOOP1          ; 250×(2+6)=2000
            DJNZ      R7,LOOP2          ; 250×(2000+1+2)=500750
            RET                         ; 2
```

程序中使用了 6 条 NOP 指令来调整循环周期。总的机器周期数为 $500750+1+2=500753$,总的延时时间为 $500753×2=1001506\mu s≈1s$。

3.3.4　逻辑操作程序

MCS-51 内部有一个功能很强的位处理器,可以通过位操作指令实现原来由硬件所能实现的逻辑功能。但是用软件来模拟逻辑电路的功能时,存在一个缺点,那就是软件所需的时间较长,也就是所需延时较多。

【例 3.16】 用软件实现逻辑函数:$F=\overline{WXYZ+W\overline{X}\overline{Y}+W\overline{X}Y\overline{Z}}$ 的功能。

假设变量 W、X、Y、Z 分别由 P1.0、P1.1、P1.2、P1.3 输入,F 由 P1.7 输出。程序如下:

```
F0          BIT     PSW.5
F1          BIT     PSW.1
            ORL     P1,#0FH         ；置 P1.0～P1.3 为输入状态
LOOP:       MOV     A,P1            ；读入输入变量 W,X,Y,Z
            MOV     C,ACC.0
            ANL     C,ACC.1
            ANL     C,ACC.2
            ANL     C,ACC.3
            MOV     F0,C            ；F0←WXYZ
            MOV     C,ACC.0
            ANL     C,/ACC.1
            MOV     F1,C            ；F1←WX̄
            ANL     C,/ACC.2
            ORL     C,F0
            MOV     F0,C            ；F0←WXYZ+WX̄Ȳ
            MOV     C,ACC.2
            ANL     C,F1
            ANL     C,/ACC.3
            ORL     C,/F0           ；C←WXYZ+WX̄Ȳ+WX̄YZ̄
            MOV     P1.7,C          ；输出
            SJMP    LOOP            ；模拟是连续进行的
```

由此可见,无论多么复杂的逻辑关系均可用软件实现,不过略为费时。

3.3.5 代码转换程序

【例 3.17】 二进制数转换成 BCD 码格式的十进制数。将累加器 A 中的 8 位二进制数转换成 3 位 BCD 码格式的十进制数。2 位 BCD 码占 2 个字节单元,百位数的 BCD 码放在 HUND 单元中,十位和个数放在 TENONE 单元中。

除法指令可用于实现数制的转换,程序如下:

```
HUND        DATA    21H
TENONE      DATA    22H
BIN_BCD:    MOV     B,#100          ；除以 100
            DIV     AB              ；以确定百位数
            MOV     HUND,A
            MOV     A,#10           ；余数除以 10
            XCH     A,B             ；以确定十位数
            DIV     AB              ；十位数在 A 中,余数为个位数
            SWAP    A
            ADD     A,B             ；压缩 BCD 码在 A 中
            MOV     TENONE,A
            RET
```

【例3.18】 ASCII 码转换成二进制数。设 R0 存放数字的 ASCII 码,把它转换成十六进制数,并将转换结果存放在 R1 中。

算法:对于 0~9 之间的 ASCII 码,减去 30H 得到二进制;对于 A~F 之间的 ASCII 码,则减去 37H 得到二进制数。若不在 0~9 和 A~F 之间的 ASCII 码,则 R1 中存放错误标志 FFH。

```
ASC_BIN:   MOV    A,R0              ;取待转换的 ASCII 码
           CJNE   A,#30H,CHECK1     ;若 A<30H,则 CY←1,否则 CY←0
CHECK1:    JC     ERROR             ;若 CY=1,表示 A<30H,转出错处理
           CJNE   A,#47H,CHECK2     ;若 A≥47H,则 CY←0,否则 CY←1
CHECK2:    JNC    ERROR             ;若 CY=0,表示 A≥47H,转出错处理
           CLR    C
           SUBB   A,#30H            ;减去 30H
           CJNE   A,#0AH,CHECK3     ;若 A<10,则 CY←1,否则 CY←0
CHECK3:    JC     NEXT              ;若 CY=1,表示 A<10,即为二进制数
           SUBB   A,#07H            ;否则 CY=0,表示 A≥10,再减去 7 得到二进
                                    ; 制数
NEXT:      MOV    R1,A
           RET
ERROR:     MOV    R1,#0FFH          ;建立错误标志
           RET
```

【例3.19】 ASCII 码转换成十六进制数。设 R0 存放数字的 ASCII 码,把它转换成进制数,并将转换结果存放在 R1 中。

算法:若待转换的是 0~9 之间的 ASCII 码,则减去 30H 得到 0~9 之间的数;若待转换的是 A~F 之间的 ASCII 码,则减去 41H 得到 0~5 之间的数,再将加 10;若 ASCII 码数不在 0~9 和 A~F 之间,则 R1 中存放错误标志 FFH。

```
ASC_HEX:   MOV    A,R0              ;取待转换的 ASCII 码
           CLR    C
           SUBB   A,#30H            ;减去 30H
           CJNE   A,#0AH,CHECK1     ;若 A<10,则 CY←1,否则 CY←0
CHECK1:    JC     NEXT              ;若 CY=1,表示 A<10,转 NEXT
           SUBB   A,#11H            ;否则 CY=0,表示 A≥10,再减去 11H
           CJNE   A,#06H,CHECK2     ;若 A<6,则 CY←1,否则 CY←0
CHECK2:    JNC    ERROR             ;若 CY=0,表示不合法 ASCII 码,转 ERROR
           ADD    A,#0AH            ;否则 CY=1,再加上 10
NEXT:      MOV    R1,A
           RET
ERROR:     MOV    R1,#0FFH          ;建立错误标志
           RET
```

【例3.20】 十六进制数转换成 ASCII 码。设 R0 的低 4 位存放着十六进制数,把它转换成 ASCII 码,并将转换结果存放在 R1 中。

算法:若待转换的是 0~9 之间十六进制数,则加上 30H 得到 ASCII 码;若待转换的是 A~F 之间十六进制数,则需要加上 37H 得到 ASCII 码。

```
HEX_ASC:   MOV    A,R0
           ANL    A,#0FH            ;取低 4 位
```

```
          CJNE    A,#0AH,CHECK    ；若 A<10,则 CY←1,否则 CY←0
CHECK:    JC      NEXT            ；若 CY=1,表示 A<10,加上 30H 即可
          ADD     A,#07H          ；CY=0,表示 A≥10,需要加上 37H
NEXT:     ADD     A,#30H
          MOV     R1,A            ；保存结果
          RET
```

3.3.6　运算程序

【例 3.21】 将累加器 A 中存放的两个 BCD 码拆开,求它们的乘积,并把乘积以压缩的 BCD 码形式送回 A 中。

把累加器中的数除以 16,将把数拆成两个半字节,高半字节在 A 中,低半字节(余数)在 B 中。每一个半字节均在寄存器的低 4 位,这样每个半字节数可分别处理。程序如下：

```
MULBCD:   MOV     B,#10H          ；除以 16,分离压缩 BCD 码
          DIV     AB
          MUL     AB              ；二进制形式的积存放在 A 中
          MOV     B,#10           ；除以 10,求十位数
          DIV     AB              ；A 中为十位数,B 中为个位数
          SWAP    A
          ORL     A,B             ；拼装压缩 BCD 码
          RET
```

【例 3.22】 多字节加/减运算。

利用 ADDC/SUBB 指令及 CY 标志位,能实现多字节的加/减运算。运算操作从低位字节到高位字节的次序依次进行。若参与运算的数据是无符号多字节数,在产生上溢(对 ADDC 指令)或下溢(对 SUBB 指令)时,将置位 CY 标志位。若参与运算的数据是有符号补码数,因原始输入数据的最高位表示该数据的符号,故溢出标志 OV 将指示是否发生了上溢或下溢。

例如,实现下式表示的双字节补码加法：

$$R1R0+R2R3→R7R6$$

程序如下：

```
ADDSTR:   MOV     A,R0            ；取被加数低字节
          ADD     A,R3            ；加上加数低字节
          MOV     R6,A            ；存和的低字节
          MOV     A,R1            ；取被加数高字节
          ADDC    A,R2            ；加上加数高字节,并加上来自低字节相加产生的进位
          MOV     R7,A            ；存和的高字节
          JB      OV,OV_OK        ；检查是否上溢
          RET                     ；无溢出,返回
OV_OK:    (溢出处理程序)           ；有溢出
          …                       ；进行溢出处理
          RET
```

又如,下面的子程序把由 R0 指出的多字节数减去由 R1 指出的多字节数,数据长度由 R2 指示。运算完成后检查是否有下溢。

```
SUBSTR:    CLR      C                ;清借位
SUBS1:     MOV      A,@R0            ;取被减数字节
           SUBB     A,@R1           ;减去减数字节
           MOV      @R0,A           ;存差字节
           INC      R0              ;指向下一个字节
           INC      R1
           DJNZ     R2,SUBS1        ;循环到完成
           JB       OV,OV_OK        ;检查是否下溢
           RET                      ;OV = 0,无溢出,返回
OV_OK:     (溢出处理程序)            ;OV = 1,溢出
           ...                      ;进行溢出处理
           RET
```

【例3.23】 双字节乘法。

利用单字节乘法指令,可扩展为多字节乘法运算,扩展时按照以字节为单位的竖式乘法运算来编制程序。

例如,要实现:

$$R5R4 * R3R2 \rightarrow @R0 \text{ 指出的 4 个连续单元}$$

算法如图3.30所示。

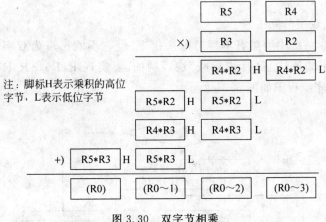

注:脚标H表示乘积的高位字节,L表示低位字节

图3.30 双字节相乘

程序如下:

```
DMUL:      MOV      R7,#04H
DMO:       MOV      @R0,#00H        ;将 R0 指出的 4 个结果单元清零
           INC      R0
           DJNZ     R7,DMO
           DEC      R0              ;使 R0 指向结果单元的低位字节
           DEC      R0
           DEC      R0
           DEC      R0
           MOV      A,R4
           MOV      B,R2
           MUL      AB              ;单字节乘法 R4×R2
           ACALL    ADDM            ;乘积累加到相应的结果单元
           MOV      A,R5
           MOV      B,R2
```

```
         MUL     AB                    ; R5×R2
         DEC     R0
         ACALL   ADDM                  ; 乘积累加到相应的结果单元
         MOV     A, R4
         MOV     B, R3
         MUL     AB                    ; R4×R3
         DEC     R0
         DEC     R0
         ACALL   ADDM                  ; 积累加到相应的结果单元
         RET

ADDM:    ADD     A, @R0                ; A×B 累加到 R0 指出的 2 个单元中
         MOV     @R0, A
         MOV     A, B
         INC     R0
         ADDC    A, @R0
         MOV     @R0, A
         INC     R0
         MOV     A, @R0
         ADDC    A, ＃00H
         MOV     @R0, A
         RET
```

【例 3.24】 双字节除法。

MCS-51 指令系统中虽然有单字节除法指令,但它不能扩展为双字节除法。对于多字节除法,最常用的算法是"移位相减"法。例如,要实现 R7R6÷R5R4→R7R6(商)⋯R3R2(余数),程序流程图如图 3.31 所示。

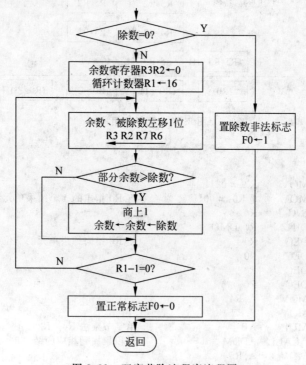

图 3.31　双字节除法程序流程图

为了方便编程,这里将被除数寄存器和余数寄存器组合在一起进行移位,如图 3.32 所示。被除数左移出的高位(用来与除数比较的部分)进入余数寄存器;而被除数寄存器左移以后,它的低位空间就空出来,正好用来存放商。

图 3.32 被除数和余数组合移位

程序如下:

```
DDIV:    MOV    A, R4
         JNZ    DDIV0         ; 除数不为 0, 转 DDIV0
         MOV    A, R5
         JZ     ERROR         ; 除数为 0, 转 ERROR
DDIV0:   MOV    R2, ♯00H      ; 余数寄存器清 0
         MOV    R3, ♯00H
         MOV    R1, ♯16       ; 循环次数为 16
DDIV1:   CLR    C             ; R3R2R7R6 左移 1 位
         MOV    A, R6
         RLC    A
         MOV    R6, A
         MOV    A, R7
         RLC    A
         MOV    R7, A
         MOV    A, R2
         RLC    A
         MOV    R2, A
         MOV    A, R3
         RLC    A
         MOV    R3, A
         MOV    A, R2         ; 部分余数减除数
         SUBB   A, R4         ; 低 8 位先减
         JC     DDIV2         ; 不够减, 转 DDIV2
         MOV    R0, A         ; 暂存相减结果
         MOV    A, R3
         SUBB   A, R5         ; 高 8 位相减
         JC     DDIV2         ; 不够减, 转 DDIV2
         INC    R6            ; 够减, 则商为 1
         MOV    R3, A         ; 相减结果送 R3R2 中
         MOV    A, R0
         MOV    R2, A
DDIV2:   DJNZ   R1, DDIV1     ; 16 位未除完则继续
         CLR    F0            ; 除数合法标志
         RET
ERROR:   SETB   F0            ; 除数非法标志
         RET
```

【例 3.25】 平方根运算。

求一个数的平方根有许多算法,可采用牛顿迭代法、直接法或其他方法。如整数开平方,可采用以下方法。

根据等差数列求和公式:

$$1+3+5+\cdots+(2n-1)=\frac{(1+2n-1)n}{2}=n^2$$

对于任一正整数 N,总可以找到这样的 n,使得

$$N=n^2+\varepsilon \quad (0\leqslant\varepsilon<2n+1)$$

这里的 ε 为误差,n 为 N 的平方根。计算时,可按下式进行:

$$N=1+3+5+\cdots+(2n-1)+\varepsilon$$

因此,只要从 N 中依次减去奇数 $1,3,5,\cdots,2n-1$,直到不够减为止。这时以前减去的奇数的个数,恰好就是这个整数的平方根的整数部分。例如,求单字节整数平方根:

$$\sqrt{R3}\rightarrow R2(整数部分)$$

程序如下:

```
SQRT:       MOV     R2,#0           ; i
            CLR     C
SQ:         MOV     A,R2            ; 求奇数
            RLC     A
            INC     A
            MOV     R4,A            ; 暂存奇数
            MOV     A,R3            ; 减去奇数
            SUBB    A,R4
            MOV     R3,A            ; 存相减结果
            JC      QUIT
            INC     R2              ; i + 1
            SJMP    SQ
QUIT:       RET
```

习题 3

3.1 简述 MCS-51 汇编语言指令格式。

3.2 MCS-51 指令系统主要有哪几种寻址方式? 试举例说明。

3.3 对访问内部 RAM 和外部 RAM,各采用哪些寻址方式?

3.4 指出下列各组寻址方式的主要区别。

(1) 立即寻址和直接寻址;

(2) 寄存器寻址和寄存器间接寻址。

3.5 设 A=0FH,R0=30H,内部 RAM 的(30H)= 0AH,(31H)= 0BH,(32H)= 0CH,请指出在执行下列程序段后上述各单元内容的变化。

```
MOV         A,@R0
MOV         @R0,32H
MOV         32H,A
MOV         R0,#31H
MOV         A,@R0
```

3.6 请用数据传送指令来实现下列要求的数据传送。

(1) R0 的内容传送到 R1。

(2) 内部 RAM 20H 单元的内容传送到 A 中。

(3) 外部 RAM 30H 单元的内容传送到 R0。

（4）外部 RAM 0030H 单元的内容传送到内部 RAM 20H 单元。

（5）外部 RAM 1000H 单元的内容传送到内部 RAM 20H 单元。

（6）程序存储器 ROM 2000H 单元的内容传送到 R1。

（7）ROM 2000H 单元的内容传送到内部 RAM 20H 单元。

（8）ROM 2000H 单元的内容传送到外部 RAM 1030H 单元。

（9）ROM 2000H 单元的内容传送到外部 RAM 1000H 单元。

3.7 设内部 RAM（30H）= 5AH,(5AH)= 40H,(40H)= 00H,端口 P1=7FH,问执行以下指令后,各有关存储单元(即 R0,R1,A,B,P1,40H,30H 及 5AH 单元)的内容如何?

```
MOV    R0,#30H
MOV    A,@R0
MOV    R1,A
MOV    B,R1
MOV    @R1,P1
MOV    40H,#20H
MOV    30H,40H
```

3.8 设 A=5AH,R1=30H,(30H)=E0H,CY=1。分析下列各指令执行后 A 的内容以及对标志位的影响(每条指令都以题中规定的原始数据参加操作)。

（1）XCH A,R1

（2）XCH A,30H

（3）XCH A,@R1

（4）XCHD A,@R1

（5）SWAP A

（6）ADD A,R1

（7）ADD A,30H

（8）ADD A,#30H

（9）ADDC A,30H

（10）INC A

（11）SUBB A,30H

（12）SUBB A,#30H

（13）DEC A

（14）RL A

（15）RLC A

（16）CPL A

（17）CLR A

（18）ANL A,30H

（19）ORL A,@R1

（20）XRL A,#30H

3.9 分析下面各段程序中每条指令的执行结果。

```
(1) MOV    SP,#50H
    MOV    A,#0F0H
    MOV    B,#0FH
    PUSH   ACC
    PUSH   B
    POP    B
    POP    ACC

(2) MOV    A,#30H
    MOV    B,#0AFH
    MOV    R0,#31H
    MOV    31H,#87H
    XCH    A,R0
    XCHD   A,@R0
```

```
        XCH     A,B
        SWAP    A
（3） MOV     A,#45H
      MOV     R5,#78H
      ADD     A,R5
      DA      A
      MOV     30H,A
（4） MOV     A,#83H
      MOV     R0,#47H
      MOV     47H,#34H
      ANL     A,#47H
      ORL     47H,A
      XRL     A,@R0
```

3.10 SJMP 指令和 AJMP 指令都是两字节转移指令,它们有什么区别? 各自的转移范围是多少? 能否用 AJMP 指令代替程序中所有的 SJMP 指令? 为什么?

3.11 对下列程序进行手工汇编。

```
        ORG     1000H
        CLR     A
        MOV     R0,#20H
LOOP:   CJNE    @R0,#24H,NEXT
        SJMP    QUIT
NEXT:   INC     A
        INC     R0
        SJMP    LOOP
QUIT:   MOV     R1,A
HALT:   SJMP    HALT
        END
```

3.12 试编写程序,将内部 RAM 20H~2FH 共 16 个连续单元清 0。

3.13 试编写程序,求出内部 RAM 20H 单元中的数据含"1"的个数,并将结果存入 21H 单元。

3.14 试编写程序,查找在内部 RAM 的 30H~50H 单元中出现 FFH 的次数,并将查找的结果存入 51H 单元。

3.15 试编写程序,计算 $\sum_{i=1}^{10} 2i$,并将结果存放在内部 RAM 的 30H 单元。

3.16 有一16输入通道的数据采集系统,编写程序,要求巡回对16通道采集的数据与规定的上限值进行比较,当采集到某一通道数据大于或等于对应的上限值时,使 P1.0 置1,否则清0,输出提示信号。设对某一通道采集的数据存放在 R1R0 中(16 位二进制数),对应的通道编号存放在 R2 中,各通道的上限值见表 3.21。

表 3.21 各通道上限值

通道号	0	1	2	3	4	5	6	7
上限值	01FFH	02FFH	10FEH	21ABH	2EA8H	578AH	56FEH	432EH
通道号	8	9	10	11	12	13	14	15
上限值	1E5FH	2BCDH	7AF3H	45F0H	0DABCH	887BH	23ABH	67CBH

3.17　试编写延时 10ms 的软件延时子程序。设单片机的晶振频率为 12MHz。

3.18　从内部 RAM 的 30H 单元开始存放一组用补码表示的带符号数,其数目已存放在 20H 单元。编写程序统计出其中正数、0 和负数的数目,并将结果分别存入 21H、22H、23H 单元中。

3.19　内部 RAM 中有一数据块,存放在 20H～2FH 单元中。要求对这些数据进行奇偶检验,凡是满足偶检验数据(1 的个数为偶数)都要转存到外部 RAM 8000H 开始的数据区中。试编写有关程序。

3.20　编写程序,把外部 RAM 1000H～10FFH 区域内的数据逐个搬到从 2000H 单元开始的区域。

3.21　内部 RAM 的 30H～3FH 单元存放 16 个用补码表示带符号字节数据,编写程序,将这组带符号数从大到小排序,仍然存放在原有的 RAM 区域中。

3.22　编写程序,将存放在内部 RAM 20H 单元中的二进制数转换成十进制数,以压缩 BCD 码的形式存放在内部 RAM 21H(十位和个位)和 22H(百位)两单元中。

3.23　设计一个循环灯系统,如图 3.33 所示。单片机的 P1 口并行输出驱动 8 个发光二极管。试编写程序,使这些发光二极管每次只点亮一个,循环左移或右移,一个接一个地点亮,循环不止。

3.24　用软件实现下列逻辑函数的功能:

(1) $F = \overline{(XY\overline{Z}) \cdot (Z+W)}$

(2) $F = X \oplus Y \oplus Z$

其中,F、W、X、Y、Z 均为位变量。

3.25　试编写程序,模拟图 3.34 所示的 RS 触发器逻辑电路。设 $\overline{R}$、$\overline{S}$ 端分别由 P1.0 和 P1.1 输入,$\overline{Q}$、Q 端分别由 P1.7 和 P1.6 输出。如果当输入变量由 $\overline{R} = \overline{S} = 0$(输出 $\overline{Q} = Q = 1$ 状态)变为 $\overline{R} = \overline{S} = 1$ 时,输出状态出现不确定的情况,则将 P1.3 置 1,否则将 P1.3 置 0。

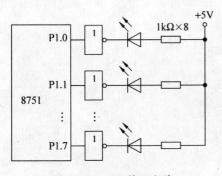

图 3.33　LED 接口电路

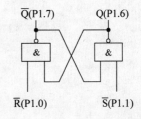

图 3.34　RS 触发器逻辑电路

3.26　按下列功能要求,编制子程序。

(1) 将 R3R2 中的 16 位二进制数转换成 3 字节压缩的 BCD 码,转换结果存放在 R6R5R4 中。

(2) 3 字节无符号数相加:

$$R7R6R5＋R4R3R2→@R0(3 个连续单元)$$

（3）三字节无符号数乘以 2 字节无符号数：

$$R7R6R5＊R4R3→@R0(5 个连续单元)$$

（4）双字节整数开平方：

$$\sqrt{R3R2}→R4$$

## CHAPTER 4

中断系统和定时器/计数器及串行I/O口

MCS-51 单片机提供了 5 个中断请求源、两级中断优先级,片内的接口电路包括 4 个 8 位并行 I/O 口,2 个 16 位可编程的定时器/计数器以及一个全双工的串行口。本章先介绍 MCS-51 单片机的中断系统,然后具体讨论定时器/计数器以及串行口等。

4.1　MCS-51 单片机中断系统

4.1.1　中断的基本概念

1. 中断处理过程

中断是指某一特殊事件暂时中止 CPU 执行现行程序,而迫使 CPU 转去处理该事件的操作。对事件处理结束后,CPU 再返回到原有的程序被打断处继续运行,如图 4.1 所示。

引起中断的事件或发出中断申请的来源,称为中断源。现行程序被打断处称为断点。对该事件的处理程序称为中断服务程序。采用中断方式进行 I/O 操作,可以避免反复查询外部设备的状态而浪费时间,从而提高 CPU 工作效率,以确保 CPU 在运行过程中能实时地对外部事件提出的中断请求予以响应。

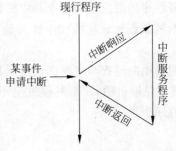

图 4.1　中断处理过程

一个完整的中断过程包括 5 步:中断请求、中断判优、中断响应、中断处理和中断返回。

（1）中断请求

中断请求是中断源向 CPU 发出申请中断的要求,即要求 CPU 中止正在执行的程序,转去执行预先安排好的处理该事件的中断服务程序。

中断系统对每个中断源配备有中断请求触发器和中断屏蔽寄存器。当中断源发生中断请求时，便使中断请求触发器置位，表示向 CPU 申请中断。当中断屏蔽寄存器没有屏蔽此中断时，表示允许中断请求信号送往 CPU。当这两个条件都具备时，如果 CPU 对中断是开放的，CPU 将在现行指令执行完毕后，响应该中断。

（2）中断判优

在实际应用系统中，可能出现多个中断源同时申请中断的状况，这时应该根据请求中断事件的轻重缓急程度将所有的中断源排队，把要求尽快给予响应的较重要的事件赋予较高的优先权，相对可以较慢响应的事件赋予较低的优先权。CPU 总是优先响应较高优先级别的中断请求，然后响应较低级别的中断请求。CPU 正在处理某一级的中断，如果有更高优先级的事件请求中断，则 CPU 将现行中断处理挂起，转去为更高优先级别的事件服务，处理完毕后再返回原被挂起处继续执行，这称为中断嵌套。

（3）中断响应

中断响应是如何找到服务程序入口的过程，这个过程是硬件和软件有机配合的过程。在响应中断时，CPU 完成的工作如下：

① 中止正在执行的程序，保护程序断点。响应中断时，CPU 在现行指令执行完后，将断点地址（即 PC 的当前值——现行指令的下一条指令的地址）压入堆栈。

② 转向执行中断服务程序。CPU 从规定的存储区取出中断向量（中断服务程序入口地址）送至 PC，以便执行中断服务程序。

（4）中断处理

中断处理就是执行中断服务程序。在中断服务程序中首先要保护现场（当前有关寄存器的内容），还要考虑是否允许中断嵌套，然后才是中断服务程序的主体，它由需要为中断事件处理的任务来决定。在结束中断服务程序之前要恢复现场，即恢复被保护的有关寄存器的内容。

（5）中断返回

通常中断服务程序的最后一条指令是中断返回指令，当 CPU 执行中断返回指令时，把原来程序被打断的断点地址从堆栈中弹出到 PC 中，这样被暂时中止的程序又从断点处继续执行下去。

外部事件引起的中断过程与主程序调用子程序从表面上看来很相似，但它们有着本质的区别：中断请求是随机的，什么时候发生不可预测。而调用子程序是事先在主程序中安排好指令来有序产生的。

2. 中断系统

实现中断功能的控制机构称为中断系统，它主要完成以下 3 方面的工作。

① 及时响应异步事件；

② 保护现行程序的断点和其他状态；

③ 自动转入规定的中断处理入口，执行中断服务程序。

随着单片机技术的发展，中断系统的功能大大加强，如利用中断实现掉电保护、多任务处理、多机连接、单步调试程序等。中断系统的先进性也是衡量 CPU 的重要指标之一。

MCS-51 单片机是个多中断源系统,8051 单片机提供 5 个中断源(8052 单片机有 6 个中断源),每个中断源能被程控为 2 个级别的中断优先级(高优先级和低优先级)之一。从用户应用角度来看,MCS-51 单片机的中断控制机构主要是 TCON、SCON、IE 和 IP 这些特殊功能寄存器,8052 单片机还包括 T2CON 特殊功能寄存器。用户可通过这些 SFR 实现各种中断控制。

4.1.2　MCS-51 单片机中断控制机构

MCS-51 单片机在加强片内 I/O 接口种类、功能和数量的同时,也增强了中断系统的性能,从而提高了 CPU 对外部随机事件的处理能力和响应速度。8051 单片机有 5 个中断源,8052 单片机有 6 个中断源,每个中断源都具有两级中断优先级,可实现两级中断嵌套。中断系统控制机构如图 4.2 所示。

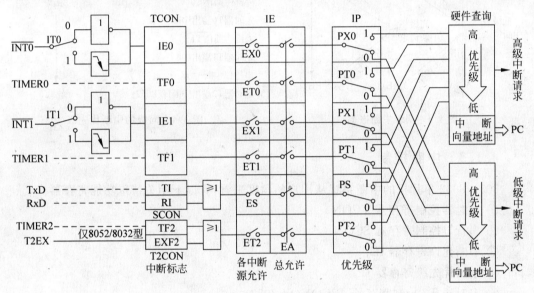

图 4.2　中断系统控制机构

8051 单片机的 5 个中断源中,有 2 个是由 $\overline{\text{INT0}}$(P3.2)和 $\overline{\text{INT1}}$(P3.3)引脚输入的外部中断请求,2 个为片内的定时器/计数器 T0 和 T1 溢出中断请求 TF0、TF1,1 个为片内的串行口发送中断请求 TI 或接受中断请求 RI。8052 单片机还包括定时器/计数器 T2 溢出中断请求 TF2 或 T2 的外部中断 T2EX(P1.1)。这些中断源的中断请求信号分别由特殊功能寄存器 TCON、SCON 以及 T2CON 的相应位锁存。

中断允许寄存器 IE 对每一个中断源可由程序控制为允许中断或禁止中断,也可通过 EA 位对整个中断系统实现开中断或关中断。当 CPU 执行关中断指令(或系统复位)后,使 EA=0,将屏蔽所有的中断请求;当 CPU 执行开中断指令使 EA=1,才有可能接受中断请求。

中断系统结构中还设置了两个不可寻址的优先级状态触发器,一个指出正在处理的高优先级中断,并阻止所有其他中断;另一个指出正在处理的低优先级中断,并阻止除了高优先级中断外的其他中断。每一个中断源可通过中断优先寄存器 IP 设置为高优先级或低优先级。一个正在执行的低优先级中断服务程序仅能被高优先级中断请求所中断，从而实现两级中断嵌套（如图 4.3 所示），但不能被另一个低优先级中断请求所中断；一个正在执行的高优先级中断服务程序，不能被任何中断源所中断。中断处理结束返回后，至少要执行一条指令，才能响应新的中断请求。

如果有两个以上同一优先级的中断源同时向 CPU 申请中断，则 CPU 将通过内部硬件查询序列来确定优先服务于哪一个中断申请。也就是单片机内部对同一优先级的中断请求源规定了一个顺序，在出现同级中断申请时，就按硬件查询序列来处理响应次序，其优先级别排列顺序如图 4.4 所示。

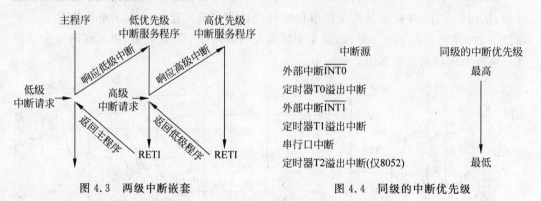

图 4.3　两级中断嵌套　　　　　　　　图 4.4　同级的中断优先级

4.1.3　中断控制

8051/8052 单片机的中断系统从用户的角度来看，有以下相关特殊功能寄存器。

① 定时器控制寄存器 TCON；

② 串行口控制寄存器 SCON；

③ 中断允许寄存器 IE；

④ 中断优先级寄存器 IP；

⑤ 定时器 T2 控制寄存器 T2CON（仅 8052）。

其中 TCON、SCON 和 T2CON 只有部分位用于中断控制。通过对以上各特殊功能寄存器的各位进行置位或复位等操作，可实现各种中断控制功能。

1. 中断源请求标志

（1）TCON 中的中断标志位

TCON 为定时器/计数器 T0 和 T1 的控制寄存器，同时也锁存 T0 和 T1 的溢出中断标志及外部中断INT0和INT1的中断标志等。与中断有关的位如图 4.5 所示。

位地址	8FH	8EH	8DH	8CH	8BH	8AH	89H	88H	字节地址
TCON	TF1		TF0		IE1	IT1	IE0	IT0	88H *

图 4.5　TCON 与中断有关的位

各控制位的含义如下。

TF1：定时器 T1 的溢出中断请求标志位。当允许 T1 计数以后，T1 从初值开始加 1

计数,计数器最高位产生溢出时,由硬件置位 TF1,并向 CPU 请求中断。当 CPU 响应中断时,硬件将自动对 TF1 清 0。TF1 也可以由程序查询其状态或由软件清 0。

TF0：定时器 T0 的溢出中断请求标志位。其含义与 TF1 相同。

IE1：外部中断$\overline{\text{INT1}}$的中断请求标志位。当检测到外部中断引脚$\overline{\text{INT1}}$上存在有效的中断请求信号时,由硬件使 IE1 置位。当 CPU 响应该中断请求时,由硬件使 IE1 清 0(边沿触发方式)。

IT1：外部中断$\overline{\text{INT1}}$的中断触发方式控制位。

IT1＝0,外部中断$\overline{\text{INT1}}$程控为电平触发方式,低电平有效。CPU 在每一个机器周期 S5P2 期间采样$\overline{\text{INT1}}$引脚的输入电平,若$\overline{\text{INT1}}$为低电平,则使 IE1 置 1；若$\overline{\text{INT1}}$为高电平,则使 IE1 清 0。采用电平触发方式时,外部中断源请求中断必须保持$\overline{\text{INT1}}$低电平有效,直到 CPU 响应该中断,但 CPU 响应中断时,不会清除 IE1 标志,所以在中断处理结束(中断返回)之前,必须撤销$\overline{\text{INT1}}$引脚上的低电平以免出错,否则将再次发生中断引起错误。

IT1＝1,外部中断$\overline{\text{INT1}}$程控为边沿触发方式,负跳变(1→0)有效。CPU 在每一个机器周期 S5P2 期间采样$\overline{\text{INT1}}$引脚的输入电平,如果在相继的两个机器周期采样过程中,一个机器周期采样到$\overline{\text{INT1}}$为高电平,接着的下一个机器周期采样到$\overline{\text{INT1}}$为低电平,则使 IE1 置 1。直到 CPU 响应该中断时,才由硬件使 IE1 清 0。在边沿触发方式中,为保证在 2 个机器周期内检测到先高后低的负跳变,外部中断源输入的高低电平的持续时间至少要大于 12 个时钟周期。

IE0：外部中断$\overline{\text{INT0}}$的中断请求标志。其含义与 IE1 类同。

IT0：外部中断$\overline{\text{INT0}}$的中断触发方式控制位。其含义与 IT1 类同。

另外,TCON 中还有两个控制位 TCON.6(TR1)和 TCON.4(TR0),用以控制定时器 T1 和 T0 的开启或停止,与定时器/计数器有关,将在 4.2 节中介绍。

(2) SCON 中的中断标志位

SCON 为串行口控制寄存器,其低 2 位 TI 和 RI 锁存串行口的接收中断和发送中断。SCON 中 TI 和 RI 的格式及含义如图 4.6 所示。

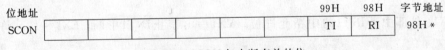

图 4.6　SCON 与中断有关的位

TI：串行口发送中断请求标志。CPU 将一个数据写入发送缓冲器 SBUF 时,就启动发送,每发送完一帧串行数据后,硬件置位 TI。但 CPU 响应中断时,并不清除 TI,必须在中断服务程序中由软件对 TI 清 0。

RI：串行口接收中断请求标志。在串行口允许接收时,每接收完一个串行帧,硬件置位 RI。同样,CPU 响应中断时不会清除 RI,必须由软件清 0。

串行口的中断请求标志是由 TI 和 RI 进行逻辑或后产生的。SCON 的其他各位将在 4.3 节中讨论。

(3) T2CON 中的中断标志位(仅 8052)

8032/8052 单片机定时器 T2 的控制寄存器 T2CON 的高 2 位 TF2 和 EXF2 是定时

器 T2 的中断标志位,其格式和含义如图 4.7 所示。

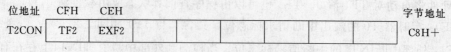

位地址	CFH	CEH						字节地址
T2CON	TF2	EXF2						C8H+

图 4.7　T2CON 与中断有关的位

TF2:定时器 T2 上溢出标志。当 T2 上溢出时,由硬件使 TF2 置 1,它必须由软件清 0。无论 RCLK=1 还是 TCLK=1,均不能给 TF2 置 1。

EXF2:定时器 T2 外部允许标志位。当由于 T2EX 引脚的负跳变引起捕捉或自动重新装入时,使 EXF2 置位。当允许 T2 中断时,EXF2=1 将使 CPU 转向执行 T2 中断服务程序。EXF2 必须由软件清 0。

2. 中断允许控制

MCS-51 单片机对中断请求源的开放或禁止是由中断允许寄存器 IE 控制的。寄存器 IE 的格式如图 4.8 所示。

位地址	AFH	AEH	ADH	ACH	ABH	AAH	A9H	A8H	字节地址
IE	EA	—	ET2	ES	ET1	EX1	ET0	EX0	A8H *

图 4.8　IE 的格式

中断允许寄存器 IE 对中断的开放和关闭实行两级控制。所谓两级控制就是有一个总的开关中断控制位 EA(IE.7),当 EA=0 时,关闭所有的中断申请,即任何中断申请都不接受;当 EA=1 时 CPU 开放中断,但各个中断源还要由 IE 的低 6 位的各对应控制位的状态进行中断允许控制,如图 4.2 所示。IE 中各位的含义如下。

EA:中断允许总控制位。EA=0,屏蔽所有中断请求;EA=1,CPU 开放中断。对各中断源的中断请求是否允许,还要取决于各中断源的中断允许控制位的状态。

ES:串行口中断允许位。ES=0,禁止串行口中断;ES=1,允许串行口中断。

ET1:定时器/计数器 T1 的溢出中断允许位,ET1=0,禁止 T1 中断;ET1=1,允许 T1 中断。

EX1:外部中断 $\overline{INT1}$ 的中断允许位。EX1=0,禁止 $\overline{INT1}$ 中断;EX1=1,允许 $\overline{INT1}$ 中断。

ET0:定时器/计数器 T0 的溢出中断允许位。ET0=0,禁止 T0 中断;ET0=1,允许 T0 中断。

EX0:外部中断 $\overline{INT0}$ 的中断允许位。EX0=0,禁止 $\overline{INT0}$ 中断;EX0=1,允许 $\overline{INT0}$ 中断。

ET2:8052 单片机定时器 T2 溢出或 T2 捕捉、自动重装中断允许。ET2=0,禁止 T2 中断;ET2=1,允许 T2 中断。

3. 中断优先级控制

MCS-51 单片机有 2 个中断优先级,对于每一个中断请求源均可编程为高优先级中断或低优先级中断。中断系统中也有两个不可寻址的优先级状态触发器,一个指出 CPU

是否正在执行高优先级的中断服务程序,另一个指出 CPU 是否正在执行低优先级中断服务程序。这两个触发器为 1 的状态,将分别屏蔽所有的中断请求。另外,MCS-51 单片机内有一个中断优先级寄存器 IP,其格式如图 4.9 所示。

位地址			BDH	BCH	BBH	BAH	B9H	B8H	字节地址
IP	—	—	PT2	PS	PT1	PX1	PT0	PX0	B8H *

图 4.9 IP 的格式

IP 中的低 6 位为各中断源优先级的控制位,可用软件来设定。各位的含义如下。

PS:串行口中断优先级控制位。

PT1:定时器/计数器 T1 中断优先级控制位。

PX1:外部中断$\overline{INT1}$的中断优先级控制位。

PT0:定时器/计数器 T0 中断优先级控制位。

PX0:外部中断$\overline{INT0}$的中断优先级控制位。

PT2:定时器/计数器 T2(仅 8052)中断优先级控制位。

若某一控制位为 1,则相应的中断源就规定为高级中断;反之若某一控制位为 0,则相应的中断源就规定为低级中断。

单片机复位后,IP 被清 0,所有的中断源均为低优先级中断。IP 的各位都可由用户程序置位或复位,可用字节操作指令或位操作指令更新 IP 的内容,以改变各中断源的中断优先级。

4.1.4 用软件模拟第 3 级中断优先级

MCS-51 单片机只提供两级中断优先级,但有些场合需要更多的中断优先级,在这种情况下可采用软件模拟的方法为 MCS-51 单片机增加一个中断优先级,从而实现 3 级中断嵌套。

首先在中断优先级寄存器 IP 中定义两个中断优先级——高优先级和低优先级,然后在低优先级的中断服务程序中采用如下程序即可实现 3 级中断嵌套:

```
        PUSH   IE
        MOV    IE, ♯MASK
        LCALL  LABEL
        执行中断服务程序
        POP    IE
        RET
LABEL:  RETI
```

在主程序中,一旦有任何低优先级的中断被响应,在中断服务程序中需要在中断允许寄存器 IE 中重新写入一个新的屏蔽字以屏蔽当前中断,然后调用指令 LCALL 通过 LABEL 来执行 RETI 指令,其目的是模拟一次中断返回,从而清除原来置位的低优先级状态触发器,并开始执行中断服务程序。此时中断服务程序既可被低优先级中断源所中断,也可被高优先级中断源所中断。在以上中断服务程序结束之前还要恢复 IE 的初值,末尾用一条 RET 指令(不是 RETI 指令)来中止该服务程序。

4.1.5　中断响应过程

MCS-51 单片机的 CPU 在每一个机器周期的 S5P2 期间顺序采样每一个中断源。当中断源申请中断时,先将这些中断请求锁存在各自的中断标志位中。CPU 在每一个机器周期的 S6 期间顺序查询所有的中断标志,并按规定的优先级处理所有被激活了的中断请求。如果没有被下述任一个条件所阻止,将在下一个机器周期初(SI 期间)响应其中激活了的最高优先级中断请求。

① CPU 正在执行一个同级或高一级的中断服务程序;

② 现行的机器周期(查询中断标志周期)不是所执行当前指令的最后一个机器周期;

③ 当前正在执行的指令是中断返回指令 RETI 或者是访问 IE、IP 寄存器的指令。

上述第二个条件是为了保证执行当前指令的完整性。第三个条件使 MCS-51 单片机的 CPU 在执行 RETI 指令或执行访问 IE、IP 指令后,至少再执行一条指令才会响应新的中断请求。

如果存在上述 3 个条件之一,CPU 将丢弃中断查询的结果。若满足响应条件,将在紧接着的下一个机器周期执行中断查询的结果。

CPU 响应中断时,先置位相应的优先级状态触发器(该触发器指出 CPU 开始处理的中断优先级别),然后由硬件生成一个长调用指令(LCALL),使控制转到相应的中断入口向量地址,并清除中断源的中断请求标志(TI 和 RI 除外)。在执行硬件生成的子程序调用指令时,首先把当前程序计数器 PC 的内容压入堆栈,然后将被响应的中断入口向量地址送入 PC 中,使 CPU 转向执行从该中断向量地址单元(程序存储器)开始的中断服务程序。与各中断源对应的中断向量地址见表 4.1。

表 4.1　中断向量

中　断　源	入口地址	中　断　源	入口地址
系统复位	0000H	定时器 T1 中断	001BH
外部中断INT0	0003H	串行口中断	0023H
定时器 T0 中断	000BH	定时器 T2 中断(仅 8052)	002BH
外部中断INT1	0013H		

这 5 个中断源的中断入口地址之间,相互间隔 8 个单元。一般情况下,8 个地址单元是不足以容纳一个中断服务子程序的。通常在中断入口处,安排一条相应的跳转指令,以跳到在其他地址空间安排的中断服务程序入口。例如:

```
ORG    0003H
LJMP   1000H
```

这样,实际上是将外部中断INT0的中断服务程序安排在 1000H 地址单元开始的存储区中。

CPU 执行的中断服务程序一直延续到 RETI 指令为止。RETI 指令表示中断服务程序的结束。CPU 执行 RETI 指令时,对响应中断时所置位的优先级状态触发器清 0,然后从堆栈中弹出栈顶上的 2 个字节到 PC 中,恢复断点,CPU 从原来打断处重新执行被中断的程序。

由此可见,中断服务程序末尾必须安排一条中断返回指令 RETI。如果进行中断处理需要保护现场,那么应该在中断服务程序的开头把有关寄存器的内容压入堆栈,在中断返回之前再从堆栈中弹出相应寄存器的内容,以完成恢复现场操作。保护现场和恢复现场必须由中断服务程序来完成。综上所述,整个中断响应过程如下:

① CPU 执行完当前指令;

② 将 PC 当前值压入堆栈;

③ 保存当前的中断状态;

④ 阻止同级中断请求;

⑤ 将中断服务程序入口地址送 PC;

⑥ 执行中断服务程序。

最后,当执行到 RETI 指令时将结束中断,从堆栈中弹出断点地址给 PC,返回到原程序断点处继续执行原程序。

4.1.6 中断请求的撤除

MCS-51 单片机把 5 个中断源的中断请求都锁存在 TCON 和 SCON 中相应的标志位中。CPU 在响应中断时,能自动清除的相应中断请求标志有:定时器 T0 和 T1 的溢出标志 TF0、TF1;边沿触发方式下的外部中断$\overline{INT0}$或$\overline{INT1}$的中断请求标志 IE0、IE1,定时器 T2 的溢出标志 TF2(仅 8052 型)。

而对于某些中断标志,CPU 响应中断时不会自动清除,它们是:串行口接收发送中断标志 RI、TI,电平触发方式下的外部中断标志 IE0、IE1,定时器 T2 外部允许标志位(仅8052 型)。

在一般情况下,CPU 响应某个中断请求后,相应的中断请求标志应该予以清除,否则就意味着中断申请继续有效,CPU 在查询这些标志位时会认为又有中断请求到来而再次响应中断。

但实际上这种中断请求并不存在。所以 MCS-51 单片机对某些中断请求标志,在响应中断时予以自动清除,其目的就在于此。

对于串行口的中断请求标志 RI、TI,中断系统不予以自动清除,是因为通常在响应串行口中断后要先测试这两个标志位,以决定是接收操作还是发送操作,故不能立即清除。但使用完毕后应使之复位,以便结束这次中断申请。清除 RI 或 TI 标志必须用软件来实现,例如在中断服务程序中执行指令:

CLR T1

或

ANL SCON, #0FDH

能达到清除串行口发送请求标志位的目的。

对于外部中断$\overline{INT0}$或$\overline{INT1}$有两种触发方式:边沿触发和电平触发。采用边沿触发方式,每当响应该中断时,中断系统将自动清除 IE0 或 IE1 标志,只有再来一个边沿信号才能使标志位重新置位。若采用电平触发方式,中断请求标志位的状态随着 CPU 在每个机器周期采样到的外部中断$\overline{INT0}$或$\overline{INT1}$输入引脚电平的变化而变化。如果仅是清除IE0 或 IE1，而不撤销加在$\overline{INT0}$或$\overline{INT1}$引脚上的外部中断请求信号（低电平有效），在下一个机器周期，CPU 采样外部中断请求时，会认为$\overline{INT0}$或$\overline{INT1}$信号仍然有效而使 IE0 或 IE1 置位，从而导致错误的操作。

外部中断采用电平触发方式，能提高 CPU 对外部中断请求的响应速度，但用户必须在中断返回前撤销外部中断请求信号，以避免发生一个中断请求信号导致多次执行中断服务程序的错误操作。一种可行的方法是采用中断请求触发器，如图 4.10 所示。

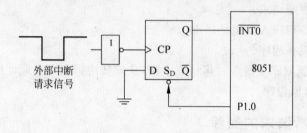

图 4.10　电平方式下外部中断请求信号的撤销

在图 4.10 中，用 D 触发器 Q 端申请中断，外部中断请求信号脉冲的下降沿使 D 触发器 Q＝0。D 触发器置位端受单片机的 P1.0 输出信号控制，这个控制信号平时输出为 1，中断响应后，在中断服务程序中程控为 0，使 D 触发器置 1 而撤销外部中断请求。这样只需在中断服务程序中加上两条指令：

```
ANL  P1,#0FEH          ;使 P1.0=0
ORL  P1,#01H           ;使 P1.0=1
```

使 P1.0 在执行中断服务程序期间送出一个负脉冲，从而使 D 触发器置位。负脉冲的宽度为 2 个机器周期（即 24 个时钟周期），一般情况下已是足够宽了。

4.1.7　外部中断

1. 外部中断的响应时间

外部中断$\overline{INT0}$和$\overline{INT1}$的电平在每一个机器周期的 S5P2 期间被采样并锁存到 IE0、IE1 标志位中，这个新置入的 IE0、IE1 的状态要等到下一个机器周期才有可能被中断系统硬件电路选中处理。如果中断已被激活，并且满足响应条件，CPU 接着执行一条由硬件生成的子程序调用指令 LCALL，以转到相应的中断向量入口地址。该调用指令 LCALL 本身需要 2 个机器周期。这样，从产生外部中断请求信号到开始执行中断服务程序之间至少需要 3 个完整的机器周期。

如果在中断申请时，CPU 正在处理执行时间最长的指令（如乘法和除法指令：MUL、DIV，均为 4 个机器周期），所需的额外等待时间最多为 3 个机器周期；如果正在执行 RETI 指令或访问 IE、IP 指令，则额外的等待时间最多不超过 5 个机器周期（最多需要一个周期来完成正在处理的指令，再加上执行下一条指令的时间，设下一条指令为 4 个机器周期指令）。

综合估计,在只有一个外部中断情况下,响应时间约为 3～8 个机器周期。当然,如果是多重中断,响应时间就无法估计了。

2. 外部中断源的扩展

MCS-51 单片机为用户仅提供 2 个外部中断请求源输入端$\overline{INT0}$和$\overline{INT1}$。在实际应用中,如果外部中断源超过 2 个,就需要扩展系统的外部中断请求源输入端。这里介绍两种多中断源系统的设计方法。

(1) 利用定时器溢出中断作为外部中断

8051 单片机内有两个定时器/计数器 T0 和 T1,各自占有对外部计数的输入引脚 T0(P 3.4)和 T1(P3.5),以及对应的溢出中断标志 TF0 和 TF1。如果将定时器/计数器设置为计数功能,并把计数器的计数初始值设定为满程(如 8 位计数器满程为 FFH),一旦外部计数引脚端输入一个负跳变(1→0)的信号,计数器就加 1 而产生溢出中断。如果把外部中断请求信号加到计数引脚输入端,就可以利用定时器/计数器 T0 或 T1 溢出中断而转到相应的中断入口 000BH 或 001BH,达到实现扩展外部中断源的目的。

有关定时器/计数器的内容将在 4.2 节作详细介绍。下面先举出定时器/计数器用做外部中断的一个例子,在 4.2 节对定时器/计数器进行进一步讨论后,将会对这个例子有更好的理解。

【例 4.1】 将定时器 T0 溢出中断作为外部中断,写出初始化程序。

首先要把 T0 设置为外部计数功能并工作于方式 2(8 位自动装入计数初值),计数器 TH0 和 TL0 的初始值均为 FFH,并允许 T0 中断,CPU 开放中断,启动定时器。初始化程序如下:

```
MOV    TMOD,#06H        ;置计数器 T0 为工作方式 2
MOV    TL0,#0FFH        ;置低 8 位计数初始值
MOV    TH0,#0FFH        ;置高 8 位初值
SETB   ET0              ;CPU 开放中断
SETB   EA
SETB   TR0              ;启动计数器 T0
```

当连接在 T0(P3.4)引脚的外部中断请求输入线发生负跳变时,TL0 计数器加 1 产生溢出,置位 TF0 标志,向 CPU 发出中断请求,同时,TH0 的内容 FFH 立即送入 TL0 中,恢复 TL0 初值。T0 引脚每来一次负跳变都会使 TF0 置 1,向 CPU 发出中断请求。那么 T0 引脚就相当于边沿触发的外部中断请求源输入线,同理,T1(P3.5)引脚也可作类似的处理。

(2) 用查询方式扩展中断源

当外部中断源比较多时,可采用查询的方式来扩展外部中断源。图 4.11 所示为采用查询方式扩展中断源的一种硬件连接方案。这里有 5 个外部中断源,根据它们执行任务的轻重缓急进行

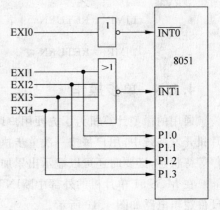

图 4.11 多外部中断源的扩展

排队,把其中最高优先级别的中断源 EXI0 直接接到单片机的$\overline{\text{INT0}}$引脚上,其余 4 个中断源 EXI1～EXI4 通过一个或非门电路产生中断请求信号$\overline{\text{INT1}}$,只要这 4 个中断源 EXI1～EXI4 之中有一个或一个以上产生高电平有效信号,或非门就会输出一个负电平的中断请求信号加到单片机的$\overline{\text{INT1}}$上,向 CPU 申请中断。为了能识别在$\overline{\text{INT1}}$有效时是哪一个中断源发出的申请,就要通过查询中断源的办法来解决。为此,4 个外部中断源还分别连接到 P1 口的 P1.0～P1.3 各条引脚上。在响应中断后,CPU 对这 4 个中断源进行电位检测,来确定究竟是哪一个中断源提出了中断申请。

在图 4.11 中,外部各中断源优先级别作这样的安排:EXI0 为最高(独立,响应速度最快),其余依次为 EXI1、EXI2、EXI3、EXI4。对连接在 P1.0～P1.3 的 4 个中断源查询时就应该按照优先级由高到低的顺序进行,则查询的顺序为 P1.0、P1.1、P1.2、P1.3。各中断源输入的中断请求电平应该在 CPU 实际响应中断源请求之前一直保持有效,并假设 EXI1～EXI4 的 4 个外部中断请求可由相应的中断服务程序撤销。

$\overline{\text{INT1}}$的中断服务程序如下:

```
        ORG     0013H
        LJMP    EXINT           ; INT1中断入口
        ...
EXINT:  PUSH    PSW             ; 保护现场
        PUSH    ACC
        ORL     P1,#0FH         ; P1 口低 4 位为输入
        JB      P1.0,SERV1
        JB      P1.1,SERV2
        JB      P1.2,SERV3
        JB      P1.3,SERV4
RETURN: POP     ACC             ; 恢复现场
        POP     PSW
        RETI                    ; 中断返回
SERV1:  ...                     ; EXI1 中断服务程序
        LJMP    RETURN
SERV2:  ...                     ; EXI2 中断服务程序
        LJMP    RETURN
SERV3:  ...                     ; EXI3 中断服务程序
        LJMP    RETURN
SERV4:  ...                     ; EXI4 中断服务程序
        LJMP    RETURN
```

4.1.8　单步操作

通用的微型计算机为了方便用户调试程序,都具有单步运行用户程序的功能。在单片机开发系统中,用户每按一次单步执行键,CPU 就执行一条用户程序指令,然后进入暂停等待状态,必要时还可以显示出累加器 A 中的内容以及下一条指令的地址。

在 MCS-51 单片机的外部中断$\overline{\text{INT0}}$引脚上输入一个正脉冲可实现单步执行方式,其硬件逻辑电路如图 4.12 所示。

在图 4.12 中，$\overline{INT0}$引脚平时为低电平，每当用户按一次单步执行键时，单脉冲电路就输出一个正脉冲加到$\overline{INT0}$引脚上。因此在没有按下键即不产生脉冲时，CPU 总是处于响应中断的状态。利用$\overline{INT0}$实现单步运行控制的过程为：首先由初始化程序对系统进行初始化操作，设定外部中断$\overline{INT0}$为电平触发方式；高优先级中断；允许$\overline{INT0}$中断请求；CPU 开放中断。此后，由于外部中断$\overline{INT0}$引脚输入低电平，CPU 在执行一条用户程序指令后，立即响应$\overline{INT0}$中断请求，进入中断服务程序。

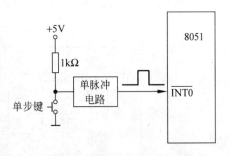

图 4.12 利用$\overline{INT0}$实现单步操作

在$\overline{INT0}$的中断服务程序中，可按系统单步操作的要求显示当前累加器 A 的内容和下一条指令的地址，然后监视$\overline{INT0}$引脚的状态，即等待$\overline{INT0}$引脚输入一个正脉冲。在$\overline{INT0}$引脚上一旦有正脉冲到来，表示按了一次单步执行键，然后再等待正脉冲消失，$\overline{INT0}$引脚由高电平又下降为低电平，表示再次产生外部中断$\overline{INT0}$的中断请求，中断服务程序接着执行一条中断返回指令 RETI。因为执行完 RETI 指令后，至少要再执行一条指令后才能响应新的中断请求，这样 CPU 执行了一条用户程序指令后又响应中断。重复以上过程，便实现了单步执行用户程序指令的过程。

```
; 初始化程序
        CLR     IT0             ; 置INT0为电平触发方式
        SETB    PX0             ; 置INT0为高优先级
        SETB    EX0             ; 允许INT1中断
        SETB    EA              ; CPU 开放中断
; 中断服务程序
        ORG     0003H
        LJMP    INT0            ; INT0中断入口
        ⋮
INT0:   ⋮                       ; 中断服务程序
; 显示必要的数据
HIGH:   JNB     P3.2,HIGH       ; 等待INT0引脚为高电平
LOW:    JB      P3.2,LOW        ; 再等待INT0引脚为低电平
        RETI                    ; 中断返回
```

4.2 定时器/计数器

4.2.1 定时器/计数器的结构

8051 单片机内部有 2 个 16 位定时器/计数器：定时器 0(T0)和定时器 1(T1)，它们都具有定时和计数功能，可用于定时或延时控制，或对外部事件检测、计数等，其内部结构如图 4.13 所示。

定时器 T0 由两个特殊功能寄存器 TH0 和 TL0 构成，定时器 T1 由 TH1 和 TL1 构

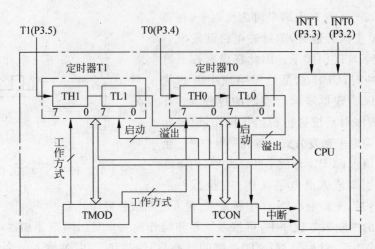

图 4.13　定时器/计数器结构框图

成。定时器方式寄存器 TMOD 用于设置定时器的工作方式,定时器控制寄存器 TCON 用于启动和停止定时器的计数,并控制定时器的状态。

对于每一个定时器,其内部结构实质上是一个可程控的加法计数器,由编程来设置它工作在定时状态或计数状态。

定时器用做定时时,它对机器周期进行计数,每过一个机器周期,计数器加 1,直到计数器计满溢出。由于一个机器周期由 12 个时钟周期组成,所以计数频率为时钟频率的 1/12。显然定时器的定时时间不仅与计数器的初值即计数长度有关,而且还与系统的时钟频率有关。

定时器用做计数时,计数器对来自输入引脚 T0(P3.4) 和 T1(P3.5) 的外部信号计数,在每一个机器周期的 S5P2 期间采样引脚输入电平,若前一个机器周期采样值为 1,后一个机器周期采样值为 0,则计数器加 1。新的计数值是在检测到输入引脚电平发生从 1 到 0 的负跳变后,于下一个机器周期的 S3P1 期间装入计数器中的。

由于它需要 2 个机器周期(24 个时钟周期)来识别一个从 1 到 0 的跳变信号,所以最高的计数频率为时钟频率的 1/24。对外部输入信号的占空比没有特别的限制,但必须保证输入信号电平在它发生跳变前至少被采样一次,因此输入信号的电平至少应在一个完整的机器周期中保持不变。

当设置了定时器的工作方式并启动定时器后,定时器就按被设定的工作方式独立工作,不再占有 CPU 运行程序的操作,只有在定时器计数溢出时,才可能中断 CPU 当前的操作。用户可以重新设置定时器的工作方式,以改变定时器的工作状态。由此可见,定时器是单片机中工作效率高且应用灵活的部件。

4.2.2　定时器的方式寄存器和控制寄存器

定时器的方式寄存器 TMOD 和控制寄存器 TCON 用于控制定时器的工作方式,一旦把控制字写入 TMOD 和 TCON 后,在下一条指令的第一个机器周期初(S1P1 期间)就发生作用。

1. 定时器方式寄存器 TMOD

定时器方式字 TMOD 格式如图 4.14 所示。

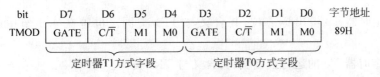

图 4.14　TMOD 寄存器格式

其中,高 4 位控制定时器 T1,低 4 位控制定时器 T0。各位的含义如下。

M1、M0：工作方式选择位。定时器/计数器具有 4 种工作方式,由 M1、M0 位来定义,见表 4.2。

表 4.2　定时器工作方式选择

M1	M0	工作方式	功 能 说 明
0	0	方式 0	13 位定时器/计数器
0	1	方式 1	16 位定时器/计数器
1	0	方式 2	常数自动重新装入的 8 位定时器/计数器
1	1	方式 3	仅适用于 T0,分为 2 个 8 位计数器,对 T1 则停止计数

C/$\overline{T}$：定时器/计数器功能选择位。当 C/$\overline{T}$＝0 时,为定时功能,采用时钟脉冲的 12 分频信号作为计数器的计数信号,亦即对机器周期进行计数,如果晶振频率为 12MHz,则定时器的计数频率为 1MHz；当 C/$\overline{T}$＝1 时,为计数功能,采用外部引脚 T0 (P3.4)、T1(P3.5)的输入脉冲作为计数脉冲,当外部输入脉冲发生从 1 到 0 的负跳变时,计数器加 1,最高计数频率为时钟频率的 1/24。

GATE：门控位。GATE＝0 时,由软件控制 TR0 或 TR1 位启动定时器；GATE＝1 时,由外部中断引脚$\overline{INT0}$(P3.2)和$\overline{INT1}$(P3.3)输入电平分别控制 T0 和 T1 的运行。

2. 定时器控制寄存器 TCON

定时器控制字 TCON 格式如图 4.15 所示。

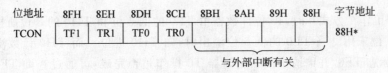

图 4.15　TCON 寄存器格式

其中 TCON 的低 4 位与外部中断有关,已经在 4.1 节中断系统中介绍过。其余各位的含义如下。

TF1：定时器 T1 溢出标志位。当 T1 计数器溢出时置位 TF1,申请中断,在中断响应以后硬件能自动对 TF1 标志位清 0。这一位曾在 4.1 节中断系统中介绍过。

TR1：定时器 T1 的运行控制位,由软件置位或复位。当 GATE(TMOD.7)为 0 而

TR1 为 1 时,允许 T1 计数;当 TR1 为 0 时禁止 T1 计数。当 GATE(TMOD.7)为 1 时,仅当 TR1＝1 且$\overline{INT1}$输入为高电平时才允许 T1 计数,TR1＝0 或$\overline{INT1}$输入低电平时都禁止 T1 计数。

TF0:定时器 T0 溢出标志位,其含义与 TF1 类同。也曾在 4.1 节中断系统中介绍过。

TR0:定时器 T0 的运行控制位,其含义与 TR1 类同。

复位时,TMOD 和 TCON 的所有位均清 0。

4.2.3　定时器的工作方式

8051 单片机的 2 个 16 位定时器/计数器具有定时和计数两种功能,每种功能包括了 4 种工作方式。用户通过指令把方式字写入 TMOD 中来选择定时器/计数器的功能和工作方式,通过把计数的初始值写入 TH 和 TL 中来控制计数长度,通过对 TCON 中相应位进行置位或清 0 来实现启动定时器工作或停止计数。还可以读出 TH、TL、TCON 中的内容来查询定时器的状态。

1. 方式 0

当 M1M0 为 00 时,定时器/计数器被设置为方式 0,代表一个 13 位计数器。以定时器 T0 为例,工作在方式 0 的等效逻辑电路结构如图 4.16 所示。定时器 T1 工作在方式 0 时与 T0 的方式 0 完全相同。

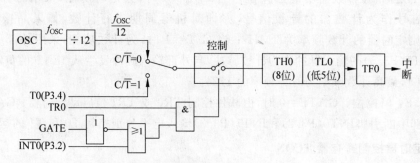

图 4.16　定时器 T0(或 T1)方式 0 结构(13 位计数器)

定时器工作在方式 0 时,13 位计数器由 TL0 的低 5 位和 TH0 的 8 位所构成。其中 TL0 的高 3 位未用。当 TL0 的低 5 位溢出时,向 TH0 进位。而 TH0 计数溢出时置位 T0 的溢出标志 TF0,并申请中断。定时器 T0 操作是否完成,可通过查询 TF0 是否为 1 来判断,或由定时器 T0 产生溢出中断来判断。

当 C/$\overline{T}$＝0 时,多路开关接通时钟振荡器的 12 分频输出,T0 对机器周期计数,这种计数功能就是定时功能。方式 0 的定时时间 t 为

$$t＝(2^{13}－T0\ 的初值)×计数周期\ T$$
$$＝(2^{13}－T0\ 的初值)×时钟周期×12$$

如果晶振频率为 12MHz,则时钟周期为$\dfrac{1}{12}\mu s$,当计数初值为 0 时,最长的定时时间为

$$t_{\max} = (2^{13} - 0) \times \frac{1}{12} \times 12\mu s = 8.192ms$$

当 C/$\overline{T}$＝1 时，多路开关与引脚 T0(P3.4)接通，计数器 T0 对来自外部引脚 T0 的输入脉冲计数，这种功能就是计数功能。此时，当外部信号发生负跳变时，计数器加 1。

GATE 控制定时器 T0 的运行条件：即 T0 取决于 TR0 这一位来控制，还是取决于 TR0 和$\overline{\text{INT0}}$这两位来控制。

当 GATE＝0 时，或门输出恒为 1，使外部中断输入引脚$\overline{\text{INT0}}$信号失效，同时又打开与门，由 TR0 控制定时器 T0 的开启和关断。若 TR0＝1，接通控制开关，启动定时器 T0 工作，计数器被控制为允许计数。若 TR0＝0，则断开控制开关，停止计数。

当 GATE＝1 时，与门的输出由$\overline{\text{INT0}}$的输入电平和 TR0 位的状态来共同确定。若 TR0＝1，则打开与门，外部信号电平通过$\overline{\text{INT0}}$引脚直接开启或关断定时器 T0 的工作。当$\overline{\text{INT0}}$为高电平时，允许计数，否则停止计数。这种工作方式可用来测量外部信号的脉冲宽度等。

2. 方式 1

当 M1M0 为 01 时，定时器/计数器工作在方式 1，代表一个 16 位计数器。计数器 T0 由 TH0（高 8 位）和 TL0（低 8 位）构成，其等效逻辑电路如图 4.17 所示。有关控制位的功能与方式 0 完全相同。定时器 T1 工作在方式 1 时，其工作原理与 T0 是相同的。

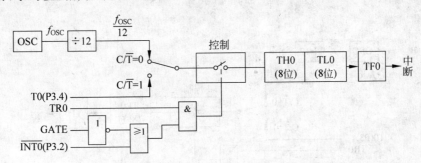

图 4.17　定时器 T0(或 T1)方式 1 结构(16 位计数器)

定时器/计数器工作在方式 1，并处于定时工作时，定时时间为
$$t = (2^{16} - T0 \text{ 的初值}) \times 时钟周期 \times 12$$

若晶振频率为 12MHz，则最长的定时时间为
$$t_{\max} = (2^{16} - 0) \times \frac{1}{12} \times 12\mu s = 65.536ms$$

3. 方式 2

当 M1M0 为 10 时，定时器/计数器工作在方式 2，代表一个能自动恢复初值的 8 位定时器/计数器。定时器 T0 工作在方式 2 的逻辑结构框图如图 4.18 所示，它由作为 8 位计数器的 TL0 及作为重置初值的缓冲器的 TH0 构成。工作于方式 2 的 T1 的逻辑结构与 T0 类同。

定时器/计数器工作于方式 2，当 8 位计数器 TL0 计数溢出时，在置位溢出标志 TF0 的同时，还自动地将 TH0 中的初值（常数）送入 TL0 中，使 TL0 又从初值开始重新计数，

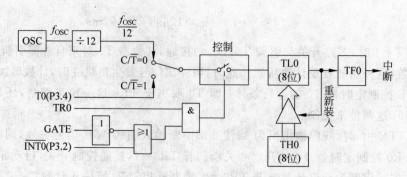

图 4.18   定时器 T0(或 T1)方式 2 结构(8 位自动重装)

不断循环、重复不止。其定时中断周期为

$$T = (2^8 - TH0 \text{ 的初值}) \times \text{时钟周期} \times 12$$

这种工作方式可以避免在程序中因重新装入初值而对定时精度的影响,适用于需要产生相当精确的定时时间的应用场合,常用做串行口波特率发生器。

4. 方式 3

当 M1M0 为 11 时,定时器 T0 被选择为方式 3,它被拆成 2 个独立的 8 位计数器 TL0 和 TH0,其逻辑结构如图 4.19 所示。定时器 T1 在方式 3 下相当于 TR1＝0,停止计数。

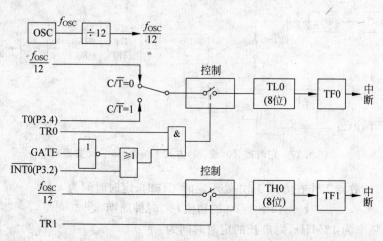

图 4.19   定时器 T0 方式 3 结构(2 个 8 位计数器)

在图 4.19 中,上方的 8 位计数器 TL0,使用原定时器 T0 的控制位——C/$\overline{T}$、GATE、TR0 和$\overline{\text{INT0}}$,它既可以定时(C/$\overline{T}$＝0,计数 12 分频时钟信号),也可以计数(C/$\overline{T}$＝1,计数来自 T0 引脚的外部输入脉冲)。而下方的 8 位计数器 TH0,占用了原定时器 T1 的控制位 TR1 和溢出标志位 TF1,同时也占用了 T1 的中断源。它被固定为一个 8 位定时器,其启动和关闭仅受 TR1 的控制。TR1＝1 时,控制开关接通,TH0 对 12 分频的时钟信号计数;TR1＝0 时,控制开关断开,TH0 停止计数。由此可见,在方式 3 下,TH0 只能用做简单的内部定时,不能用做对外部脉冲进行计数,是定时器 T0 附加的一个 8 位定时器。

在图 4.20 所示的结构中,定时器 T0 工作于方式 3 时,定时器 T1 仍可设置为方式 0、方式 1 或方式 2。但由于 TR1、TF1 以及 T1 的中断源已被定时器 T0 占用,此时定时器 T1 仅由控制位 C/$\overline{T}$ 切换其定时或计数功能,当计数器计满溢出时,只能将输出送往串行口。在这种情况下,定时器 T1 一般用做串行口波特率发生器,或不需要中断的场合。

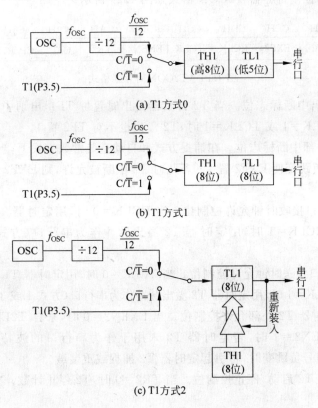

图 4.20 定时器 T0 方式 3 下 T1 的 3 种方式结构

一般情况下,把定时器 T1 设置为方式 2 作波特率发生器较为方便,当设置好工作方式后,定时器 T1 自动开始工作。如果要停止定时器 T1 工作,只需要写入一个 T1 为方式 3 的方式字即可。

4.2.4 定时器 T2

MCS-51 系列的 8052/8032 单片机有 3 个定时器/计数器,除了 T0、T1 外,还有一个 16 位的定时器 T2(仅用于 8052/8032 型)。T2 既可作为定时器,也可作为外部事件计数器。有 6 个与 T2 相关的特殊功能寄存器:计数器 TL2 和 TH2、捕捉寄存器 RCAP2L 和 RCAP2H、定时器控制寄存器 T2CON、定时器 T2 方式寄存器 T2MOD。T2 与 T1 和 T0 类似的功能是它也可作为定时器或计数器使用,这取决于 T2CON 中 C/$\overline{T2}$ 控制位的值。另外 T2 还有 3 种不同的工作方式:捕捉方式、自动重装常数方式和串行口波特率发生器方式。工作方式的选择由 T2CON 中的 D0、D2、D4、D5 位来设置。

TL2、TH2 构成 16 位计数器,RCAP2L、RCAP2H 构成 16 位寄存器。在捕捉工作方式中,当外部输入发生负跳变时,把 TL2、TH2 的当前值捕捉到 RCAP2L 和 RCAP2H 中。在自动装入常数方式中,RCAP2L 和 RCAP2H 作为 16 位常数缓冲器。

1. 定时器 T2 的控制寄存器 T2CON

定时器 T2 的控制寄存器 T2CON 格式如图 4.21 所示。

位地址	CFH	CEH	CDH	CCH	CBH	CAH	C9H	C8H	字节地址
T2CON	TF2	EXF2	RCLK	TCLK	EXEN2	TR2	C/$\overline{\text{T2}}$	CP/$\overline{\text{RL2}}$	C8H * +

图 4.21 T2CON 寄存器格式

TF2:T2 溢出中断标志位。当 T2 计数器溢出时置位 TF1,申请中断。必须由软件清 0。即使当 RCLK=1 或 TCLK=1 时,T2 溢出也不对 TF2 置 1。

EXF2:T2 外部中断标志位。在捕捉方式和自动重装常数方式下,当 EXEN2=1 时,在 T2EX 端发生负跳变使 EXF2 置 1。若此时 T2 中断被允许,则 EXF2=1 会使 CPU 响应此中断。

RCLK:串行口接收时钟允许控制位。当 RCLK=0 时,用定时器 T1 的溢出脉冲作为接收时钟;当 RCLK=1 时,用定时器 T2 溢出脉冲作为串行口(方式 1 或 3)的接收时钟。

TCLK:串行口发送时钟允许控制位。当 TCLK=0 时,用定时器 T1 的溢出脉冲作为发送时钟;当 TCLK=1 时,用定时器 T2 溢出脉冲作为串行口(方式 1 或 3)的发送时钟。

EXEN2:定时器 T2 外部允许控制位。当 EXEN2=0 时,来自 T2EX 端的外部信号不起作用;当 EXEN2=1 时,若定时器 T2 未用于作为串行口的波特率发生器,则在 T2EX 引脚出现信号负跳变时,将引起定时器 T2 捕捉或重装载。

TR2:定时器 T2 启动/停止控制位。当 TR2=0 时,T2 停止计数;当 TR2=1 时,定时器 T2 开始计数。

C/$\overline{\text{T2}}$:T2 定时或计数方式选择位。当 C/$\overline{\text{T2}}$=0 时,为内部定时方式,即计数器对振荡信号 f_{osc} 的 12 分频信号计数;当 C/$\overline{\text{T2}}$=1 时,为计数方式,即计数器对外部事件计数(下降沿触发)。

CP/$\overline{\text{RL2}}$:捕捉或重装常数方式选择位。当 CP/$\overline{\text{RL2}}$=0 时,为自动重装常数方式(即当 EXEN2=1 时,T2 引脚负跳变信号引发自动重装动作);当 CP/$\overline{\text{RL2}}$=1 时,T2 工作于捕捉方式(即当 EXEN2=1 时,T2 引脚负跳变信号引发捕捉方式)。

2. 定时器 T2 方式寄存器 T2MOD

定时器 T2 的方式寄存器 T2MOD 格式如图 4.22 所示。

bit	D7	D6	D5	D4	D3	D2	D1	D0	字节地址
T2MOD	—	—	—	—	—	—	T2OE	DCEN	C9H+

图 4.22 T2MOD 寄存器格式

T2OE:定时器 T2 输出允许。

DCEN:计数器允许位,当 DCEN=1 时,允许定时器 T2 构成一个增或减计数器。

3. 定时器 T2 的工作方式

定时器 T2 的工作方式设置如表 4.3 所列。

表 4.3 定时器 T2 工作方式

RCLK＋TCLK	CP/$\overline{\text{RL2}}$	TR2	工作方式
0	0	1	16 位自动重装
0	1	1	16 位捕捉
1	×	1	波特率发生器
×	×	0	停止计数

(1) 16 位自动重装常数方式

当 CP/$\overline{\text{RL2}}$＝0 时,T2 工作于 16 位自动重装常数方式。在自动重装常数方式下,可由 T2 方式寄存器 T2MOD 的 DCEN 控制位设置为增或减计数:当 DCEN＝0 时,T2 为增计数,结构框图如图 4.23 所示。当 DECN＝1 时,T2 可增计数或减计数,这取决于 T2EX 引脚的状态,如图 4.24 所示。

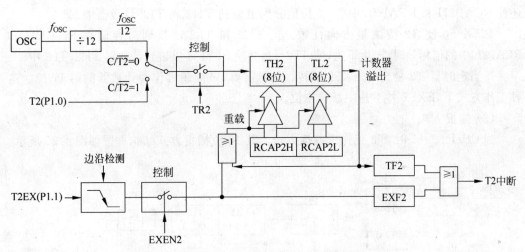

图 4.23 T2 工作于自动重装常数方式(DCEN＝0)结构图

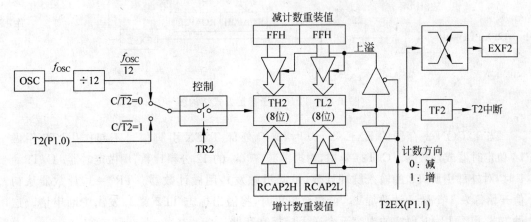

图 4.24 T2 工作于自动重装常数方式(DCEN＝1)结构图

图 4.23 所示为 DCEN＝0 时定时器 T2 自动增计数。当 T2CON 寄存器的 EXEN2＝0 时，来自外部 T2EX 引脚信号不起作用，T2 用做 16 位定时器或计数器。C/$\overline{\text{T2}}$＝0 时，对振荡频率 f_{osc} 的 12 分频计数，用做定时器；C/$\overline{\text{T2}}$＝1 时，对外部引脚 T2 的输入脉冲计数（下降沿触发），用做计数器。TR2＝1，计数器从初值开始每来 1 个脉冲计数加 1。计数至溢出时，溢出信号经过或门输出打开三态门，将 RCAP2H 和 RCAP2L 寄存器中存放的计数初值重新装入 TH2 和 TL2 中，使 T2 从该值开始重新计数，同时将溢出标志 TF2 置 1，发出中断申请。计数器的初值在初始化时由软件编程设定。

当 EXEN2＝1 时，定时器 T2 除了具备上述功能外，还可实现由 T2EX 外部引脚信号控制计数器重装功能。当 T2EX 的输入信号发生负跳变时，使 RCAP2H 和 RCAP2L 的内容重新装入 TH2 和 TL2 中，T2 又在新的初值上加 1 计数。与此同时，把中断标志 EXF2 置 1，发出中断申请。

图 4.24 所示为 DCEN＝1 时定时器 T2 能选择增计数或减计数，由 T2EX 引脚控制增/减计数方向。

T2EX＝1 使 T2 按增量方向计数。当计数到 FFFFH 时产生上溢，使 TF2＝1，同时还使 RCAP2H 和 RCAP2L 中的 16 位值分别重装到 TH2 和 TL2 计数器中。

T2EX＝0 使 T2 按减量方向计数。当 TH2 和 TL2 计数到与存储在 RCAP2H 和 RCAP2L 中的值相等时，产生下溢，使 TF2＝1，并使 FFFFH 重装到计数器 TH2_TL2 中。

每当定时器 T2 溢出时 EXF2 翻转。如果需要，该位还可作为计数器的第 17 位。这种工作方式下，EXF2 并不是中断标志位。

（2）捕捉方式

当 CP/$\overline{\text{RL2}}$＝1 时，T2 工作于捕捉方式。其 16 位捕捉方式结构框图如图 4.25 所示。

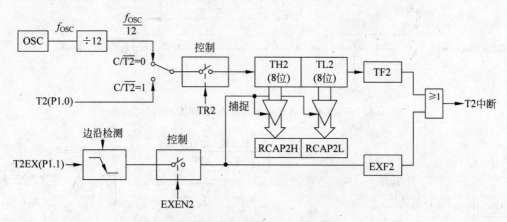

图 4.25　T2 工作于捕捉方式结构图

当 T2CON 寄存器的 EXEN2＝0 时，来自外部 T2EX 引脚信号不起作用，T2 用做 16 位定时器或计数器。C/$\overline{\text{T2}}$＝0 时，对振荡频率 f_{osc} 的 12 分频计数，用做定时器；C/$\overline{\text{T2}}$＝1 时，对外部引脚 T2 的输入脉冲计数（下降沿触发），用做计数器。TR2＝1，计数器从初值开始每来 1 个脉冲计数加 1。计数至溢出时，将溢出标志 TF2 置 1，发出中断申请。这种方式下 TH2 和 TL2 的内容不会送入捕捉寄存器。

当 EXEN2＝1 时,定时器 T2 除了具备上述功能外,还可实现由 T2EX 外部引脚信号捕捉当前计数器值的功能。当 T2EX 的输入信号发生负跳变时,使 TH2 和 TL2 的内容锁存到 RCAP2H 和 RCAP2L 中,并将中断标志 EXF2 置 1,发出中断申请。

(3) 波特率发生器方式

当 T2CON 寄存器的 TCLK＝1 或 RCLK＝1 时,定时器 T2 被设置为波特率发生器,如图 4.26 所示。串行口发送和接收的波特率可以不同,实现方法是,T2 用做发送器或接收器,定时器 T1 用于另一功能。

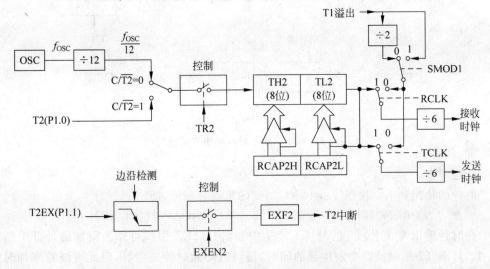

图 4.26　T2 工作于波特率发生器方式结构图

波特率发生器方式类似于自动重装方式,若 C/$\overline{T2}$＝0,以 $f_{osc}/2$ 频率的信号作为计数信号；C/$\overline{T2}$＝1 时,计数信号为外部引脚 T2(P1.0)上的输入信号。当 TH2 计数溢出时,使预先设置在 RCAP2H 和 RCAP2L 的值分别重装到 TH2 和 TL2 中。但不能使 TF2 置位,不发生中断。此时,串行口方式 1 和方式 3 的波特率由 T2 的上溢速率决定,即

$$波特率 = T2 溢出率 /16$$

T2 用做波特率发生器时,在大多数情况下,T2 工作在定时器方式(C/$\overline{T2}$＝0),即 $f_{osc}/2$ 计数。故有

$$波特率 = f_{osc}/\{32 \times [65536 - (RCAP2H, RCAP2L)]\}$$

式中,(RCAP2H,RCAP2L)为 RCAP2H 和 RCAP2L 中的 16 位无符号数。

在 EXEN2＝1 的情况下,来自 T2EX 引脚的负跳变使 EXF2 置 1,申请中断。但这不能使计数器重装。由此可见,T2 用做波特率发生器时,T2EX 可作为附加的外部中断源使用。在访问 T2 计数器和 RCAP 寄存器之前应将定时器关闭(使 TR2＝0),以便得到正确的读/写结果。

(4) 可编程时钟输出

T2 可通过编程从 P1.0 输出占空比为 50% 的时钟脉冲,如图 4.27 所示。T2 作为时钟发生器时,T2CON 寄存器中的 C/$\overline{T2}$＝0,T2MOD 寄存器中的 T2OE＝1,由 TR2 启动

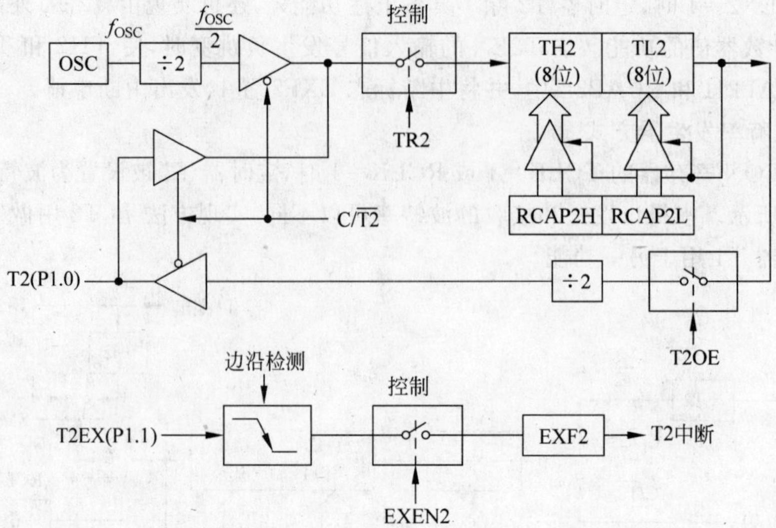

图 4.27　T2 工作于时钟输出方式结构图

和停止定时器。

时钟的输出频率取决于 f_{osc} 和 RCAP2 的重新装载值,即

$$输出时钟频率 = f_{osc}/\{4 \times [65536 - (RCAP2H, RCAP2L)]\}$$

在时钟输出方式下,T2 的翻转不产生中断,但 T2EX 引脚可作为附加的外部中断源使用。然而 T2 用做波特率发生器的同时,还可以用做时钟发生器,但此时波特率和时钟输出频率不能分别设置,因为两者都使用 RCAP2。

4.2.5　定时器/计数器的编程和应用举例

定时器/计数器是单片机应用系统中的重要功能部件。下面列举一些应用实例,通过这些例子来掌握定时器/计数器的编程方法。

【例 4.2】　利用 T0 方式 0,产生 1ms 的定时,在 P1.0 引脚上输出周期为 2ms 的方波。设单片机晶振频率 $f_{osc}=12MHz$。

要在 P1.0 输出周期为 2ms 的方波,只要使 P1.0 每隔 1ms 取反一次即可。

T0 为方式 0:TMOD 的低 2 位 M1M0=00;

T0 为定时状态:TMOD 的 D2 位 C/$\overline{T}$=0;

计数不受 $\overline{INT0}$ 的控制:TMOD 的 D3 位 GATE=0;

不使用 T1,TMOD 的 D7~D4 位可为任意数,这里取 0 值;

因此,T0 的方式字为 TMOD=00H。

已知 $f_{osc}=12MHz$,所以机器周期 $T=\dfrac{1}{f_{osc}} \times 12 = \dfrac{1}{12 \times 10^6} \times 12s = 1\mu s$。

计算 1ms 定时 T0 的初值:设 T0 计数器初值为 X,则

$$(2^{13} - X) \times 10^{-6} = 1 \times 10^{-3}$$

解得 $X = 2^{13} - 10^3 = 8192 - 1000 = 7192D = \underline{11100000}\ \underline{11000}\ B$。
　　　　　　　　　　　　　　　　　　　　　高8位E0H　低5位18H

那么,TH0 初值为 E0H,TL0 初值为 18H。采用查询 TF0 的状态来控制 P1.0 输出,程序如下:

```
            MOV   TMOD,#00H        ;置 T0 为方式 0
            MOV   TL0,#18H         ;送初值
            MOV   TH0,#0EH
            SETB  TR               ;启动 T0
LOOP:  JBC   TF0,NEXT         ;查询定时时间到否
            SJMP  LOOP
NEXT:  MOV   TL0,#18H         ;重装计数初值
            MOV   TH0,#0E0H
            CPL   P1.0             ;输出取反
            SJMP  LOOP             ;不断循环
```

采用查询方式的程序很简单,但在定时器整个计数过程中,CPU 要不断地查询溢出标志 TF0 的状态,这就占用了 CPU 的工作时间,导致 CPU 的效率不高。若采用定时器溢出中断方式,可以大大提高 CPU 的工作效率。

【例 4.3】　采用定时器溢出中断方式产生例 4.2 所要求的方波。

方式字和初值与例 4.2 一样,程序如下:

```
            ORG   0000H
            AJMP  MAIN             ;转主程序
            ORG   000BH
            AJMP  CTC0             ;转定时器 T0 中断服务程序
;主程序
MAIN:  MOV   TMOD,#00H        ;置 T0 为方式 0
            MOV   TL0,#18H         ;送初值
            MOV   TH0,#0E0H
            SETB  EA               ;CPU 开中断
            SETB  ET0              ;T0 中断允许
            SETB  TR0              ;启动 T0
HERE:  SJMP  HERE             ;等待中断,虚拟主程序
;中断服务程序
            ORG   000BH            ;T0 中断入口
            AJMP  CTC0             ;转中断服务程序
            ⋮
CTC0:  MOV   TL0,#18H         ;重装初值
            MOV   TH0,#0E0H
            CPL   P1.0             ;输出方波
            RETI                   ;中断返回
```

【例 4.4】　仍采用定时器控制输出方波,要求方波的周期为 1s。设单片机晶振频率为 12MHz。

周期为 1s 的方波要求定时值为 500ms,在时钟为 12MHz 的情况下,即使采用定时器工作方式 1(16 位计数器),这个值也超过了方式 1 可能提供的最大定时值(65.536ms)。如果采用降低单片机时钟频率的办法来延长定时器的定时时间,在一定的范围内当然可以,但这样做会降低 CPU 运行速度,而且定时误差也会加大,故不是最好的方法。下面介绍一种利用定时器定时和软件计数来延长定时时间的方法。

要获得 500ms 的定时,可选用定时器 T0 方式 1,定时时间为 50ms。另设一个软件计数器,初始值为 10。每隔 50ms 定时时间到,产生溢出中断,在中断服务程序中使软件计数器减 1,这样,当软件计数器减到 0 时,就获得 500ms 定时。

选用定时器 T0 方式 1,时钟频率 $f_{osc} = 12MHz$,50ms 定时所需的计数初值为

$$X = 2^{16} - 50 \times 10^{-3}/(1 \times 10^{-6}) = 65536 - 50000$$
$$= 15536 \text{ D} = \underline{0011\ 1100}\ \underline{1011\ 0000}\ \text{B} = 3CB0\ H$$

3CH高字节　　B0H低字节

则 TH0 初值为 3CH,TL0 初值为 B0H。

程序如下:

```
        ORG     0000H
        AJMP    MAIN                    ;转主程序
        ORG     000BH
        AJMP    CTC0                    ;转定时器 T0 中断服务程序
    ;主程序
MAIN:   MOV     TMOD,#01H               ;置定时器 T0 为方式 1(M1M0=01)
        MOV     TL0,#0B0H               ;T0 低 8 位初值
        MOV     TH0,#3CH                ;T0 高 8 位初值
        MOV     IE,#82H                 ;T0 开中断
        SETB    TR0                     ;启动 T0
        MOV     R1,#10                  ;软件计数器初值
HERE:   SJMP    HERE                    ;虚拟主程序,等待中断
    ;中断服务程序
CTC0:   DJNZ    R1,NEXT                 ;R1≠0,则不对 P1.0 取反
        CPL     P1.0                    ;输出方波
        MOV     R1,#10                  ;重装软件计数器初值
NEXT:   MOV     TL0,#0B0H               ;重装定时器初值
        MOV     TH0,#3CH
        RETI                            ;中断返回
```

在以上的定时程序中,中断服务程序都要进行重装计数器初值等操作。这样,从定时器溢出发出中断请求到重装完定时器初值,并在此基础上重新开始计数,总有一定的时间间隔,造成定时时间增加了若干微秒。为了减少这种定时误差,就要对重装的计数初值作适当的调整。调整重装初值主要考虑以下两个因素。

一是中断响应所需的时间。在没有中断嵌套的情况下,转向中断服务程序需要 2 个机器周期,但完成正在执行的指令可能还需 1 个、2 个或 4 个机器周期。如果这时主程序正处于关中断状态,则响应中断的等待时间还将增加若干指令周期。通常中断响应时间约为 3~8 个机器周期。

二是重装初值指令所占用的时间,包括在重装初值前中断服务程序中的其他指令。

综合这两个因素后,在一般情况下,重装计数初值的修正量取 7~8 个机器周期,即要使定时时间缩短 7~8 个机器周期。

如果采用定时器工作方式 2(自动重装初值),则可避免上述第二个因素,使定时比较精确,但方式 2 的计数长度(只有 $2^8 = 256$)受到很大的限制。

【例 4.5】　利用定时器 T1 方式 2 对外部信号计数,要求每计满 100 次,将 P1.0 端取反。

外部信号由 T1(P3.5)引脚输入,每发生一次负跳变计数器加 1,每输入 100 个脉冲,计数器发生溢出中断,中断服务程序将 P1.0 取反一次。

T1 方式 2 计数状态的方式字为:TMOD=60H。一般地,T0 不用时,TMOD 的低 4 位原则上可任取,但不能使 T0 进入方式 3,这里将 TMOD 低 4 位都取 0。

计算 T1 的计数初值:X=2^8−100=156 D=9CH。

则 TL1 的初值为 9CH,重装初值寄存器 TH1=9CH。

程序如下:

```
            ORG     0000H
            LJMP    MAIN              ;转主程序
            ORG     001BH             ;中断服务程序入口
            CPL     P1.0              ;对 P1.0 取反
            RETI                      ;中断返回
;主程序
MAIN:  MOV     TMOD,#60H         ;T1 置方式 2 计数
            MOV     TL1,#9CH          ;赋初值
            MOV     TH1,#9CH
            MOV     IE,#88H           ;定时器 T1 开中断
            SETB    TR1               ;启动计数器
HERE:  SJMP    HERE              ;等待中断
```

【例 4.6】 实时时钟。

实时时钟是用单片机来模拟时钟,由定时器/计数器产生一个 1/10s 的时基信号,每隔 0.1s 定时器/计数器向 CPU 发出一次中断请求,CPU 响应中断后转入中断服务程序。中断服务程序以 1/10s、1s、1min、1h 对实时时钟进行计数。每产生一次中断,1/10s 时基计数单元的内容加 1;当 1/10s 单元的内容等于 10 时,便产生 1s 的定时,使秒计数单元的内容加 1,并将 1/10s 单元清 0;当秒计数单元计满 60 后,向分计数单元进位,使分计数单元的内容加 1,并将秒单元清 0;当分计数单元计满 60 后,向时计数单元进位,使时计数单元的内容加 1,并将分单元清 0;时计数单元计满 24 后清 0。

单片机可以外接 LED 数码显示器和键盘。显示器用于显示秒、分、时计数单元中的秒、分、时值。由显示子程序把秒、分、时计数单元的内容取出送入显示缓冲区,然后进行输出显示。现行的标准时间借助按键输入到秒、分、时计数单元中,作为计时的初始值,启动时钟程序后,实时时钟便开始运行,并像电子钟一样显示出标准时间。

关于显示器、键盘接口与编程将在第 6 章讨论,故暂不作介绍。

设单片机的时钟频率为 6MHz。定时器产生 0.1s 定时应工作在方式 1,定时器初值为

X=65536−0.1/(2×$10^{−6}$)=65536−50000=15536D=0011 1100 1011 0000 B=3CB0 H

为使定时较为精确,在中断服务程序中定时器重装的初值可修正为 3CB7H,在运行中还可以进一步调整。

时间计数单元分配如下:

(20H) 存放 0.1s 计数值;

(21H) 存放秒计数值(BCD 码);

(22H) 存放分计数值(BCD 码);

(23H) 存放小时计数值(BCD 码)。

实时时钟程序流程图如图 4.28 所示,参考程序如下:

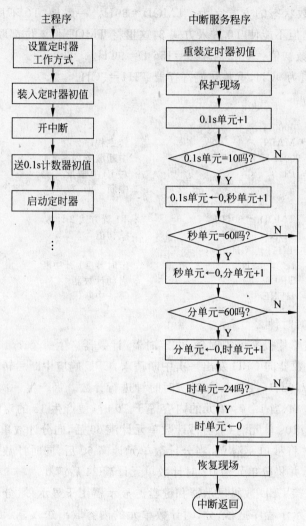

图 4.28 实时时钟程序流程图

```
;主程序
MAIN:  MOV   SP,＃50H          ;设置堆栈区
       MOV   TMOD,＃01H        ;置定时器 T0 为方式 1
       MOV   TL0,＃0B0H        ;送定时器初值
       MOV   TH0,＃3CH
       MOV   IE,＃82H          ;允许中断
       MOV   20H,＃00H         ;送 0.1s 单元初值
       SETB  TR0               ;启动定时器初值
       ⋮
;中断服务程序
CLOCK:  MOV   TL0,＃0B7H       ;重装定时器初值
        MOV   TH0,＃3CH
```

```
        PUSH    PSW                     ;保护现场
        PUSH    ACC
        SETB    RS0                     ;选择工作寄存器组 1
        CLR     RS1
        INC     20H                     ;0.1s 单元加 1
        MOV     A,20H                   ;取 0.1s 单元内容
        CJNE    A,#0AH,DONE             ;不等于 10 退出,返回
        MOV     20H,#00H                ;等于 10,0.1s 单元清 0
        MOV     A,21H                   ;取秒值
        ADD     A,#01H                  ;秒单元内容加 1
        DA      A                       ;十进制调整
        MOV     21H,A                   ;送回秒单元
        CJNE    A,#60H,DONE             ;秒值不等于 60 则返回
        MOV     21H,#00H                ;等于 60,秒单元清 0
        MOV     A,22H                   ;取出分值
        ADD     A,#01H                  ;分加 1
        DA      A                       ;十进制调整
        MOV     22H,A                   ;送回分单元
        CJNE    A,#60H,DONE             ;分值不等于 60 则返回
        MOV     22H,#00H                ;等于 60,分单元清 0
        MOV     A,23H                   ;取出小时值
        ADD     A,#01H                  ;小时加 1
        DA      A                       ;十进制调整
        MOV     23H,A                   ;送回小时单元
        CJNE    A,#24H,DONE             ;小时不等于 24 则转出
        MOV     23H,#00H                ;等于 24,小时单元清 0
DONE:   POP     ACC                     ;恢复现场
        POP     PSW
        RETI                            ;中断返回
```

【例 4.7】　可编程乐曲演奏器。

声音是由物体振动产生的。乐器中弓和弦的摩擦振动,交变电流推动喇叭、纸盆的振动等,都会发出声音。振动频率不同,所发出的声音也不同,有规律的振动发出的声音称为"乐音"。乐谱中每一个音符都与某一个频率相对应,如 C 调中音"1",其频率 $f=524\text{Hz}$。音乐中所用的声频为 27Hz~4.1kHz,而人耳能听到的声频为 18Hz~18kHz。

单片机用做可编程乐曲演奏器的原理是:通过控制定时器的定时来产生不同频率的方波,驱动喇叭发出不同音阶的声音,再利用延迟来控制发音时间的长短,即可控制音调中的节拍。把乐谱中的音符和相应的节拍变换为定常数和延迟常数,做成数据表格存放在存储器中。由程序查表得到定时常数和延迟常数,分别用以控制定时器产生方波的频率和发出该频率方波的持续时间。当延迟时间到时,再查下一个音符的定时常数和延迟常数。依次进行下去,就可自动演奏出悦耳动听的乐曲。

下面是歌曲"新年好"的一段简谱:

$$1=C \quad \underline{1\ 1\ 1\ 5} \mid \underline{3\ 3\ 3\ 1} \mid \underline{1\ 3\ 5\ 5} \mid \underline{4\ 3\ 2} \ - \mid$$

用定时器 T0 方式 1 来产生简谱中各音符对应频率的方波,由 P1.0 输出驱动喇叭。节拍的控制可通过调用延时子程序 D200(延时 200ms)的次数来实现,以每拍 800ms 的节拍时间为例,那么一拍需要循环调用 D200 延时子程序 4 次;同理,半拍就需要调用 2 次。设单片机晶振频率为 6MHz,乐曲中的音符、频率及定时常数三者的对应关系见表 4.4。

表 4.4　音符、频率和定时常数

C 调音符	5·	6·	7·	1	2	3	4	5	6	7
频率/Hz	392	440	494	524	588	660	698	784	880	988
半周期/ms	1.28	1.14	1.01	0.95	0.85	0.76	0.72	0.64	0.57	0.51
定时值	FD80	FDC6	FE07	FE25	FE57	FE84	FE98	FEC0	FEE3	FF01

乐曲的演奏控制程序如下：

```
        ORG    0000H
        LJMP   MAIN
        ORG    000BH              ; 定时器 T0 中断入口
        MOV    TH0,R1             ; 重装定时初值
        MOV    TL0,R0
        CPL    P1.0               ; 输出方波
        RETI                      ; 中断返回
        ORG    1000H              ; 主程序
MAIN:   MOV    TMOD,#01H          ; 定时器 T0 置方式 1
        MOV    IE,#82H            ; 允许 T0 中断
        MOV    DPTR,#TAB          ; 表格首地址
LOOP:   CLR    A
        MOVC   A,@A+DPTR          ; 查表
        MOV    R1,A               ; 定时值高 8 位存入 R1
        INC    DPTR
        CLR    A
        MOVC   A,@A+DPTR          ; 查表
        MOV    R0,A               ; 定时值低 8 位存入 R0
        ORL    A,R1
        JZ     NEXT0              ; 全 0 位休止符
        MOV    A,R0
        ANL    A,R1
        CJNE   A,#0FFH,NEXT       ; 全 1 表示乐曲结束
        SJMP   MAIN               ; 从头开始,循环演奏
NEXT:   MOV    TH0,R1             ; 装入定时值
        MOV    TL0,R0
        SETB   TR0                ; 启动定时器
        SJMP   NEXT1
NEXT0:  CLR    TR0                ; 关闭定时器,停止发音
NEXT1:  CLR    A
        INC    DPTR
        MOVC   A,@A+DPTR          ; 查延迟常数
        MOV    R2,A
LOOP1:  ACALL  D200               ; 调用延时 200ms 的子程序
        DJNZ   R2,LOOP1           ; 控制延时次数
        INC    DPTR
        AJMP   LOOP               ; 处理下一个音符
D200:   MOV    R3,#81H            ; 延时 200ms 子程序
D200B:  MOV    A,#0FFH
D200A:  DEC    A
        JNZ    D200A
        DEC    R3
        CJNE   R3,#00H,D200B
```

```
            RET
TAB:    DB      0FEH,25H,02H,0FEH,25H,02H
        DB      0FEH,25H,04H,0FDH,80H,04H
        DB      0FEH,84H,02H,0FEH,84H,02H
        DB      0FEH,84H,04H,0FEH,25H,04H
        DB      0FEH,25H,02H,0FEH,84H,02H
        DB      0FEH,0C0H,04H,0FEH,0C0H,04H
        DB      0FEH,98H,02H,0FEH,84H,02H
        DB      0FEH,57H,08H,00H,00H,04H
        DB      0FEH,0FFH
        END
```

【例 4.8】 利用定时器 T1 门控位 GATE 的功能,测量$\overline{INT1}$引脚上出现的正脉冲宽度,并以机器周期数来表示。

门控位 GATE 能使定时器/计数器的启动计数受外部中断引脚电平的控制。利用这一特性,可以测量外部输入脉冲的宽度。测量过程如下:

定时器 T1 工作于方式 1,置 GATE 为 1、TR1 为 1。当$\overline{INT1}$引脚上一出现高电平时,定时器 T1 即开始对 12 分频时钟周期计数,直到$\overline{INT1}$出现低电平为止,然后读出 T0 计数器的值并显示。测量过程如图 4.29 所示。

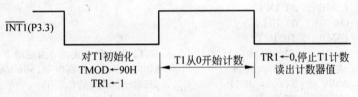

图 4.29 被测脉冲信号

程序如下:

```
START: MOV   TMOD, #90H           ;定时器 T1 初始化
       MOV   TL1, #00H
       MOV   TH1, #00H
WAIT1: JB    P3.3,WAIT1           ;等待INT1变低
       SETB  TR1                  ;启动 T1 计数
WAIT2: JNB   P3.3,WAIT2           ;等待INT1升高
WAIT3: JB    P3.3,WAIT3           ;等待INT1变低
       CLR   TR1                  ;停止 T1 计数
       MOV   R0, #DSPBUF0         ;显示缓冲区首地址送 R0
       MOV   A, TL1               ;读出 TL1 的计数值
       XCHD  A,@R0                ;存放在显示缓冲区中
       INC   R0
       SWAP  A
       XCHD  A,@R0
       INC   R0
       MOV   A, TH1               ;读出 TH1 计数值
       XCHD  A,@R0                ;存放在显示缓冲区中
       INC   R0
       SWAP  A
       XCHD  A,@R0
```

```
DISP:    LCALL DISPLAY               ;调用显示子程序
         SJMP    DISP                ;重复显示脉宽
         ⋮
DISPLAY: 显示子程序(略)
```

由于定时器 T1 方式 1 为 16 位计数器，所以被测脉冲高电平宽度只能小于 65535 个机器周期。

【例 4.9】 数字频率计。

被测周期性的脉冲信号由 T1(P3.5)引脚加到定时器 T1 进行计数，定时器 T0 用做产生定时为 1s 闸门信号去控制 TR1，利用 TR1 控制启动/停止 T1 计数的功能，定时器 T1 将在闸门信号 1s 内对被测信号进行计数，则被测信号的频率为

$$f_x = \frac{\text{T1 的计数值}}{\text{闸门时间}} = \frac{\text{T1 的计数值}}{1\text{s}}$$

设系统时钟振荡频率为 12MHz，为了确定 1s 的闸门时间，由例 4.4 分析可知，设置定时器 T0 工作在方式 1，定时时间为 50ms(计数器初值为 3CB0H)，在中断服务程序中进行软件计数，20 次中断即为 1s。程序如下：

```
              ORG     0000H
              LJMP    START
              ORG     000BH
              LJMP    T0_INT
START:   MOV     TMOD,#51H          ;置 T1 为计数方式,T0 为定时方式
              MOV     TH0,#3CH           ;65536-50000 的高字节,50ms@12MHz
              MOV     TL0,#0B0H          ;65536-50000 的低字节
              MOV     R7,#20             ;中断计数器初值为 20
              MOV     TH1,#0             ;计数器 T1 计数初值为 0
              MOV     TL1,#0
              SETB    ET0                ;允许定时器 T0 中断
              SETB    EA                 ;开中断
              SETB    TR0                ;启动定时器 T0
              SETB    TR1                ;启动计数器 T1,开始计数
MAIN:    MOV     FREQ_L,R2          ;取频率值
              MOV     FREQ_H,R3          ;
              LCALL   DISP_FREQ          ;显示频率
              SJMP    MAIN
DISP_FREQ:                           ;显示频率子程序(略)
              ⋮
              RET

;定时器 T0 中断服务程序,50ms 执行一次
T0_INT:  MOV     TH0,#3CH           ;重装定时器初值 65536-50000 的高字节
              MOV     TL0,#0B0H          ;65536-50000 的低字节,50ms@12MHz
              DJNZ    R7,T0_EXIT
              CLR     TR1                ;停止计数器 T1 计数
              MOV     R2,TL1             ;闸门信号为 1s,计数值即为频率值
              MOV     R3,TH1             ;把频率值存放在 R3R2 中
              MOV     R7,#20             ;中断计数器重新初始化
              MOV     TL1,#0             ;计数器 T1 清 0
              MOV     TH1,#0
```

```
         SETB     TR1                       ; 使计数器 T1 开始计数
T0_EXIT: RETI
         END
```

【例 4.10】 利用 8052 单片机中的定时器 T2 的捕捉方式测量 T2EX 引脚上的矩形波周期，用机器周期数来表示。

T2 的 16 位捕捉方式，能获捕 T2EX 引脚的负跳变信号。当 EXEN＝1 时，每当 T2EX 出现 1→0 的负跳变，都会将 TH2 和 TL2 的当前值分别锁存到 RCAP2H 和 RCAP2L 中，同时将中断标志 EXF2 置 1。若允许中断，只要将前后两次捕捉的计数值（对机器周期计数）相减，所得的差就是以机器周期为单位的被测信号周期。程序如下：

```
         ORG      0000H
         LJMP     MAIN             ; 转主程序
         ORG      002BH
         LJMP     T2ISR            ; 转中断服务程序
         ORG      0100H            ; 主程序
MAIN:    MOV      SP, #60H
         MOV      20H, #0          ; 20H 单元用于标志单元
         MOV      T2CON, #01H      ; T2 为 16 位捕捉方式
         MOV      TL2, #0          ; 计数器初值为 0
         MOV      TH2, #0
         SETB     ET2              ; 允许 T2 中断
         SETB     EA               ; 开中断
         SETB     TR2              ; 启动 T2 计数
         SETB     EXEN2            ; 允许捕捉
           ⋮
         ORG      2000H            ; 中断服务程序
T2ISR:   PUSH     PSW              ; 保护现场
         PUSH     ACC
         JBC      TF2, ERROR       ; 计数器溢出
         CLR      EXF2             ; 清除 T2 外部中断标志
         JB       20H.0, CAPT2     ; 是第 1 次捕捉吗
         MOV      30H, RCAP2L      ; 读取第 1 次捕捉值
         MOV      31H, RCAP2H
         SETB     20H.0            ; 建立第 1 次捕捉完成标志
         SJMP     QUIT
CAPT2:   MOV      A, RCAP2L        ; 第 2 次捕捉
         CLR      C
         SUBB     A, 30H           ; 低 8 位相减
         MOV      32H, A
         MOV      A, RCAP2H        ; 高 8 位相减
         SUBB     A, 31H
         MOV      33H, A
         SETB     20H.6            ; 建立 2 次捕捉完成标志
         SJMP     QUIT
ERROR:   SETB     20H.7
QUIT:    POP      ACC
         POP      PSW
         RETI
         END
```

4.3 串行接口

4.3.1 串行通信的基本概念

计算机与外界的信息交换称为通信。通信的基本方式可分为并行通信和串行通信两种。

并行通信是指一个数据的各位同时进行传送的通信方式。其优点是传送速度快,缺点是一个并行数据有多少位,就需要多少根传输线,这在位数较多且传输距离又远时就不太适宜了。

串行通信是指一个数据以逐位顺序传送的通信方式。优点是仅需单线传输信息,适用于远距离通信;缺点是传送速度较低,假设并行传送 N 位数据所需的时间为 T,那么串行传送的时间至少为 NT,实际上总是大于 NT。

1. 串行通信的种类

串行通信有两种基本方式:同步通信和异步通信。

(1) 同步通信

同步通信是一种连续传送数据流的串行通信方式。在同步传送中,数据块开始处要用 1~2 个同步字符来指示,其典型格式如图 4.30 所示。

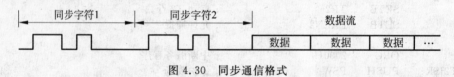

图 4.30 同步通信格式

在同步通信中,由同步时钟来实现发送和接收的同步。在发送时要插入同步字符,接收端检测到同步字符后,便开始接收串行数据位。发送端在发送数据流过程中,若出现没有准备好数据的情况,便用同步字符来填充,一直到下一个字符准备好为止。数据流由一个个数据组成,称为数据块。每一个数据可选 5~8 个数据位和一个奇偶校验位。此外对整个数据流还可进行 CRC 校验。

同步通信可以提高传送速率,但在硬件上需要插入同步字符或相应的检测部件。

(2) 异步通信

在异步通信中,传送的数据是不连续的,它是以字符为单位来传送的。每一个字符由起始位、数据位、校验位和停止位构成,称为一帧,其典型的格式如图 4.31 所示。

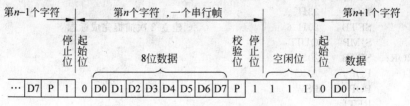

图 4.31 异步通信帧格式

在帧格式中,一个字符由起始位开始到停止位结束。起始位为 0,占用一位,用来通知接收端一个新的字符开始到来,应准备接收。在不传送字符时,应插入空闲位保持为 1。接收端不断检测线路的状态,若连续为 1 以后又检测到一个 0,就知道马上要接收一个新的字符。

起始位后面紧跟着数据位,通常为 5~8 位。发送时总是先传送数据的低位,后传送高位。

奇偶校验位占一位。在不需要奇偶校验时,这一位可以省去或者改为其他的控制位,例如用来确定这个字符所代表信息的性质(是地址还是数据等)。在这种情况下,也可能使用多于 1 位的附加位。

停止位用来表示字符的结束。停止位为 1,可以占 1 位、1.5 位或 2 位。接收端接到停止位,就表征这一字符结束。若停止位以后不是紧接着传送下一个字符,则让线路保持为 1(空闲),使线路处于等待状态。

异步通信方式的硬件结构比同步通信方式简单,但异步方式传输时间较长。

2. 波特率

在串行通信中,对数据传送速率有一定要求,通常用每秒传送二进制数的位数来衡量,把它定义为波特率,单位为 bit/s,简记为 b/s。

例如数据传送速率是 120 字符/s,而每个字符包含 10 位(1 个起始位、7 个数据位、1 个奇偶校验位和 1 个停止位),则波特率为

$$120 \text{ 字符/s} \times 10 \text{ 位/字符} = 1200\text{b/s} = 1200\text{Bd}(\text{波特})$$

于是,每一位(bit)的传送时间 t_d 即为波特率的倒数,其值为

$$t_d = \frac{1}{1200}\text{s} = 0.833\text{ms}$$

一般异步串行通信的波特率在 50~9600Bd 之间。

3. 串行通信的数据传送方向

在串行通信中,根据数据在 A、B 两个站之间的传送方向可分为 3 种工作方式:单工、半双工和全双工方式,如图 4.32 所示。

单工(single duplex)方式,一个站为发送,另一个站为接收,仅需要一个传输通道,数据只能单方向传送;半双工(half duplex)方式,两站都有发送器和接收器,但只有一个收发共用的传输通道,两个方向上的数据传送不能同时进行;全双工(full duplex)方式,两站都有发送器和接收器,且有两个传输通道,发送和接收数据能同时进行。

MCS-51 单片机内部有全双工串行接口,有两根串行通信传输线——数据接收 RxD 和数据发送 TxD,但 CPU 不可能同时执行"接收"和"发送"两种指令,因此,"全双工"是对串行接口具有两个独立的接收器和

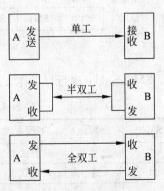

图 4.32 串行通信中的数据
传送方向

发送器以及独立接收和发送通道而言的。

4.3.2　MCS-51 单片机串行口的控制

MCS-51 单片机内部的全双工串行接口用于异步串行通信,由串行接收控制器、发送控制器、接收缓冲器、发送缓冲器、输入移位寄存器、输出控制门以及两条独立的收发数据线 RxD 和 TxD 等组成,其内部结构如图 4.33 所示。

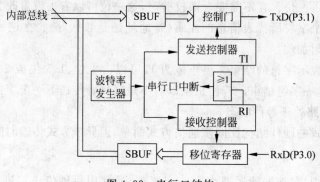

图 4.33　串行口结构

在串行通信接口中有两个物理上独立的发送缓冲器和接收缓冲器。发送缓冲器只能写入发送的数据,但不能读出;接收缓冲器只能读出接收的数据,但不能写入。因此,可同时收、发数据,实现全双工数据传送的两个缓冲器是特殊功能寄存器 SBUF,它们公用一个地址(99H),SBUF 不可位寻址。此外,还有两个特殊功能寄存器 SCON 和 PCON 分别用于控制串行口的工作方式以及波特率等。波特率发生器由定时器 T1 来实现,8052/8032 单片机也可以用 T2 作为波特率发生器。

1. 串行口控制寄存器 SCON

串行口控制寄存器 SCON 包含串行口工作方式选择位、接收发送控制位以及串行口状态标志位,其格式如图 4.34 所示。

位地址	9FH	9EH	9DH	9CH	9BH	9AH	99H	98H	字节地址
SCON	SM0	SM1	SM2	REN	TB8	RB8	TI	RI	98H *

图 4.34　SCON 寄存器格式

SM0、SM1:串行口工作方式选择位,其定义见表 4.5。

表 4.5　串行口工作方式选择位的定义

SM0	SM1	工作方式	功能说明	比特率
0	0	方式 0	8 位移位寄存方式(用于扩展 I/O 口)	$f_{osc}/12$
0	1	方式 1	8 位 UART(异步收发)	可变(T1 溢出率/n)
1	0	方式 2	8 位 UART(异步收发)	$f_{osc}/64$ 或 $f_{osc}/32$
1	1	方式 3	8 位 UART(异步收发)	可变(T1 溢出率/n)

SM2:允许方式2和方式3的多机通信控制位。在方式2或方式3处于接收时,如果SM2置为1,则接收到的第9位数据(RB8)为0时,不激活RI(即RI不置1)。在方式1接收时,如果SM2=1,则只有接收到有效的停止位时,才会激活RI(即RI置1)。在方式0时,SM2应置为0。

REN:允许串行接收位。由软件置1以允许接收,由软件清0来禁止接收。

TB8:是在方式2和方式3中发送的第9位数据。根据发送数据时的需要由软件置1或清0。可作奇偶校验位,也可在多机通信中作为区别地址帧或数据帧的标志位。在方式0中该位未用。

RB8:在方式2和方式3中,是接收到的第9位数据。它可以是约定的奇偶校验位,或者是约定的地址数据标识位。在方式1中,若SM2=0,RB8中存放的是已接收到的停止位。方式0不使用RB8。

TI:发送中断标志位。在方式0中,串行发送第8位结束时,由硬件对TI置1。在其他3种方式中,串行发送停止位开始时,由硬件对TI置1。TI=1,表示一帧数据发送完毕。可由软件查询TI的状态。TI为1向CPU申请中断,CPU响应中断,发送下一帧信息。TI必须由软件清0。

RI:接收中断标志位。在方式0中,串行接收到第8位数据时,由硬件对RI置1;在其他3种方式中,如果SM2控制位允许,则串行接收到停止位中间时由硬件对RI置1。RI=1,表示一帧信息接收结束。可由软件查询RI的状态,RI为1向CPU申请中断,CPU响应中断,准备接收下一帧信息。RI必须由软件清0。

发送中断和接收中断是同一中断向量的中断程序,所以在全双工通信时,必须由软件查询TI和RI来判断是发送中断还是接收中断。

2. 特殊功能寄存器 PCON

PCON 中的最高位 PCON.7 是串行波特率系数位,其格式如图 4.35 所示。

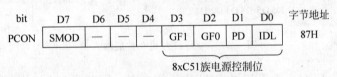

图 4.35 PCON 寄存器格式

SMOD 为波特率倍增位。当 SMOD=1 时,使串行口波特率加倍。

PCON 是为了在 CHMOS 型的 MCS-51 单片机上实现电源控制而附加的。在 HMOS 型的单片机中,除 PCON.7 为 SMOD 位外,其余的位均无意义。PCON 的低4位已在第2章介绍过。

4.3.3 串行口的工作方式

1. 方式 0

串行接口的工作方式0为移位输入输出方式。常用于串行口外接移位寄存器以扩展I/O口,也可以外接串行同步输入输出设备。串行数据由 RxD(P3.0)引脚输入或输出,同步移位脉冲由 TxD(P3.1)引脚送出。

串行口以方式 0 发送时,数据由 RxD 端串行输出,TxD 端输出同步信号,当一个数据写入串行口发送缓冲器 SBUF(如执行"MOV SBUF,A"指令)后,就启动串行口发送器,串行口即把 8 位数据以 $f_{osc}/12$ 的波特率从 RxD 端串行输出(低位在前),发送完后由硬件自动将中断标志 TI 置 1,请求串行发送中断。串行口以方式 0 输出时,可外接串入/并出的移位寄存器 74LS164 作扩展输出口,如图 4.36 所示。也可用相同功能的 CMOS器件,如 CD4094。

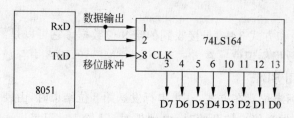

图 4.36　串行口方式 0 扩展输出口

当串行口定义为方式 0,并使 REN 置 1 后,便启动串行口以方式 0 接收数据,此时RxD 为数据输入端,TxD 为同步脉冲信号输出端。接收器以 $f_{osc}/12$ 的波特率采样 RxD端的输入数据(低位在前)。当接收器收完 8 位数据后,硬件自动将中断标志 RI 置 1,请求串行接收中断。串行口以方式 0 输入时,可外接并入/串出的移位寄存器 74LS165 作为扩展输入口,如图 4.37 所示。也可用相同功能的 CMOS 器件,如 CD4014。

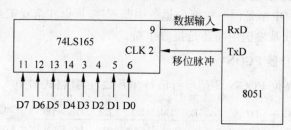

图 4.37　串行口方式 0 扩展输入口

在方式 0 中,SCON 的 TB8 和 RB8 这两位未用。每当发送或接收完 8 位数据便由硬件将发送中断 TI 或接收中断 RI 标志置位。CPU 响应 TI 或 RI 中断请求时,不会清除TI 或 RI 标志,必须由用户软件清 0。方式 0 时 SM2 位必须为 0。方式 0 发送和接收的波特率是固定的,都为 $f_{osc}/12$。

方式 0 不能用于串行同步通信,因为它不能插入或检出同步字符。方式 0 的主要用途是结合外接的移位寄存器来扩展并行 I/O 口。

2. 方式 1

方式 1 为 8 位异步通信接口。传送一帧信息为 10 位,包括 1 位起始位(0)、8 位数据位(先低位,后高位)和 1 位停止位(1),其格式如图 4.38 所示。

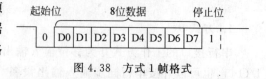

图 4.38　方式 1 帧格式

以方式 1 发送时,数据由 TxD 端输出。只要把 8 位数据写入发送缓冲器 SBUF,便启动串行口发送器发送。启动发送后,串行口能自动地在数据的前后分别插入一位起始位(0)和一位停止位(1),以构成一帧信息,然后在发送移位脉冲的作用下,依次由 TxD 端发出。在 8 位数据发出之后,也就是在停止位开始时,使 TI 置 1,用以通知 CPU 可以送出下一个数据。当一帧信息发完之后,自动保持 TxD 端的信号为 1。

方式 1 发送时的移位时钟是由定时器 T1 送来的溢出信号经过 16 或 32 分频(取决于 SMOD 位)而取得的。8032/8052 单片机也可由 T2 产生。因此,方式 1 的波特率是可变的。

以方式 1 接收时,数据从 RxD 端输入。在 REN 置 1 以后,就允许接收器接收。在没有信号到来时,RxD 端状态为 1,当检测到存在由 1 到 0 的变化时,就确认是一帧信息的起始位(0),便开始接收一帧数据。在接收移位脉冲的控制下,把收到的数据一位一位地移入接收移位寄存器中,直到 9 位数据全部收齐(包括 1 位停止位)。

在接收操作时,接收移位脉冲的频率和发送波特率相同,也是由定时器 T1 的溢出信号经 16 或 32 分频(由 SMOD 位决定)而得到的。8032/8052 单片机也可由 T2 产生。接收器以 16 倍波特率的速率采样 RxD 串行输入端的电平。当检测到 1 到 0 的变化时,启动接收器,它先复位内部的 16 分频计数器,以便实现时间同步。计数器的 16 种状态把 1 位数据的时间等分成 16 份,在每位期间的第 7、8 和 9 个计数状态,位检测器采样 RxD 的值,对这 3 次采样的结果采用三中取二的原则来决定检测到的值,以排除噪声干扰。由于采样总是在接收位的中间,这样既可以避开信号位两端的边沿失真,也可以防止由于收发波特率不完全一致而带来的接收错误。

接收完一帧信息后,必须同时满足 RI=0 和 SM2=0(或接收到的停止位为 1)这两个条件,本次接收才有效。此时将接收移位寄存器中的 8 位数据装入接收缓冲器 SBUF,收到的停止位装入 SCON 寄存器的 RB8 位中,并使接收中断 RI 置 1。若不满足这两个条件(RI=0;SM2=0 或收到的停止位为 1),接收到的信息将丢失。接收器接着开始搜索下一帧信息的起始位。

3. 方式 2 和方式 3

方式 2 和方式 3 被定义为 9 位异步通信接口。传送一帧信息为 11 位,包括 1 位起始位(0)、8 位数据位(先低位,后高位)、1 位附加程控位(1/0)和 1 位停止位(1),其格式如图 4.39 所示。

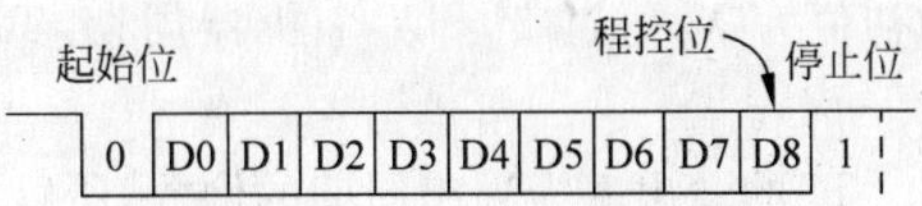

图 4.39 方式 2 和方式 3 帧格式

方式 2 和方式 3 的收发操作是完全一样的,只是波特率不同。方式 2 的波特率只有两种:$f_{osc}/64$ 或 $f_{osc}/32$(取决于 SMOD 的值)。而方式 3 的波特率是把定时器 T1 产生的溢出信号经过 16 或 32 分频(取决于 SMOD 的值)而取得的,即是可变的。

方式 2 或方式 3 发送时,数据由 TxD 端输出,发送一帧信息为 11 位,附加的第 9 位数据 D8 是 SCON 中的 TB8(可作奇偶校验位或地址/数据标志位,发送前根据通信协议由软件设置),数据发送之前可用位操作指令 SETB TB8 或 CLR TB8 使该位置 1 或清 0。

准备好 TB8 位的值后,执行一条写入发送缓冲器指令(如 MOV SBUF,A),就启动发送器发送。串行口自动将 TB8 位的值装入串行发送第 9 位数据的位置和其他数据一起由 TxD 端逐一送出。发送完一帧信息,硬件自动将中断标志 TI 置 1。发送过程与方式 1 相同。

方式 2 或方式 3 接收时,数据从 RxD 端输入。接收过程与方式 1 也基本相同。不同之处是方式 2 或方式 3 存在着真正的第 9 位(附加位 D8)数据,需要接收 9 位有效数据。而方式 1 只是把停止位当做第 9 位数据来处理。

方式 2 或方式 3 在 REN=1 时,允许接收。接收器开始以 16 倍所建立的波特率的速率采样 RxD 电平,当检测到 RxD 端由 1 到 0 变化时启动接收器接收,把接收到的 9 位数据逐位移入移位寄存器中。接收完一帧信息后,有效接收的条件是 RI=0 且 SM2=0(或接收到的第 9 位数据 D8 为 1)。如果满足这两个条件,串行口自动将前 8 位数据装入 SBUF 中,附加的第 9 位数据装入 SCON 中的 RB8,硬件自动将中断标志 RI 置 1。如果不满足这两个条件,将丢弃接收到的信息,并不置位 RI。

上述两个条件的第一个条件 RI=0,提供"接收缓冲器 SBUF 空"的信息,即用户已把 SBUF 中上次接收的数据取走,故可再次写入。第二个条件 SM2=0 或收到的第 9 位数据为 1,则提供了某种机会来控制串行口的接收。若第 9 位是奇偶校验位,则可令 SM2=0,以保证可靠的接收。若第 9 位数据参与对接收的控制,则可令 SM2=1,然后依据所置的第 9 位数据来决定接收是否有效。

4.3.4 波特率设置

串行口的 4 种工作方式对应着 3 种波特率模式。

对于方式 0,波特率是固定的,为振荡频率 f_{osc} 的 1/12。

对于方式 2,波特率与 f_{osc} 和 SMOD 有关,波特率为 $2^{SMOD}/64 \times f_{osc}$。

对于方式 1 和方式 3,波特率与定时器 T1 的溢出率有关,即为 $2^{SMOD}/32 \times$ T1 溢出率。8032/8052 单片机的波特率也可由 T2 的溢出确定。

1. 定时器 T1 作波特率发生器

用定时器 T1 作波特率发生器时,通常选用定时器工作方式 2(8 位自动重装定时初值)。但要禁止 TI 中断(ET1=0),以免 TI 溢出时产生不必要的中断。设 TH1 和 TL1 的初值为 X,每过 2^8-X 个机器周期,TI 就会产生一次溢出。溢出周期为 $12/f_{osc} \times (2^8-X)$。

TI 的溢出率为溢出周期的倒数,所以

$$波特率 = \frac{2^{SMOD}}{32} \times \frac{f_{osc}}{12}\left(\frac{1}{2^8-X}\right)$$

从而得出定时器 T1 工作在方式 2 时的初值为

$$X = 2^8 - \frac{2^{SMOD} \times f_{osc}}{384 \times 波特率}$$

如果串行通信选用很低的波特率,可将定时器 T1 置于方式 0(13 位定时方式)或方式 1(16 位定时方式)。在这种情况下,TI 溢出时需要由中断服务程序来重装初值,那么应该允许 TI 中断(ETI=1)。

但中断响应和中断处理的时间将对波特率精度带来一些误差。常用的波特率见表 4.6。

表 4.6 常用波特率

波特率/(b/s)	f_{osc}/MHz	SMOD	定时器 T1		
			C/$\overline{T}$	方式	重装初值
方式 0 最大：1×10^6	12	×	×	×	×
方式 2 最大：375×10^3	12	1	×	×	×
方式 1、3：62500	12	1	0	2	FFH
19200	11.0592	1	0	2	FDH
9600	11.0592	0	0	2	FDH
4800	11.0592	0	0	2	FAH
2400	11.0592	0	0	2	F4H
1200	11.0592	0	0	2	F8H
137.5	11.986	0	0	2	1DH
110	6	0	0	2	72H
110	12	0	0	1	FEEBH

但要注意,为了使定时器 T1 的初值为整数,只能靠调整单片机的时钟频率 f_{osc} 来实现所要求的标准波特率。

2. 定时器 T2 作波特率发生器(仅 8052 单片机)

通过设置 T2CON 中的 TCLK 和 RCLK 为 1,选择 T2 为波特率发生器,发送波特率和接收波特率可以不同。其结构在前面图 4.26 已给出。

T2 波特率发生器方式类似自动重装方式,若 C/$\overline{T2}$ = 0,以 $f_{osc}/2$ 频率的信号作为 T2 的计数信号,这种情况下,串行口方式 1 和方式 3 的波特率为

$$波特率 = \frac{f_{osc}}{32 \times [65536 - (RCAP2H, RCAP2L)]}$$

式中,(RCAP2H,RCAP2L)为 RCAP2H 和 RCAP2L 中的 16 位无符号整数。

表 4.7 列出了 T2 产生的常用波特率。

表 4.7 T2 产生的常用波特率

波特率/(b/s)	f_{osc}/MHz	定时器 T2	
		RCAP2H	RCAP2L
375k	12	FFH	FFH
9.6k	12	FFH	D9H
4.8k	12	FFH	B2H
2.4k	12	FFH	64H
1.2k	12	FEH	C8H
300	12	FBH	1EH
110	12	F2H	AFH
300	6	FDH	8FH
110	6	F9H	57H

注意,T2 工作在波特率方式下,T2 计数过程中,不应该对 TH2 和 TL2 进行读/写操作。否则读的结果不精确(因为每来一个脉冲使计数器增1);写也会影响 T2 的溢出率,导致波特率不稳定。在计数过程中,可以对 RCAP2H 和 RCAP2L 进行读操作,但不能写。如果写也将导致波特率不稳定。

4.3.5 串行口的编程和应用举例

MCS-51 单片机的串行口主要是异步通信接口,但方式 0 是移位寄存器方式,另外利用 SCON 的有关控制位,还能实现多机通信。下面将介绍这些应用实例。

【例 4.11】 利用串行口方式 0 外接并行输入/串行输出的移位寄存器 CD4014,来扩展 8 位输入口,如图 4.40 所示。输入为 8 位开关量,编制一程序把 8 位开关量读入累加器 A 中。

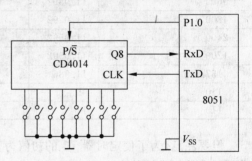

串行口方式 0 接收的控制字 SCON 的设置如下。

工作于方式 0,SCON.7 和 SCON.6:SM0 SM1=00;

允许接收,SCON.4:REN=1(1 有效);

SCON.5:SM2=0(方式 0 时取 0);

图 4.40 串行口方式 0 扩展 8 位并行输入

SCON.3 和 SCON.2:TB8=0,RB8=0(与方式 0 无关,可为任取);

SCON.1:TI=0(与接收无关);

SCON.0:RI=0(接收中断标志,先清 0)。

因此,串行口的控制字 SCON=10H。

程序如下:

```
START:  SETB    P1.0        ;P/S̄=1,并行置入数据
        CLR     P1.0        ;P/S̄=0,开始串行移位
        MOV     SCON,#10H   ;串行口方式 0,启动接收
WAIT:   JNB     RI,WAIT     ;查询 RI
        CLR     RI          ;8 位数输入完,RI 清 0
        MOV     A,SBUF      ;取数据存入 A 中
        RET                 ;子程序返回
```

【例 4.12】 利用串行口方式 0 外接串入/并出的移位寄存器 74LS164,来扩展 LED 显示器接口电路,如图 4.41 所示。显示器采用 7 段共阳极 LED 数码显示器。6 位显示器从左到右依次为 LED0,…,LED5。每个移位寄存器 74LS164 的输出端 $Q_A \sim Q_H$ 分别连接到对应位的 LED 显示器的对应端(a~g 段和 dp 段)。每片 74LS164 的前级最后数据输出位 Q_H 与后级数据串行输入端 A、B(1、2 脚)相连。

要显示各种字符,首先要建立一个可显示字符的字形码表 SEGPT,其次要在 RAM 中安排 6 个单元作为显示缓冲区 DISM0~DISM5,缓冲区中各单元分别与数码显示器 LED0~LED5 对应。需要显示某种数字或字符时,把要显示的数按显示位置的要求送入显示缓冲区各对应单元中。通过调用显示子程序,把显示缓冲区中的数转换成相应的显

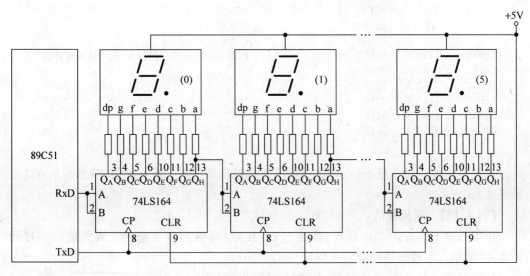

图 4.41 串行口方式 0 扩展显示器接口

示字形码,然后送显示器。

显示程序如下:

```
            ORG     2000H
DISP:       MOV     SCON, #00H        ; 置串行口为方式 0
            MOV     R1, #06           ; 共显示 6 位字符
            MOV     R0, #DISM5        ; DISM0～DISM5 为显示缓冲区
            MOV     DPTR, #SEGPT      ; 指向字形表首
LOOP:       MOV     A, @R0            ; 取出要显示的数
            MOVC    A, @A+DPTR        ; 查表中的字形码
            MOV     SBUF, A           ; 字形送串行口
WAIT:       JNB     TI, WAIT          ; 等待发送完一帧
            CLR     TI                ; 输出完, 清除中断标志
            DEC     R0                ; 准备取下一个数
            DJNZ    R1, LOOP          ; 6 位数未完, 则继续
            RET                       ; 返回
SEGPT:      DB      0C0H              ; 0 字形码
            DB      0F9H              ; 1 字形码
            DB      0A4H              ; 2 字形码
            DB      0B0H              ; 3 字形码
            DB      99H               ; 4 字形码
            DB      92H               ; 5 字形码
            DB      82H               ; 6 字形码
            DB      0F8H              ; 7 字形码
            DB      80H               ; 8 字形码
            DB      90H               ; 9 字形码
            DB      88H               ; A 字形码
            DB      83H               ; B 字形码
            DB      0C6H              ; C 字形码
            DB      0A1H              ; D 字形码
            DB      86H               ; E 字形码
            DB      8FH               ; F 字形码
```

```
            DB          0BFH                  ; 一字形码
            DB          8CH                   ; P 字形码
            DB          0FFH                  ; 熄灭码
DISM0       DATA        30H                   ; 内部 RAM 30H～35H 单元为显示缓冲区
DISM1       DATA        31H
DISM2       DATA        32H
DISM3       DATA        33H
DISM4       DATA        34H
DISM5       DATA        35H
            END
```

这种显示方式属于静态显示,显示程序不必扫描显示器。实验证明,静态显示方式显示亮度高。

【例 4.13】 双机通信。

用串行口工作方式 1 进行甲(发送)、乙(接收)两机的异步通信。双机通信连接如图 4.42 所示。串行通信的波特率约定为 1200b/s。

用定时器 T1 工作方式 2 作为波特率发生器,由表 4.6 可知,定时器 T1 的初装值为 F8H、单片机晶振频率选为 11.0592MHz 时,波特率则为 1200b/s。

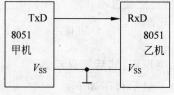

甲机发送:将外部 RAM 1000H～100FH 单元中的数据块通过串行口发送端 TxD 发送到乙机。

图 4.42　双机通信连接图

乙机接收:接收来自串行输入端 RxD 的数据,并存入外部 RAM 以 2000H 为起始地址的区域中。

(1) 甲机发送程序

```
            ORG         0000H
            LJMP        TRANSFER
            ORG         0023H
            LJMP        TINT
TRANSFER:   MOV         TMOD, #20H            ; 定时器 T1 置方式 2
            MOV         TL1, #0E8H            ; 装入初值
            MOV         TH1, #0E8H
            SETB        EA                    ; CPU 开放中断
            CLR         ET1                   ; 禁止 T1 中断
            CLR         ES                    ; 关闭串行口中断
            MOV         PCON, #00H            ; 波特率不倍增
            SETB        TR1                   ; 启动 T1
            MOV         SCON, #40H            ; 串行口置方式 1
            MOV         R1, #10H              ; 数据块长度
            MOV         DPTR, #1000H          ; 数据块首地址
            SETB        ES                    ; 允许串行口中断
            MOVX        A, @DPTR
            MOV         SBUF, A               ; 发送第一个字节
            INC         DPTR                  ; 指向下一个单元
            DEC         R1                    ; 数据块长度计数器减 1
TWAIT4:     SJMP        TWAIT4                ; 等待中断
            END
; 中断服务程序
```

```
            ORG     0100H
TINT:       MOVX    A,@DPTR         ;从数据块中取数
            CLR     TI              ;清除串行口发送中断标志
            MOV     SBUF,A          ;发送数据
            DJNZ    R1,TNEXT        ;数据块未完,则继续
            CLR     ES              ;数据结束,关中断
            CLR     TR1             ;关定时器
            RETI
TNEXT:      INC     DPTR            ;指向下一个数据单元
            RETI
```

（2）乙机接收程序

```
            ORG     0000H
            LJMP    RECEIVE
            ORG     0023H
            LJMP    RINT
RECEIVE:    MOV     TMOD,#20H       ;接收方的波特率要与发送方相同
            MOV     TL1,#0E8H
            MOV     TH1,#0E8H
            SETB    EA              ;CPU 开中断
            CLR     ET1             ;禁止 T1 中断
            MOV     PCON,#00H
            SETB    TR1             ;开启定时器 T1
            MOV     R1,#10H         ;共接收 16 字节数据
            MOV     DPTR,#2000H     ;数据存放区首地址
            MOV     SCON,#50H       ;串行口置方式 1,允许接收
            SETB    ES              ;允许串行口中断
RWAIT:      SJMP    RWAIT           ;等待中断
;中断服务程序
            ORG     0100H
RINT:       MOV     A,SBUF          ;接收数据
            CLR     RI              ;清除接收中断标志
            MOVX    @DPTR,A         ;存放数据
            DJNZ    R1,RNEXT        ;未完,则继续
            CLR     ES              ;接收数据已完成,关中断
            CLR     TR1             ;关闭定时器
            RETI
RNEXT:      INC     DPTR            ;指向下一个单元
            RETI
            END
```

在进行上述双机通信时,要先运行乙机中的接收程序,再运行甲机中的发送程序。

4.3.6 多机通信系统

如前面所述,串行口控制寄存器 SCON 中的 SM2 为多机通信控制位。当串行口以方式 2(或方式 3)接收数据时,若 SM2=1,则仅当接收器接收到的第 9 位数据为 1 时,本帧数据才装入接收缓冲器 SBUF,且置 RI 为 1,向 CPU 发出中断请求信号;若第 9 位数据为 0,则不产生中断请求信号,数据将丢失。而 SM2=0 时,则接收到一个数据字节后,不管第 9 位的值是 0 还是 1,都产生中断标志 RI,接收数据装入 SBUF 中。应用这个特

性,便可实现多个单片机之间的串行通信。

图 4.43 为 MCS-51 单片机多机通信系统的连接示意图。系统中只有一个主机,有多个从机。主机发送的信息可传到各个从机或指定的从机。而各从机发送的信息只能被主机接收。

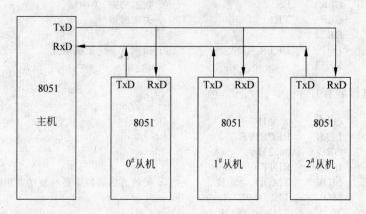

图 4.43　MCS-51 单片机多机通信系统的连接示意图

在多机通信时,主机发出的信息有地址和数据两类。地址是需要和主机通信的从机地址,如将图 4.43 中 3 个从机的地址可分别定义为 00H、01H、02H。主机和从机串行口工作在方式 2(或方式 3),即 9 位异步通信方式。主机发送的地址信息的特征是串行数据的第 9 位为 1,而发送的数据信息的特征是串行数据的第 9 位为 0。对于从机就要利用 SM2 位的功能来确认主机是否在呼叫自己。从机处于接收时,置 SM2＝1,然后依据接收到的串行数据的第 9 位的值来决定是否接收主机信号。多机通信实现过程如下。

(1) 准备阶段

① 首先定义从机地址。

② 从机由系统初始化程序(或相关处理程序)将串行口设置为方式 0 或方式 3 接收(9 位异步通信方式)。

③ 置 SM2＝1,REN＝1,允许串行口中断。

(2) 通信阶段

① 主机首先将要通信的从机地址发出,发送地址时第 9 位为 1,所有从机都接收。

② 从机串行口接收到第 9 位信息为 1 时,则置位中断标志 RI,各从机分别响应中断。

③ 各从机执行中断服务程序,判断主机送来的地址是否与本机地址相符。若是本机地址,则将 SM2 清 0,准备和主机通信;若地址不一致,则保持 SM2＝1。

④ 主机发送数据,发送数据时第 9 位为 0。

⑤ 当从机接收到第 9 位为 0 的信息(表示数据)时,只有 SM2＝0 的从机(通信从机)激活中断标志 RI＝1,转入中断程序,接收主机的命令或数据,实现主机与从机之间的信息传送。而其他从机因 SM2＝1,第 9 位信息为 0,不激活 RI 中断标志,所有接收的信息自动丢失不作处理,从而实现主机和从机的一对一通信。

【**例4.14**】 设计一个多机通信系统。

（1）系统结构

一个主机和两个从机0#和1#，利用串行口实现主从式双向多机通信，如图4.44所示。

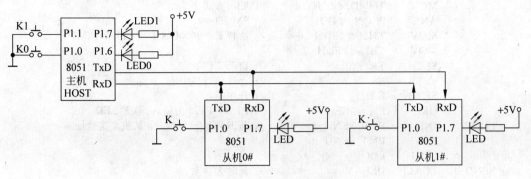

图4.44　多机通信系统结构

在图4.44中，主机和从机的P1口都接有按键K和发光二极管LED。当主机要向从机发送信息时，按下K0或K1键即可。若K0闭合，则向0#从机发送信息，0#从机的LED点亮；若K1闭合，则向1#从机发送信息，1#从机的LED点亮。当任意一个从机要向主机发送信息时，按下从机的按键即可，主机接收到从机的信息后立即由LED显示从机号。

（2）实现原理

利用SCON中的SM2和TB8两位来实现多机通信。串行口以方式2（或3）接收时，若接收方的SM2＝1，则仅当接收到的第9位数据为1（发送方TB8＝1）时，数据才装入SBUF，并使RI置1，向CPU申请中断；如果接收方SM2＝1，而接收到的第9位数据为0（发送方TB8＝0），接收的数据将丢失，也不使RI置1；若接收方的SM2＝0，则无论发送方的TB8是0还是1，接收到一字节的数据后，均将其装入SBUF，并使RI置1。

（3）程序设计

设从机的地址分别为00H、01H。程序初始化时，主机和从机串行口都工作于方式3，且SM2设置为1，允许串行口中断。首先主机向所有的从机发送所要通信的从机的地址，用TB8＝1来表示地址帧，以便和数据或命令区别开来。各从机接收到一个9位的串行帧后，第9位RB8＝1，则使RI置1，响应串行接收中断后判断主机送来的地址与本机的地址是否相符，若为本机地址，则将SM2清0，准备接收主机送来的数据帧；若地址不符，表示不是被呼叫的从机，则保持SM2＝1。接着主机向从机发送数据帧（TB8＝0），各从机接收数据帧，只有被呼叫的从机（SM2＝0）才能使RI置1，产生串行接收中断，并接收数据。其余未被呼叫的从机，由于SM2＝1，接收的是RB8＝0的数据，将数据丢掉。从机向主机发送信息的过程和主机向从机发送信息的过程类似，从而实现主机和从机的一对一双向通信。主机和从机的程序如下。

① 主机程序：

```
        ORG     0000H
        LJMP    MAIN
```

```
              ORG      0023H
              LJMP     SIO_INT
MAIN:    MOV      SP,♯50H            ；堆栈区
              MOV      SCON,♯0F0H         ；串行口：方式3,SM2=1,REN=1
              MOV      TOMD,♯20H          ；T1：方式2
              ANL      PCON,♯7FH          ；SMOD=0
              MOV      TH1,♯0FDH          ；波特率=9600b/s,f_osc=11.0592MHz
              MOV      TL1,♯0FDH
              SETB     TR1                ；启动T1
              SETB     ES                 ；允许串行口中断
              SETB     EA                 ；开中断
              ORL      P1,♯0CFH           ；P1.0~P1.3为输入,熄灭LED
LOOP:    JNB      P1.0,SEND_0        ；若K0闭合,则向0♯从机发送地址
              JNB      P1.1,SEND_1
              LJMP     LOOP
SEND_0:  LCALL    DELAY              ；延时去抖动
              SETB     TB8
              MOV      SBUF,♯0            ；给0♯从机发送地址
WAIT00:  JBC      TI,NEXT00
              SJMP     WAIT00
NEXT00:  CLR      TB8
              MOV      SBUF,♯20H          ；给0♯从机发送20H单元中的数据
WAIT01:  JBC      TI,NEXT01
              SJMP     WAIT01
NEXT01:  JNB      P1.0,NEXT01        ；等待键释放
              LCALL    DELAY              ；延时去抖动
              SJMP     LOOP
SEND_1:  LCALL    DELAY              ；延时去抖动
              SETB     TB8
              MOV      SBUF,♯01H          ；给1♯从机发送地址
WAIT10:  JBC      TI,NEXT10
              SJMP     WAIT10
NEXT10:  CLR      TB8
              MOV      SBUF,21H           ；给1♯从机发送21H单元中的数据
WAIT11:  JBC      TI,NEXT11
              SJMP     WAIT11
NEXT11:  JNB      P1.0,NEXT11        ；等待键释放
              LCALL    DELAY              ；延时去抖动
              SJMP     LOOP

；串行口接收中断服务程序
SIO_INT: PUSH     ACC                ；保护现场
              PUSH     PSW
              JBC      RI,RECEIV          ；判断是否为接收中断
              SJMP     EXIT               ；不是,退出
RECEIV:  JNB      SM2,READ_DT        ；SM2=0接收数据
              MOV      A,SBUF             ；SM2=1接收地址
              CJNE     A,♯00H,ONE         ；判断是否为0♯从机发来的地址
              MOV      30H,A              ；是0♯从机,地址暂存到30H单元
              SJMP     RY_DT
ONE:      CJNE     A,♯01H,RY_DT       ；判断是否为1♯从机发来的地址
              MOV      30H,A              ；是1♯从机,地址暂存到30H单元
RY_DT:   CLR      SM2                ；SM2=0,准备接收数据
```

```
        SJMP     EXIT
READ_DT: MOV     A,SBUF            ;读取数据
        MOV      31H,A            ;保存数据,等待处理
        MOV      A,30H            ;取地址
        CJNE     A,#00H,DISP1     ;判断是哪个从机发来的数据
        CLR      P1.6             ;0#从机,点亮LED0
        SETB     P1.7             ;熄灭LED1
        SJMP     RY_AR
DISP1:  CJNE     A,#01H,DISP2
        SETB     P1.6             ;1#从机,熄灭LED0
        CLR      P1.7             ;点亮LED1
        SJMP     RY_AR
DISP2:  CLR      P1.6             ;异常情况,点亮LED0
        CLR      P1.7             ;点亮LED1
RY_AR:  SETB     SM2              ;SM2=1,为下次接收地址做准备
        MOV      30H,#0FFH        ;清除地址
EXIT:   POP      PSW              ;恢复现场
        POP      ACC
        RETI                      ;中断返回

;软件延时子程序
DELAY:  MOV      R7,#70
DEL:    MOV      R6,#125
        DJNZ     R6,$
        DJNZ     R7,DEL
        RET
        END
```

② 0#从机程序:

```
        ORG      0000H
        LJMP     MAIN
        ORG      0023H
        LJMP     SIO_INT
MAIN:   MOV      SP,#50H          ;堆栈区
        MOV      SCON,#0F0H       ;串行口:方式3,SM2=1,REN=1
        MOV      TOMD,#20H        ;T1:方式2
        ANL      PCON,#7FH        ;SMOD=0
        MOV      TH1,#0FDH        ;波特率=9600,$f_{osc}$=11.0592MHz
        MOV      TL1,#0FDH
        SETB     TR1              ;启动T1
        SETB     ES               ;允许串行口中断
        SETB     EA               ;开中断
        ORL      P1,#8FH          ;P1.0~P1.3为输入,熄灭LED
LOOP:   JNB      P1.0,SEND
        SJMP     LOOP
SEND:   LCALL    DELAY            ;清除键抖动
        SETB     TB8
WAIT0:  JBC      TI,NEXT0         ;等待发送完毕
        SJMP     WAIT0
NEXT0:  CLR      TB8
        MOV      SBUF,20H         ;发送20H单元中的数据
WAIT1:  JBC      TI,NEXT1         ;等待发送完毕
```

```
            SJMP      WAIT1
NEXT1:  JNB       P1.0,NEXT1          ; 等待键释放
        LCALL     DELAY              ; 延时去抖动
        SJMP      LOOP
```

; 串行口接收中断服务程序
```
SIO_INT:  PUSH      ACC                ; 保护现场
          PUSH      PSW
          JBC       RI,RECEIV          ; 判断是否为接收中断
          SJMP      EXIT               ; 不是,退出
RECEIV:   JNB       SM2,READ_DT        ; SM2＝0 接收数据
          MOV       A,SBUF             ; SM2＝1 接收地址
          CJNE      A,＃00H,OFF         ; 判断是否为本机地址
          CLR       SM2                ; 是,准备接收数据
          SJMP      EXIT
OFF:      SETB      P1.7               ; 熄灭 LED
          SJMP      EXIT
READ_DT:  MOV       A,SBUF             ; 读数据
          MOV       31H,A              ; 保存数据,等待处理
          CLR       P1.7               ; 点亮 LED
          SETB      SM2                ; SM2＝1,为下次接收地址做准备
EXIT:     POP       PSW                ; 恢复现场
          POP       ACC
          RETI                         ; 中断返回
DELAY:    (略)                          ; 软件延时
          END
```

③ 1＃从机程序:

```
          ORG       0000H
          LJMP      MAIN
          ORG       0023H
          LJMP      SIO_INT
MAIN:     MOV       SP,＃50H            ; 堆栈区
          MOV       SCON,＃0F0H          ; 串行口: 方式 3,SM2＝1,REN＝1
          MOV       TOMD,＃20H           ; T1: 方式 2
          ANL       PCON,＃7FH           ; SMOD＝0
          MOV       TH1,＃0FDH           ; 波特率＝9600,f_osc＝11.0592MHz
          MOV       TL1,＃0FDH
          SETB      TR1                  ; 启动 T1
          SETB      ES                   ; 允许串行口中断
          SETB      EA                   ; 开中断
          ORL       P1,＃8FH             ; P1.0～P1.3 为输入,熄灭 LED
LOOP:     JNB       P1.0,SEND
          SJMP      LOOP
SEND:     LCALL     DELAY                ; 清除键抖动
          SETB      TB8
          MOV       SBUF,＃01H            ; 发送本机地址
WAIT0:    JBC       TI,NEXT0             ; 等待发送完毕
          SJMP      WAIT0
NEXT0:    CLR       TB8
          MOV       SBUF,20H             ; 发送 20H 单元中的数据
WAIT1:    JBC       TI,NEXT1             ; 等待发送完毕
```

```
            SJMP      WAIT1
NEXT1:      JNB       P1.0,NEXT1          ;等待键释放
            LCALL     DELAY               ;延时去抖动
            SJMP      LOOP


;串行口接收中断服务程序
SIO_INT:    PUSH      ACC                 ;保护现场
            PUSH      PSW
            JBC       RI,RECEIV           ;判断是否为接收中断
            SJMP      EXIT                ;不是,退出
RECEIV:     JNB       SM2,READ_DT         ;SM2＝0 接收数据
            MOV       A,SBUF              ;SM2＝1 接收地址
            CJNE      A,♯01H,OFF          ;判断是否为本机地址
            CLR       SM2                 ;是,准备接收数据
            SJMP      EXIT
OFF:        SETB      P1.7                ;熄灭 LED
            SJMP      EXIT
READ_DT:    MOV       A,SBUF              ;读数据
            MOV       31H,A               ;保存数据,等待处理
            CLR       P1.7                ;点亮 LED
            SETB      SM2                 ;SM2＝1,为下次接收地址做准备
EXIT:       POP       PSW                 ;恢复现场
            POP       ACC
            RETI                          ;中断返回
DELAY:      (略)                          ;软件延时
            END
```

习题 4

4.1 I/O 数据有哪几种传送方式? 分别在哪些场合下适用?

4.2 8051 单片机提供了几个中断源? 有几级中断优先级别? 各中断标志是如何产生的? 又如何清除这些中断标志? 各中断源所对应的中断矢量地址是多少?

4.3 试分析以下几种中断优先级的排列顺序(级别由高到低)是否可能? 若可能,则应如何设置中断源的中断级别? 若不可能,请简述理由。

(1) 定时器 T0 溢出中断,定时器 T1 溢出中断,外中断 $\overline{INT0}$,外中断 $\overline{INT1}$,串行口中断;

(2) 定时器 T0 溢出中断,定时器 T1 溢出中断,外中断 $\overline{INT1}$,串行口中断;

(3) 外中断 $\overline{INT0}$,定时器 T1 溢出中断,外中断 $\overline{INT1}$,定时器 T0 溢出中断,串行口中断;

(4) 外中断 $\overline{INT0}$,外中断 $\overline{INT1}$,串行口中断,定时器 T0 溢出中断,定时器 T1 溢出中断;

(5) 串行口中断,定时器 T0 溢出中断,外中断 $\overline{INT0}$,外中断 $\overline{INT1}$,定时器 T1 溢出中断;

(6) 外中断 $\overline{INT0}$,外中断 $\overline{INT1}$,定时器 T0 溢出中断,串行口中断,定时器 T1 溢出中断;

(7) 外中断$\overline{\text{INT0}}$,定时器 T1 溢出中断,定时器 T0 溢出中断,外中断$\overline{\text{INT1}}$,串行口中断。

4.4 外部中断有几种触发方式? 如何选择? 在何种触发方式下,需要在外部设置中断请求触发器? 为什么?

4.5 在什么情况下需要在中断服务程序中切换工作寄存器组? 如果在中断服务程序中选择了另外一组工作寄存器,在中断返回前如何恢复原来的工作寄存器组?

4.6 定时器/计数器用于定时时,其定时时间与哪些因素有关? 用于计数时,对外界的计数频率有何限制?

4.7 定时器 T0 和 T1 各有几种工作方式? 简述之。

4.8 当定时器 T0 工作在方式 3 时,由于 TR1 位已被 T0 占用,如何控制定时器 T1 的开启和关闭?

4.9 已知单片机系统时钟频率 $f_{\text{osc}}=12\text{MHz}$,若要求定时值分别为 0.1ms、1ms 和 10ms,定时器 T0 工作在方式 0、方式 1 和方式 2 时,定时器对应的初值各为多少?

4.10 已知单片机系统时钟频率 $f_{\text{osc}}=6\text{MHz}$,试编写程序,使 P1.0 输出如图 4.45 所示的矩形波(建议用定时器工作方式 2)。

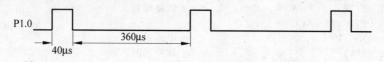

图 4.45 占空比为 0.1 的矩形波

4.11 已知单片机系统时钟频率 $f_{\text{osc}}=6\text{MHz}$,试编写程序,利用定时器 T0 工作在方式 3,使 P1.0 和 P1.1 分别输出周期为 1ms 和 400μs 的方波。

4.12 将定时器 T1 设置为外部事件计数器,要求每计数 100 个脉冲,T1 转为 1ms 定时方式,定时到后,又转为计数方式,周而复始。设系统时钟频率为 6MHz,试编写程序。

4.13 利用定时器来测量单次正脉冲宽度,采用何种工作方式可获得最大的量程? 设 $f_{\text{osc}}=6\text{MHz}$,求允许测量的最大脉宽是多少?

4.14 8032/8052 单片机定时器 T2 有几种工作方式? 简述之。

4.15 某异步通信接口其帧格式由 1 个起始位(0)、7 个数据位、1 个奇偶校验位和 1 个停止位(1)组成。当该接口每分钟传送 1800 个字符时,请计算出传送波特率。

4.16 串行口工作在方式 1 和方式 3 时,其波特率与 f_{osc}、定时器 T1 工作于方式 2 的初值及 SMOD 位的关系如何? 设 $f_{\text{osc}}=6\text{MHz}$,现利用定时器 T1 方式 2 产生波特率为 110b/s,试计算定时器初值。问实际得到的波特率有误差吗?

4.17 试设计一个单片机的双机通信系统,并编写通信程序,将甲机内部 RAM 30H~3FH 存储区的数据块通过串行口传送到乙机内部 RAM 40H~4FH 存储区中去。

4.18 利用单片机串行口外接两片 74LS164 串入/并出移位寄存器来扩充一个 16 位的并行输出口及编写程序;并将内部 RAM 两个单元中的双字节数送扩展并行输出口,试画出扩展电路及编写程序。

## CHAPTER 5

MCS-51单片机系统的扩展

MCS-51 系列单片机虽然在一块 VLSI 芯片上就集成了一台微型计算机硬件系统的基本部分,但片内驻留的程序存储器、数据存储器的容量,I/O 接口、定时器/计数器及中断源的数量和种类等都还是有限的。在实际应用中,往往根据需要对单片机应用系统要进行功能扩展,特别是使用内部无驻留程序存储器的 8031 型单片机,必须有外部扩展程序存储器,才可用于实际应用系统。本章将详细讨论 MCS-51 系列单片机的外部程序存储器、外部数据存储器及并行 I/O 接口的扩展技术。

5.1　MCS-51 单片机扩展系统的组成

MCS-51 系列单片机对于简单的应用场合,其最小系统(一片 8051,或一片 8751,或一片 8031 外接 ROM)就可以满足功能要求了。对于复杂的应用场合,也可以很方便地进行外部功能的扩展,以满足实际应用系统的需要。

MCS-51 系列单片机系统的扩展主要包括存储器的扩展和 I/O 口的扩展,其扩展能力如下:

① 程序存储器可扩展至 64KB。

② 外部数据存储器可扩展至 64KB。

③ 由于 MCS-51 单片机的外部数据存储器和扩展 I/O 口是统一编址的,通常把 64KB 的外部 RAM 空间的一部分作为扩展 I/O 口的地址空间,每一个扩展的 I/O 端口相当于一个外部 RAM 存储单元,对扩展 I/O 端口访问就如同对外部 RAM 的读/写操作一样。

图 5.1 所示为 MCS-51 系列 8051 单片机扩展系统结构框图。在扩展系统中采用总线结构方式,外部总线有以下三组。

① 地址总线:P0 口(A0~A7),P2 口(A0~A15)。

② 数据总线:P0 口(D0~D7)。

③ 控制总线主要包括:

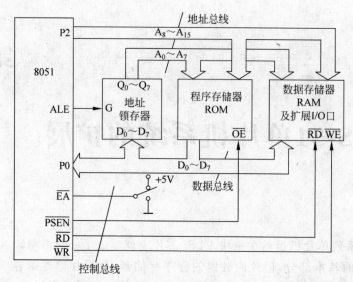

图 5.1　8051 单片机扩展系统结构框图

ALE——P0 口的地址锁存信号。

$\overline{\text{PSEN}}$——外部程序存储器选通信号。

$\overline{\text{EA}}$——片内/片外程序存储器选择控制信号。

$\overline{\text{WR}}$(P3.6)——外部 RAM 或扩展 I/O 口写信号。

$\overline{\text{RD}}$(P3.7)——外部 RAM 或扩展 I/O 口读信号。

在图 5.1 中,P2 口作为扩展系统的高 8 位地址总线 A8~A15,P0 口分时作为扩展系统的低 8 位地址总线 A0~A7 和数据总线 D0~D7。P0 口输出的低 8 位地址由地址锁存允许控制信号 ALE 的下降沿送入地址锁存器,地址锁存器输出低 8 位地址 A0~A7。外部程序存储器由$\overline{\text{PSEN}}$信号选通读出,外部数据存储器和扩展 I/O 口由$\overline{\text{WR}}$或$\overline{\text{RD}}$信号选通写入或读出。$\overline{\text{WR}}$和$\overline{\text{RD}}$信号是在执行 MOVX 指令时自动产生的。对外部存储器的访问时序的介绍见 2.4 节。

8051 单片机内有 4KB 的 ROM（8751 片内有 4KB 的 EPROM）。若$\overline{\text{EA}}$引脚接高电平,CPU 则执行片内程序存储器 ROM（或 EPROM）4KB（地址为 0000H~0FFFH）的程序,当超出 4KB（地址≥1000H）程序地址空间时,自动执行外部程序存储器中的程序。若$\overline{\text{EA}}$引脚接地（低电平）,则无论地址大小,取指令时,CPU 总是访问外部程序存储器。对于 8031 单片机,由于它片内无程序存储器,$\overline{\text{EA}}$必须接地,全部程序都储存在外部程序存储器中。

在扩展外部存储器时,还应该注意以下 3 个方面的问题。

1. 地址锁存器的选用

由访问外部存储器的时序可知,在 ALE 下降沿 P0 口输出的地址是有效的。因此,在选用地址锁存器时,应注意 ALE 信号与锁存器选通信号的配合,即应选择高电平触发或下降沿触发的锁存器。例如,8D 锁存器 74LS373 为高电平触发,ALE 信号可直接加到使能端 G。若用 74LS273 或 74LS377 作地址锁存器,由于它们是上升沿触发,故 ALE 信号要经过一个反相器才能加到其时钟端 CK。

2. 外部程序存储器选定

可选用的外部程序存储器较多,如 PROM、EPROM、E²PROM 和 Flash Memory 等,目前较流行的存储器是 Flash Memory(闪烁存储器)。用户要根据系统设计的要求来选择满足应用系统对容量要求的存储器芯片。如果选用带地址锁存的外部程序存储器,那么就不需要上述的地址锁存器。

3. 外部存储器芯片的工作速度与单片机时钟的匹配问题

在访问外部程序存储器时,CPU 总是在 $\overline{PSEN}$ 上跳前读取 P0 口,而不管外部程序存储器是否已经把被访问单元中的指令字节送至 P0 口。所以,所选用的外部程序存储器必须有足够高的工作速度才能与单片机连接。当然,降低单片机的时钟频率,可降低对外部程序存储器工作速度的要求,但这样会牺牲系统工作速度,不过许多的程序存储器工作速度已经足够快。

在访问外部数据存储器时,由于 CPU 要用一个机器周期左右的时间去读/写外部常用的 RAM 芯片,所以对外部 RAM 芯片的工作速度要求不高。在单片机应用系统外部程序存储器总是使用静态 RAM,其读写速度远高于微机用的动态 RAM,静态 RAM 工作速度均能满足 MCS-51 系列单片机对外部 RAM 读写速度的要求。

目前有许多 MCS-51 系列的单片机片内驻留程序存储器已达 64KB,就无须扩展了。也有一些单片机芯片内部也内置高达 1KB 的数据存储器,在满足要求的情况下也无须扩展外部数据存储器。

5.2 Flash 程序存储器的扩展

5.2.1 Flash 存储器特性

闪烁存储器简称闪存,为了叙述方便,本书用 Flash 来表示闪存。Flash 是整体电擦除和可再编程功能非易失存储器。其主要性能如下:

① 高速整体电擦除——芯片的整体擦除时间约 1s。

② 高速编程——采用快速脉冲编程方法,对每个字节单元编程时间大约几微秒。如 28F256(32KB)整个芯片编程时间大约 0.5s。

③ 擦除/编程次数——多达 1 万次以上,通常可达 10 万次。对于需要周期性地修改被存储的代码和数据的应用场合,Flash 是理想器件。

④ 功耗低——CMOS 器件最大工作电流为 30mA,休眠状态下最大电流为 $100\mu A$。

⑤ 接口兼容性好——引脚定义与相同容量的 EPROM 引脚兼容。内部命令寄存器结构也与 8 位 CPU 兼容。

在 Flash 出现之前的 ROM 有 mask ROM(掩模 ROM)、OTP ROM(一次可编程 ROM)、UVEPROM(可用紫外线擦除再编程 ROM)和 E²PROM(可用电擦除再编程 ROM)。mask ROM 中的信息是只能在制造芯片的掩模工艺时将信息写入的,用户不能修改。OTP ROM 在出厂时无存储任何信息,用户能通过编程器一次性将信息写入芯片,信息一旦写入后便无法再修改。UVEPROM 的信息可多次擦除和写入,每次对它编程写入之前需要把芯片放在擦除器中用紫外光照射 15～20min 来擦除已有的信息。E^2PROM 的信息可多次擦除和写入,但对它的擦除方式是施加适当的电压来完成的。Flash 是在 E^2PROM 工艺的基础上改用整体快速电擦除,擦除后为空白芯片。Flash 可按字节在线编程,且完全具有非易失性。与 E^2PROM 相比,Flash 具有密度大、可靠性高和性价比高等显著优势,目前已出现用 Flash 完全取代先前各种 ROM 的趋势。虽然 E^2PROM 具有按字节进行电擦除的特点,但只有一小部分领域有这种特殊的要求。

由于 Flash 具有非易失性和可反复擦写的特性,使应用系统可在线灵活地更新存储在 Flash 中的信息。大容量的 Flash 也广泛用做移动式海量存储设备,成为完全无机械装置的"固态盘"。

常用于 MCS-51 单片机外部程序存储器的 Flash 芯片有 28F256(32KB)、28F512(64KB)。

5.2.2　28F256 型 Flash

1. 28F256 型 Flash 封装及引脚功能

28F256 型 Flash 的容量为 32KB。该器件有 3 种基本封装形式:DIP(Double In-line Package)双列直插、PLCC(Plastic Leaded Chip Carrier)塑封芯片载体和 TSOP(Thin Small Out-line Package)扁平式小型引出线封装。图 5.2 给出了 DIP 封装的 28F256 芯片引脚图和逻辑图。

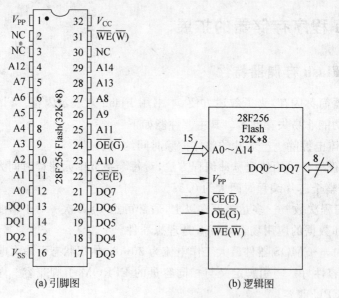

图 5.2　28F256 型 Flash 引脚图和逻辑图

28F256 型有 15 根地址线、8 根数据线和 4 根控制线。不同容量型号的 Flash 只是地址线位数不同,内部基本结构是一样的,28F256 各引脚的功能描述如下。

A0～A14：存储器地址输入。在写周期中,地址信号被内部地址锁存器锁存。

DQ0～DQ7：数据输入/输出。在存储器写周期中输入数据,在存储器读周期中输出数据。当芯片未选中或未选通时数据线成浮空状态(高阻态)。

$\overline{CE}$：芯片选通输入,低电平有效。此信号有效时,激活器件控制逻辑、输入缓冲器、译码器和敏感放大器。当$\overline{CE}$为高电平时,芯片未选中,功耗将降低到预备状态的水平上。

$\overline{OE}$：数据输出允许,低电平有效。在读周期中,$\overline{OE}$有效,输出缓冲器被选通,数据通过缓冲器输出。

$\overline{WE}$：写数据允许,低电平允许。用于控制命令寄存器和存储体阵列的写操作。在$\overline{WE}$脉冲的下降沿地址被锁存;在$\overline{WE}$上升沿数据被锁存。

V_{PP}：擦除编程电源。用于写命令寄存器,擦除整个存储体阵列,或对阵列中的字节进行编程,$V_{PP} = 12 \times (1 \pm 5\%)$V。当$V_{PP} \leqslant (V_{CC} + 2)$V时,存储器的内容不能被改变。

V_{CC}：器件电源,$V_{CC} = 5 \times (1 \pm 10\%)$V。

NC：空脚(不连接到器件内部)。

V_{SS}：接地端。

2. 28F256 型 Flash 内部结构

28F256 型 Flash 内部结构如图 5.3 所示。

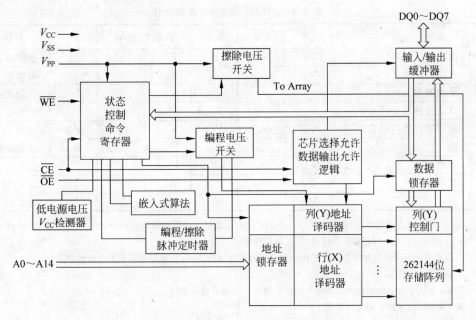

图 5.3　28F256 型 Flash 内部结构

Flash 的各部件功能如下。

(1) 命令寄存器

Flash 是在 EPROM 基础上添加在线电擦除和再编程功能,这一新功能是通过命令寄存器来管理的。

当V_{PP}引脚不加高电压时,Flash 如同一个 ROM,可以通过控制信号对存储器进行标准的读操作,或使其处于备用状态,或禁止输出,或对厂家标识码进行操作;当 V_{PP} 引脚施加高电压时,读操作、备用、禁止输出、内部标识码操作仍然有效,但这时还能对器件进行擦除和编程操作。一切与改变存储内容有关的功能,如访问厂家标识码、擦除、擦除验证、编程和编程校验等都是通过命令寄存器来实现的。

在 V_{PP} 为高电压的状态下,利用标准的 CPU 写操作时序,可将命令字写到命令寄存器中。命令字作为一个内部状态机的输入,此状态机用来控制擦除和编程电路。写周期还把擦除或编程操作所需要的地址和数据锁存起来。根据写到寄存器中的相应命令,按标准的 CPU 读时序可输出存储体阵列的数据,或访问厂家标识码,或输出用于擦除校验和编程校验的数据。

(2) 编程/擦除脉冲定时器

Flash 内部设置了一个定时器,可用于控制编程和擦除操作的持续时间,使这些操作的时序变得简单多了,在技术条件中无须规定最大的编程和擦除的持续时间。当定时器中止一次编程或擦除操作后,器件进入暂停状态,直到接收到相应的验证命令或复位命令为止。

(3) 总线操作

28F256 型 Flash 总线操作见表 5.1。

表 5.1　28F256 型 Flash 总线操作

	操作	$\overline{CE}$	$\overline{OE}$	$\overline{WE}$	V_{PP}	A0	A9	I/O
只读	读	V_{IL}	V_{IL}	×	V_{PPL}	A0	A9	数据输出
	备用	V_{IH}	×	×	V_{PPL}	×	×	高阻态
	禁止输出	V_{IL}	V_{IH}	V_{IH}	V_{PPL}	×	×	高阻态
	自动选择制造商标识码	V_{IL}	V_{IL}	V_{IH}	V_{PPL}	V_{IL}	V_{ID}	01H
	自动选择器件标识码	V_{IL}	V_{IL}	V_{IH}	V_{PPL}	V_{IH}	V_{ID}	2FH
读或写	读	V_{IL}	V_{IL}	V_{IH}	V_{PPH}	A0	A9	数据输出
	备用	V_{IH}	×	×	V_{PPH}	×	×	高阻态
	禁止输出	V_{IL}	V_{IH}	V_{IH}	V_{PPH}	×	×	高阻态
	写	V_{IL}	V_{IH}	V_{IL}	V_{PPH}	A0	A9	数据输入

注: ① V_{PPL} 可以是地电位,或不大于 $(V_{CC}+2)$V。V_{PPH} 是规定的器件编程电压,对于 28F256 型 Flash, $V_{PPH}=12\pm0.6$V。当 $V_{PP}=V_{PPL}$ 时存储器只可读,不可写或擦除。

② 制造商标识码和器件码也可通过命令寄存器写序列进行访问,见表 5.2,所有其他地址都为 0。

③ V_{ID} 是标识电压,为 11.5～13.0V。

④ $V_{PP}=V_{PPH}$ 时的读操作可以访问存储体阵列数据或制造商标识码。

⑤ $V_{PP}=V_{PPH}$ 时的备用电流等于 $I_{CC}+I_{PP}$(备用)。

不同制造商和不同型号的器件其制造商识别码和器件识别码也不同。编程设备可利用标识码自动识别器件,以便采取适当的擦除和编程算法。当 $\overline{CE}$ 和 $\overline{OE}$ 信号有效时,A9 升到高电压 V_{ID} 将激起识别操作,从 0000H 和 0001H 单元读取的数据分别代表制造商识别码和器件识别码。

当器件在目标系统中进行擦除时,制造商识别码和器件识别码也可通过命令寄存器读得,读取方法为先写入代码 09H 到命令寄存器,可以从 0000H 单元读出制造商识别码,从 0001H 单元读出器件识别码。

器件的擦除和编程是在 $V_{PP} = V_{PPH}$ 的条件下,通过命令寄存器来实现的。寄存器的内容作为内部状态机的输入,该状态机的输出控制了器件的功能。

(4) 命令寄存器操作

命令寄存器本身不占可寻址的存储单元。在 $\overline{CE}$ 有效的情况下,$\overline{WE}$ 进入逻辑低电平(V_{IL})时,就可以对命令寄存器进行写入操作。$\overline{WE}$ 下降沿地址被锁存;$\overline{WE}$ 上升沿数据被锁存。

器件操作由写入到命令寄存器的命令字来确定,见表 5.2。

表 5.2　命令定义

命　令	第一总线周期			第二总线周期		
	操　作	地　址	数　据	操　作	地　址	数　据
读存储器	写	×	00H/FFH	读	读地址	读数据
读标识码	写	×	80H 或 90H	读	00H/01H	01H/2FH
设置擦除/擦除	写	×	30H	写	×	30H
设置编程/编程	写	×	10H 或 50H	写	编程地址	编程数据
复位	写	×	00H/FFH	写	×	00H/FFH

下面对表 5.2 作简要说明。

① 读存储器命令。

为了擦除和编程而使 V_{PP} 为高时,读取存储器的内容必须靠读命令来实现。把 00H 写入到命令寄存器中,读操作便开始。在 CUP 的读周期中可读取存储单元的数据,一直到命令寄存器的内容被改变。

V_{PP} 上电时,命令寄存器的默认值为 00H,确保了 V_{PP} 电源转换期间不会错误地修改存储器的内容。

② 读标识码命令。

Flash 通常应用于存储器的内容需要修改的系统中。对器件擦写时,需要根据厂商、型号选取合适的擦除和编程算法。因此,很多可编程逻辑器件结构中,都设有制造商和器件标识码或电子标签字,以便编程器识别。

编程器在 A9 提升到高电压时访问标签字。28F×××型器件有一个标识码操作,把 80H 或 90H 写入到命令寄存器可启动操作。随着命令字写入之后,从 00H(A0=0)单元可读得制造商标识码(如 01H),01H(A0=1)单元可读得器件标识码(如 2FH)。为了终止识别操作,应把另一个有效命令字写入到命令寄存器中去。

③ 设置擦除/擦除命令。

为了防止偶然因素引起的误擦除,整个擦除操作分两步进行:先把"设置擦除"命令字 30H 写入到命令寄存器中,它是一次纯命令性的操作,使器件进入电气擦除状态;随后再把"擦除"命令字(仍是 30H)写入到命令寄存器中,这样才开始真正的擦除操作。操作开始于第二个写选通脉冲的上升沿,终止于下一个写选通脉冲的上升沿。

擦除命令把存储体阵列中所有字节并行地擦除掉,擦除后的单元内容为 FFH。擦除操作之后将对所有字节进行验证,验证时读得的数据若不为 FFH,将再一次进行擦除操作。擦除算法流程如图 5.4 所示。

④ 设置编程/编程命令。

编程操作也分为两步完成,先向命令寄存器写入 10H 或 50H,以实现编程设置操作,这是纯命令性的操作;随之而来的下一个写选通脉冲才真正进入有效的编程操作。在写脉冲的下降沿,编程字节的地址被锁存起来。而在其上升沿,编程数据被锁存,并开始编程操作。每个字节编程之后加以校验。编程算法流程如图 5.5 所示。

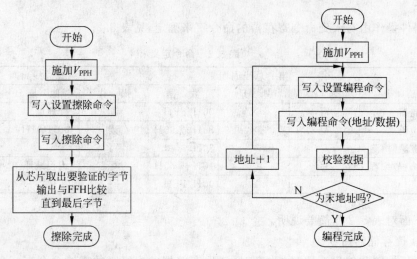

图 5.4　28F256 型快速擦除算法流程　　　图 5.5　28F256 型快速脉冲编程算法流程

⑤ 复位命令。

复位命令提供了一种手段,以便安全地中断擦除或编程命令序列。在设置擦除命令或设置编程命令之后连续写两次 00H 命令,将安全地终止擦除或编程操作,存储器内容不会被改变。在复位命令之后,必须写入一条有效的命令,以便把器件置入所期望的状态。

5.2.3　用 28F256 型 Flash 扩展外部程序存储器

用 Flash 扩展单片机应用系统外部程序存储器的最大好处,是再编程时 Flash 芯片不必从板上取下来。根据再编程的方式,通常采用以下两种 Flash 的单片机应用系统:

① 板上编程 OBP(On-Board Programming)系统。

② 系统内写入 ISW(In-System Writing)系统。

采用 OBP 方式的应用系统结构比较简单,其 Flash 的编程电压 V_{PP} 和编程信息由外接的编程器产生,编程过程受编程器控制,该系统又称在线编程系统。采用 OBP 方式的应用系统可以在产品出厂前进行完善的测试,以提高产品质量、降低返修率。还可以快速可靠地现场修改软件,大大降低产品维护及升级成本。

而采用 ISW 方式的应用系统,V_{PP} 是本地产生的,并由应用系统本身来控制再编程过程,ISW 应用系统除了外部扩展的 Flash 程序存储器外,还要有存放引导程序、通信程序和再编程算法的存储器,该存储器也可采用 Flash,因此 ISW 系统结构比 OBP 要复杂一些。采用 ISW 方式的应用系统常用于需要周期性修改程序代码或数据的情况,需要有专门的通信口(如 RS-232C 或 USB)和主机连接,用于从主机下载(Download)新版本的软件,或将应用系统采集的数据上传(Upload)到主机中。

【例 5.1】 由一片 28F256 型 Flash 构成的 32KB 外部程序存储器 OBP 系统。

图 5.6 所示为外部扩展 32KB Flash 程序存储器 OBP 方式的单片机应用系统,8031 单片机的 P0 口外接一个 74LS373 8D 地址锁存器 U2 分离 8 位数据和低 8 位地址 A0～A7,高 8 位地址 A8～A15 由 P2 口输出。28F256 型 Flash 的 15 根地址线 A0～A14 与单片机的地址总线对应的地址位相连接,由于外部程序存储器只有 32KB,地址总线的 A15 无须连接。为了实现对 Flash 在线编程时与应用系统隔离,Flash 的 8 位数据线 D0～D7 经一个 74LS373 8D 数据锁存器 U4 输出到单片机数据总线,当然也可使用 8 位三态缓冲器来实现隔离。该系统正常工作时,8031 单片机总是经数据总线从 Flash 中取指令,因此在执行外部程序存储器中的指令时,数据信号是单向的。此外,由于 8031 单片机内部无程序存储器,总是执行外部程序存储器中的程序,$\overline{EA}$ 必须接地。

常态下 OBP 系统的地址总线 AB、数据总线 DB 和控制总线 CB 都由单片机掌管;而在更新 Flash 的信息时,单片机必须响应来自编程器的总线请求,释放对总线的控制权,将总线交给编程器接管。MCS-51 单片机没有专门的总线请求/总线响应控制信号引脚,这里巧妙地利用 MCS-51 单片机复位信号 RST 来实现。MCS-51 单片机的 RST 为高电平有效的复位引脚,当 RST=1 时,系统复位,P0 口(数据 8 位/地址低 8 位复用)为高阻态,P2 口(地址高 8 位)为高电平。整个系统的电路工作原理如下。

(1) 总线控制电路

8031 单片机的复位信号 RET 应连接到编程器的 RESET 端,编程器能强迫应用系统复位。系统低 8 位地址锁存器 72LS373 的输出允许端 $\overline{OE}$ 和 $\overline{PSEN}$ 信号缓冲器 74LS125 的选通端连在一起,由编程器输出存储器写 $\overline{MEMWR}$ 信号控制,$\overline{PSEN}$ 通过三态门输出到 Flash 的 $\overline{OE}$ 端,同时也给编程器送出 $\overline{PSEN}$ 信号作为存储器读 $\overline{MEMRD}$ 信号。

外部程序存储器 Flash 的片选信号 $\overline{CE}$ 由编程器的存储器允许 $\overline{MEMEN}$ 信号控制。

在应用系统执行 Flash 中的程序期间,$\overline{MEMEN}$ 和 $\overline{MEMWR}$ 端通过一个下拉电阻接地,Flash 被选通,地址锁存器 U2 的输出始终被选通,$\overline{PSEN}$ 输出三态门也始终被打开,$\overline{PSEN}$ 还用做数据锁存器 U4 的输出允许 $\overline{OE}$ 的控制信号,$\overline{PSEN}$ 有效信号在打开 Flash 程序存储器的同时也将 Flash 数据信号送入数据锁存器 U4。因此常态时,28F256 型 Flash 受 8031 单片机控制。

在对 Flash 再编程期间,编程器的 RESET 和 $\overline{MEMWR}$ 都为 1,使 8031 单片机的低 8 位地址线和 $\overline{PSEN}$ 与 28F256 型 Flash 分离,虽然 8031 单片机复位时 P2 口输出高电平,但能够被外接的编程器高 8 位地址线的低电平拉低。因此,编程状态完全受编程器控制。

(2) 擦除和再编程控制电路

本系统 V_{PP} 和写允许 $\overline{WE}$ 信号只有在再编程期间才有效,在正常工作期间 $\overline{WE}$ 通过一个上拉电阻接 V_{CC} 使之无效。在再编程期间,该上拉电阻可限制流入编程器的电流。在 Flash 读操作期间,V_{PP} 为 12V。

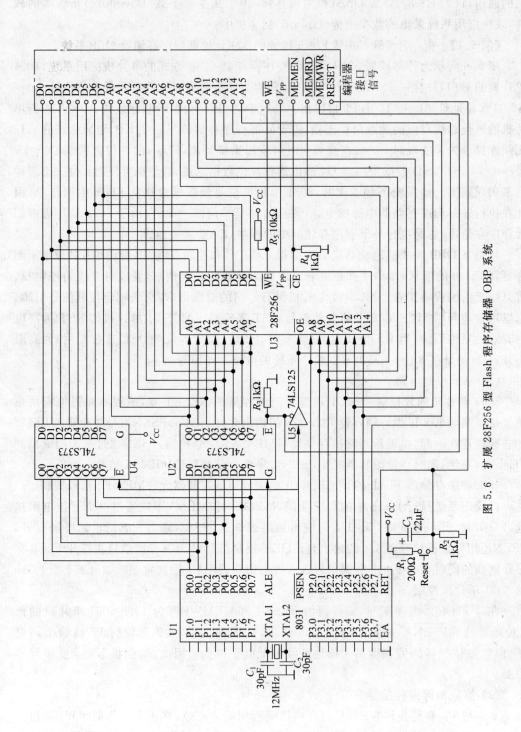

图 5.6 扩展 28F256 型 Flash 程序存储器 OBP 系统

（3）返回系统常态控制

当编程器对 Flash 再编程结束后，应该将总线控制权按以下步骤交还给 8031 单片机：

① 使 V_{PP} 降到 5V 或地电位。

② 编程器把地址总线 AB 和数据总线 DB 置于高阻态，即编程器放弃总线控制权。

③ 撤销 $\overline{MEMWR}$ 信号，使 $\overline{MEMWR}$ 为高阻态，隔离三态缓冲器因 R_3 接地而打开，恢复 $\overline{PSEN}$ 对 Flash 的 OE 端控制。

④ 最后，编程器放弃对复位引脚 RET 的控制，使 8031 单片机由复位状态转换到正常工作状态，并开始执行 Flash 中的程序。

对于扩展 64KB 的外部程序存储器的应用系统，可用 2 片 28F256 型 Flash 来实现，这时需要增加地址译码电路；也可以用 1 片 28F512 型（64KB）Flash 来实现，使电路更简洁。

【例 5.2】 用 2 片 28F256 型 Flash 扩展 64KB 外部程序存储器的 ISW 应用系统。

图 5.7 所示为以 8031 单片机为核心的 ISW 应用系统。由于 ISW 系统需要驻留引导程序（引导程序通常包括标准的初始化程序、与主机通信程序、数据上传程序、数据下载程序、擦除程序、编程算法程序、I/O 驱动程序以及专用子程序等），因此，本系统外部程序存储器由两片 28F256 型 Flash 组成，第 1 片 U3 用于存放不可变的系统引导程序，第 2 片 U4 用于存放可变程序或数据。

电路原理分析如下：

（1）两片 32KB Flash 都在程序存储器空间，单片机地址总线 A0～A14 都接到各芯片对应的地址线上，A15 经一个反相器作为地址译码器输出来选通其中的一个芯片。当 A15＝0 时，U3 被选通，而反相器输出 1，U4 被禁止；当 A15＝1 时，U3 被禁止，而反相器输出 0，U4 被选通。因此，U3/U4 地址分配见表 5.3。

表 5.3　U3/U4 地址分配表

Flash 存储器	A15	A14A13～A0	地址范围
U3	0	11…1～00…0	7FFFH～0000H
U4	1	11…1～00…0	FFFFH～8000H

（2）本 ISW 应用系统只能对本系统的 U4 Flash 芯片整体擦除和再编程，应用系统设置 V_{PP} 电压发生器。产生 V_{PP} 电压有 3 种方法。

① 用稳压器件由高电压调降到 V_{PP} 电压。

② 用 DC—DC 变换器由低电压（如 V_{CC}）提升到 V_{PP} 电压。

③ 专门为 V_{PP} 设计电源电压。

本系统采用第 2 种方法，U5 PM7006 DC—DC 变换器将＋5V 电源电压变换为＋12V 的 V_{PP} 电压。其接地端 12、13 脚接有一个 MOS nFET 开关管，并由单片机 T1 端控制。当开关管导通时，产生 V_{PP} 电压；当开关管截至时，关闭 V_{PP} 电压。

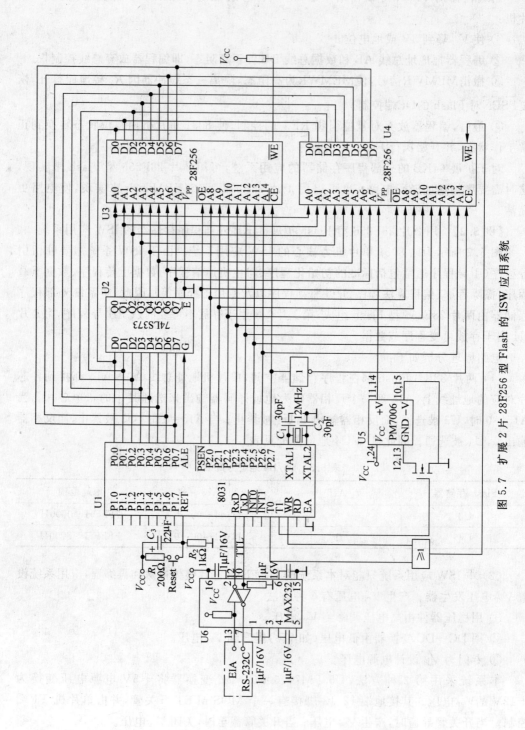

图 5.7 扩展 2 片 28F256 型 Flash 的 ISW 应用系统

(3) 对 U4 的再编程要利用 8031 单片机执行 MOVX 指令发出 $\overline{WE}$ 信号来实现,为了避免在正常工作状态下执行 MOVX 指令产生 $\overline{WE}$ 信号造成冲突,用 T0 端来控制 $\overline{WE}$ 信号。只有当 T0＝0 时,$\overline{WE}$ 信号才能加到 U4 的写允许 $\overline{WE}$ 端。

(4) 应用系统与主机(PC)的通信接口采用 RS-232C 异步串行方式。由单片机的串行接口引脚 RxD 和 TxD 经 MAX232 芯片变换为标准的 RS-232C 电平。

5.3　数据存储器的扩展

MCS-51 单片机内部有 128 字节的 RAM,8052 片内有 256 字节 RAM。片内 RAM 可用做工作寄存器、堆栈、数据缓冲器及软件标志等,它是系统的珍贵资源,用户应当合理使用,以充分发挥其作用。对于一般而又简单的应用场合,片内 RAM 用于暂存数据处理过程中的中间结果等,已完全足够了,无须扩展外部数据存储器。但是,在诸如实时数据采集和处理成批数据的系统中,仅片内提供 RAM 空间往往不够使用,在这种情况下,需要外接 RAM 电路,作为外部数据存储器。由于单片机是面向控制系统的,仅提供 64KB 外部 RAM,所以一般采用静态 RAM(Static RAM)就可以了。

5.3.1　静态 RAM

常用于 MCS-51 系列单片机外部数据存储器的典型 RAM 芯片有 6264(8KB)、62128(16KB)、62256(32KB)和 62512(64KB)等。下面以 62256 芯片为例,介绍静态 RAM 的内部结构、工作原理及引脚功能。

1. 62256 的封装及引脚功能

62256 是 32K×8 位的 SRAM,有多种封装形式,图 5.8 是 62256 DIP 封装的引脚图和逻辑图。各引脚描功能描述如下:

① 15 条地址线 A14～A0,输入,用于接收 CPU 送来的地址信号。

② 8 条数据线 I/O7～I/O0,双向,用于传送读/写数据。

③ 3 条控制线。

- $\overline{WE}$ 写信号线,输入,低电平有效。当 $\overline{WE}$＝0 时,将数据信息写入到由地址信号所选的字节单元中。
- $\overline{OE}$ 输出允许,输入,低电平有效。当 $\overline{OE}$＝0 时,将数据信息从地址信号所选的字节单元中输出到数据线上。
- $\overline{CS}$ 片选信号。输入,低电平有效。当 $\overline{CE}$＝0 时,RAM 芯片被选中而工作;否则,RAM 芯片不工作。

2. 62256 内部结构和原理

图 5.9 是 62256 内部结构,内部采用二维地址结构的双译码编址方式。

15 条地址线 A14～A0 分成两组,9 条行地址线和 6 条列地址线。行地址经行 3 态门和行地址译码器译码后产生 512 位行地址选择信号,列地址经列 3 态输入门及译码器译码后产生 64 位列地址选择信号。行、列地址选择信号共同对存储阵列中 32768 个字节单

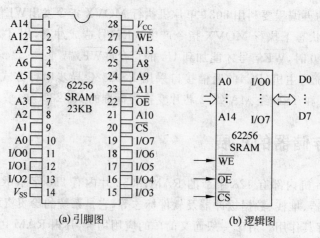

(a) 引脚图　　　　　　　(b) 逻辑图

图 5.8　62256 引脚图和逻辑图

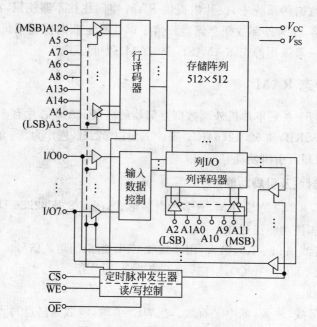

图 5.9　62256 SRAM 内部结构

元选址。62256 控制引脚功能如表 5.4 所列。

表 5.4　62256 控制引脚功能

$\overline{\text{WE}}$	$\overline{\text{CS}}$	$\overline{\text{OE}}$	工作方式	数据线
×	1	×	非选中	高阻态
1	0	1	禁止输出	高阻态
1	0	0	读状态	输出
0	0	1	写状态	输入
0	0	0	写状态	输入

5.3.2 扩展外部数据存储器举例

【例5.3】 用1片62256静态RAM芯片扩展32KB外部数据存储器,如图5.10所示。

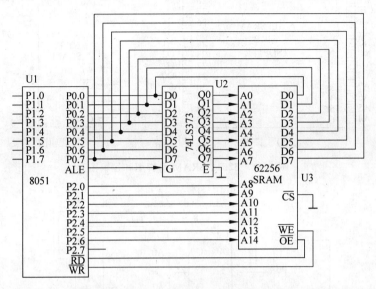

图5.10 扩展32KB外部数据存储器

由图5.10可以看出,8051的$\overline{RD}$和$\overline{WR}$分别与62256 SRAM的读允许$\overline{OE}$端和写允许$\overline{WE}$端连接,实现读/写控制。$\overline{CS}$是RAM的片选端,应用系统只有1片外部RAM芯片,$\overline{CS}$接地,处于常选通状态。

由于62256只有15根地址线,8051的P0口通过地址锁存器74LS373提供低8位地址,P2口的P2.0~P2.6提供高7位地址。而P2.7没有对62256控制,所以会出现SRAM 62256一个存储单元有两的地址,即地址重叠。当P2.7=0时,外部RAM 62256的基本地址为0000H~7FFFFH;当P2.7=1时,重叠地址为8000H~FFFFH。如果外部RAM 62256的$\overline{CS}$不接地,而是直接和P2.7相连,就不会出现重叠地址。因为在这种情况下,只有当P2.7(A15)=0时,62256才工作;P2.7=1时,禁止62256工作。

【例5.4】 扩展大于64KB的外部数据存储器。

如果需要扩展64KB的外部数据存储器,可以用2片62256 SRAM来实现,这时需要增加地址译码器。也可以用1片64KB的62512 SRAM来实现,使得电路更简单。图5.11为TSOP封装的62512 SRAM引脚图及逻辑图。

有些应用场合(例如数据采集)需要较大的数据存储器来存放大量的数据,如果需要超过64KB的外部数据存储器,这时就需要把外部数据存储器分成多个段,每段最大为64KB。利用单片机的I/O线来切换段。例如,用2片62512 SRAM来扩展2×64KB外部数据存储器,如图5.12所示。

在图5.11中,两片外部RAM U3和U4的地址范围都为0000H~FFFFH,需要访问哪一个RAM由P1.0来控制。当P1.0=0时,选通U3,禁止U4;当P1.0=1时,禁止U3,选通U4。

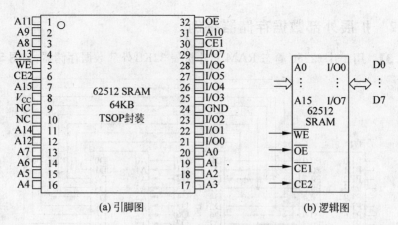

(a) 引脚图 (b) 逻辑图

图 5.11   62512 SRAM 引脚图和逻辑图

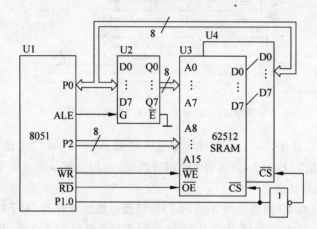

图 5.12   用 2 片 62512 SRAM 来扩展 2×64KB 外部 RAM

5.4   并行 I/O 口的扩展

单片机与外部世界的信息交换是通过 I/O 接口电路来实现的。MCS-51 单片机本身有 4 个 8 位并行 I/O 口,在实际使用时往往要求再增加一些 I/O 口,以更方便、更有效地与外部设备相连接。特别是需要扩展外部程序存储器或数据存储器的应用系统,需要占用一些 I/O 口线作为数据线、地址线和控制线。这种情况下,能提供给用户使用的 I/O 口线并不多,只有 P1 口 8 位 I/O 线和 P3 口的某些位可作为 I/O 线之用。在比较复杂的应用系统中,都需要扩展 MCS-51 单片机的 I/O 口。

MCS-51 单片机的外部 RAM 和扩展 I/O 接口是统一编址的,用户可以把外部 64KB 的 RAM 空间的一部分作为扩展 I/O 接口的地址空间,每一个 I/O 端口相当于一个 RAM 存储单元,CPU 可以像访问外部 RAM 存储单元那样访问外部 I/O 接口,即用 "MOVX" 指令对扩展 I/O 接口进行输入/输出操作。

常用的 I/O 接口芯片有以下两大类。

（1）不可编程的通用 I/O 接口芯片

输出锁存器：74LS273、74LS373。

输入缓冲器：74LS244、74LS245。

（2）可编程的通用 I/O 接口芯片

通用可编程的并行接口电路：8255。

可编程 RAM/IO 扩展器：8155。

可编程的键盘显示器接口：8279。

5.4.1　用不可编程的接口芯片扩展 I/O 口

不可编程的 I/O 接口芯片功能简单，接口电路简单，被广泛用做数字 I/O 口、电平转换、延时缓冲、增大驱动能力等。如触发器、译码器、编码器、缓冲器、锁存器和多路转换器等。这些接口部件的结构和原理在数字逻辑电路中有详细介绍。这里列举一些应用实例来说明用不可编程接口芯片扩展 I/O 口的实现方法。

【**例 5.5**】 用 74LS244 扩展 8 位并行输入口和用 74LS273 扩展 8 位并行输出口。

扩展功能单一的 I/O 口可选用 TTL 型和 MOS 型 74 系列器件来实现。74LS244 是一种施密特触发的双 4 位 3 态门，常用做总线驱动和并行输入口。当 74LS244 的控制端 $\overline{1G}$ 和 $\overline{2G}$ 都为低电平时，输出等于输入（直通）；当 $\overline{1G}$ 和 $\overline{2G}$ 都为高电平时，输出为高阻态。

74LS273 是 8D 触发器，适用于锁存器。当时钟 CLK 端发生正跳变时，D 端输入的 8 位数据就被寄存在 8D 触发器中。CLR 为清 0 端，当 CLR＝0 时，Q 端输出为 0。

采用 74LS244 和 74LS273 扩展单片机应用系统简单 I/O 接口电路如图 5.13 所示。输入口的控制信号由 P2.0 和 $\overline{RD}$ 相或后控制 74LS244 的控制端，输出口的控制信号由 P2.0 和 $\overline{WR}$ 相或后控制 74LS273 的时钟端。输入和输出都是在 P2.0 为 0 时有效。所以，输入端口和输出端口地址都为 0000H（实际上只要保证 P2.0＝0，与其他地址位无关），即两个端口具有相同的地址。但它们确实是两个物理上各自独立的端口，分别由 $\overline{RD}$ 和 $\overline{WR}$ 信号控制，因此不会发生冲突。

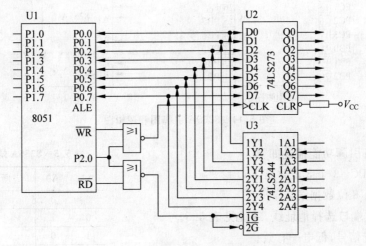

图 5.13　简单 I/O 接口扩展电路

图 5.13 所示电路的输入和输出端口共用一个地址的原理类似在第 4 章介绍过的 MCS-51 内部有两个物理上独立的串行口的接收缓冲器和发送缓冲器。串行口的接收和发送缓冲器共用一个缓冲器名称 SBUF,也就是使用同一地址 99H。用户是由读/写指令来区别访问不同的缓冲器,发送缓冲器只能写入,不能读出;接收缓冲器只能读出,不能写入。

在图 5.13 所示电路中,如果 74LS244 的 A 输入端接一组开关,74L273 的 Q 输出端接 8 个 LED 指示灯。要求将开关的状态由对应的指示灯显示出来,由下列指令来完成:

```
MOV    DPTR,0000H         ;DPTR 指向端口地址
MOVX   A,@DPTR            ;读输入口
MOVX   @DPTR,A            ;送到输出口
```

5.4.2 用 8255A 可编程并行接口芯片扩展 I/O 口

8255A 是可编程并行 I/O 接口芯片。8255A 通用性强,使用灵活,可与 MCS-51 单片机系统总线直接接口。

1. 8255A 封装及引脚功能

8255A 采用 DIP 封装共有 40 条脚,引脚图和逻辑图如图 5.14 所示。

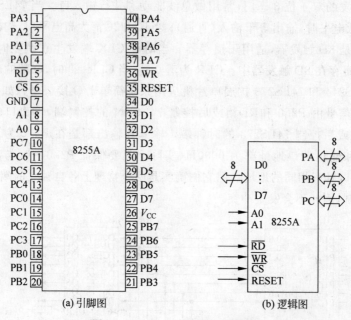

图 5.14 8255A 引脚图和逻辑图

8255A 各引脚功能描述如下。

PA、PB、PC:3 个 8 位并行 I/O 口。

D0～D7:8 位数据线。

A0、A1:端口选择地址线,编址见表 5.5。

$\overline{CS}$:片选信号,低电平有效。

$\overline{RD}$:读信号,低电平有效。

表 5.5 8255A 端口编址

A1	A0	所选端口
0	0	PA
0	1	PB
1	0	PC
1	1	控制寄存器

$\overline{WR}$：写信号,低电平有效。

RESET：复位信号,高电平有效。复位后,控制寄存器被清除,各I/O端口均被置成输入方式。

A0、A1和$\overline{RD}$、$\overline{WR}$及$\overline{CS}$组合所实现的控制功能见表5.6。

表5.6 8255A的端口操作

操 作	$\overline{CS}$	A1	A0	$\overline{RD}$	$\overline{WR}$	所选端口	功 能
输入操作 （读写）	0	0	0	0	1	A口	A口→数据总线
	0	0	1	0	1	B口	B口→数据总线
	0	1	0	0	1	C口	C口→数据总线
输出操作 （读写）	0	0	0	1	0	A口	数据总线→A口
	0	0	1	1	0	B口	数据总线→B口
	0	1	0	1	0	C口	数据总线→C口
	0	1	1	1	0	控制寄存器	数据总线→控制寄存器
禁止功能	1	×	×	×	×		数据总线为高阻态
	0	1	1	0	1		非法条件
	0	×	×	1	1		数据总线为高阻态

2. 8255A 的结构

8255A的结构框图如图5.15所示,它由以下几部分组成。

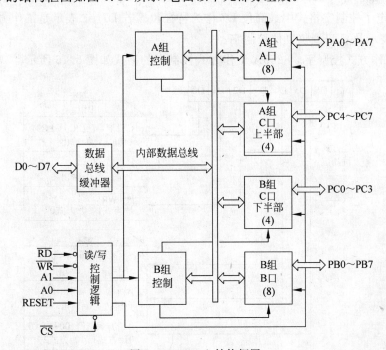

图5.15 8255A结构框图

（1）I/O端口A、B、C。8255A有三个8位并行口：端口A、端口B和端口C。它们都可以选择为输入或输出工作方式,但功能和结构上略有差别。

① A 口：一个 8 位数据输出锁存和缓冲器，一个 8 位数据输入锁存器。

② B 口：一个 8 位数据输入/输出的锁存器和缓冲器，一个 8 位数据输入缓冲器。

③ C 口：一个 8 位数据输出锁存/缓冲器，一个 8 位数据输入缓冲器(输入无锁存)。

通常把 A 口、B 口作为输入/输出的数据端口，而 C 口既可作为输入输出口，也可作为 A 口、B 口的状态和控制口。

（2）A 组和 B 组控制电路。这是两组根据 CPU 命令控制 8255A 工作方式的控制电路。A 组控制 A 口和 C 口的高 4 位 PC4～PC7；B 组控制 B 口和 C 口的低 4 位 PC0～PC3。

（3）数据总线缓冲器。这是一个三态双向 8 位缓冲器，它是 8255A 与系统数据总线的接口。CPU 与 8255A 之间传送的命令、数据以及状态信息都要通过这个缓冲器。

（4）读/写和控制逻辑。这部分电路与 CPU 地址总线中的 A0、A1 以及有关的控制信号($\overline{RD}$、$\overline{WR}$、RESET)相连，由它控制把 CPU 的控制命令或输出数据送至相应的端口；也由它控制把外设的状态信息或输入数据通过相应的端口送入 CPU 中。

3. 8255A 的控制字

8255A 作为可编程器件，其工作方式可由软件来选择，并且对 C 口的每一位都可以通过软件实现置位或复位，以便更好地发挥控制功能。

8255A 有两种控制字：工作方式控制字(8 位)和端口 C 置位复位控制字(8 位)。这两种控制字都是写入 8255A 的控制寄存器(A1A0＝11)中。为了使 8255A 能识别是何种控制字，规定了控制字格式中最高位 D7 作为特征位。若 D7＝1 表示是工作方式控制字；若 D7＝0 表示是 C 口置位复位控制字。

（1）工作方式控制字。8255A 工作方式控制字的格式如图 5.16 所示。

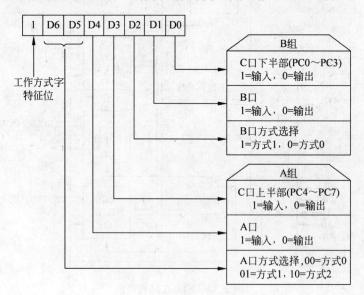

图 5.16　8255A 工作方式控制字格式

8255A 有以下 3 种基本工作方式。

① 方式 0：基本输入/输出方式。

② 方式 1：选通输入/输出方式。

③ 方式 2：双向传送，仅为 A 口。

8255A 工作方式控制字用于选择各端口的工作方式。A 口有方式 0、1 和 2 三种，B 口只有方式 0 和 1 两种。而 C 口分成两部分，上半部(PC4～PC7)随 A 口，下半部(PC0～PC3)随 B 口。

例如，控制字 10010101B(95H)写入控制寄存器后，8255A 被设置为：A 口工作于方式 0，输入；B 口工作于方式 1，输出；PC0～PC3 为输入，PC4～PC7 为输出。

(2) C 口置位/复位控制字。8255A 的 C 口输出具有位控制功能，把一个置位/复位控制字写入控制寄存器后，就可以实现 C 口的某一位置 1 或清 0。该控制字的格式如图 5.17 所示。

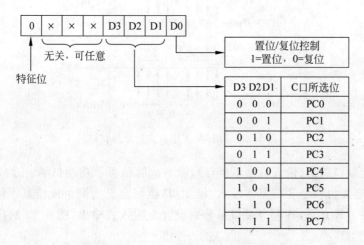

图 5.17　8255A C 口置位/复位控制字格式

例如，要使 PC3＝1，把控制字 00000111B(07H)写入控制寄存器即可。而要使 PC3＝0，控制字为 00000110B(06H)。

以上两种控制字各有自己的特征位，在把它们写入 8255A 中的控制寄存器时，写入的顺序可以任意，并且在需要的时候，随时可对 C 口的各位进行置位或复位。

4. 8255A 的工作方式

8255A 有三种基本工作方式：方式 0(基本输入/输出)、方式 1(选通输入/输出)、方式 2(双向传送，仅为 A 口)。8255A 三种基本工作方式和总线接口如图 5.18 所示。

(1) 方式 0

方式 0 为基本输入/输出方式。在这种方式下，A、B、C 三个端口都可设置成输入或输出，但不能既作输入又作输出。另外 C 口还可以分为上半部和下半部两部分来设置传送方向，每部分为 4 位。例如，可以是 PC0～PC3 为输入，PC4～PC7 为输出。方式 0 适用于无条件数据传送方式，在这种方式下，数据仅简单地写入指定端口(输出带锁存功

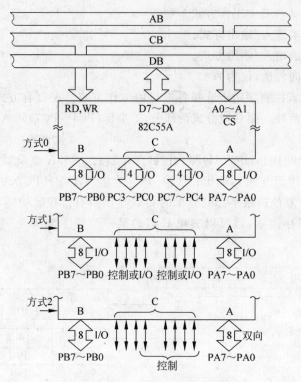

图 5.18　8255A 工作方式和总线接口

能),或从指定端口读出(输入数据不锁存),没有应答信号。在端口 A、B 均定义为方式 0 时,C 口可以定义为一个 8 位基本输入/输出口,也可定义为两个 4 位基本输入/输出口。8255A 工作在方式 0 下,各 I/O 端口可分别设置为输入或输出,图 5.19 给出了方式 0 的 16 种组合。

方式 0 没有联络信号。当工作在方式 0 输入时,CPU 在读取端口数据之前,端口数据必须准备好。

(2) 方式 1

方式 1 为选通输入输出方式(具有握手信号的 I/O 方式),在这种工作方式下,A 口和 B 口仍作为数据输入/输出口,而 C 口则规定某些位为 A 口或 B 口的联络信号。

① 方式 1 输入。

当 A 口或 B 口工作在方式 1 输入时,对应的控制信号如图 5.20 所示。

当 A 口工作在方式 1 输入时,PA7~PA0 为端口的输入数据线。PC5 和 PC4 为联络线,PC4 被自动定义为输入,命名为 $\overline{STBA}$;PC5 被自动定义为输出,命名为 IBFA。PC3 被自动定义为中断请求输出线,命名为 INTRA。PC6 和 PC7 空闲。

当 B 口工作在方式 1 输入时,PB7~PB0 为端口的输入数据线。PC2 和 PC1 为联络线,PC2 被自动定义为输入,命名为 $\overline{STBB}$;PC1 被自动定义为输出,命名为 IBFB;PC0 被自动定义为中断请求输出线,命名为 INTRB。

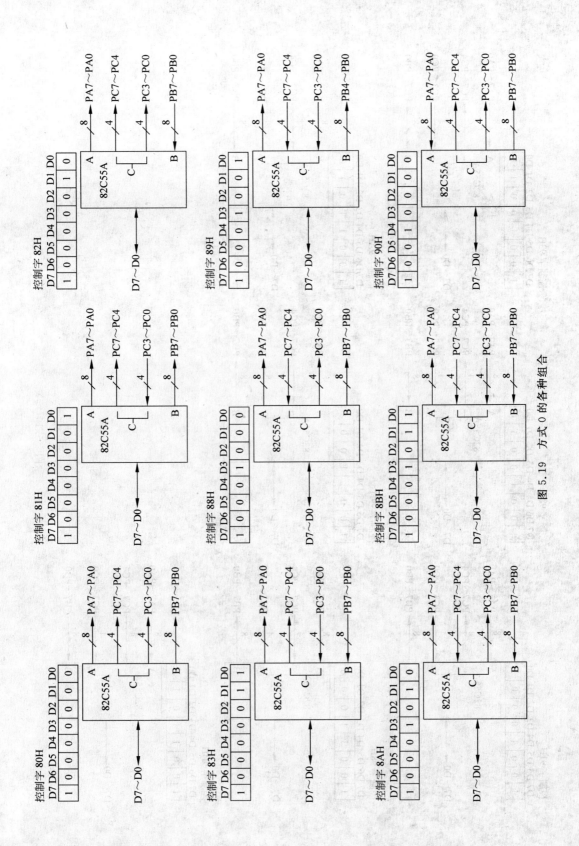

图 5.19 方式 0 的各种组合

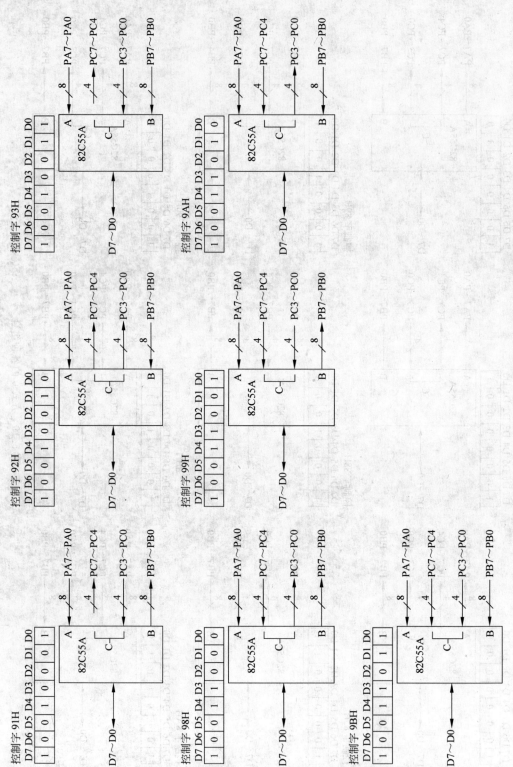

图 5.19（续）

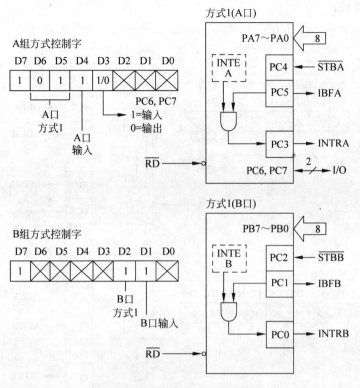

图 5.20 方式 1 输入的结构

用于端口输入的联络线功能如下：

- $\overline{STB}$(Strobe)选通输入信号,低电平有效。这是由外设提供的输入信号,当$\overline{STB}=0$时,将外设数据装入相应的输入缓冲器。
- IBF(Input Buffer Full)输入缓冲器满信号,高电平有效,输出。当 IBF＝1 时,表示数据已装入缓冲器。IBF 可作为状态信号,CPU 在取数之前,查询 IBF 状态,只有当 IBF＝1 时,才能从 A 口或 B 口读取输入数据。
- INTR(Interrupt Request)中断请求信号,高电平有效,输出。它是在中断允许(INTEA＝1 或 INTEB＝1)的前提下,8255A 接收到一个端口数据之后(IBF＝1),使 INTR＝1,从而向 CPU 发出中断请求。INTR 将被$\overline{RD}$的下降沿所撤除。
- INTEA:A 口中断允许/禁止触发器,受 PC4 的置位/复位控制字控制,当 PC4＝1 时,A 口允许中断。
- INTEB:B 口中断允许/禁止触发器,受 PC2 的置位/复位控制字控制,当 PC2＝1 时,B 口允许中断。

输入操作的过程是这样的:当外设的数据准备好时,外设向 8255A 发出$\overline{STB}$有效信号,输入数据装入 8255A 的锁存器,并使 IBF＝1,CPU 可以查询这个状态信号,以决定是否可以读这个输入数据。或者当$\overline{STB}$重新变高时,INTR 有效,向 CPU 发出中断申请。CPU 响应此中断后,在中断服务程序中读取数据,并使 INTR 恢复为低(无效),同时也使 IBF 变低,用于通知外设可以传送下一个输入数据。

② 方式 1 输出。

当 A 口或 B 口工作在方式 1 输出时,对应的控制信号如图 5.21 所示。

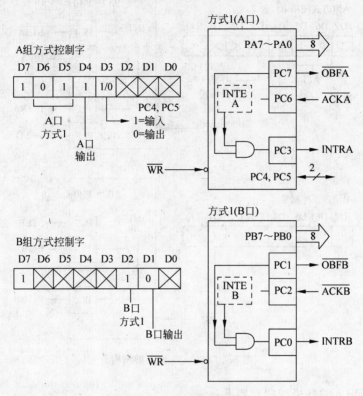

图 5.21 方式 1 输出的结构

当 A 口工作在方式 1 输出时,PC7 和 PC6 为一对联络信号。PC7 被自动定义为输出,命名为 $\overline{OBFA}$;PC6 被自动定义为输入,命名为 $\overline{ACKA}$。

当 B 口工作在方式 1 输出时,PC1 和 PC2 为一对联络信号。PC1 被自动定义为输出,命名为 $\overline{OBFB}$;PC2 被自动定义为输入,命名为 $\overline{ACKB}$。

用于端口输出的联络线功能如下。

- $\overline{OBF}$(Output Buffer Full)输出缓冲器满信号,低电平有效,输出。当 $\overline{OBF}=0$ 时,表示 CPU 已把一个数据写入指定的端口数据寄存器,用于通知外设可开始接收数据。
- $\overline{ACK}$(Acknowledge)外设响应信号,低电平有效,输入信号。当外设取走并且处理完 8255A 端口的数据后,向 8255A 发送此响应信号。
- INTR 中断请求信号,高电平有效,输出。在中断允许(INTEA=1 或 INTEB=1)的前提下,当外设取走端口数据之后($\overline{OBF}=1$),使 INTR=1,从而向 CPU 发出中断请求。INTR 将被 $\overline{WR}$ 下降沿所撤除。
- INTEA:A 口中断允许寄存器,受 PC6 的置位/复位控制字控制,当 PC6=1 时,A 口允许中断。
- INTEB:B 口中断允许寄存器,受 PC2 的置位/复位控制字控制,当 PC2=1 时,B 口允许中断。

输出过程是这样的：在外设处理完一项数据（如打印完）后，向 8255A 发出 $\overline{ACK}$ 负脉冲响应信号。$\overline{ACK}$ 的下降沿使 $\overline{OBF}$ 变高，表示输出缓冲器空（实际上表示缓冲器中的数据不必再保留了），并在 $\overline{ACK}$ 的上升沿使 INTR 有效，向 CPU 发出中断请求。CPU 可以用查询方式查询 $\overline{OBF}$ 的状态，以决定是否可以输出下一个数据。也可以用中断方式进行输出操作，CPU 响应此中断后，在中断服务程序中把数据写入 8255A，写入之后将使 $\overline{OBF}$ 有效，以启动外设再次取数，直到数据处理完毕，再向 8255A 发出下一个 $\overline{ACK}$ 响应信号。

如果需要，可以通过软件使 C 口对应于 $\overline{STB}$ 或 $\overline{ACK}$ 的相应位（PC2、PC4、PC6）的置位/复位，来实现 8255A 的开中断或关中断。

此外，在方式 1 下，A 口和 B 口能被独立定义为输入或输出，以便广泛支持多种形式的选通 I/O，如图 5.22 所示。

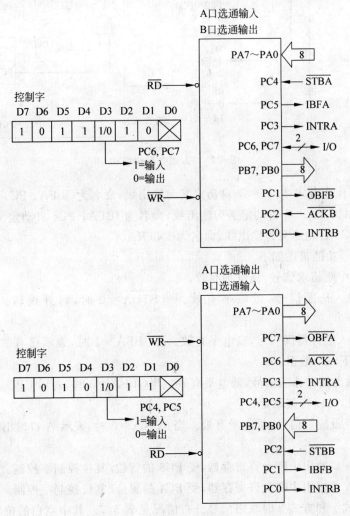

图 5.22　方式 1 的其他组合

（3）方式 2

方式 2 为双向数据传送方式（既可发送数据又可接收数据），只有 A 口可以选择这种方式。A 口工作于方式 2 时，其输入或输出都有独立的状态信息，且反映在 C 口的某些位上。这样，C 口的状态联络线此时被 A 口占用了 5 根，所以 A 口工作在方式 2 时，B 口不能工作于方式 2，但可以工作于方式 0 或方式 1。8255A 工作在方式 2 时的逻辑结构如图 5.23 所示。

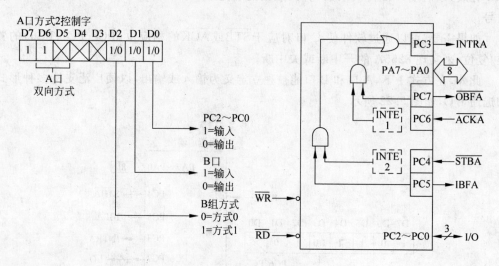

图 5.23　方式 2 逻辑结构

当 A 口工作在方式 2 时，PC7 自动定义为输出线，命名为$\overline{\text{OBFA}}$；PC6 自动定义为输入线，命名为$\overline{\text{ACKA}}$；PC5 自动定义为输出线，命名为 IBFA；PC4 自动定义为输入线，命名为$\overline{\text{STBA}}$；PC3 自动定义为输出线，命名为 INTRA。

各联络信号功能描述如下。

INTRA：中断请求信号，高电平有效。

$\overline{\text{STBA}}$：输入选通信号，低电平有效。当$\overline{\text{STBA}} = 0$ 时，将外设输入的数据存入 A 口。

IBFA：输入缓冲器满信号，高电平有效。当 IBFA＝1 时，表示已有数据送入 A 口，外设暂缓输入下一个数据。

$\overline{\text{OBFA}}$：输出缓冲器满信号，低电平有效。当$\overline{\text{OBFA}} = 0$ 时，表示 CPU 已将数据写入 A 口，通知外设，可以将其取走。

$\overline{\text{ACKA}}$：外设应答信号，低电平有效。当$\overline{\text{ACKA}} = 0$ 时，表示 A 口输出的数据已被外设取走。

INTE1：A 口输出中断允许寄存器，受 PC6 的置位/复位控制字控制。

INTE2：A 口输出中断允许寄存器，受 PC4 的置位/复位控制字控制。

C 口在方式 1 和方式 2 时联络信号分布情况见表 5.7。其中空白的位置表示这些位没有用于联络线，还可用做一般 I/O 线。

表 5.7 8255A 端口 C 的联络信号

C口的位	方式1		方式2	
	输入	输出	输入	输出
PC0	INTRB	INTRB		
PC1	IBFB	$\overline{OBFB}$		
PC2	$\overline{STBB}$	$\overline{ACKB}$		
PC3	INTRA	INTRA	INTRA	INTRA
PC4	$\overline{STBA}$		$\overline{STBA}$	×
PC5	IBFA		IBFA	×
PC6		$\overline{ACKA}$	×	$\overline{ACKA}$
PC7		$\overline{OBFA}$	×	$\overline{OBFA}$

5. 8255A 与 MCS-51 单片机的接口方法和应用举例

8255A 和 8031 单片机的连接非常方便,几乎不需要用任何附加硬件(除了采用中断方式时,要用一个反相器使 INTR 信号反相外)就可以直接连接。

【例 5.6】 在一个 8751 单片机应用系统中,利用 8255A 扩展 3 个 8 位并行 I/O 口,如图 5.24 所示。

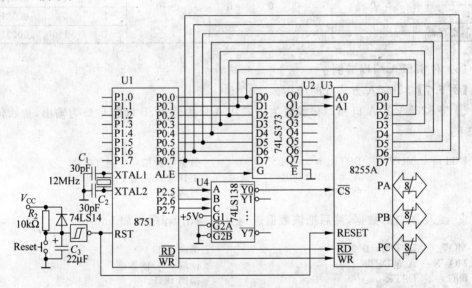

图 5.24 8255A 与 8751 的连接

图 5.24 所示的电路原理分析如下。

(1) 系统复位电路

8255A 需要外加高电平复位信号 RESET 对其内部寄存器及端口完成复位,但8255A 内部复位信号输入电路没有斯密特触发器,而 MCS-51 单片机内部复位电路设置有斯密特触发器。虽然它们的复位信号都为高电平有效,但完成复位的有效电平时间不完全相同。如果将 8255A 的 RESET 复位引脚和 8751 的 RST 复位引脚相连,采用简单的 RC 上电复位电路,有可能出现单片机完成复位的时间和 8255A 完成复位的时间相差甚远,导致系统各芯片因不能同步复位而出现异常。

在图 5.24 所示的电路中,为了使 MCS-51 单片机与外部接口芯片 8255A 能同步复位,将 RC 复位电路产生的复位信号经外接的斯密特触发器整形后作为系统复位信号。复位电路中的二极管是为了掉电时给电容 C_3 提供快速放电回路,使得再次上电时,系统能可靠地复位。

(2) 地址分配

74LS138 是 3∶8 译码器,8751 高 3 位地址 A15、A14 和 A13 参与译码,低 2 位地址 A1 和 A0 直接与 8255A 的端口选择位 A1 和 A0 相连。地址译码器$\overline{Y0}$输出作为 8255A 的片选信号。其他地址线 A3～A12 不用。8255A 各端口的基本地址(无关的地址位设为 0)列在表 5.8 中。

表 5.8　图 5.24 中的 8255A 端口地址分配

8255A 所选端口	74LS138 输出	74LS138 输入			无关的 地址位	8255A		端口地址
	$\overline{Y0}$	C	B	A		A1	A0	
		A15	A14	A13	A12～A2	A1	A0	
端口 A						0	0	0000H
端口 B						0	1	0001H
端口 C	0	0	0	0	0～0	1	0	0002H
控制寄存器						1	1	0003H

(3) 对 8255A 编程举例

【例 5.7】　8255A 方式 0 的应用。

① 将 8255A 的 A 口和 B 口设置为方式 0,A 口为输入,B 口和 C 口为输出,初始化程序如下:

```
INIT:   MOV     DPTR,#0003H          ;数据指针指向控制寄存器
        MOV     A,#10010000B         ;工作方式控制字
        MOVX    @DPTR,A              ;写入方式字
```

② 读入 A 口的数据,然后把该数据送到 B 口输出,程序段如下:

```
        MOV     DPTR,#0000H          ;指向 A 口
        MOVX    A,@DPTR              ;读取 A 口的数据
        INC     DPTR                 ;指向 B 口
        MOVX    @DPTR,A              ;送数据到 B 口
```

③ 将 PC6 清 0,PC7 置 1,C 口的其他位不变,程序段如下:

```
        MOV     DPTR,#0003H          ;指向控制寄存器
        MOV     A,#00001100B         ;使 PC6=0 控制码
        MOVX    @DPTR,A              ;写入控制寄存器
        MOV     A,#00001111B         ;使 PC7=1 控制码
        MOVX    @DPTR,A              ;写入控制寄存器
```

【例 5.8】　8255A 方式 1 的应用。

8255A 的 PC6 输入的单脉冲信号作为外设的请求信号,使 8255A 的 PC3 向 8751 的

$\overline{INT0}$申请中断,单片机每次中断处理,点亮 8255A 的 A 口的 8 个 LED 之一,接口电路如图 5.25 所示。

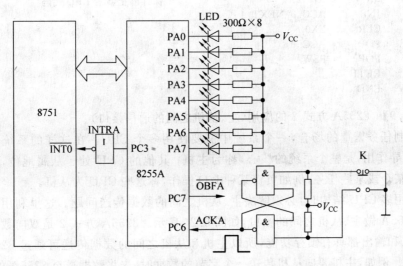

图 5.25　8751 扩展 8255A 方式 1 输出电路

每按一次按键 K 产生一个单脉冲,其中 RS 触发器是消除按键 K 产生的机械抖动,也就是利用双稳态电路的互锁特性来消除按键调动引起的噪声。根据产生单脉冲先后次序,使 8255A 的 A 口依次输出 FEH、FDH、FBH、F7H、EFH、DFH、BFH、7FH,中断 8 次结束。

设 8255A 各端口地址分配如下。

A 口:2000H;B 口:2001H;C 口:2002;控制寄存器:2003H。

程序如下:

```
              ORG      0000H
              LJMP     MAIN
              ORG      0003H
              LJMP     ISR
MAIN:   MOV      SP, #60H
              MOV      DPTR, #2003H          ; 指向 8255A 控制寄存器
              MOV      A, 0A0H               ; A 口方式 1,输出
              MOVX     @DPTR, A
              MOV      A, 0DH                ; 使 PC6 置 1
              MOVX     @DPTR, A
              MOV      R7, #0FEH             ; 第 1 次亮灯代码
              SETB     IT0                   ; INT0 为边沿触发方式
              SETB     PX0                   ; INT0 为高优先级中断
              SETB     EX0                   ; 允许 INT0 中断
              SETB     EA                    ; 系统开中断
              SJMP     $                     ; 等待中断
; 中断服务程序
ISR:      PUSH     PSW
              PUSH     ACC
              MOV      DPTR, #2000H          ; A 口地址
              MOV      A, R7
```

```
          MOVX    @DPTR,A              ;点亮 LED 之一
          RL      A                    ;准备下一位 LED
          MOV     R7,A                 ;保存已更新的 LED 代码
          JNB     ACC.0,NEXT
          CLR     EX0
NEXT:     POP     ACC
          POP     PSW
          RETI
          END
```

【例 5.9】 8255A 方式 2 的应用(主、从机之间的通信接口)。

在控制任务繁重的场合,一个系统中需要使用多个 CPU。在这样的系统中有一个 CPU 起主导作用,是整个系统的核心,称为主机;其他的 CPU 处于从属地位,完成系统所分配的某个或某些任务,例如负责某种 I/O 操作,称这些 CPU 为从机。

当采用多 CPU 结构时,必须解决主、从机之间的数据传送问题。这里利用工作在方式 2 的 8255A 做主、从机之间的接口,如图 5.26 所示。8255A 方式 2 是双向数据传送方式,且输入和输出都具有锁存功能,所以主机和从机之间的数据传送可通过 8255A 的端口 A 传输。例如,主机要向从机传送一个字节的数据时,先将数据送至 8255A 的端口 A,从机再从 A 口取走数据。这种操作是异步的。

本系统主机和 8255A 之间采用中断传送方式。由于 8255A 只有一根中断求线,所以主机响应中断后需要读 C 口状态(IBFA/PC5 和 $\overline{\text{OBFA}}$/PC7),来判断是输入引起的中断还是输出引起的中断。从机和 8255A 之间采用查询方式。当从机要读取主机发来的数据(在 A 口中),先查询 $\overline{\text{OBFA}}$ 引脚信号的状态,若 $\overline{\text{OBFA}}$ 有效,则表明数据有效,再进行读操作。当从机要向主机发送数据时,先查询 IBF 引脚信号的状态,看主机是否已将上一个数据取走。

主机的高 4 位地址 A15~A12 参与地址译码器,地址译码器 U3 的 $\overline{\text{Y0}}$ 输出 8255A 的片选信号,A1,A0 直接到 8255A 的 A1 和 A0,因此 8255A 各端口的基本地址如下。

PA 口:8000H;

PB 口:8001H;

PC 口:8002H;

控制寄存器:8003H。

而从机需要设置 3 个 I/O 端口:一个状态输入口,用来读 8255A 的 $\overline{\text{OBFA}}$ 和 IBFA 的状态;一个读数据口,用来读 8255A 的 A 口中的数据,同时向 8255A 发响应信号 $\overline{\text{ACK}}$;一个写数据口,用来传送数据至 8255A 的 A 口,同时向 8255A 发送选通信号 $\overline{\text{STB}}$。为此,从机需要分配 3 个 I/O 端口地址。从机 A8~A11 四位地址参与地址译码,地址译码器 U8 的 $\overline{\text{Y0}}$、$\overline{\text{Y1}}$ 和 $\overline{\text{Y2}}$ 分别输出写数据口、读数据口和读状态口的选通信号,3 个端口的基本地址分配如下。

写数据口($\overline{\text{Y0}}$):0800H;

读数据口($\overline{\text{Y1}}$):0900H;

读状态口($\overline{\text{Y2}}$):0A00H。

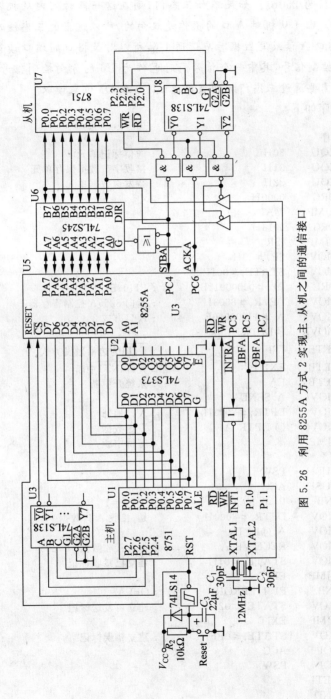

图 5.26 利用 8255A 方式 2 实现主、从机之间的通信接口

注意：8255A 方式 2 的输出是三态的，从机读 A 口数据需要通过双向三态门缓冲器 U6，这是因为，$\overline{ACK}$ 变为无效后（后沿），A 口的数据还要在 PA7～PA0 维持 TKD 的时间，TKD 的最大值为 250ns。如果不加三态门，则在这一段时间内从机不能利用数据总线进行其他操作。由于从机对 A 口的操作是双向的，所以这里的三态缓冲器也应是双向的。对 8255A 端口 A 读或写数据时应选通 U6，所以对数据口的端口读写信号通过或门作为 U6 允许许控制信号，其中一个信号同时也作为 U6 的方向控制信号。此外，从机对 C 口状态信号也需要通过三态门加到数据总线 D0 和 D7 位来读取。

通信控制程序如下：

```
; 主机控制程序
STATE     EQU    30H                    ; 通信标记单元
RECEIVE   EQU    31H                    ; 接收字节数据保存单元
SEND      EQU    32H                    ; 待发送数据单元
          ORG    0000H
          LJMP   MAIN
          ORG    0013H
          LJMP   ISR
MAIN:     MOV    SP, #60H
          MOV    STATE, #00H
          ORL    P1, #00000011B         ; P1.0,P1.1 为输入
          MOV    DPTR, #8003H           ; 指向 8255A 控制寄存器
          MOV    A, #11000000B          ; A 口方式 2
          MOVX   @DPTR, A
          SETB   IT1                    ; INT1为边沿触发方式
          SETB   EX1                    ; 允许INT1中断
          SETB   EA                     ; 系统开中断
          MOV    A, SEND
          MOV    DPTR, #8000H           ; A 口地址
          MOV    @DPTR, A               ; 发送数据
          SJMP   $                      ; 等待中断
; 中断服务程序
ISR:      PUSH   PSW
          PUSH   ACC
          JNB    P1.0, NEXT1            ; IBFA=1
          MOV    DPTR, #8000H           ; 是, 接收 A 口数据
          MOV    A, @DPTR
          MOV    RECEIVE, A             ; 保存接收数据
          MOV    STATE, #01H            ; 建立已接收标记
          LJMP   EXIT
NEXT1:    JNB    P1.1, ERROR            ; OBFA=0
          MOV    STATE, #02H            ; 建立可发送标记
          LJMP   EXIT
NEXT2:    MOV    STATE, #0FFH           ; 建立错误标记
EXIT:     POP    ACC
          POP    PSW
          RETI
          END
; 从机控制程序
STATE     EQU    30H                    ; 通信标记单元
RECEIVE   EQU    31H                    ; 接收字节数据保存单元
```

```
SEND        EQU        32H                  ;待发送数据单元

SLAVE:      MOV        DPTR,#0A00H
            MOV        A,@DPTR              ;读状态口
            JB         ACC.0,NEXT           ;OBFA=0
            MOV        DPTR,#0900H          ;yes
            MOV        A,@DPTR              ;读A口数据
            MOV        RECEIVE,A            ;保存接收数据
            MOV        STATE,#01H           ;建立已接收标记
            LJMP       EXIT
NEXT:       JB         ACC.7,DONE           ;IBFA=1
            MOV        A,SEND               ;no,可发送数据
            MOV        DPTR,#0800H
            MOV        @DPTR,A              ;发送数据
            MOV        STATE,#02H
            LJMP       EXIT
DONE:       MOV        STATE,#03H           ;暂缓发送
EXIT:       RET
```

5.5　地址译码电路

5.5.1　片选信号产生

　　单片机系统扩展主要是程序存储器的扩展和外部数据存储器的扩展。现代单片机片内程序存储器有多种选择,几乎应有尽有。由于 MCS-51 有 16 根地址线,不少派生型单片机片内程序存储器多达 64KB,不需要由用户来扩展。但外部数据存储器空间的扩展包括实际扩展外部数据存储器以及扩展 I/O 端口。I/O 接口所需的地址译码电路的原理与存储器相似,不同的是,通常 I/O 接口只需一个地址,或几个地址,而不像存储器一个芯片就占用较多的地址。因此对于 I/O 接口的译码电路,必须根据该设备占用的地址的数量来具体考虑。往往由多个芯片组成,每个芯片都有一个或多个片选信号,如何获得片选信号是外部数据存储器空间地址分配的关键。

　　在微处理器系统中,所有的存储器(或 I/O 接口)都以地址来相互区分,根据访问存储器(或访问 I/O 接口)指令中的地址信息,其地址译码电路产生相应的地址选中信号,以选中所需的存储器(或 I/O 接口)。

　　以存储器的接口为例,对于一般的 8 位微处理器,其存储器的地址线为 16 条(A0～A15),寻址范围为 64KB,但在一个实际系统中不一定扩展 64KB 存储器,而且所扩展的存储器也不一定是一片容量为 64KB 的存储器,因而整个系统通常要求扩展几片存储器电路。每种存储器芯片都根据其容量需要一定的地址信号,如 2KB 存储器所需的地址信号为 A0～A10,8KB 存储器所需的地址信号为 A0～A12。因此,系统在连接存储器时除了向存储器芯片提供必须的地址信号外,还应提供片选信号,使其中的一个芯片在片选信号有效时工作。地址译码电路就是提供片选信号的电路。例如一个系统需要连接 2 片 2KB 存储器,因此系统必须向存储器提供 A10～A0 的地址信号,以选中 2KB 存储器中的某一个单元。为了区别这两个存储器芯片中哪一个被选中,应另加片选信号,此信号由译

码电路产生。

在对外部数据 RAM 空间进行设计时，首先要给静态 RAN、I/O 端口分配存储区，根据地址空间映像，来设计各芯片片选信号。通常情况下，MCS-51 单片机的 16 位地址线中的低位地址线 A0～An(n 为芯片内部可访问的存储单元数，或 I/O 端口数)直接与芯片对应的地址线相连。例如，一个 2KB 的 SRAM，有 11 位地址线 A0～A10，将该 11 位地址线分别连接到单片机对应的低位地址线 A0～A10 即可。又如，8255A 内部有 4 个口单元，因此，将 8255 的 A0 和 A1 两根地址线分别连接到单片机的最低 2 位地址线 A0 和 A1 即可。高位地址通常接译码器用于产生片选信号，以便给各芯片分配区域，在外接芯片较少的情况下，也可将高位地址线直接接芯片的片选信号，以简化地址译码电路。产生片选信号有线选法、部分地址译码法和全地址译码法等。

由全部高位地址参加译码，以产生片选信号。

1. 线选法

线选法是用某根高位地址线直接作为片选信号线，译码电路比较简单，几乎不需要外加电路。但不能有效地利用存储空间，只适用于简单扩展场合译码法。

例如，当系统需扩展的存储器或 I/O 接口的数量较少时，地址译码可采用线选法。以存储器的扩展为例，如用三片 6264 SRAM(8KB)存储器芯片扩展外部数据存储器，如图 5.27 所示。低位地址信号 A0～A12 为存储器芯片所使用。这里译码电路采用线选法，高位地址 A13、A14 和 A15 分别接 U1、U2 和 U3 的 $\overline{\text{CE1}}$，即高位地址直接作为片选信号使用。很明显，能使用的地址线只有 3 条，因而最多只允许连接 3 片 8KB 的存储器，共 24KB 的存储器容量。

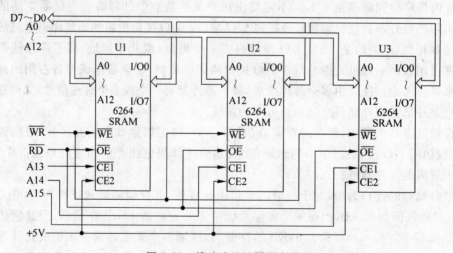

图 5.27　线选法地址译码电路

表 5.9 利用线选法扩展 3 片外部数据存储器时的地址分配情况。从表中可以看出，尽管这种方法比较简单，但芯片之间的地址出现不连续情况，而且在使用时必须注意 A13、A14 和 A15 三条地址线中只能有一条地址线为低电平，绝不能有两条或两条以上的地址线同时为低电平，否则将使系统同时选中两个或两个以上存储器芯片而无法正常工

作。本系统虽然所有地址线都连接上了,尽管不出现地址重叠问题,但有许多地址空间不能使用而造成浪费,也就是不能充分利用 64KB 的存储空间。

表 5.9　线选译码地址分配表

存储器芯片	A15	A14	A13	A12～A0	地址范围
U1	1	1	0	0…0～1…1	C000H～DFFFH
U2	1	0	1	0…0～1…1	A000H～BFFFH
U3	0	1	1	0…0～1…1	6000H～7FFFH

2. 部分地址译码法

部分地址译码是由部分高位地址参加译码,以产生片选信号。由于有某些高位地址不参与译码,会有重叠地址,适合小规模系统扩展。

当系统需扩展的存储器或 I/O 接口的数量较少时,可采用部分译码电路。与全译码电路不同的是部分译码电路将存储器或 I/O 接口所用的低位地址线外的高位地址线中的部分地址信号作为译码电路的输入信号。采用这种方法的优点是减少了译码电路的输入信号,但译码的输出与地址不是一一对应的关系。由于未参加译码的地址信号可以有不同的编码,因而译码的输出可选中不同的地址。图 5.28 为采用三片 6264 SRAM(8KB)的外部扩展数据存储器的部分地址译码电路,存储器芯片所用的地址为 A0～A12,而地址译码电路器(2:4 译码器)仅用了高位地址线 A13～A14,A15 却未参加译码。这样 A15 实际上可以存在 2 种情况——0 和 1。以 U1 为例,当 A15=0 时,可在指令中以地址 0000H～1FFFH 选中该芯片;当 A15=1 时,如果在指令中分别用了地址 8000H～8FFFH 选中的仍是该芯片,即一个单元可用 2 个不同的地址来访问,这就是地址重叠。把没有使用的地址线作为 0 来处理,所获得的地址,称为基本地址。2:4 地址译码电路还有一个 $\overline{Y3}$ 译码输出的基本地址空间 6000H～7FFFH 没有被使用,可以留着其他扩展存储器或 I/O 端口使用。表 5.10 为采用部分地址译码方式扩展外部数据存储器的地址分配情况。

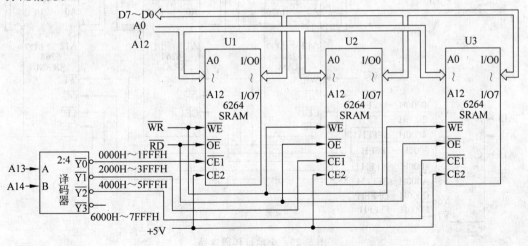

图 5.28　部分地址译码电路

表 5.10　部分地址译码法地址分配表

2：4译码器有效输出	A15	A14	A13	A12～A0	地址范围
$\overline{Y0}$	0/1	0	0	0…0～1…1	0000H～1FFFH /8000H～9FFFH
$\overline{Y1}$	0/1	0	1	0…0～1…1	2000H～3FFFH /A000H～BFFFH
$\overline{Y2}$	0/1	1	0	0…0～1…1	4000H～5FFFH /C000H～DFFFH
$\overline{Y3}$	0/1	1	1	0…0～1…1	6000H～7FFFH /E000H～FFFFH

3. 全地址译码法

存储器或 I/O 接口芯片需要使用部分地址信号,这些地址信号通常为系统地址总线的低位地址,如果将其余所有的高位地址经地址译码器输出作为存储器或 I/O 接口芯片的片选信号,这种地址译码方式称为全地址译码。在全译码电路的系统中,所有地址信号不是送入存储器或 I/O 接口芯片,就是送入了地址译码电路。译码电路的输出,即选中信号将与唯一的存储器或 I/O 接口的地址对应,每一个存储器单元或 I/O 端口只有一个唯一的地址编码,不会产生地址重叠。采用全地址译码方式,能有效地利用地址空间,适用于较大规模系统扩展。

图 5.29 为采用三片 6264 SRAM(8KB)的外部扩展数据存储器的全地址译码电路,存储器所用的低位地址为 A0～A12,其余的高位地址 A13～A15 全部送入地址译码电路,其地址分配表见表 5.11。从地址分配表中可以看出,采用全译码方法时各存储器芯片之间的地址是连续的,而且能最有效地利用 64KB 存储空间。

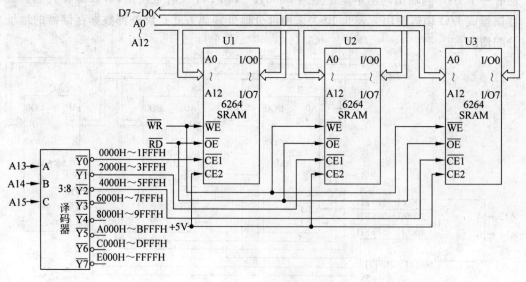

图 5.29　全地址译码电路

表 5.11　全地址译码法地址分配表

3：8 译码器有效输出	A15	A14	A13	A12～A0	地址范围
$\overline{Y0}$	0	0	0	0…0～1…1	0000H～1FFFH
$\overline{Y1}$	0	0	1	0…0～1…1	2000H～3FFFH
$\overline{Y2}$	0	1	0	0…0～1…1	4000H～5FFFH
$\overline{Y3}$	0	1	1	0…0～1…1	6000H～7FFFH
$\overline{Y4}$	1	0	0	0…0～1…1	8000H～9FFFH
$\overline{Y5}$	1	0	1	0…0～1…1	A000H～BFFFH
$\overline{Y6}$	1	1	0	0…0～1…1	C000H～DFFFH
$\overline{Y7}$	1	1	1	0…0～1…1	E000H～FFFFH

5.5.2　地址译码电路

地址译码电路可以用较简单的门电路组合而成,也可以用专用的译码集成电路来完成,例如常用的 74LS138、74LS154 等。如果希望对电路保密,还可以采用 ROM 或 GAL 作为可编程地址译码器。

1. 使用译码集成电路作为地址译码器

74LS 系列的集成电路中,有不少专门的译码器,如 74LS138(3：8 译码器)、74LS139(双 2：4 译码器)、74LS154(4：16 译码器)等。例如,常用的 74LS138,有 3 个二进制地址码输入端 A、B 和 C,8 个译码状态输出端 $\overline{Y7}$～$\overline{Y0}$,3 根片选输入端 G1、$\overline{G2A}$ 和 $\overline{G2B}$。74LS138 的真值表见表 5.12。

表 5.12　74LS138 的真值表

片选信号			地址输入			译码状态输出							
G	$\overline{G2A}$	$\overline{G2B}$	C	B	A	$\overline{Y7}$	$\overline{Y6}$	$\overline{Y5}$	$\overline{Y4}$	$\overline{Y3}$	$\overline{Y2}$	$\overline{Y1}$	$\overline{Y0}$
1	0	0	0	0	0	1	1	1	1	1	1	1	0
1	0	0	0	0	1	1	1	1	1	1	1	0	1
1	0	0	0	1	0	1	1	1	1	1	0	1	1
1	0	0	0	1	1	1	1	1	1	0	1	1	1
1	0	0	1	0	0	1	1	1	0	1	1	1	1
1	0	0	1	0	1	1	1	0	1	1	1	1	1
1	0	0	1	1	0	1	0	1	1	1	1	1	1
1	0	0	1	1	1	0	1	1	1	1	1	1	1
其他值			×	×	×	1	1	1	1	1	1	1	1

图 5.29 所示的全地址译码电路只需要使 74LS138 片选信号处于选通状态即可,如图 5.30 所示。

2. 利用 ROM 作为地址译码器

使用 ROM 作为双向的地址译码器是一种可编程的译码器,如果要改变存储器或 I/O 端口的地址,可通过修改 ROM 的内容,即重新对 ROM 编程,而无须改变硬件电路。

下面以 18S030 ROM 芯片作为地址译码器为例,来说明 ROM 作为地址译码器的原理。图 5.31 给了由 18S030 来实现图 5.29 所示的全地址译码电路的功能。18S030 是一片 DIP16 封装容量为 32×8 位的 ROM 芯片,该芯片 A5～A0 为地址输入引脚,$\overline{CE}$为片选信号(低电平有效),O7～O0 为数据输出信号。只要$\overline{CE}$=0 选通芯片,地址引脚上的地址码所对应存储单元的内容就会输出到数据 Q7～Q0 上。如果在 ROM 前 8 个单元固化上下列内容:

(0)=11111110B

(1)=11111101B

(2)=11111011B

(3)=11110111B

(4)=11101111B

(5)=11011111B

(6)=10111111B

(7)=01111111B

其余 24 个单元均写上 FFH 即构成地址译码电路,就等效于如图 5.29 所示的译码电路。

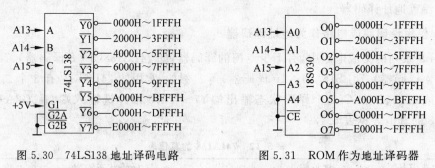

图 5.30　74LS138 地址译码电路　　　　图 5.31　ROM 作为地址译码器

习题 5

5.1　8031 单片机扩展存储器系统中,为什么 P0 口要接一个 8 位锁存器,而 P2 口却不接?

5.2　在 8031 单片机扩展系统中,外部程序存储器和数据存储器共用 16 位地址线和 8 位数据线,为什么两个存储空间不会发生冲突?

5.3　8031 单片机需要外接程序存储器,实际上它还有多少条 I/O 线可用? 当使用外部数据存储器时,还剩下有多少条 I/O 线可用?

5.4　有哪些方法来产生 Flash Memory 芯片的编程电压 V_{PP}? 请列举说明。

5.5　试将 8031 单片机外接一片 28F512(64KB)型 Flash 存储器作为外部程序存储器组成一个 OBP 应用系统,请画出电路连接图。28F512 型 Flash 引脚图如图 5.32 所示。

5.6　试将 8751 单片机外接一片 62512 SRAM 芯片扩展

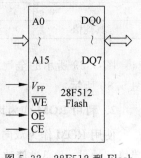

图 5.32　28F512 型 Flash 存储器

64KB外部数据存储器：

(1) 画出扩展系统电路原理图。

(2) 编写程序,将8751单片机内部RAM以DATA1开始的数据区中共32个数与外部RAM以DATA2开始的数据区中32个数进行交换。

5.7 8255A的方式控制字和C口按位置位/复位控制字都可以写入8255A的同一控制寄存器,8255A是如何区分这两个控制字的?

5.8 编写程序,采用8255A的C口按位置位/复位控制字,将PC7置0,PC4置1。已知8255A的A口、B口、C口和控制寄存器的地址为7000H～7003H。

5.9 试将8751单片机外接一片8255A芯片扩展3个8位并行I/O口组成一个应用系统:

(1) 画出扩展系统的电路连接图,并指出扩展I/O端口的地址范围。

(2) 把8255A的A口用做输入,A口的每一位对地接一个开关。B口用做输出,B口的每一位接一个发光二极管(发光二极管的正极通过300Ω限流电阻接+5V电源)。现要求当A口的某一位PAx输入为1(开关断开)时,B口相应位PBx输出为0(LED亮);否则,PBx输出为1(LED熄灭)。试编写有关程序。

(3) 假设某生产过程有8个工序,每道工序所需要的时间分别为1s、3s、5s、7s、2s、4s、6s和8s,生产是按此工序的顺序循环进行的。现用单片机通过8255A的A口输出来控制,A口中的每一位就可控制某一工序的启停。试编写有关程序。

5.10 试说明8255A的A口在方式1的选通输入方式下的工作过程。

5.11 现有一片8751,扩展了一片8255A,若把8255A的B口用做输入,B口的每一位接一个开关,A口用做输出,每一位接一个发光二极管,请画出电路原理图,并编写出B口某一位输入为高电平时,A口相应位发光二极管被点亮的程序。

5.12 8751单片机通过扩展8255A并行I/O口,PC口控制十字路口交通灯,其中PC0、PC1和PC2分别用做驱动东西方向的绿、黄和红交通灯;PC5、PC6和PC7分别用做驱动南北方向的绿、黄和红交通灯,如图5.33所示。

按下列变化规律编写控制交通灯的程序:

(1) 南北路口的绿灯和东西路口的红灯同时亮30s。

(2) 南北路口的黄灯闪烁若干次,同时东西路口的红灯保持亮。

(3) 南北路口的红灯和东西路口的绿灯同时亮30s。

(4) 东西路口的黄灯闪烁若干次,同时南北路口的红灯保持亮。

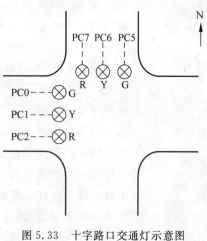

图5.33 十字路口交通灯示意图

(5) 转到(1)重复。

6

第◆章

单片机系统的接口技术

输入和输出设备是计算机系统的重要组成部分。用户程序、原始数据和操作命令等，都要通过输入装置输入到计算机中，计算机对输入的数据进行计算并将结果输出到输出设备上，以便显示、打印和实现各种控制动作。MCS-51 单片机应用系统，常用的输入/输出设备有键盘、显示器、打印机、A/D 和 D/A 转换器等。本章介绍典型的输入/输出设备与MCS-51 单片机的接口技术和编程方法。

6.1 显示器和键盘接口

6.1.1 LED 数码显示器接口与编程

1. LED 数码显示器

在单片机系统中，经常用 LED(Light Emitting Diode，发光二极管)数码显示器来显示单片机系统的工作状态、运算结果等各种信息，是计算机与用户对话的一种输出设备。

图 6.1(a)所示为 LED 数码显示器的构造简图。它实际上是由 8 个发光二极管构成，其中 7 个排列成"日"字形的笔画段；一个为圆点形状，安装在显示器的右下角作为小数点使用。分别控制各笔画段的 LED 使其中的某些发亮，可显示出 0～9 的阿拉伯数字符号以及其他能由这些笔画段构成的各种字符。LED 数码显示器的内部结构共有两种不同形式：一种是共阳极显示器，其内部电路如图 6.1(c)所示，即 8 个发光二极管的正极全部连接在一起组成公共端(COM)，负极则各自独立引出；另一种是共阴极显示器，其内部电路如图 6.1(d)所示，即 8 个发光二极管的负极全部连接在一起组成公共端，正极则各自独立引出。无论是何种形式的LED 显示器，它们排列成"日"字形的各个笔画段和名称都是相同的，分别为 a、b、c、d、e、f、g、h。这些笔画段的引脚排列也是统一的，如图 6.1(b)所示。

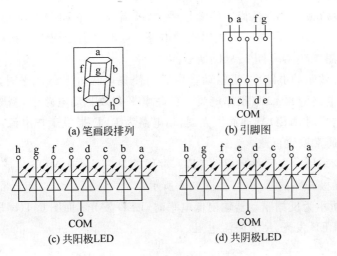

图 6.1　LED 数码显示器结构

发光二极管 LED 的电参数与普通二极管大致相同。图 6.2 所示为某发光二极管的伏安特性曲线(图中虚线部分是某普通二极管特性曲线)。LED 的正向导通电压要比普通二极管高,导通后曲线更陡直(内阻小),而反向击穿电压较低,约 5V 左右。不同半导体材料的 LED 开启电压(正向工作电压)V_F 也稍有差别,表 6.1 列出了几种不同材料 LED 的 V_F 值。

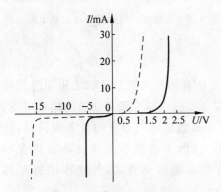

图 6.2　LED 的伏安特性曲线

表 6.1　几种不同材料 LED 的开启电压 V_F 值

LED 材料	V_F/V
砷化镓(GaAs)	1.2
镓铝砷(GaAlAs)	1.6~1.8
磷砷化镓(GaAsP)	1.6~1.8
砷化镓(GaP)	1.9~2.5

LED 的亮度与器件的材料、结构、光学电气特性等有关,目前市场上已有许多高亮度的 LED 显示器。用户还可以适当提高工作电流来提高 LED 的发光亮度,但不同材料的 LED 其亮度受电流影响的规律也不一样,如 GaP 器件在小电流时发光效率就较高,增大电流时亮度提高很快,但当电流更大时,亮度就不再继续提高,显示出饱和的趋势。而 GaAsP 等 LED 器件,任其电流增加,也不易出现亮度饱和状态。一般直流工作电流宜取 5~20mA,特殊需要时不得超过 50mA。在 LED 显示器应用于扫描显示电路时,还可以提高脉冲电流频率和增加脉冲宽度以提高亮度。

2. LED 的驱动电路

一般 I/O 接口芯片的驱动能力是很有限的。在 LED 显示器接口电路中,若输出口所能提供的驱动电流或吸收电流尚未能满足要求,就需要增加 LED 驱动电路,特别是多段 LED 显示器更是如此。有两种形式的驱动电路:低电平有效驱动电路和高电平有效驱动电路,分别如图 6.3(a)和图 6.3(b)所示。

在低电平有效驱动电路中,当驱动管导通而使集电极处于低电平时,LED 被正向导通而发光,驱动电路吸收 LED 工作电流。在高电平有效驱动电路中,当驱动管截止而使集电极处于高电平时,LED 导通而发光,驱动电路为 LED 提供工作电流。驱动电路中的 R 为限流电阻,通常取数百欧。

现在已很少采用分立元件来驱动 LED,常用的是 TTL 或 MOS 集成电路驱动器,且多用集电极或漏极开路的驱动器,如图 6.4 所示。

图 6.4(a)所示为反相驱动器输出低电平时,LED 发光;而图 6.4(b)所示则为驱动器输出高电平时,LED 发光,R 为限流电阻。

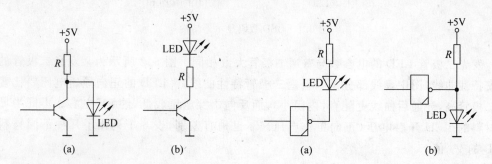

图 6.3 LED 基本驱动电路　　　　图 6.4　集电极(或漏极)开路的 LED 驱动电路

3. 静态 LED 数码显示接口

在单片机应用系统中,LED 数码显示器的显示方法有两种:静态显示法和动态扫描显示法。所谓静态显示,就是每一个显示器各笔画段都要独占具有锁存功能的输出口线,CPU 把欲显示的字形代码送到输出口上,就可以使显示器显示出所需的数字或符号,此后,即使 CPU 不再去访问它,显示的内容也不会消失(因为各笔画段接口具有锁存功能)。在 4.3 节中,曾经介绍过利用串行口工作方式 0 的输出方式,外接移位寄存器 74LS164 构成显示器接口电路,就属于静态显示法。

静态显示法的优点是显示程序十分简单,显示亮度大,由于 CPU 不必经常扫描显示器,所以节约了 CPU 的工作时间。但静态显示也有其缺点,主要是占用的 I/O 口线较多,硬件成本也较高。所以,静态显示法常用在显示器数目较少的应用系统中。下面介绍采用 BCD/7 段显示译码驱动芯片构成的静态显示接口电路,其特点是一个 LED 数码显示器仅占 4 条 I/O 线,当一个 8 位并行 I/O 口经过该译码显示驱动器时,可以连接两个 LED 数码显示器。

常用的 BCD/7 段显示译码驱动芯片有两种类型:一种适用于共阳极显示器(如 74LS47);另一种适用于共阴极显示器(如 74LS49)。图 6.5 所示为采用共阳极显示器的静态显示接口电路实例。图中由 74LS273(8D 锁存器)作扩展输出口,输出控制信号由 P2.0 和 $\overline{\text{WR}}$ 合成,当两者同时为 0 时,或门输出为 0,将 P0 口数据锁存到 74LS273 中,显示端口基本地址为 0000H。输出口线的低 4 位和高 4 位分别接 BCD/7 段显示译码驱动器 74LS47。74LS47 的功能见表 6.2,它能使显示器显示出由 ABCD 引脚送来的 BCD 码数和某些符号。图 6.5 所示的电路中,显示器的小数点 h 端没有连接。

表 6.2 74LS47 功能表

代 码	D	C	B	A	显示
	0	0	0	0	0
	0	0	0	1	1
BCD 码	0	0	1	0	2
	⋮	⋮	⋮	⋮	⋮
	1	0	0	1	9
	1	0	1	0	⊐
	1	0	1	1	⊒
	1	1	0	0	⊔
符号码	1	1	0	1	⊏
	1	1	1	0	⊏
	1	1	1	1	暗

这种显示电路的显示程序也极为简单。例如,欲在图 6.5 所示的两个显示器上显示两位十进制数 56,仅需要以下三条指令:

```
MOV   A,#56H          ;A←待显示数的 BCD 码
MOV   DPTR,#0000H     ;显示端口地址
MOVX  @DPTR,A         ;送显示
```

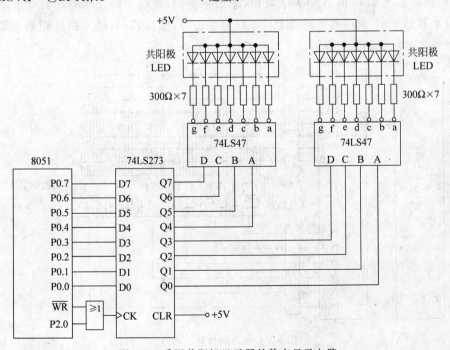

图 6.5 采用共阳极显示器的静态显示电路

图 6.6 所示为共阴极显示器的静态显示电路,图中的 BCD/7 段显示译码驱动器采用 74LS49,其原理与图 6.5 相同,不再一一赘述。

4. 动态扫描 LED 数码显示接口

动态扫描显示是单片机应用系统中最常用的显示方式之一。它是把所有显示器的 8 个笔画段 a~h 的各段同名端互相并接在一起,并把它们接到字段输出口上。为了防止各个显示器同时显示相同的数字,各个显示器的公共端 COM 还要受到另一组信号控制,即把它们接到位输出口上。这样,一组 LED 数码显示器需要由两组信号来控制:一组是字段输出口输出的字形代码,用来控制显示的字形,称为段码;另一组是位输出口输出的控制信号,用来选择第几位显示器工作,称为位码。在这两组信号的控制下,可以一位一位地轮流点亮各

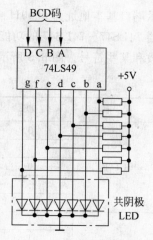

图 6.6　采用共阴极显示器的静态显示电路

个显示器显示各自的数码,以实现动态扫描显示。例如要显示一组数字,即利用循环扫描的方法,各位显示器依次从左到右(或从右到左)轮流点亮一遍,过一段时间再使之显示一遍,如此不断重复。在轮流点亮一遍的过程中,每位显示器点亮的时间均是极为短暂的(约 1ms),一闪而过。由于 LED 具有余辉特性以及人眼视觉暂留的惰性,尽管各位显示器实际上是分时断续地显示,但只要选取足够的扫描频率,给人眼的视觉印象就会是在连续稳定地显示,并不察觉有闪烁现象。

图 6.7 所示为典型的动态扫描显示接口电路。图中共有 6 个共阴极 LED 数码显示器,并行接口芯片 8155 的 A 口为字段口,输出字形码,再经 8 路反相驱动器变反后加到每个显示器的 a~h 对应的笔画段上。C 口为字位口,输出位码,经 6 路反相驱动器变反后加到各个显示器的共阴极端。

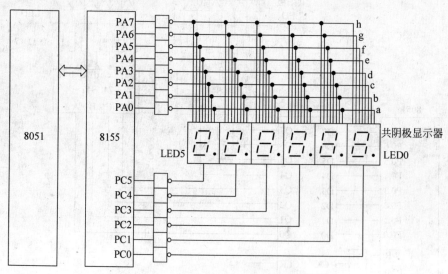

图 6.7　动态扫描显示电路

　　显示器除了能显示 0～F 这 16 个字符外,还可显示其他一些符号。由于 A 口输出经过反相驱动器加到显示器,所以尽管是共阴极结构的显示器,A 口输出的字形码仍是低电平有效。显示字形及相应的字形码见表 6.3。

表 6.3　LED 显示器字形码表

字符	字形	D7 $\overline{h}$	D6 $\overline{g}$	D5 $\overline{f}$	D4 $\overline{e}$	D3 $\overline{d}$	D2 $\overline{c}$	D1 $\overline{b}$	D0 $\overline{a}$	字形码
0		1	1	0	0	0	0	0	0	C0H
1		1	1	1	1	1	0	0	1	F9H
2		1	0	1	0	0	1	0	0	A4H
3		1	0	1	1	0	0	0	0	B0H
4		1	0	0	1	1	0	0	1	99H
5		1	0	0	1	0	0	1	0	92H
6		1	0	0	0	0	0	1	0	82H
7		1	1	1	1	1	0	0	0	F8H
8		1	0	0	0	0	0	0	0	80H
9		1	0	0	1	0	0	0	0	90H
A		1	0	0	0	1	0	0	0	88H
b		1	0	0	0	0	0	1	1	83H
C		1	1	0	0	0	1	1	0	C6H
d		1	0	1	0	0	0	0	1	A1H
E		1	0	0	0	0	1	1	0	86H
F		1	0	0	0	1	1	1	0	8EH
H		1	0	0	0	1	0	0	1	89H
P		1	0	0	0	1	1	0	0	8CH
y		1	0	0	1	0	0	0	1	91H
—		1	0	1	1	1	1	1	1	BFH
熄灭码		1	1	1	1	1	1	1	1	FFH

在图 6.7 中,设 8155 芯片各端口地址分别为:A 口为 4000H,C 口为 4002H,控制寄存器为 4003H。8155 芯片的工作方式应设置为:A 口工作在方式 0,输出;B 口无关,设置为方式 0,输入;C 口为输出。因此,工作方式控制字为 10000010B(82H)。

8051 单片机内部 RAM 的 30H～35H 共 6 个单元用做显示缓冲区,分别对应 6 个显示器 LED0～LED5。欲显示的数据事先存放在显示缓冲区中。显示从最右边一位显示器开始,即 30H 单元的内容在最右边一位 LED 显示,此时的位码为 01H。显示一位以后,位码中的 1 左移 1 位,从右到左逐位显示出对应缓冲区单元的数。当显示最左边一位时,位码为 20H,一次扫描结束。每一位数的显示时间为 1ms。显示时间不能太短,若小于 1ms 则会给人以闪烁感。显示子程序的框图如图 6.8 所示。

显示子程序如下:

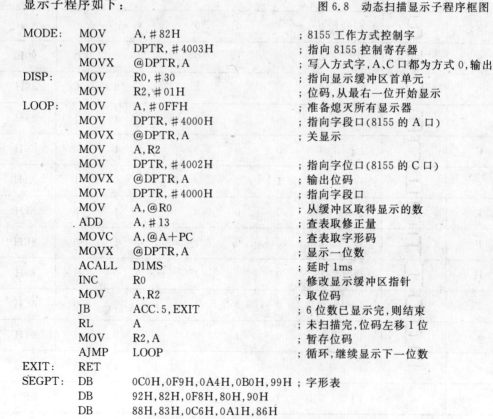

图 6.8　动态扫描显示子程序框图

```
MODE:   MOV    A,#82H          ;8155 工作方式控制字
        MOV    DPTR,#4003H     ;指向 8155 控制寄存器
        MOVX   @DPTR,A         ;写入方式字,A、C 口都为方式 0,输出
DISP:   MOV    R0,#30          ;指向显示缓冲区首单元
        MOV    R2,#01H         ;位码,从最右一位开始显示
LOOP:   MOV    A,#0FFH         ;准备熄灭所有显示器
        MOV    DPTR,#4000H     ;指向字段口(8155 的 A 口)
        MOVX   @DPTR,A         ;关显示
        MOV    A,R2
        MOV    DPTR,#4002H     ;指向字位口(8155 的 C 口)
        MOVX   @DPTR,A         ;输出位码
        MOV    DPTR,#4000H     ;指向字段口
        MOV    A,@R0           ;从缓冲区取得显示的数
        ADD    A,#13           ;查表取修正量
        MOVC   A,@A+PC         ;查表取字形码
        MOVX   @DPTR,A         ;显示一位数
        ACALL  D1MS            ;延时 1ms
        INC    R0              ;修改显示缓冲区指针
        MOV    A,R2            ;取位码
        JB     ACC.5,EXIT      ;6 位数已显示完,则结束
        RL     A               ;未扫描完,位码左移 1 位
        MOV    R2,A            ;暂存位码
        AJMP   LOOP            ;循环,继续显示下一位数
EXIT:   RET
SEGPT:  DB     0C0H,0F9H,0A4H,0B0H,99H  ;字形表
        DB     92H,82H,0F8H,80H,90H
        DB     88H,83H,0C6H,0A1H,86H
        DB     8EH,8CH,0BFH,0FFH
```

```
D1MS:    MOV      R7,#02H              ;延时 1ms 子程序
DL0:     MOV      R6,#0FFH
DL1:     DJNZ     R6,DL1
         DJNZ     R7,DL0
         RET
```

若要更新显示,首先向显示缓冲区送入待显示的数,然后调用显示子程序。每调用一次显示子程序,仅扫描显示一遍,要得到稳定的显示,必须不断调用显示子程序。

动态扫描显示接口电路虽然硬件简单,但在使用时必须反复调用显示子程序,若CPU 要进行其他操作,显示子程序只能插入循环程序中,这往往就束缚了 CPU 的工作,降低了 CPU 的工作效率。另外,扫描显示电路中,显示器也不宜太多,一般在 8 个以内,否则会使人察觉出显示器在分时轮流显示。

5. 点阵 LED 显示器接口

在现代工业控制和一些智能化仪器仪表中,为了显示图形、曲线和文字信息等,通常使用点阵 LED 显示器。图 6.9 所示为 8×8 点阵 LED 显示器的内部结构,其中图 6.9(a)为列线共阴极(CC-P)点阵 LED 显示器,图 6.9(b)为列线共阳极(CA-P)点阵 LED 显示

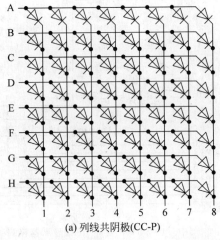

(a) 列线共阴极(CC-P)

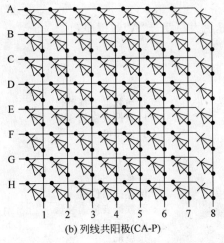

(b) 列线共阳极(CA-P)

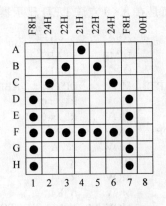

(c) 字母 "A" 点阵图及字形编码

图 6.9　8×8 点阵 LED 显示器内部结构

器。如果是行线与列线一样多的正方形点阵 LED 显示器,列线共阴极的点阵 LED 显示器转置后就是列线共阳极的点阵 LED 显示器。

由点阵 LED 显示器的内部结构可知,8×8 点阵共需要 64 个发光二极管,每个放置在行线和列线的交叉点上,当对应的某一列(或行)置电平 1、某一行(或列)置电平 0,则相应的二极管就点亮。如果依据图案来控制这些 LED 的亮暗,就可以显示出各种数字、文字、图形甚至曲线等。图 6.9(c)为大写字母"A"的点阵图以及字形编码。如果用直接点亮的静态显示方式,那么图案的形状是固定不动的;如果采用扫描方式,就可以使图案发生变幻,例如图案移动、闪烁等。

图 6.10 所示为将 8×8 点阵 LED 显示器的 8 位数据编码端 A~H 接单片机的 P1口,点阵显示器的列选通端 1~8 接单片机的 P3 口。由 P1 口输出需要显示的图案数据编码,P3 口输出对应图案编码的列选通信号,扫描 8 列后即可显示一帧完整的图案。

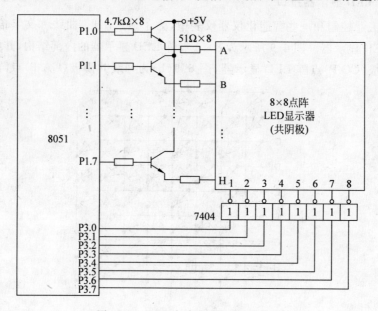

图 6.10   8×8 点阵 LED 显示器接口

下面是在 8×8 点阵 LED 显示器上显示大写字母"A"的程序:

```
            ORG     0000H
            LJMP    START
            ORG     0100H
START:      MOV     DPTR,＃TABLE        ;指向数据表格首位
            MOV     R4,＃0              ;取数据表格偏移量
            MOV     R2,＃01H            ;扫描初值
LOOP:       MOV     A,R2
            MOV     P3,A
            RL      A                  ;左移列扫描位
            MOV     R2,A               ;保存扫描位值
            MOV     A,R4               ;取数据表格偏移量
            MOVC    A,@A+DPTR;         ;读显示代码
            MOV     P1,A               ;送显示
```

```
        INC     R4                                  ; 数据表格偏移量加1
        LCALL   D5MS                                ; 延迟5ms
        ANL     P2,＃00H                            ; 清屏幕
        CJNE    R4,＃8,LOOP                         ; 最后一列数据显示完了吗
        LJMP    START                               ; 是,重新显示

D5MS:   MOV     R7,＃16                             ; 延迟5ms子程序
DELAY:  MOV     R6,＃248
        DJNZ    R6,$
        DJNZ    R7,DELAY
        RET
TABLE:  DB      0F8H,24H,22H,21H,22H,24H,0F8H,00H   ; 字符"A"显示代码表
        END
```

如果希望在图6.10所示的8×8点阵显示器中显示向左移动的字符串"WELCOME!",首先应构造出"WELCOME!"共8个字符的显示字形数据代码,包括关显示代码共72字节,按代码表排列顺序,每幅(一帧)为8列数据代码,因此每连续8列数据为一组作为显示一帧的数据块,下一帧数据块首地址为本帧数据块首地址加1,如图6.11所示。

向左移动显示"WELCOME!"的程序如下:

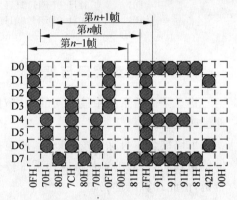

图6.11　向左移动显示原理

```
        ORG     0000H
        LJMP    MAIN
        ORG     0100H
MAIN:   MOV     DPTR,＃TABLE                        ; 指向数据表格首位
START:  MOV     R4,＃0                              ; 取数据表格偏移量
        MOV     R3,＃0                              ; 列计数器
        MOV     R2,＃01H                            ; 扫描初值,从第1列开始
LOOP:   MOV     A,R2
        MOV     P3,A                                ; 选通一列
        RL      A                                   ; 左移列扫描位
        MOV     R2,A                                ; 保存扫描位值
        MOV     A,R4                                ; 取数据表格偏移量
        MOVC    A,@A+DPTR;                          ; 读显示代码
        MOV     P1,A                                ; 送显示
        LCALL   D5MS                                ; 延迟5ms
        ANL     P2,＃00H                            ; 清屏幕
        INC     R4                                  ; 数据偏移量＋1
        INC     R3                                  ; 列计数器＋1
        CJNE    R3,＃8,LOOP                         ; 一帧(8列)未显示完,则继续
        CJNE    R4,＃77,NEXT                        ; 一帧显示完了,最后一列数据显示完了吗
        LJMP    START                               ; 从头开始重新显示
NEXT:   MOV     A,R4                                ; 取当前表格偏移值
        CLR     C                                   ; 清借位位
        SUBB    A,＃7                               ; 修改表格偏移值
        MOV     R4,A                                ; 保存下一帧的数据块偏移值
        MOV     R3,＃0
        MOV     R2,＃01H                            ; 从第1列开始
```

```
                LJMP    LOOP                            ; 转下一帧显示
D5MS:   MOV     R7,#16                          ; 延迟 5ms 子程序
DELAY:  MOV     R6,#248
                DJNZ    R6,$
                DJNZ    R7,DELAY
                RET
TABLE:  DB      00H,00H,00H,00H,00H,00H,00H,00H          ; 黑屏
                DB      0FH,70H,80H,7CH,80H,70H,0FH,00H          ; "W"
                DB      81H,0FFH,91H,91H,91H,81H,42H,00H         ; "E"
                DB      81H,0FFH,81H,80H,80H,80H,40H,20H         ; "L"
                DB      00H,3CH,42H,81H,81H,81H,42H,00H          ; "C"
                DB      00H,3CH,42H,81H,81H,42H,3CH,00H          ; "O"
                DB      0FFH,02H,04H,38H,04H,02H,0FFH,00H        ; "M"
                DB      81H,0FFH,91H,91H,91H,81H,42H,00H         ; "E"
                DB      00H,0DFH,00H,00H,00H,00H,00H,00H         ; "!"
                END
```

6.1.2　键盘接口与编程

键盘是微机系统中最常用的人机对话输入设备。键盘有两种基本类型：编码键盘和非编码键盘。

编码键盘本身除了按键以外，还包括产生键码的硬件电路。这种键盘使用十分方便，但价格较高，一般的单片机应用系统较少采用。非编码键盘是靠软件来识别键盘上的闭合键，由此计算出键码。

非编码键盘几乎不需要附加硬件逻辑，在单片机应用系统中被普遍使用。这里着重介绍非编码键盘接口。

1. 按键接口电路

（1）独立式键盘

如果应用系统仅需要几个按键，则可采用图 6.12 所示的按键接口电路。

当某一按键 Kn($n=0\sim7$)闭合时，P1.n 输入为低电平，释放时 P1.n 输入为高电平。实际上，机械按键的簧片存在着轻微的弹跳现象，在按下一次 Kn 时，P1.n 的输入波形如图 6.13 所示。图中，t_1 和 t_3 分别为按键闭合和释放过程中的抖动期，呈现一串抖动脉冲波，其时间长短与按键的机械特性有关，一般为 $5\sim10$ms。t_2 为按键闭合的稳定期，P1.n 为低电平，其时间由操作员按键的动作所确定，一般为几百毫秒至几秒。t_0、t_4 为按键释放期，P1.n 为高电平。为了确保 CPU 对按键的一次闭合仅作一次处理，必须去除抖动，这可通过调用延迟子程序来解决，在按键的稳定闭合或释放时才读出按键的状态。

（2）矩阵式键盘

简单的按键输入电路每一个按键都要占一位 I/O 线，当按键数较多时，显得 I/O 线利用率不高。在这种情况下，可采用矩阵式键盘结构。图 6.14 所示为 5 行×6 列矩阵结构的键盘及接口。键盘中共有 30 个按键，每一个按键都给予编号，按键号分别为 0、1、2、…、29。在应用系统中，键盘上的按键按功能可分为两类：数字键和控制键。对于图 6.14 所示的键盘接口，可将键号为 0~15 的按键定义为十六进制数的数字键 0~F，其余的按键则为控制键，如键号为 16 的按键定义为 MON 键，键号为 17 的按键定义为 EXEC 键等。

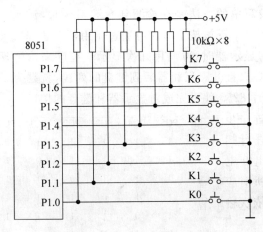

图 6.12 简单按键接口电路

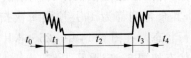

图 6.13 按键输入波形

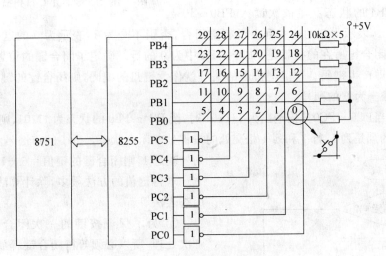

图 6.14 矩阵式键盘及其接口

在图 6.14 中,键盘的 6 条列线分别接 8255 芯片 C 口经反相输出的 6 条线 $\overline{PC0}$~$\overline{PC5}$,5 条行线一端通过 5 个提升电阻接 +5V 电源,另一端则分别接 8255 芯片 B 口的 5 条线 PB0~PB4。把 8255 芯片 C 口设置为输出方式,B 口设置为输入方式。在没有任何按键闭合时,所有行线 PB0~PB4 输入都为高电平。当某一个按键闭合时,该按键所对应的行线和列线短接,此时该行线的状态应由该列线的输出信号所决定。这样就会出现按键的识别、防止抖动以及产生键码等一系列问题,这些问题都是由软件来解决的。下面详细介绍对键盘扫描的方法。

为了从键盘上获取有特定含义的数据,按键扫描程序必须解决以下几个问题。

① 检测出当前是否有键被按下。检测的方法是由 8255 的 C 口反相输出全 0 信号(即 $\overline{PC5}$~$\overline{PC0}$ 输出 000000)到键盘的列线上,然后读键盘的行线 PB4~PB0 的状态。若 PB4~PB0 为全 1(11111),则无键闭合。若有某一行线为 0(即 PB4~PB0 不全为 1),就表示有键闭合。

② 当有键闭合时,需要去键抖动。最简单的方法是在检测到有键闭合时,延迟一段时间,等待按键可靠接触后,再来确定是哪一个键被按下。这可通过调用延迟子程序来解决,延迟时间约为 10～20ms。当系统中有显示器时,可调用几次显示子程序来达到延迟去抖动的目的。在图 6.14 中,8255 芯片 C 口接 6 路反相器后到键盘的列线,就是为了配合前面曾介绍过的显示器接口电路,使一片 8255 就可完成对显示器和键盘的接口。

③ 在确认按键已稳定闭合后,需要进一步判断是哪一个键闭合。方法是对键盘进行扫描,所谓扫描就是依次给每一条列线送出 0 电平,其余各列都为 1,并检测每次扫描时所对应的行状态。在图 6.14 中 8255 芯片 C 口依次输出状态如图 6.15 所示。

C口	$\overline{PC5}$	$\overline{PC4}$	$\overline{PC3}$	$\overline{PC2}$	$\overline{PC1}$	$\overline{PC0}$
	1	1	1	1	1	0
	1	1	1	1	0	1
扫描过程	1	1	1	0	1	1
	1	1	0	1	1	1
	1	0	1	1	1	1
	0	1	1	1	1	1

图 6.15　8255 芯片 C 口扫描输出状态

每当扫描输出某一列为 0 时,相继读入行线 PB0～PB4 的状态。在依次读入 PB0～PB4 时,若全为 1,表示为 0 的这一列上没有键闭合,否则不全为 1,表示为 0 的这一列上有键闭合,而且闭合键所在的行就是 PB0～PB4 中为 0 的行。确定了闭合键的位置后,就要计算出键值,即产生键码。这里把按键的编号就作为键盘的编码,则闭合键的键值＝为 0 的行的首键号＋为 0 的列号。

例如,当 $\overline{PC5}$～$\overline{PC0}$ 扫描输出为 111101 时,读 PB4～PB0 的状态为 11101,则为 0 的行是行 1,为 0 的列是列 1,行 1 和列 1 相交处的按键处于闭合状态。行 1 的首键号为 6,列 1 的列号就是 1,则闭合键的键值＝6＋1＝07H。

求得键值的方法很多,除计算法外,还可以用查表法等。

④ 为了保证按键的一次闭合,CPU 只作一次处理,所以必须等待闭合键释放以后,才对输入键进行处理。按键扫描流程图如图 6.16 所示。

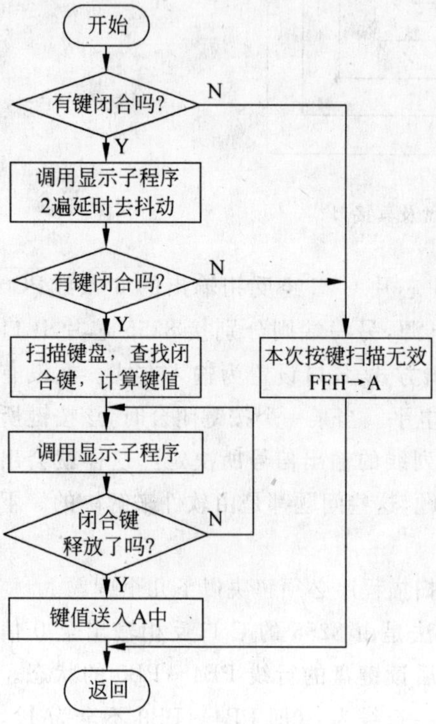

根据按键扫描流程图,不难编写扫描键盘的子程序。在图 6.14 中,设 8255 用做显示器和键盘的接口,各端口的地址、工作方式及功能如下。

A 口：地址 4000H,方式 0,输出,用做显示器字段口;

B 口：地址 4001H,方式 0,输入,用做键盘输入口;

C 口：地址 4002H,输出方式,分别用做显示器位控制口和键盘扫描输出口;

控制寄存器：地址 4003H,用于设定各端口工作方式。

图 6.16　按键扫描流程图

为了使在扫描键盘时 C 口对显示器的显示不起作用,每当显示器显示过后,应使 A 口的输出为 FFH(显示器熄灭码)。按键扫描子程序起名为 SCAN。出口参数的键值存放在累加器 A 中。若 A＝FFH,则表示本次按键扫描无效,无键闭合。扫描键盘的子程序如下:

```
SCAN:    LCALL    BLANK          ;调用关显示子程序
         LACALL   TESTKEY        ;调用检测键盘子程序
         JNZ      K1             ;A≠0,有键闭合,转 K1
         LJMP     K11            ;A=0,无键闭合,转 K11
K1:      LCALL    DISP           ;调用显示子程序,显示 2 遍,延时去抖动
         LCALL    DISP
         LCALL    BLANK          ;熄灭显示器
         LCALL    TESTKEY        ;检测键盘
         JNZ      K2             ;A≠0 确认有键闭合,转 K2
         LJMP     K11            ;A=0,无键闭合,转 K11
K2:      MOV      R2,＃01H       ;键盘列线扫描码,从 0 列开始
         MOV      R3,＃00H       ;列号计数器,初值为 0
K3:      MOV      DPTR,＃4002H    ;C 口地址
         MOV      A,R2           ;取扫描码
         MOVX     @DPTR,A        ;进行列扫描
         MOV      DPTR,＃4001H    ;B 口地址
         MOVX     A,@DPTR        ;读行信号
         JB       ACC.0,K4       ;PB0=1,无键闭合,转 K4
         MOV      A,＃00H        ;PB0=0,有键闭合,行首键号 00H
         LJMP     K8             ;转 K10 计算键值
K4:      JB       ACC.1,K5       ;PB1=1,无键闭合,转 K5
         MOV      A,＃06H        ;PB1=0,有键闭合,行首键号 06H
         LJMP     K8             ;转 K10 计算键值
K5:      JB       ACC.2,K6       ;PB2=1,无键闭合,转 K6
         MOV      A,＃0CH        ;PB2=0,有键闭合,行首键号 0CH
         LJMP     K8             ;转 K10 计算键值
K6:      JB       ACC.3,K7       ;PB3=1,无键闭合,转 K7
         MOV      A,＃12H        ;PB3=0,有键闭合,行首键号 12H
         LJMP     K8             ;转 K10 计算键值
K7:      JB       ACC.4,K10      ;PB4=1,无键闭合,转 K10
         MOV      A,＃18H        ;PB4=0,有键闭合,行首键号 18H
K8:      ADD      A,R3           ;键值=行首键号+列号
         PUSH     ACC            ;保护 A 中的键值
K9:      LCALL    DISP           ;显示一遍,延时等待按键释放
         LCALL    BLANK          ;熄灭显示器
         LCALL    TESTKEY        ;检测键盘
         JNZ      K9             ;按键未释放,继续等待
         POP      ACC            ;按键已释放,A 中为键值
         RET                     ;按键扫描返回
K10:     INC      R3             ;列计数器加 1
         MOV      A,R2           ;取列扫描码
         JNB      ACC.5,K12      ;未扫描到最后一列,转 K12
K11:     MOV      A,＃0FFH       ;本次扫描无效,无键闭合标志 FFH
         RET                     ;返回
K12:     RL       A              ;扫描码左移 1 位
         MOV      R2,A           ;暂存扫描码
         LJMP     K3             ;继续扫描下一列
```

```
BLANK:      MOV      A,＃0FFH            ;显示器熄灭码
            MOV      DPTR,＃4000H        ;A口地址
            MOVX     @DPTR,A             ;关显示
            RET
TESTKEY:    MOV      A,＃0FFH            ;检测键盘子程序
            MOV      DPTR,＃4002H        ;C口地址
            MOVX     @DPTR,A             ;使所有列线都为0
            MOV      DPTR,＃4001H        ;B口地址
            MOVX     A,@DPTR             ;读行线信号
            CPL      A                   ;取反
            ANL      A,＃1FH             ;屏蔽高3位,保留低5位
            RET
```

(3) I/O口复用交互式键盘

由于单片机 I/O 端口有限,在某些需要较多按键的应用场合,即使采用矩阵式键盘也不能满足要求。利用单片机 I/O 端口双向传输功能,采用 I/O 端口输入和输出复用的方法可以实现用有限的 I/O 口来扩展连接更多按键。

图 6.17 所示为采用 P1 口低 4 位复用的交互式键盘接口。在这种方式中,P1.0～P1.3 既作为行线又作为列线,输入与输出交互使用,在对角线上方每一个行列交叉点上设置一个按键,构成一个准矩阵键盘。对角线下方交叉点与对角线上方对应的交叉点重码。N 位 I/O 引线,最多可构成 $N(N-1)/2$ 个按键的键盘。通常 4 根 I/O 线构成 2×2 矩阵键盘最多接 4 个按键,而按照 I/O 口复用交互方式连接键盘则可以接 6 个按键。但这种方式要求 I/O 线必须是可位控的双向或准双向 I/O 口,如 8051 单片机的 P1 口。

键盘读键方式与矩阵式键盘相似,首先 P1.0～P1.3 逐位输出"0",其余各位设置"1"(即其他各位同时为输入状态),然后再读入该端口,依次查询除送出低电平以外的其他各位,如果其他各位都为 1 则无键按下。如果检测到除送出低电平以外的其他各位有为 0 的则有键按下。

(4) I/O口复用双交互式键盘

交互方式中,第 i 行、第 j 列与第 j 行、第 i 列的键值相同而产生重码,为此可在对角线(i 行、i 列)的交叉点上加入二极管隔离,其他的交叉点上都可放置按键,如图 6.18 所示。这种 I/O 口复用双交互式键盘的按键数量要比 I/O 口复用交互式键盘增加一倍,即 N 位 I/O 引线,最多可构成 $N(N-1)$ 个按键容量的键盘。按键扫描程序及键值的计算与交互方式相似,除了 P1.0～P1.3 逐位输出"0",其余各位设置"1",检测除送出低电平以外的其他各位是否有为"0"的,还需要使 P1.0～P1.3 逐位输出"1"(输入状态),其他各位为"0",读入输出为"1"的引脚状态,若为"1"则有键被按下,否则无键按下。

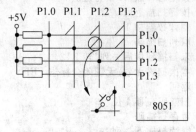

图 6.17 I/O口复用交互式键盘

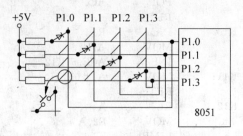

图 6.18 I/O口复用双交互式键盘

（5）I/O 编码式键盘

用较少的 I/O 线连接尽可能多的按键是设计者追求的目标。图 6.19 所示为采用 3 根 I/O 线的编码式结构键盘，一共连接 7 个按键，每个按键对应一个编码。对编码式键盘编程比较简单，只需要将每个端口设置为输入状态，然后读取端口状态，无键按下时，所有位都为"1"；一旦有键被按下，即可获得按键值。如果有 n 个口，可连接 $2^n - 1$ 个按键。

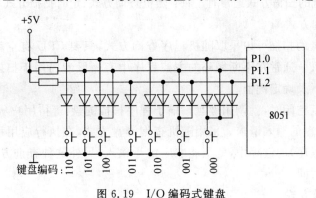

图 6.19　I/O 编码式键盘

（6）改进型 I/O 复用编码式键盘

改进型 I/O 复用编码式键盘是在 I/O 编码式键盘的基础上改进而来的，如图 6.20 所示。这里仍以 3 根 I/O 线为例，其连接按键数可达到 16 个之多。

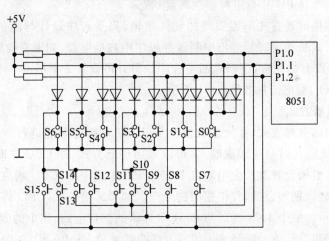

图 6.20　改进型 I/O 复用编码式键盘

在对键盘编程处理上除了采用组合逻辑来直接对端口读取键盘编码外，还需要对端口进行扫描和检测。首先向 P1.0～P1.2 写"1"，使之为输入状态，然后读取 P1.0～P1.2 的状态。如果非全"1"，说明 S0～S6 中有键按下，此时可根据读入的端口状态判断按键的状态；如果读入的结果为全"1"，则 P1.0～P1.2 轮流输出低电平，再次读入 P1.0～P1.2 状态，这样就可根据另外两根 I/O 线的状态来判别是 S7～S15 中的哪一个键被按下。重复调用键盘处理子程序可将读取的键值与上次的值进行比较，直到两次读数相同为止，这样即可消除按键抖动所造成的误读。

以上各种键盘接口,大多是充分利用单片机本身的 I/O 端口。若单片机 I/O 端口不够使用时,一般可扩展并行 I/O 芯片,如 8255 等。对于软件编程与键值的求法,可把握上述基本原理自行设计。另外,也可选用专用的键盘接口芯片如 8279 进行键盘接口的设计。

2. 对键盘的扫描方式

单片机对键盘的扫描方式通常有三种:随机查询方式、定时扫描方式和中断扫描方式。

(1) 随机查询方式

单片机对键盘的扫描可以采取随机程序查询方式,只要 CPU 有空就去监视键盘,响应用户的键盘输入。通常在不断循环的主控程序中有一段专门用于扫描键盘的子程序,查询有无按键按下及确定键值。

主控程序一旦空闲时,就调用键盘扫描子程序扫描键盘,等待用户从键盘上输入命令或数据,来响应键盘的输入请求。采用随机查询键盘方式,在执行应用程序(若应用程序中没有按键扫描程序)的过程中,就不能响应键盘输入,另外这种查询方式需要花费较多额外空扫键盘的时间。

(2) 定时扫描方式

单片机对键盘的扫描也可采用定时扫描方式,即每隔一定的时间对键盘扫描一次。对键盘定时扫描是利用单片机内部定时器,每隔一定时间(如 10~50ms)产生定时器溢出中断,CUP 响应中断时对键盘扫描一次,以及时响应键输入请求。这种控制方式,不管键盘上有无按键闭合,CPU 总是定时监视键盘状态。

采用定时扫描键盘方式不需要增加硬件逻辑,只是程序设计与随机扫描有所不同。定时扫描键盘方式是在定时器溢出中断服务程序中扫描键盘,如果有键闭合,就进一步检测闭合键;如果没有键闭合,逻辑返回主程序。另外可设置 2 个标志——去抖动标志 KD 和键处理标志 KP,程序流程如图 6.21 所示。

(3) 中断扫描方式

采用定时扫描键盘方式,在大多数情况下,CPU 对键盘可能进行空扫描。为了提高 CPU 的效率而又能及时响应键盘输入,可以采用中断方式,即 CPU 平时不必扫描键盘,只有当键盘上有键闭合时就产生中断请求,向 CPU 申请中断,CPU 响应键盘中断后立即对键盘进行扫描,识别闭合键,并作相应的处理。如果无键按下,CPU 将不理睬键盘。

图 6.22 所示为一个 4×4 键盘与 8051 单片机的接口电路,图中的四输入端与门就是为中断扫描方式而设计的。8051 单片机 P1 口的低 4 位 P1.0~P1.3 用做键盘扫描输出口,P1 口的高 4 位 P1.4~P1.7 用做键盘输入口。在初始化程序中,首先使键盘所有列线为低电平,即 P1.0~P1.3 输出为 0000。若键盘上没有按键闭合,与门输出保持高电平;当有任一按键闭合时,必然会使某一行线变为低电平,使与门输出为低,向 CPU 发出中断请求,CPU 响应来自键盘的中断请求,执行中断服务程序扫描键盘。

键盘扫描程序应为中断服务程序。本程序通过查键盘特征值表的方法来计算键值,在检测到有键被按下时,P1.0~P1.3 顺序送出 0(其余为 1),读取 P1.4~P1.7 的值(必有一位为 0),来确定被按键的行列位置。这里把 P1.4~P1.7 的值和 P1.0~P1.3 的值组合起来形成一个特征值,这个特征值和所定义的键值有一一对应的关系,通过查特征值

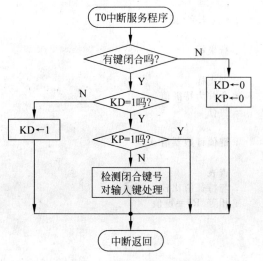

图 6.21　定时扫描键盘流程图

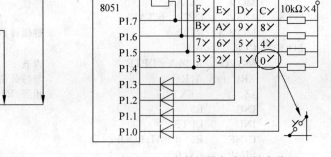

图 6.22　中断扫描方式的键盘接口

表来得到键值。键值 0～F 所对应的特征值依次为 EEH、EDH、EBH、E7H、DEH、DDH、DBH、D7H、BEH、BDH、BBH、B7H、7EH、7DH、7BH 和 77H。

中断服务程序中还要包括保护现场和恢复现场,最后要执行中断返回"RETI"指令。

采用中断方式的键盘扫描程序如下:

```
KEY      EQU     30H
         ORG     0000H
         LJMP    MAIN
         ORG     0013H          ;外部中断1入口
         LJMP    SCAN
MAIN:    MOV     SP,#60H
         ORL     P1,#0F0H       ;P1.4～P1.7为输入
         SETB    IT1            ;负跳变触发
         SETB    EX1            ;允许键盘中断
         SETB    EA             ;开中断
         SJMP    $              ;虚拟主程序,等待中断

;中断服务程序
SCAN:    PUSH    ACC            ;保护现场
         PUSH    PSW
         PUSH    DPH
         PUSH    DPL
         SETB    RS0
         SETB    RS1
         LCALL   DL20MS         ;延迟20ms消抖
         MOV     R5,#0FEH       ;准备扫描P1.0=0
LOOP1:   MOV     P1,R5          ;扫描输出
         MOV     A,P1           ;读键盘
         ANL     A,#0F0H        ;取高4位
         CJNE    A,#0F0H,NEXT1  ;检测到有0,转出
         MOV     A,R5
         RLC     A              ;准备检测下一列
```

```
           MOV      R5,A
           JB       ACC.4,LOOP1              ;4 列未完,循环检测
           SJMP     EXIT
NEXT1:     MOV      R4,A                     ;行坐标
           MOV      A,R5
           ANL      A,#0FH                   ;列坐标
           ORL      A,R4                     ;合并为特征值
           MOV      R4,A                     ;暂存
           MOV      DPTR,#TABLE
           MOV      R5,#0                    ;键值计数器清 0
LOOP2:     CLR      A
           MOVC     A,@A+DPTR                ;查表
           XRL      A,R4                     ;与特征值比较
           JZ       NEXT2                    ;相等,R5=键值
           INC      R5
           INC      DPTR
           CJNE     R5,#10H,LOOP2
           SJMP     EXIT
NEXT2:     MOV      KEY,R5                   ;保存键值
LOOP3:     MOV      P1,#0F0H                 ;检测键释放
           MOV      A,P1
           ANL      A,#0F0H
           CJNE     A,#0F0H,LOOP3
           LCALL    DL20MS                   ;延迟消抖
           POP      DPL                      ;恢复现场
           POP      DPH
           POP      PSW
           POP      ACC
           CLR      IE1
           RETI                             ;中断返回
DL20MS:    MOV      R7,#20                   ;延时 20ms 子程序
DL2:       MOV      R6,#250
DL1:       DJNZ     R6,DL1
           DJNZ     R7,DL2
           RET
TABLE:     DB       0EEH,0EDH,0EBH,0E7H      ;键特征值表
           DB       0DEH,0DDH,0DBH,0D7H
           DB       0BEH,0BDH,0BBH,0B7H
           DB       7EH,7DH,7BH,77H
           END
```

6.1.3 键盘/显示系统

1. 采用并行口实现键盘/显示接口

将图 6.7 所示的动态扫描显示电路和图 6.14 所示的矩阵式键盘接口组合在一起,就可以组成单片机的键盘/显示系统。用一片 8255 并行接口芯片,A 口服务于显示器,B 口服务于键盘,C 口则分时服务于这两者,并把显示子程序和键盘扫描子程序加以适当组合,就能完成以下功能。

① 从显示缓冲区中取数据,送 LED 显示器显示。

② 显示一遍后,扫描键盘,以确定是否有键闭合。

③ 若无键闭合,则重新执行显示子程序;若有键闭合,则要取得键值。

④ 取得键值后,判断是数字键还是命令键。若是数字键,则按数字键统一处理;若是命令键,则要执行各自的命令处理子程序,以完成各种控制功能。

采用程序控制的键盘/显示系统工作流程图如图 6.23 所示。

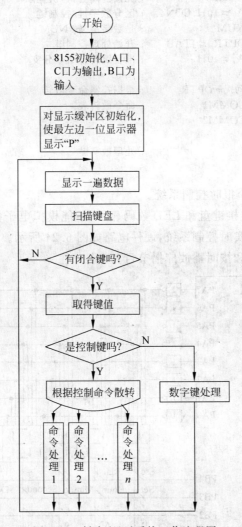

图 6.23 键盘/显示系统工作流程图

系统控制主程序描述如下:

```
MAIN:   MOV    SP,♯60H        ;堆栈指针初值
        MOV    A,♯82H         ;8255 工作方式控制字
        MOV    DPTR,♯4003H    ;8255 控制寄存器地址
        MOVX   @DPTR,A        ;设置工作方式
        MOV    30H,♯12H       ;对显示缓冲区初始化,准备使最左边一位显示器显示"P"
        MOV    31H,♯12H
        MOV    32H,♯12H
```

```
              MOV     33H,＃12H
              MOV     34H,＃12H
              MOV     35H,＃10H
AGAIN：  LCALL   DISP          ;调用显示子程序
              LCALL   SCAN          ;调用键盘扫描子程序
              CJNE    A,＃0FFH,NEXT  ;有闭合键,转 NEXT
              SJMP    AGAIN         ;无按键闭合,再次显示
NEXIT：  CJNE    A,＃10H,CONT   ;区分数字键/控制键
CONT：   JC      NUM           ;是数字键,转 NUM
              MOV     DPTR,＃JTAB    ;开始处理控制键
              SUBB    A,＃10H        ;准备跳转各命令分支
              RL      A             ;A←A*2
              JMP     @A+DPTR       ;根据控制命令散转
JTAB：   AJMP    COMM1         ;命令散转表
              AJMP    COMM2
              ⋮
NUM：    数字键处理              ;处理数字键
              ⋮
```

【例 6.1】 设计一个报时控制系统。

利用 8751 单片机连接键盘和 LED 数码显示器,能模拟电子钟,显示时、分、秒,并组成一个建立在时间上的实时控制系统,硬件电路如图 6.24 所示。要求该系统能根据学校作息时间表来按时打铃和按时播放广播节目。

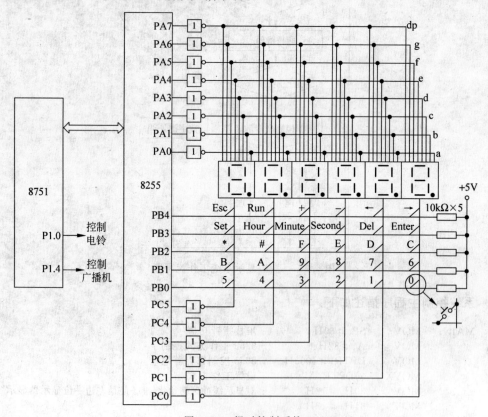

图 6.24　报时控制系统

系统设计步骤如下。

（1）基本设计思想

首先要设置一个实时时钟，然后根据时间（作息时间）建立一个数据区。在此基础上，时钟每计 1s 查看一遍数据区，检查数据区中所设置的时间是否有与现行时间相同，由此决定是否需要发出控制信号。如需要控制，则通过 I/O 端口输出控制信号。

（2）实时时钟的实现

由定时器 T0 工作在定时工作方式 1，每 50ms 请求中断一次，用软件计数器计数，当定时器 T0 产生了 20 次中断，即产生了 1s 信号。同理由软件对分计数单元和时计数单元进行时间计数，从而产生秒、分、时的时间值，并由开发装置上的 LED 数码显示器显示出来。定时器 T0 每隔 100ms 产生一次中断，就显示一遍秒、分、时计数单元的内容。

应用系统的时钟频率 $f_{osc}=12\text{MHz}$，定时器 T0 产生 50ms 的定时，工作在方式 1 下，定时器的初值 X 满足下列等式：

$$50 \times 10^{-3} = (2^{16} - X) \cdot \frac{1}{12 \times 10^6} \cdot 12$$

解上式得

$$X = 15536 = 0011\ 1100\ 1011\ 0000B = 3CB0H$$

为了使定时准确，在中断服务程序中重装定时器初值时，修正为 3CB7H，在实际应用中还可进一步调整。

（3）控制代码格式和控制信号输出线

数据区中第一项时间控制字需要占用 8 个存储单元，如图 6.25 所示。

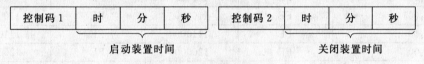

图 6.25 控制代码格式

8751 单片机的 P1.0 用做控制电铃的开启和关闭，P1.4 用做控制广播机的开启和关闭。控制码的定义见表 6.4。

表 6.4 控制码的定义

控制码	功 能	对应输出端口
FEH	启动电铃	P1.0 控制电铃
EFH	启动广播机	P1.4 控制广播机
FFH	关闭装置	P1.0、P1.4 均输出关闭信号
00H	显示数据区结果	—

（4）作息时间表与数据区

表 6.5 给出了学校的作息时间表。

表 6.5　作息时间表

时　　间	内　　容	时　　间	内　　容
6:00	起床	12:15~13:30	午饭及午休
6:30	早操(广播体操)	14:20	预备
7:15	早饭	14:30~15:20	第五节课
8:00~8:50	第一节课	15:30~16:20	第六节课
9:00~9:50	第二节课	18:00~18:20	每日英语广播
9:55~9:59	课间操	18:30~22:00	晚自习
10:10~11:00	第三节课	22:30	熄灯就寝
11:10~12:00	第四节课		

根据作息时间表,设计一组控制代码,见表 6.6。

表 6.6　控制代码表

时　　间	时间及控制字				
6:00	FE	060000	FE	060015	
6:30~7:10	EF	063000	FE	071000	
7:15	FE	071500	FE	071510	
8:00	FE	080000	FE	080010	
8:50	FE	085000	FE	085010	
9:00	FE	090000	FE	090010	
9:50	FE	095000	FE	095010	
9:55~9:59	EF	095500	FE	095900	
10:10	FE	101000	FE	101010	
11:00	FE	110000	FE	110010	
11:10	FE	111000	FE	111010	
12:00	FE	120000	FE	120010	
12:15	FE	121500	FE	121510	
13:30	FE	133000	FE	133010	
14:20	FE	142000	FE	142010	
14:30	FE	143000	FE	143010	
15:20	FE	152000	FE	152010	
15:30	FE	153000	FE	153010	
16:20	FE	162000	FE	162010	
18:00~18:20	EF	180000	FE	182000	
18:30	FE	183000	FE	183010	
22:00	FE	220000	FE	220010	
22:30	FE	223000	FE	223020	
表结束码	00				

(5) 控制程序

控制程序包括主程序、键盘扫描程序、电子时钟程序及显示程序、中断服务程序和查看数据区控制程序等。程序所用到数据存储单元安排见表 6.7。

表 6.7　内部 RAM 单元安排

内部 RAM 地址	单 元 安 排	内部 RAM 地址	单 元 安 排
26H	20 次中断计数单元	2DH	存放时计数基制（24）
27H	秒计数单元	2EH	保护控制代码地址低 8 位
28H	分计数单元	2FH	保护控制代码地址高 8 位
29H	时计数单元	3AH	控制代码存储单元
2AH	计时单元加 1 暂存器	38H、3BH、3EH	数据暂存单元
2BH	存放秒计数基制（60）	4AH～4FH	显示缓冲区
2CH	存放分计数基制（60）		

源程序如下：

```
INT20     EQU      26H
SEC       EQU      27H
MINUTE    EQU      28H
HOUR      EQU      29H
HTEMP     EQU      2AH
S60       EQU      2BH
M60       EQU      2CH
H24       EQU      2DH
CTAL      EQU      2EH
CTAH      EQU      2FH
CTRL      EQU      3AH
Data0     EQU      38H
Data1     EQU      3BH
Data2     EQU      3EH
Disp0     EQU      4AH
Disp1     EQU      4BH
Disp2     EQU      4CH
Disp3     EQU      4DH
Disp4     EQU      4EH
Disp5     EQU      4FH
          ORG      0000H
          LJMP     MAIN            ;转主程序
          ORG      000BH
          LJMP     CLOCK           ;转 T0 中断服务程序
          ORG      0100H
MAIN:     MOV      SP,♯60H         ;设置堆栈指针
          MOV      P1,♯00H         ;关闭所有外设
          MOV      A,♯82H          ;8255 工作方式控制字,A、C 口输出,B 口输入
          MOV      DPTR,♯4003H     ;8255 控制寄存器地址
          MOVX     @DPTR,A         ;设置工作方式
          MOV      S60,♯60H        ;秒计数基制
          MOV      M60,♯60H        ;分计数基制
          MOV      H24,♯24H        ;时计数基制
          MOV      TM0D,♯01H       ;定时器 T0 置工作方式 1
          MOV      TL0,♯0B0H       ;置 T0 初值
          MOV      TH0,♯3CH
          ORL      IE,♯82H         ;允许中断
          SETB     TR0             ;启动定时器 T0
```

```
LOOP:      MOV      R0,#04FH        ;准备向显示缓冲区放数
           MOV      A,SEC
           ACALL    PTDS            ;放秒值
           MOV      A,MINUTE
           ACALL    PTDS            ;放分值
           MOV      A,HOUR
           ACALL    PTDS            ;放小时值
           LCALL    DISP            ;调用显示子程序
           LCALL    SCAN            ;调用键盘扫描子程序,键值在 A 中
           CJNE     A,#0FFH,NEXT    ;有闭合键,转 NEXT
           SJMP     LOOP            ;无键闭合,再次显示
NEXIT:     CJNE     A,#10H,CONT     ;区分数字键/控制键
CONT:      JC       NUM            ;是数字键,转 NUM
           MOV      DPTR,#JTAB      ;开始处理控制键
           SUBB     A,#10H          ;准备跳转各命令分支
           RL       A               ;A←A×2
           JMP      @A+DPTR         ;根据控制命令散转
JTAB:      AJMP     COMM1           ;命令散转表
           AJMP     COMM2
           ⋮
           LJMP     LOOP
COMM1:
           ⋮
           LJMP     LOOP
COMM1:
           ⋮
NUM:
           ⋮
           LJMP     LOOP

;显示子程序:
DISP:      MOV      R2,#20H         ;左边第 1 位开始显示
AGAIN:     MOV      A,#0FFH         ;熄灭码
           MOV      DPTR,#4000H     ;字形口地址(8255 端口 A)
           MOVX     @DPTR,A         ;关显示
           MOV      R0,#Disp0       ;指向显示缓冲区首地址
           MOV      A,@R0           ;取显示缓冲区中的数
           MOV      DPTR,#SEGPT     ;指向字形码表首
           MOVC     A,@A+DPTR       ;查表,找字形码
           MOV      DPTR,#4000H
           MOVX     @DPTR,A         ;送出字形码
           MOV      A,R2            ;取字位码
           MOV      DPTR,#4002H     ;字位口地址(8155 端口 C)
           MOVX     @DPTR,A         ;显示一位数
           LCALL    DELAY           ;延迟一段时间
           INC      R0              ;修改显示缓冲区指针
           CLR      C               ;为移位作准备
           MOV      A,R2            ;取字位码
           RRC      A               ;右移 1 位,为显示下一位作准备
           MOV      R2,A            ;存位码
           JNZ      AGAIN           ;不到最后一位,则继续
           RET
;向显示缓冲区放数子程序
```

PTDS:	MOV	R1,A	;暂存
	ACALL	PTDS1	;低4位先放进缓冲区
	MOV	A,R1	;取出原数
	SWAP	A	;高4位送到低4位中
PTDS1:	ANL	A,＃0FH	;放进显示缓冲区
	MOV	@R0,A	
	DEC	R0	;缓冲区地址指针减1
	RET		

;中断服务程序

CLOCK:	PUSH	PSW	;保护现场
	PUSH	ACC	
	SETB	RS0	;选择工作寄存器组1
	MOV	TL0,＃0B7H	;重装定时器T0初值
	MOV	TH0,＃03CH	
	INC	INT20	;20次中断计数单元计数加1
	MOV	A,INT20	;取中断计数单元的内容
	CJNE	A,＃20,QUIT	;不等于20转DONE
	MOV	INT20,＃00H	;等于20,则20次中断计数单元清0
	MOV	R0,＃SEC	;指向秒计数单元
	MOV	R1,＃S60	;指向秒计数基制单元
	MOV	R3,＃03H	;循环3次(秒、分、时)
AGAIN:	MOV	A,@R0	;取计时单元的值
	ADD	A,＃01H	;加1
	DA	A	;十进制调整
	MOV	@R0,A	;送回计时单元
	MOV	Data0,@R1	;暂存计时基制
	CJNE	A,Data0,DONE	;不等于计时基制则转出
	MOV	@R0,＃00H	;相等则计时单元清0
	INC	R0	;指向下一计时单元
	INC	R1	;指向下一计时基制单元
	DJNZ	R3,AGAIN	;秒、分、时共3次循环
DONE:	ACALL	CHECK	;调用查看数据区子程序
QUIT:	POP	ACC	;恢复现场
	POP	PSW	
	RETI		;中断返回

;查看数据区程序

CHECK:	MOV	DPTR,＃CTRLTAB	
	MOV	A,DPL	;控制地面首址DPTR－4
	CLR	C	
	SUBB	A,＃4	
	MOV	DPL,A	
	MOV	A,DPH	
	SUBB	A,＃0	
	MOV	DPH,A	
	MOV	CTAL,DPL	;保护控制代码表地址
	MOV	CTAH,DHH	
LOOP4:	MOV	DPL,CTAL	
	MOV	DPH,CTAH	
	INC	DPTR	;DPTR＋4
	INC	DPTR	
	INC	DPTR	
	INC	DPTR	

```
          MOV     CTAL, DPL
          MOV     CTAH, DPH
          MOV     R1,#HTEMP        ;小时单元 HOUR+1=HTEMP→R1
          CLR     A
          MOVC    A,@A+DPTR        ;取控制码
          JZ      EXIT             ;若 A=0,则数据区结束
          MOV     CTRL, A          ;保护控制码
          MOV     R3,#03H          ;时、分、秒共 3 次
LOOP5:    INC     DPTR             ;修改控制代码表指针
          DEC     R1               ;修改计时单元地址指针
          CLR     A
          MOVC    A,@A+DPTR        ;读取数据区时间
          MOV     Data1, A         ;暂存
          MOV     A,@R1            ;读取计时单元时间
          CJNE    A, Data1, LOOP4  ;比较时间是否相等
          DJNZ    R3, LOOP5        ;3 次循环
          MOV     A, CTRL          ;恢复控制码
          CPL     A                ;控制码变反
          MOV     P1, A            ;由 P1 口输出,执行控制
EXIT:     RET
;字形码表
SEGPT:    DB      0C0H,0F9H,0A4H,0B0H,99H
          DB      92H,82H,0F8H,80H,90H
          DB      88H,83H,0C6H,0A1H,86H,8EH
;时间和控制码
CTRLTAB:  DB      0FEH,06H,00H,00H,0FEH,06H,00H,15H
          DB      0EFH,06H,30H,00H,0FEH,07H,10H,00H
          DB      0FEH,07H,15H,00H,0FEH,07H,15H,10H
          DB      0FEH,08H,00H,00H,0FEH,08H,00H,10H
          DB      0FEH,08H,50H,00H,0FEH,08H,50H,10H
          DB      0FEH,09H,00H,00H,0FEH,09H,00H,10H
          DB      0FEH,09H,50H,00H,0FEH,09H,50H,10H
          DB      0EFH,09H,55H,00H,0FEH,09H,59H,10H
          DB      0FEH,10H,10H,00H,0FEH,10H,10H,10H
          DB      0FEH,11H,00H,00H,0FEH,11H,00H,10H
          DB      0FEH,11H,10H,00H,0FEH,11H,10H,10H
          DB      0FEH,12H,00H,00H,0FEH,12H,00H,10H
          DB      0FEH,12H,15H,00H,0FEH,12H,15H,10H
          DB      0FEH,13H,30H,00H,0FEH,13H,30H,10H
          DB      0FEH,14H,20H,00H,0FEH,14H,20H,10H
          DB      0FEH,14H,30H,00H,0FEH,14H,30H,10H
          DB      0FEH,15H,20H,00H,0FEH,15H,20H,10H
          DB      0FEH,15H,30H,00H,0FEH,15H,30H,10H
          DB      0FEH,16H,20H,00H,0FEH,16H,20H,10H
          DB      0EFH,18H,00H,00H,0FEH,18H,20H,00H
          DB      0FEH,18H,30H,00H,0FEH,18H,30H,10H
          DB      0FEH,22H,00H,00H,0FEH,22H,00H,10H
          DB      0FEH,22H,30H,00H,0FEH,22H,30H,20H
          DB      00H
          END
```

用户通过键盘将现行时间送入 8751 内部 RAM 的 27H、28H、29H 单元,即设置起始时间的秒、分、时值。定时器 T0 的中断服务程序会自动计时和查控制代码表,并将现行

时间与表的控制时间进行比较来决定是否需要控制。当现行时间与查到数据区中的控制时间相同时,系统将输出相应的控制信号去驱动执行机构。

数据区中的时间控制字可以不按照作息时间的先后次序排列。程序是每 1s 从头至尾查看一遍数据区,这就要求数据区不能太长。另外,中断服务程序的执行时间一定要小于定时器 T0 的溢出中断周期 0.1s。

键盘扫描程序和显示程序由读者自行设计。

2. 采用串行口实现键盘/显示接口

以上介绍的是采用 8255 并行接口芯片实现动态显示与键盘的接口。此外,还可由单片机串行口方式 0 来实现静态显示与键盘的接口,如图 6.26 所示。图中上方 6 片移位寄存器 74LS164 用于外接 6 个 LED 数码显示器,下方的 74LS164 用于扫描键盘。与门是用于控制对显示器的移位传送,只有当 P1.0=1 时,TxD 端的移位时钟脉冲才允许传送到各 74LS164 的时钟输入端。在进行按键扫描时,为了不影响显示,应使 P1.0=0,关闭对显示器的传送。P1.1 和 P1.2 用于键盘行线输入口。实践证明,这种键盘/显示接口电路,显示亮度大,按键输入稳定,特别是 CPU 不必扫描显示器,从而有更多的时间处理其他事务。

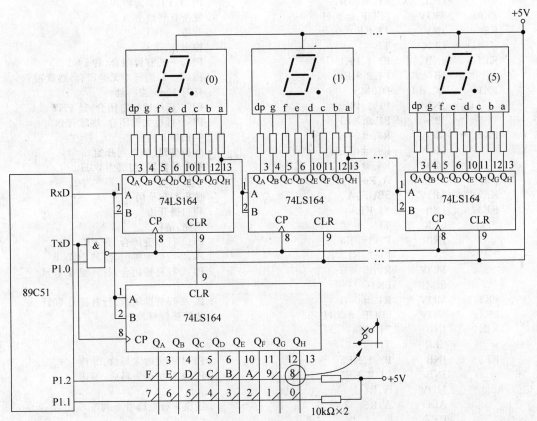

图 6.26　采用串行口的静态显示与键盘接口

下面列出显示子程序和按键扫描子程序,供参考。

```
; 显示子程序
DIR:     SETB    P1.0                ; 开放显示传送控制
         MOV     SCON, #00H          ; 串行口置方式 0
         MOV     R0, #35H            ; 先指向显示缓冲区 35H 单元
         MOV     DPTR, #SEGPT        ; 字形表首地址
LOOP:    MOV     A, @R0              ; 取待显示的数
         MOVC    A, @A+DPTR          ; 查表,找字形码
         MOV     SBUF, A             ; 字形送串行口
WAIT:    JNB     TI, WAIT            ; 等待发送完一帧
         CLR     TI                  ; 送完,清标志
         DEC     R0                  ; 指向上一个缓冲单元
         CJNE    R0, #2FH, LOOP      ; 6 位数未显示完,则继续
         RET                         ; 显示一遍,返回
SEGPT:   DB      0C0H,0F9H,0A4H,0B0H,99H     ; 字形表
         DB      92H,82H,0F8H,80H,90H
         DB      88H,83H,0C6H,0A1H,86H
         DB      8EH,0FFH
; 按键扫描子程序(出口参数: 键值在 A 中)
KEY:     CLR     P1.0                ; 关闭显示传送
         ORL     P1, #06H            ; P1.1,P1.2 为输入
PK0:     MOV     SBUF, #00H          ; 使所有列线全为 0
KE0:     JNV     TI, KE0             ; 等待
         CLR     TI                  ; 输出完,清标志
KE1:     JNB     P1.1, PK1           ; P1.1=0,有键闭合,转 PK1
         JB      P1.2, KE1           ; P1.2=1,两行均无键闭合,继续搜索
PK1:     LCALL   D10MS               ; 延时 10ms 去抖动
         JNB     P1.1, PK2           ; P1.1 行按键稳定闭合,转 PK2
         JB      P1.2, KE1           ; P1.2 行也无键闭合,继续搜索
PK2:     MOV     R7, #08H            ; 共扫描 8 列
         MOV     R6, #0FEH           ; 列扫描码,从 0 列开始
         MOV     R5, #00H            ; 列号计数器,初值为 00H
         MOV     A, R6
KE2:     MOV     SBUF, A             ; 送出列扫描码
KE3:     JNB     TI, KE3             ; 列扫描开始
         CLR     TI                  ; 送完,清标志
         JNB     P1.1, PK3           ; P1.1 行有键闭合,转 PK3
         JB      P1.2, NEXT          ; P1.2 行也无键闭合,转 NEXT
         MOV     R4, #08H            ; P1.2 行有键闭合,行首键号 08H
         SJMP    PK4
PK3:     MOV     R4, #00H            ; P1.2 行有键闭合,行首键号 00H
PK4:     MOV     SBUF, #00H          ; 等待按键释放
KE4:     JNB     TI, KE4
         CLR     TI
KE5:     JNB     P1.1, KE5           ; P1.1 行按键未释放,等待
         JNB     P1.2, KE5           ; P1.2 行按键未释放,等待
         MOV     A, R4
         ADD     A, R5               ; 键值=行首键号+列号
         RET
NEXT:    MOV     A, R6               ; 取列扫描码
         RL      A                   ; 左移 1 位
         MOV     R6, A               ; 暂存
```

	INC	R5	;列号加1
	DJNZ	R7,KE2	;8列未扫描完,继续扫描
	LJMP	PK0	;扫描完,但按键无效,从头开始
D10MS:	MOV	R3,#0AH	
DL1:	MOV	R2,#0FFH	
DL2:	DJNZ	R2,DL2	
	DJNZ	R3,DL1	
	RET		

3. 采用专用键盘/显示芯片8279方案

(1) 8279芯片特性及引脚功能

8279芯片是可编程键盘/显示接口芯片,是专门用于键盘输入和段式数码显示控制的器件。该芯片能方便与微处理器接口,能自动去除键盘机械抖动和进行重键处理,片内设有按键缓冲区,能按FIFO(First-In First-Out,先进先出)方式实现8个键值的输入缓冲,并支持中断方式。8279芯片采用40引脚DIP封装,如图6.27所示。各引脚功能描述如下。

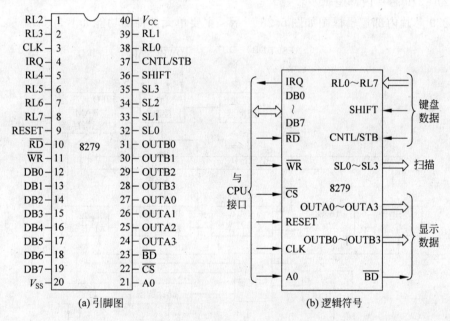

图6.27 8279芯片引脚图和逻辑符号

DB0～DB7：双向数据总线。

$\overline{RD}$、$\overline{WR}$：读、写信号,低电平有效。

$\overline{CS}$：片选信号,低电平有效。

RESET：复位信号,高电平有效。

CLK：外部时钟输入信号,内部分频后产生100kHz定时信号。

A0：命令/状态与数据传输识别信号。当A0=1时,为写命令或读状态;当A0=0时,为数据传输状态。

IRQ：中断请求信号。在按键模式中,FIFO或传感器RAM中有数据时为"1",每读出一次就变"0",如仍有数据时又变为"1";在传感器模式中,传感器阵列无论哪里发生方式变化都为"1"。

SL0～SL3:矩阵扫描线,用于键盘、显示器或传感器阵列的扫描线。它有两种输出方式,一种是外部译码方式,计数器以二进制形式计数,经外部译码后,输出 16 种状态作为键盘/显示器的扫描信号;另一种是内部译码方式,SL0～SL3 直接输出 4 位扫描信号。两种工作方式由编程命令来设置。

RL0～RL7:检测输入线。平时内部由上拉电阻提升为高电平,可由外部键盘上的按键下拉为低电平。在选通模式时作为 8 位输入线。

OUTA0～OUTA3、OUTB0～OUTB3:段显示输出线。

$\overline{BD}$:消隐显示输出信号,低电平有效。当显示切换或用消隐命令时,使显示熄灭。

SHIFT、CNTL/STB:扩展键位的换挡、控制键输入或选通信号输入,可与其他按键联用作为扩展功能键。由芯片内部上拉电阻拉成高电平,也可由外部按键拉成低电平。

(2) 8279 芯片内部逻辑

8279 芯片内部逻辑框图如图 6.28 所示。主要单元部件的功能如下。

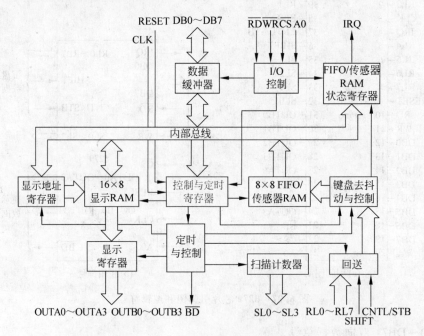

图 6.28　8279 芯片内部逻辑框图

① I/O 控制和数据缓冲器

双向三态数据缓冲器连接数据总线和内部总线,用于传递命令、数据和状态。I/O 控制用于读写、片选以及设置寄存器命令。

② 控制逻辑

定时和控制单元用于控制寄存器工作方式和锁存操作命令。定时及控制单元内部设有计数器,其中有一个可编程的 5 位计数器,能对外部输入时钟信号进行分频,产生 100kHz 内部定时信号。

③ 扫描计数器及回送

用于扫描键盘/显示器以及检测键盘信息。

④ FIFO RAM 和显示缓存 RAM

片内设有最多可存储 8 个键值的 FIFO 缓冲区,当有键按下时,8279 可先将被按下键的键值读入 FIFO 队列中,然后向 CPU 发出中断请求,告诉 CPU 可从 FIFO 队列取数据。8279 芯片显示部分设有 16 字节显示缓存,对应 16 个 8 段数码显示器。CPU 将段数据写入显示缓存,8279 芯片自动扫描显示器,并将显示缓存的内容在对应的显示器上显示出来。首先选定显示 RAM 地址,接着对该地址单元写入或读出,该 RAM 地址可自动加 1,供 CPU 依次写入或读出。CPU 向显示器写入显示字符可以从左进入,也可以从右进入,还可以指定显示位置。

(3) 8279 芯片的工作方式

8279 芯片有以下 4 种工作方式。

① 按键扫描方式,双键互锁。

- 只有一键按下,则该键值连同 CNTL 和 SHIFT 状态一起输入到 FIFO。若 FIFO 空,IRQ=1;若 FIFO 满,则置错误标志,键值不会进入 FIFO。
- 有键按下后,又有其他键按下但先释放,前者有效,后者无效。
- 在防键抖动、误动期间,有双键同时按下,后释放有效。

② 按键扫描方式,N 键依次读出。

多键同时按下时,按照扫描时遇到闭合键的先后顺序将键值存入 FIFO,然后依次读出。

③ 传感器阵列方式。

传感器按行分组,CPU 就按分组格式读取它们。若传感器的数值有变化,扫描结束 IRQ 变高。如果自动加 1 标志为 0,由读第一个数据时将 IRQ 清 0;如果自动加 1 标志为 1,用中断结束命令将 IRQ 清 0。传感器 RAM 中保持了传感器阵列中开关状态的像点。

④ 译码方式。

内部译码方式:SL0～SL3 输出仅有一位为 0,这种方式只能外接 4 个 LED 显示器和 4×8 键盘。

外部译码方式:SL0～SL3 输出为计数分频方式,可接 16 个 LED 显示器和 8×8 键盘。

选通输出方式:RL0～RL7 为选通输入口,CNTL/STB 为选通信号输入端。这是只有显示器没有键盘的工作方式。

(4) 8279 芯片控制字

8279 芯片控制字有 8 位,在 A0=1 时,可将命令控制字写入控制寄存器,8279 芯片将按命令字设定的工作方式工作。命令控制字见表 6.8。下面对各种命令作简要说明。

表 6.8　8279 芯片命令控制字

D7　D6　D5	D4	D3	D2　D1		D0
0　　0　　0 键盘/显示器 工作方式	0 从左端进入	0 8 个 LED	0　　0 双键互锁 0　　1 N 键依次读出		0
	1 从右端进入	1 16 个 LED	1　　0 传感器阵列 1　　1 选通输入扫描显示		1
0　　0　　1 时钟编程	2～31 分频				
0　　1　　0 读 FIFO/传感 器 RAM	1 传感器 RAM 加 1	将由 CPU 读取行地址			
0　　1　　1 读显示 RAM	1 自动加 1				
1　　0　　0 写显示 RAM	1 自动加 1				
1　　0　　1 禁止写显示/消隐	—	1 不禁止写		1 消隐	
		A 口	B 口	A 口	B 口
1　　1　　0 消除	消除显示有效	0×将显示 RAM 全部清 0 1 0 将显示 RAM 全部置 20H 1 1 将显示 RAM 全部置 FFH		1 FIFO 置空,中断复位, 传感器 RAM 指针为 0	1 全部清 0
1　　1　　1 结束中断/ 设置出错方式	1 特殊工作方式	—			

① 工作方式设置命令格式如图 6.29 所示。

0	0	0	D4	D3	D2	D1	D0

图 6.29　工作方式设置命令格式

高 3 位 000 是工作方式设置命令的标识码。

D4D3 为显示控制位,有以下 4 种组合及相关显示方式:

D4D3=00,8 位字符,从左输入。

D4D3=01,16 位字符,从左输入。

D4D3=10,8 位字符,从右输入。

D4D3=11,16 位字符,从右输入。

从左输入时,显示缓冲器 RAM 地址 0～15 分别对应显示器 0(左)～15(右),地址大于 15 时,再次从 0 地址开始;从右输入是移位输入方式,输入数据总是写入右边显示缓冲单元。数据写入缓冲器后,原来缓冲器的内容依次左移一字节,原最左边的显示缓冲器的内容被移出。

D2D1D0 为键盘控制位,含义如下:

D0=0,SL3～SL0 为编码扫描方式;D0=1,SL3～SL0 为解码扫描方式。

D2D1=00,双键封锁方式。

D2D1＝01,N 键巡回方式。

D2D1＝10,传感器阵列方式。

D2D1＝11,选通输入方式。

② 内部时钟设置命令格式如图 6.30 所示。

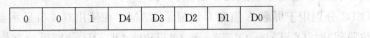

| 0 | 0 | 1 | D4 | D3 | D2 | D1 | D0 |

图 6.30　内部时钟设置命令格式

高 3 位 001 是内部时钟设置命令的标识码。

D4～D0 为 CLK 引脚输入脉冲的分频数,取值为 2～31。对于不同频率的 CLK 输入脉冲,适当设置 D4～D0 的值,以便得到扫描和去抖动所需的 100kHz 的定时信号。如果用 MCS-51 单片机的 ALE 输出信号作为 8279 芯片的 CLK 时钟输入,设单片机 $f_{osc}＝$ 12MHz,CLK 则为 2MHz,可设置 D4D3D2D1D0＝10100B＝20D,使 8279 芯片得到内部定时信号频率为 2MHz/20＝100kHz。

③ 读取 FIFO RAM 命令格式如图 6.31 所示。

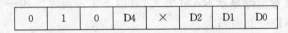

| 0 | 1 | 0 | D4 | × | D2 | D1 | D0 |

图 6.31　读取 FIFO RAM 命令格式

高 3 位 010 是读取 FIFO RAM 命令的标识码。

D4 为自动加 1 控制,用于传感器方式。

D2D1D0 为传感器缓冲器起始地址。

在键盘扫描方式下,D4、D2D1D0 均被忽略。设置本命令控制字之后,若对 8279 芯片数据口读操作,可以得到当前的键值。读键输入数据总是按 FIFO 次序读出,直到输入键全部读出为止。在传感器阵列扫描方式下,当 D4＝1 时,从起始地址开始读出,每次读出后地址自动加 1;D4＝0 时,仅读出第一个单元的内容。

④ 读显示缓冲器命令格式如图 6.32 所示。

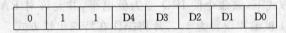

| 0 | 1 | 1 | D4 | D3 | D2 | D1 | D0 |

图 6.32　读显示缓冲器命令格式

高 3 位 011 是读出显示缓冲器命令的标识码。

D3D2D1D0 为显示缓冲区地址。D4 为自动加 1 位。当 D4＝1 时,每次读出后地址自动加 1。

⑤ 写显示数据命令格式如图 6.33 所示。

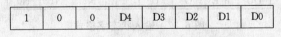

| 1 | 0 | 0 | D4 | D3 | D2 | D1 | D0 |

图 6.33　写显示数据命令格式

高 3 位 100 是写显示数据命令的标识码。

D3D2D1D0 为起始地址。D4 为自动加 1 位。当 D4＝1 时,每次写入后地址自动加 1。

⑥ 显示消隐命令格式如图 6.34 所示。

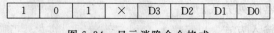

| 1 | 0 | 1 | × | D3 | D2 | D1 | D0 |

图 6.34　显示消隐命令格式

高 3 位 101 是显示消隐命令的标识码。

D3D2 分别用于屏蔽 A 组和 B 组显示 RAM。在使用双 4 位显示器(输出 BCD 码,而不是 8 位段码)时,OUTA 0～OUTA 3 和 OUTB0～OUTB3 分别可独立作为两个半字节输出。D3＝1 时,表明要改写显示 RAM 的 A 组,而不影响 B 组。同理 D2＝1 时,可改写 B 组而不影响 A 组。

D1D0 是消隐控制位,D1 控制 A 组,D0 控制 B 组。为 1 时消隐;为 0 时显示。

⑦ 清除命令格式如图 6.35 所示。

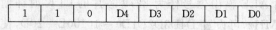

| 1 | 1 | 0 | D4 | D3 | D2 | D1 | D0 |

图 6.35　清除命令格式

高 3 位 110 是显示消隐命令的标识码。

D4D3D2 用于设置清除显示 RAM 方式,有以下 4 种清除方式。

0××:不清除(D0＝0 时);

10×:将全部清除显示 RAM;

110:将显示 RAM 清为 20H;

111:将显示 RAM 全部置 1。

D1 为清除 FIFO 位。当 D1＝1 时,清除 FIFO RAM 的内容,并恢复 IRQ。

D0 为总清位。D0＝1 清除 FIFO 和显示 RAM(方式由 D4D3D2 确定)。

⑧ 结束中断/设置出错方式命令格式如图 6.36 所示。

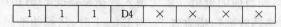

| 1 | 1 | 1 | D4 | × | × | × | × |

图 6.36　结束中断/设置出错方式命令格式

高 3 位 111 是结束中断/设置出错方式命令的标识码。

在传感器阵列方式下,该命令使 IRQ 变为低电平,并允许对 RAM 写操作;在 N 键巡回方式下,如果 D4 被编程设置为 1,芯片将操作在特殊出错方式。

(5) 输入状态字和键数据格式

在 A0＝0 时,可读出状态信息。

① 输入状态字(在键输入和选通输入方式中,指出 FIFO 中字符数和状态)格式如图 6.37 所示。

D7	D6	D5	D4	D3	D2	D1	D0
DU	S/E	O	U	F	N2	N1	N0

图 6.37　输入状态字格式

N2N1N0 指出 FIFO 中键输入字符的个数。

F＝1 表示 FIFO 满(达到 8 个输入数据)。

U＝1 表示 FIFO 空。

O=1 表示 FIFO 溢出(输入数据超过 8 个)。

S/E 指示传感器阵列方式,几个传感器同时闭合时使该位置 1。

DU＝1 表示正在执行清除命令(通常需要 120ms),清除期间对显示 RAM 操作无效。

② 在按键扫描方式中,键输入数据格式如图 6.38 所示。

D7	D6	D5	D4	D3	D2	D1	D0
CNTL	SHIFT	SCAN			RETURN		

图 6.38　键输入数据格式

D2D1D0 指出输入键所在的列号。

D5D4D3 指出输入键所在的行号。

D6 指出换挡键 SHIFT 的状态。

D7 指出控制键 CNTL 的状态。

(6) 8279 芯片与单片机的接口实例

8751 单片机经 8279 芯片扩展的键盘和显示接口电路如图 6.39 所示。图中 8751 单片机经 8279 芯片外接了 8×8 键盘和 8 位数码显示器,用户可以根据需要来设置键盘和显示器的数量。单片机的 ALE 信号作为 8279 芯片的时钟信号。采用中断方式,8279 芯片 IRQ 经反相接单片机 $\overline{\text{INT0}}$。这里采用外部译码方式。SL0～SL4 的低 3 位由 74LS138 芯片(3∶8 译码器)译码输出,作为键盘列线和显示器位线。8279 芯片的反馈线 RL0～RL7 作为键盘行线。OUTA0～OUTA3 和 OUTB0～OUTB3 作为 8 段数码显示器字段输出口。单片机地址线 A0 接 8259 芯片的 A0,P2.0(地址线 A8)接 8279 芯片的片选端 $\overline{\text{CS}}$,所以 8259 芯片的命令控制状态口地址为 0001H,数据 I/O 口地址为 0001H。

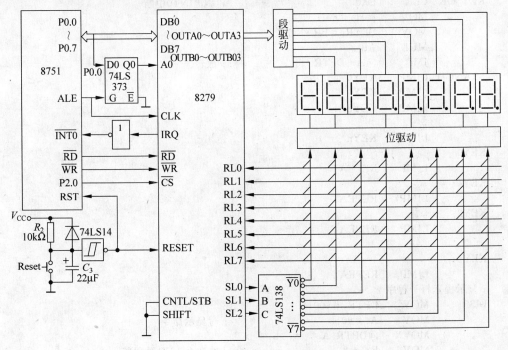

图 6.39　8279 芯片键盘/显示器接口电路

参考程序如下：

```
            ORG     0000H
            LJMP    MAIN
            ORG     0003H
            LJMP    INT0
; 主程序
MAIN:       MOV     SP,＃60H              ; 设置堆栈区
            CLR     EA                   ; 关中断
            MOV     DPTR,＃0001H          ; 指向命令控制口
            MOV     A,＃0D1H              ; 清除命令字
            MOVX    @DPTR,A
WAIT:       MOVX    A,@DPTR
            JB      ACC.7,WAIT           ; 等待清除完毕
            MOV     A,＃0                 ; 键盘/显示方式命令
            MOVX    @DPTR,A              ; 8 位显示,外部译码按键扫描
            MOV     A,＃2AH               ; 时钟分频命令
            MOVX    @DPTR,A              ; 10 分频
            LCALL   DISP                 ; 显示提示符
            MOV     20H,＃80H             ; 单片机内部 RAM 20H 为键盘数据缓冲单元
            ...                          ; D7＝1 表示空
            SETB    EA                   ; 开中断
            SETB    EX0                  ; 允许INT0中断
REPEAT:     SETB    EX0
            MOV     B,＃03H
RDBUF:      MOV     A,20H                ; 等键输入
            JNB     ACC.7,KEY            ; 有按键数据,转 KEY_OK
            SJMP    RDBUF
KEY_OK:     CLR     EX0                  ; 禁止INT0中断
            MOV     20H,＃80H
            MOV     DPTR,＃BRANCH
            MUL     AB
            JMP     @A＋DPTR             ; 散转
BRANCH:     LJMP    KEY0
            LJMP    KEY1
            LJMP    KEY2
            ...
            LJMP    KEYn
KEY0:       ...
            LJMP    REPEAT
KEY1:       ...
            LJMP    REPEAT
KEY2:       ...
            LJMP    REPEAT
            ...
KEYn:       ...
            LJMP    REPEAT
; 显示提示符子程序
DISP:       MOV     DPTR,＃0001H
            MOV     A,＃90H               ; 写显示命令
            MOVX    @DPTR,A
            MOV     R2,＃8                ; 共 8 个 LED 数码管
```

```
            MOV     DPTR, #TABL            ; 指向字型表
AGAIN:      MOV     A, #0
            MOVC    A, @A+DPTR             ; 查字型表
            PUSH    DPH
            PUSH    DPL
            MOV     DPTR, #0000H           ; 指向数据口
            MOVX    @DPTR, A               ; 送出字段码
            POP     DPL
            POP     DPH
            INC     DPTR                   ; 修改段码地址
            DJNZ    R2, AGAIN
            RET
TABL:       DB      0E3H, 40H, 40H, 40H    ; 提示符"P"字型
            DB      40H, 40H, 40H, 40H     ; P-------

; 中断服务程序
INT0:       PUSH    ACC                    ; 保护现场
            PUSH    DPH
            PUSH    DPL
            PUSH    PSW
            MOV     A, #40H                ; FIFO RAM 读命令
            MOV     DPTR, #0001H           ; 指向命令控制口
            MOVX    @DPTR, A               ; 写命令
            MOV     DPTR, #0000H           ; 指向数据口
            MOVX    A, @DPTR               ; 读键值
            MOV     20H, A
            POP     PSW                    ; 恢复现场
            POP     DPL
            POP     DPH
            POP     ACC
            RETI
            END
```

6.2 打印机接口

在单片机应用系统中,有时需要配置打印机,用来打印各种数据图表。常用于单片机应用系统的打印机往往采用微型打印机,如 TP-μP-16A 或 MP-16J 微型打印机,这类打印机都是超小型点阵式打印机,内部自带微机(单片机)作为机内控制器,能打印各种 ASCII 码字符、少量的汉字、希腊字母以及图形和曲线等,具有体积小、重量轻和功能强等特点。下面以 TP-μP-16A 微型打印机为例讨论单片机与微型打印机的接口技术。

6.2.1 TP-μP-16A 微型打印机简介

1. TP-μP-16A 微型打印机特性

TP-μP-16A 微型打印机的外形尺寸为长 144mm、宽 102mm、高 36mm。其主要技术性能如下:

① 带有开机自测试功能,可通过打印其全部库存的代码字符进行自检。

② 可打印 240 个库存代码字符,包括全部 ASCII 码字符、个别汉字、希腊字母、点阵图案、曲线。

③ 可由用户自定义 16 个代码的字符点阵式样。

④ 每行可打印 16 个 5×7 点阵字符和点阵块图。

⑤ 具有空字符及重复打印同一字符的命令,可减少字符串代码输入的次数。

⑥ 可任意更换字符行间距为 0～255 空点行。

⑦ 具有曲线打印命令,可打印沿纸长方向的曲线 1～96 条。

⑧ 当输入命令格式出错时,将自动打印出错信息。

⑨ 可进入 BASIC 程序清单打印格式,使打印的 BASIC 程序清单语句格式易读。

⑩ 采用 Centronics 标准并行接口。

2. TP-μP-16A 微型打印机的硬件结构

TP-μP-16A 微型打印机控制器和打印机芯控制器是以 Intel 8039 单片机为主的系统,监控程序固化在一片 2716 EPROM 内。机芯选用 EPSON MODEL 150-Ⅱ型打印机头,它由微型直流电动机、打针驱动部件、色带传动机构等组成。整机硬件结构框图如图 6.40 所示。

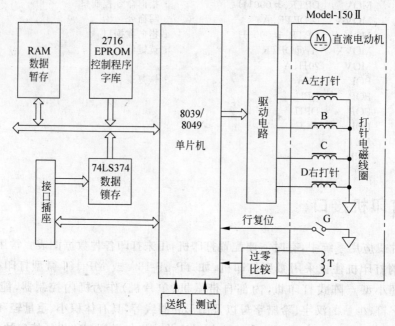

图 6.40 TP-μP-16A 微型打印机结构框图

各种控制命令和数据通过打印机接口送到打印机中,打印机控制器接收和执行由主机送来的控制命令,通过 I/O 口和驱动电路,实现对打印机芯机械动作的控制,把主机送来的数据以字符串、数据、图表等形式打印出来,也可进行停机、自检、空走纸等操作。

Model-150Ⅱ型打印机头包括一个直流微型电动机 M,4 个打针电磁线圈 A、B、C、D,一个干簧管继电器 G 作为复位信号检测器,一个感应线圈 T 作为同步信号检测器。

上电后,直流微型电动机 M 将匀速旋转,通过电动机主轴上的转鼓及滑动机架,使打印头滑架左右往复运动。在滑架上,水平安装了 4 个电磁铁打针,电磁铁通电后将使打针冲打色带在打印纸上打点。电动机每转一圈,打印头滑架向右而后向左往复一次。从左向右时,打印出一行 96 个点迹,往复 7 次可打印出 5×7 点阵字符一行,共 16 个字符。

电动机主轴上装有一个凸轮,通过传动机构带动送纸运动。

4 个打针电磁线圈由 8039 单片机输出 0 或 1 再经驱动电路来控制其得电或失电。为了打印出点阵字符,必须对点间隔和行间隔严格控打,这里由两个同步信号来控制:一个是点间隔同步信号,另一个是行复位信号。

为了使每一行中各点之间的间隔相等,为此电动机轴的一端安装有一个点间隔同步信号检测线圈 T。当电动机转动时,此线圈感应出正弦信号,经过零比较电路转换成方波,方波的变化沿对应着正弦波的过零点。8039 单片机检测此方波的变化沿,使打针电磁线圈得、失电与之同步,即每个变化沿对应着一行中各个点位。可以确保点间距的均匀性。

为了使各行最左边的一点对齐,在电动机轴转鼓中安装了一块永磁铁,当转鼓转动一圈时,恰好使打印头滑架返回到最左边,磁铁使干簧管 G 的触点闭合,产生行复位信号。8039 单片机检测此信号以保证打印的各个点向最左侧对齐。

3. 微型打印机的接口信号及时序

TP-μP-16A 微型打印机是采用标准 Centronics 并行接口兼容的通用微型打印机。它通过机背后的 20 芯扁平电缆及插接件与主计算机相连接。Centronics 并行标准接口引脚名称见表 6.9。

表 6.9　Centronics 并行标准接口信号

引脚号	2	4	6	8	10	12	14	16	18	20
信号名	GND	GND	GND	GND	GND	GND	GND	GND	$\overline{\text{ACK}}$	$\overline{\text{ERR}}$
引脚号	1	3	5	7	9	11	13	15	17	19
信号名	$\overline{\text{STB}}$	DB0	DB1	DB2	DB3	DB4	DB5	DB6	DB7	BUSY

表 6.4 中各引线信号的含义如下:

DB0～DB7——数据传送线,单向。由主机向打印机传送数据和命令。

$\overline{\text{STB}}$——数据选通,输入。这是由主机向打印机提供的信号。此信号出现负脉冲后,DB0～DB7 上的数据送入打印机中锁存,并开始打印字符。

BUSY——忙信号,输出,由打印机提供。当 BUSY=1 时,表示打印机正忙于打印。主机检测到忙信号为高电平时,就不应该向打印机发送新的字符数据。只有在 BUSY=0 时,才可向打印机发送字符,否则要造成丢失。

$\overline{\text{ACK}}$——应答信号,输出。当打印机打印完一个字符(BUSY 由高变低后),$\overline{\text{ACK}}$ 线上发出一个负脉冲,表示打印结束。该信号可用来通知主机发送下一个字符数据。

$\overline{\text{ERR}}$——出错信号,输出。当送入打印机的命令有错时,该引线输出一个宽度约 30ms 的低电平脉冲,并打印出错信息。

微型打印机接口信号时序如图 6.41 所示。

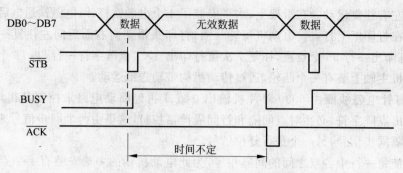

图 6.41　微型打印机接口信号时序图

6.2.2　微型打印机与 MCS-51 单片机的连接

MCS-51 单片机与微型打印机连接时,首先要考虑$\overline{STB}$信号的产生问题。数据传送方式有两种中断请求。一是采用查询方式,即查询 BUSY 的状态;二是采用中断方式,ACK 信号用做中断请求。

1. 采用查询方式打印

图 6.42 所示为 8051 单片机与微型打印机的接口电路,采用查询方式进行打印输出,图中 8255A 并行接口芯片的 A 口输出打印数据或控制命令,C 口的 PC0 和 PC7,用做联络线。

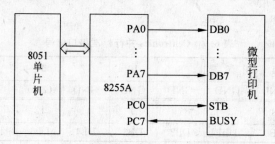

图 6.42　采用查询方式的微型打印机接口

设图 6.42 中 8255A 各端口的地址及工作方式如下。

A 口(8000H):方式 0,输出。

B 口(8001H):无关。

C 口(8002H):PC0～PC4 为输出,PC4～PC7 为输入。

控制寄存器(8003H):工作方式控制字为 88H。

现要求将 8051 单片机内部 RAM 从 30H 单元开始存放的 10 个数(字符的 ASCII 码)打印出来,打印程序如下:

```
MOV     A,＃88H
MOV     DPTR,＃8003H
MOVX    @DPTR,A             ;写入 8225A 工作方式控制字
MOV     R0,＃30H            ;数据区首地址
```

```
        MOV     R1,＃0AH              ;数据长度
LOOP0:  MOV     DPTR,＃8002H          ;C 口地址
LOOP1:  MOVX    A,@DPTR              ;读入 C 口状态
        JB      ACC.7,LOOP1          ;若 BUSY＝1,则继续查询
        MOV     DPTR,＃8000H          ;A 口地址
        MOV     A,@R0                ;取内部 RAM 数据
        MOVX    @DPTR,A              ;数据送 8225A 的 A 口
        MOV     DPTR,＃8002H          ;C 口地址
        MOV     A,＃00H               ;使STB=0
        MOVX    @DPTR,A
        INC     R0                   ;指向下一个数据单元
        MOV     A,＃01H               ;STB=1,模拟脉冲
        MOVX    @DPTR,A
        DJNZ    R1,LOOP0
```

2. 采用中断方式打印

为了提高 CPU 效率,可采用中断方式进行打印,图 6.43 所示为系统硬件连接图。图中利用了单片机扩展系统的地址锁存器(74LS373)和译码器(74LS138)来设计微型打印机的接口,充分利用了系统中已有的资源。微型打印机的数据选通信号为$\overline{STB}＝\overline{WR}＋\overline{Y7}$,则由硬件自动产生$\overline{STB}$信号,使编程更简单。应答信号ACK加到INT0端作为 8051 单片机的中断请求信号。打印机的地址为 E0H。

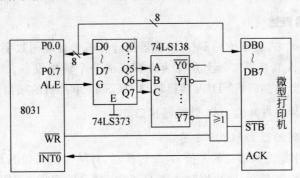

图 6.43 采用中断方式的微型打印机接口

现仍然要求将内部 RAM 从 30H 单元开始存放的 10 个数打印输出,采用中断方式程序如下:

```
        ORG     0000H
        LJMP    MAIN
        ORG     0003H
        LJMP    PRINT
;主程序
MAIN:   SETB    IT0                  ;INT0为边沿触发方式
        SETB    EX0                  ;允许INT0中断
        SETB    PX0                  ;INT0为高级中断
        SETB    EA                   ;开中断
        MOV     R0,＃30H              ;内部 RAM 地址指针
```

```
        MOV     R1,#0E0H            ;打印机地址
        MOV     R2,#09H             ;计数器初值为9
        MOV     A,@R0               ;取内部 RAM 第一个数
        MOVX    @R1,A               ;先打印一个数
LOOP:   SJMP    LOOP                ;等待中断
;中断服务程序
PRINT:  PUSH    ACC                 ;保护现场
        PUSH    PSW
        INC     R0                  ;指向下一个数据单元
        MOV     A,@R0               ;取数
        MOVX    @R1,A               ;输出打印
        DJNZ    R2,NEXT             ;未完,则继续
        CLR     EX0                 ;已打印完,关中断
NEXT:   POP     PSW                 ;恢复现场
        POP     ACC
        RETI                        ;中断返回
```

6.3 D/A 和 A/D 转换接口

6.3.1 D/A 转换接口技术

1. D/A 转换器概述

在工业控制系统中,通常使用 D/A 转换器把计算机中处理的数字量转换成模拟量去控制执行机构。D/A 转换器实际上是作为计算机的一个输出设备。下面以常见的 8 位和 16 位 D/A 转换器为例,讨论 D/A 转换器与 MCS-51 单片机的接口技术。

2. MCS-51 单片机与 8 位 D/A 转换器接口

(1) 8 位 D/A 转换器 DAC 0832 芯片

DAC 0832 芯片是最为常见的 8 位 D/A 转换器,其结构框图如图 6.44 所示。片内设置了两个独立的 8 位寄存器,即数据输入寄存器和 DAC 寄存器。CPU 发出的片选信号和写信号 1 控制 0832 芯片的 $\overline{CS}$ 和 $\overline{WR1}$ 引脚,从而使数据线 DI0～DI7 上的数据送入输入寄存器,但并未进行 D/A 转换。而当 0832 芯片接受到 CPU 发出的传送控制信号 $\overline{XFER}$ 及写信号 2($\overline{WR2}$)时,才把输入寄存器中的数据传送给 DAC 寄存器,并随即由 D/A 转换器进行转换,变成模拟(电流)信号输出,再由运算放大器变成电压信号。0832 芯片其余引脚的含义为:V_{REF} 为基准电压输入端;RFB 为反馈信号输入端,反馈电阻在片内;I_{OUT1} 和 I_{OUT2} 是电流输出端,$I_{OUT1} + I_{OUT2} = $ 常数。I_{OUT1} 随 DAC 寄存器的内容线性变化,当 DAC 寄存器的内容为 FFH 时,I_{OUT1} 电流最大。ILE 为输入数据锁存允许;V_{CC} 为 0832 芯片的主电源(电源电压为＋5～＋15V)。

(2) DAC 0832 芯片与 MCS-51 单片机的连接

D/A 转换器 DAC 0832 芯片可以有三种工作方式:直通方式、单缓冲方式和双缓冲方式。

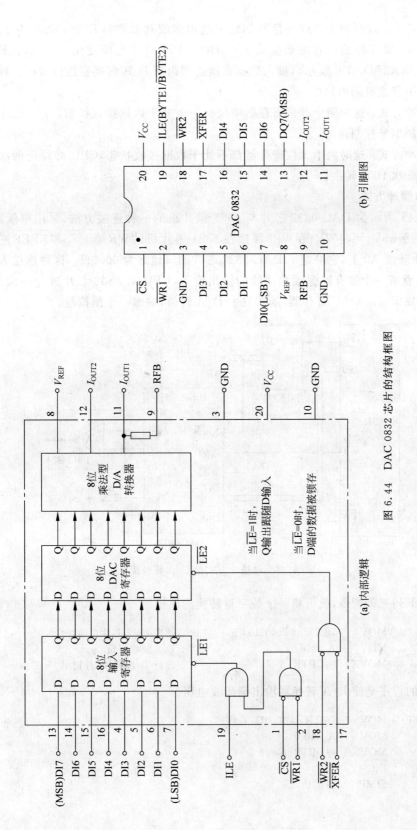

图 6.44 DAC 0832 芯片的结构框图

直通方式：这时两个 8 位寄存器都处于数据接收状态，即 $\overline{LE1}$ 和 $\overline{LE2}$ 都为 1，输入寄存器和 DAC 寄存器的内容随数据输入端 DI0～DI7 的状态而变化。因此，ILE＝1，而 $\overline{CS}$、$\overline{WR1}$、$\overline{WR2}$ 和 $\overline{XFER}$ 都为 0，输入数据直接送到内部 D/A 转换器进行转换。这种方式主要用于不带微机的电路中。

单缓冲方式：这时两个 8 位寄存器中仅有一个处于数据接收状态，另一个则受 CPU 送来的控制信号控制。

双缓冲方式：这时两个 8 位寄存器都不处于数据接收状态，CPU 必须送两次写信号才能完成一次 D/A 转换。

① 单缓冲方式

图 6.45 所示为 DAC 0832 芯片与 8031 单片机的一种连接方法，采用单缓冲方式。图中 ILE 接＋5V，可将 $\overline{WR1}$ 和 $\overline{WR2}$ 都接在 8031 单片机的 $\overline{WR}$ 端。$\overline{CS}$ 和 $\overline{XFER}$ 连接在一起，接到地址线 A0 上，它决定了 DAC 0832 芯片的口地址为 0000H。这种连接方法是把 0832 芯片看成一个带有数据锁存功能的输出设备，CPU 对 0832 芯片进行一次读操作，即把 8 位数据写入 DAC 寄存器，随即发生 D/A 转换，输出一个模拟量。

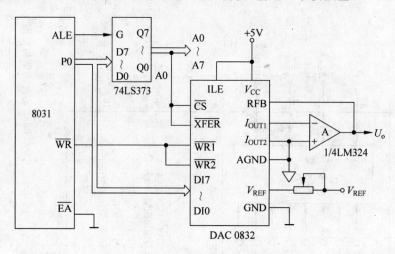

图 6.45 单缓冲方式的 D/A 转换接口

执行下列三条指令，就可将一个数字量转换为模拟量。

```
DAC:    MOV     DPTR, #0000H        ;指向 0832 芯片口地址
        MOV     A, # data           ;取 8 位数字量
        MOVX    @DPTR, A            ;进行 D/A 转换，并输出
```

下面的程序是使 D/A 转换器输出锯齿波电压。

```
START:  MOV     DPTR, #0000H
        MOV     A, #00H
LOOP:   MOVX    @DPTR, A
        INC     A
        SJMP    LOOP
```

② 双缓冲方式

在应用系统中,如果需要同时输出几路模拟信号,就可以采用双缓冲方式。图 6.46 所示为二路模拟信号同步输出的 D/A 转换接口电路,电路中用了两片 DAC 0832 芯片,每片 0832 芯片都工作于双缓冲方式。每片 0832 芯片内部的每个 8 位寄存器都要占用一个端口地址,但由于把两片 $\overline{XFER}$ 端连接在一起后再接地址译码输出端,两片 DAC 寄存器共同占用一个端口地址,这是为了使两片能同时进行 D/A 转换。两片 0832 芯片占用了三个外部 RAM 地址。

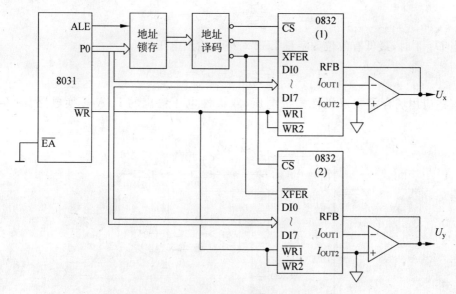

图 6.46 双缓冲方式的 D/A 转换接口

设 0832(1)芯片输入寄存器的地址为 FDH,0832(2)芯片输入寄存器的地址为 FEH,两片 DAC 寄存器的地址都为 FFH。下面的程序段是将两个 8 位数字量 Xdata 和 Ydata 同时转换为模拟量:

```
MOV    R0, #0FDH
MOV    A, #Xdata
MOVX   @R0,A          ;送数据到 0832(1)芯片中
MOV    R0, #0FEH
MOV    A, #Ydata
MOVX   @R0,A          ;送数据到 0832(2)芯片中
MOV    R0, #0FFH
MOVX   @R0,A          ;同时进行 A/D 转换
```

最后一条指令是同时打开两片 DAC 寄存器,使各输入寄存器的数据通过各自的 DAC 寄存器进行 D/A 转换,与累加器 A 的内容无关。

(3) DAC 双极性模拟电压输出

大多数 D/A 转换器与 DAC 0832 芯片一样属于电流输出型,它需要外接运算放大器将输出电流转换为电压后才能驱动负载。也有些 DAC 芯片内部集成了运算放大器,这类 DAC 芯片属于电压输出型。通常 DAC 芯片输出电压的范围有:单极性电压 0~5V、

0～10V，双极性电压－5～＋5V，－10～＋10V。

图 6.45 所示为单极性电压输出的 D/A 转换电路，输出的电压为

$$U_O = -\frac{D}{2^8} \times V_{REF}$$

式中，D 为 DAC 芯片被转换的数字量，V_{REF} 为参考电压。为了使输出为正电压，V_{REF} 取负电压。

设 $V_{REF} = -5V$，当 $D = FFH = 255$ 时，最大输出电压为

$$U_{MAX} = -\frac{255}{256} \times (-5) = 4.98V$$

当 $D = 1$ 时，最低有效位数字量 LSB 对应的输出电压为

$$U_O = -\frac{1}{256} \times (-5) = 0.02V$$

有些应用场合需要双极性模拟电压，双极性电压输出的 D/A 转换电路如图 6.47 所示。

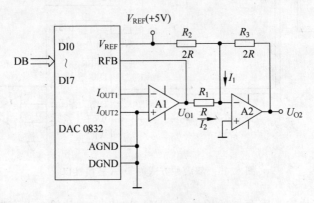

图 6.47　双极性电压输出的 DAC

在图 6.47 所示电路中，运算放大器 A2 的反相输入端"虚地"，且 $I_1 + I_2 = 0$，而

$$I_1 = \frac{V_{REF}}{R_2} + \frac{U_{O2}}{R_3}, \quad I_2 = \frac{U_{O1}}{R_1}$$

如果取 $R_2 = R_3 = 2R_1$，则

$$U_{O2} = -(2U_{O1} + V_{REF})$$

而

$$U_{O1} = -\frac{D}{2^8} \times V_{REF}$$

所以

$$U_{O2} = -\left(-2 \times \frac{D}{2^8} \times V_{REF} + V_{REF}\right) = \frac{D-128}{128} \times V_{REF}$$

设 $V_{REF} = +5V$，U_{O1} 输出单极性电压范围是 $-5 \sim 0V$，那么 U_{O2} 输出电压的范围为 $-5 \sim +5V$，即实现了单极性电压变为双极性电压输出。

3. MCS-51 单片机与 16 位 D/A 转换器接口

(1) 16 位 D/A 转换器 AD569 芯片

AD569 芯片是 AD(Analog Devices)公司推出的单调 16 位 D/A 转换器,片内包含 2 排电阻串、选择开关解码网络、缓冲放大器和双缓冲输入锁存器。AD569 芯片的电压分段体系确保 16 位单调超时和过热。参考输入电压决定输出范围以及单极性或双极性。参考电压范围是 $-5 \sim +5$V,且为高精度提供强制参考和自动检测参考连接方式。AD569 芯片能用 AC 参考操作增加应用范围。数据通过 8 位和 16 位总线装入 AD569 芯片的输入锁存器。AD569 芯片的主要特性如下:

① 由 AD569 芯片的分段电压结构来保证 16 位单调。

② 模拟电压输出型 D/A 转换器,输出电压范围与参考输入电压有关。

③ 与 8 位或 16 位 CPU 数据总线兼容。

④ 转换速度为 $3\mu s$。

⑤ 低温漂、低功耗、低噪声。

AD569 芯片内部结构如图 6.48(a)所示,片内包含两个电阻串,每个电阻串分成 256 个均等的段。输入的数字量高字节(DB15~DB8)选择第 1 个电阻串 256 段之一。所选段的顶部和底部标记被连接到两个缓冲放大器 A1 和 A2 的输入端。这些放大器具有很高的共模抑制比和低漂移电流,因此,能精确保持顶部和底部的电压。来自段两端的缓冲器输出电压施加到第 2 个电阻串,输入的数字量低字节(DB7~DB0)选择第 2 个电阻串 256 个标记之一,输出缓冲放大器 A3 将此电压输出。缓冲放大器 A1 和 A2 跳越第 1 个电阻串去维持段边界的单调性。例如,当数字代码从 00FFH 增加到 0100H 时,A1 保持连接到第 1 个电阻的同样标记,而 A2 则跳过它,并连接到变为下一个段顶部的标记。即使放大器有偏移电压,该设计也能确保单调性。事实上,放大器偏移仅造成积分线性误差。

AD569 芯片采用 DIP 封装的引脚图如图 6.48(b)所示,引脚功能如下:

① AD569 芯片有 4 个与 TTL 或 CMOS 兼容的信号 $\overline{CS}$、$\overline{LBE}$、$\overline{HBE}$ 和 $\overline{LDAC}$,用于控制内部的两个锁存器。

② $\overline{CS}$ 片选信号,低电平有效。当 $\overline{CS}=0$ 时,三个与门都被打开,控制电路受 $\overline{LDAC}$、$\overline{HBE}$ 和 $\overline{LBE}$ 信号控制。

③ $\overline{LBE}$ 数据低字节允许,低电平有效。当 $\overline{LBE}=0$ 时,将低 8 位数据 DB0~DB7 装入低 8 位锁存器。

④ $\overline{HBE}$ 数据高字节允许,低电平有效。当 $\overline{HBE}=0$ 时,将高 8 位数据 DB8~DB15 装入高 8 位锁存器。

⑤ $\overline{LDAC}$ 装入 DAC 信号,低电平有效。当 $\overline{LDAC}=0$ 时,将来自高 8 位和低 8 位锁存器的数据同时装入 16 位 DAC 寄存器中,并进行 D/A 转换。

4 个控制信号的组合功能见表 6.10。

$+V_{REF}$ FORCE、$-V_{REF}$ FORCE 为强制参考电压,$+V_{REF}$ SENSE 和 $-V_{REF}$ SENSE 为敏感参考电压。

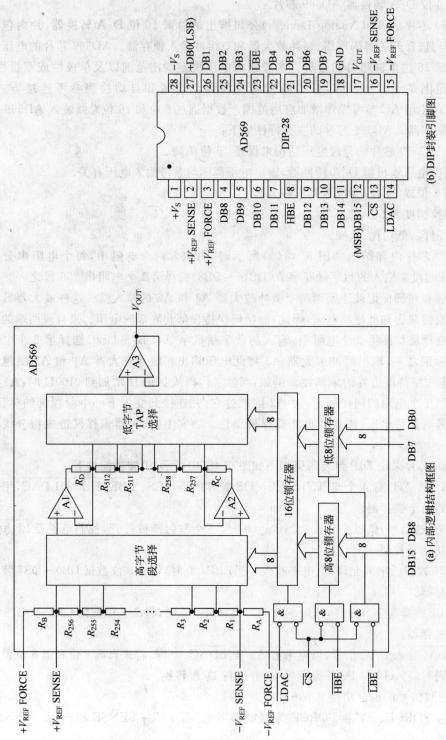

(a) 内部逻辑结构框图

(b) DIP封装引脚图

图 6.48　AD569 芯片内部逻辑结构框图和引脚图

表 6.10 数字控制信号

$\overline{CS}$	$\overline{HBE}$	$\overline{LBE}$	$\overline{LDAC}$	操 作
1	×	×	×	无操作
×	1	1	1	无操作
0	0	1	1	第一级选通高字节
0	1	0	1	第一级选通低字节
0	1	1	0	选通 16 位 DAC 寄存器
0	0	0	0	所有寄存器直通

AD569 芯片需要外接参考电压,参考电压还将决定输出的电压范围。AD569 芯片可以用稳定的 AC 或 DC 作参考电压,参考电压可以为电源电压范围内的任何电压。AD569 芯片是电压输出型乘法 D/A 转换器,输出电压 V_{OUT} 等于输入数字量 D 和参考电压 V_{REF} 的乘积,即

$$V_{OUT} = D \times V_{REF}$$

有两种参考电压连接方式:

① 仅使用 $+V_{REF}$ FORCE 输入,如图 6.49 所示。这种结构可以保持输出线性和 16 位单调性。但会带来较小的固定偏移和增益误差。

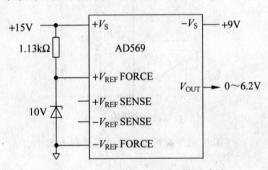

图 6.49 单 $+V_{REF}$ FORCE 输入参考

② 高精度参考电压连接如图 6.50(a)所示。两个缓冲放大器分别连接到 $+V_{REF}$ FORCE、$+V_{REF}$ SENSE 和 $-V_{REF}$ FORCE、$-V_{REF}$ SENSE,这种连接可以有效地避免电流过引脚、连线形成的阻抗引起的误差,以及将 R_A 和 R_B 减小到最小。R_{BC} 用于补偿运算放大器偏移电流引起的线性误差。

输出单极性模拟信号时,采用图 6.50(b)参考电压连接方式;输出双极性模拟电压时,采用图 6.50(c)所示参考电压连接方式。如果需要其他电压输出范围,可在外加输出电压放大器。

(2) AD569 芯片与单片机的接口

图 6.51 所示为 AD569 芯片与 8051 单片机的一种连接方法,因为 16 位数据需要两次写入 AD569 芯片的锁存器中,这里利用 A0 参与控制高、低字节锁存器,偶数地址(A0=0)选择低字节锁存器,奇数地址(A0=1)选择高字节锁存器。先装入低字节数据,后装入高字节数据。将 LDAC 和 HBE 连在一起,就是为了使装入高字节时,随即取 16 位数并进行 D/A 转换,输出一个模拟量。

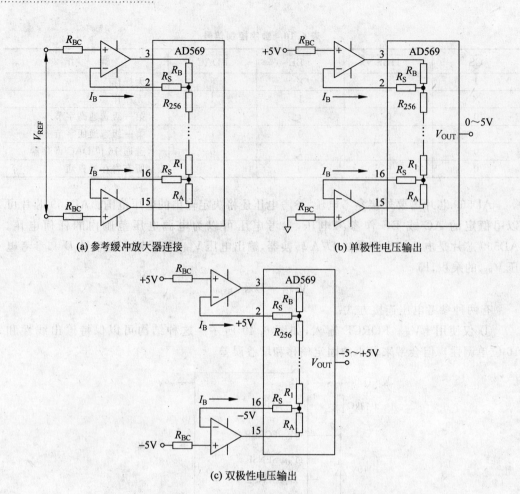

(a) 参考缓冲放大器连接

(b) 单极性电压输出

(c) 双极性电压输出

图 6.50 高精度参考电压连接方式

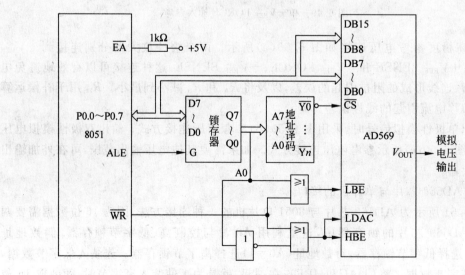

图 6.51 AD569 芯片与单片机接口

设 AD569 芯片地址为 1000H,待转换的 16 位数据在 R1R0 中,调用下列子程序即可实现 D/A 转换。

```
DTOA:   MOV    DPTR,#1000H
        MOV    A,R0          ;取待转换数据的低字节
        MOVX   @DPTR,A       ;装入低 8 位锁存器
        INC    DPTR          ;指向高字节
        MOV    A,R1          ;取待转换数据的高字节
        MOVX   @DPTR,A       ;装入高 8 位锁存器,与低 8 位锁存器的内容一起装入
                               16 位锁存器中,并转换
        RET                  ;返回
```

6.3.2　A/D 转换接口技术

在单片机应用系统中,有时也需要用 A/D 转换器把某些连续变化的模拟量转变为数字量,以便计算机进行加工和处理。A/D 转换器实际上是计算机中的一个输入设备,它与计算机的接口通常带有联络信号。

A/D 转换器有以下几种类型。

① 双积分 A/D 转换器。具有精度高、抗干扰性好、价格便宜等优点。

② 计数方式(即跟踪法)A/D 转换器。其硬件结构简单,但转换速度慢。

③ 逐次逼近式 A/D 转换器。在精度、速度和价格等方面都比较适中,是单片机应用系统中最常用的 A/D 转换器件。

④ 并行 A/D 转换器。这是一种用编码技术实现的快速 A/D 转换器,硬件结构较复杂,价格也较高,仅用于要求高速的场合。

下面以常见的 8 位和 16 位逐次逼近式 A/D 转换器为例,讨论 A/D 转换器与 MCS-51 单片机的接口技术。

1. 8 位 A/D 转换器

(1) 8 位 A/D 转换器 ADC 0809 芯片

ADC 0809 芯片是逐次逼近式 A/D 转换器,精度为 8 位,最快转换速度为 $100\mu s$(时钟频率为 640kHz)。ADC 0809 芯片内部结构框图和引脚如图 6.52 所示,它由以下几部分组成。

① 8 路模拟选择开关。0809 片内有一个 8 路单端模拟信号多路开关,用于切换 IN0～IN7 共 8 路模拟输入信号。选通哪一路要受地址锁存与译码器控制。地址线 ADD A、ADD B、ADD C 上的地址信息由 ALE 的上升沿送入地址锁存器,地址和模拟通路的对应关系见表 6.11。

② 8 位 A/D 转换器。这是一个采用逐次逼近法的 8 位 A/D 转换电路。与其相关的控制信号如下:

- START 为启动信号输入端。上升沿复位 0809 芯片,下降沿启动 A/D 转换器。
- EOC 为转换结束标志输出端。EOC＝0 表示正在进行 A/D 转换,EOC＝1 表示一次转换已结束。此信号可用做 A/D 转换是否结束的检测信号或中断请求信号。

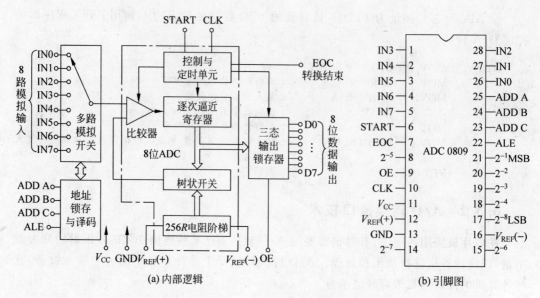

图 6.52　ADC 0809 芯片结构框图与引脚

表 6.11　A/D 通道选择编码

ADD C	ADD B	ADD A	所选通道
0	0	0	IN0
0	0	1	IN1
0	1	0	IN2
0	1	1	IN3
1	0	0	IN4
1	0	1	IN5
1	1	0	IN6
1	1	1	IN7

- CLK 为时钟信号输入端。最高允许值为 640kHz。在最高时钟频率下转换速度约为 $100\mu s$。
- $V_{REF}(+)$ 和 $V_{REF}(-)$ 为正、负参考电压输入端。通常 $V_{REF}(+)$ 接 +5V 电源，$V_{REF}(-)$ 接 GND 地。

③ 三态输出锁存缓冲器。A/D 转换完成 EOC 输出一个负脉冲，转换结果 8 位数字量锁存在三态输出锁存器中。当外界输出允许信号 OE=1 时，选通三态输出缓冲器，把转换结果送至外部数据线 D0～D7 上。0809 芯片的工作时序如图 6.53 所示。

(2) ADC 0809 芯片与 MCS-51 单片机的连接

图 6.54 给出了 ADC 0809 芯片与 8051 单片机的一种连接方案。图中 0809 芯片作为 8051 单片机的一个扩展 I/O 口，采用线选址法，ADC 0809 芯片的口地址为 0000H。由于 ADD A～ADD C 分别接到 P0.0～P0.2，故 8 个模拟通道 IN0～IN7 的地址分别为 00H～07H。8051 单片机的 ALE 信号经 2 分频后用做 0809 芯片的时钟输入信号。对 A/D 转换的控制方式可以采用程序查询方式，也可以采用中断方式。

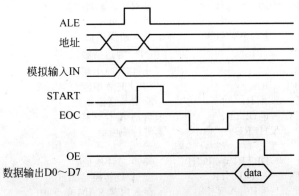

图 6.53 0809 芯片时序图

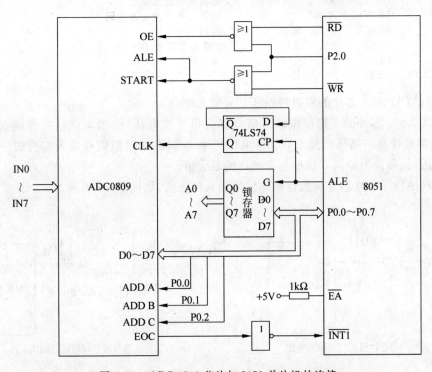

图 6.54 ADC 0809 芯片与 8051 单片机的连接

例如,对 8 路模拟输入巡测一遍,并将 A/D 转换的结果依次存入内部 RAM 的 30H～37H 单元中。采用中断控制方式,由中断服务程序读转换结果,并启动下一次转换。参考程序如下:

```
            ORG     0000H         ; 主程序入口地址
            AJMP    MAIN          ; 跳转主程序
            ORG     0013H         ; INT1中断入口地址
            AJMP    INT1          ; 跳转中断服务程序
; 主程序
MAIN:       MOV     DPTR,#0000H   ; 0809 芯片地址
```

```
          MOV    R0,♯30H            ; 数据区首地址
          MOV    R1,♯00H            ; 模拟通道 IN0
          MOV    R2,♯08H            ; 共 8 路模拟信号
          SETB   IT1                ; INT1为边沿触发
          SETB   EX1                ; 允许INT1中断
          SETB   EA                 ; CPU 开放中断
          MOV    A,R1               ; 取 IN0 通道地址
          MOVX   @DPTR,A            ; 启动 A/D 转换
HERE:     SJMP   HERE               ; 等待中断
; 中断服务程序
INTI:     MOV    DPTR,♯0000H        ; 0809 芯片地址
          MOVX   A,@DPTR            ; 读 A/D 转换结果
          MOV    @R0,A              ; 存入内部 RAM 单元中
          INC    R0                 ; 数据区指针加 1
          INC    R1                 ; 修改模拟通道地址
          MOV    A,R1               ; 取下一模拟通道地址码
          MOVX   @DPTR,A            ; 启动 A/D 转换
          DJNZ   R2,NEXT            ; 8 路未采集完,则循环
          CLR    EX1                ; 关中断
NEXT:     RETI
```

（3）ADC 0809 芯片的双极性电压信号输入电路

ADC 0809 芯片的 8 路模拟输入信号都为单极性电压,模拟电压输入范围仅为 0～5V。如果要使某一路模拟输入双极性电压信号,应该在该模拟信号输入端叠加一个正向偏移电压,偏移量为输入双极性负向电压的最大值。

实现 ADC 0809 芯片双极性模拟信号输入的方法,如图 6.55 所示。

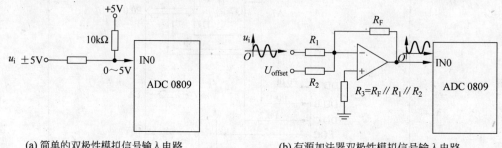

(a) 简单的双极性模拟信号输入电路　　　　　(b) 有源加法器双极性模拟信号输入电路

图 6.55　ADC 0809 芯片双极性模拟信号输入电路

图 6.55(a) 为在模拟输入端 IN0 通过两个 10kΩ 电阻分别接上＋5V 的偏移电压和模拟输入电压 u_i,使模拟输入信号的范围为－5～＋5V。但由于模拟输入信号还要经过 10kΩ 电阻再加到 ADC 0809 芯片的 IN0 引脚,对于内阻较大的信号源有可能造成信号衰减。

图 6.55(b) 为采用有源加法器来实现双极性模拟信号输入,偏移电压和输入电压相加之和作为 ADC 0809 芯片 IN0 的输入电压 u_{IN0}。u_{IN0} 与双极性电压 u_i 及偏移电压 U_{offset} 三者的关系为

$$u_{IN0} = -\left(\frac{u_i}{R_1} + \frac{U_{offset}}{R_2}\right)R_F$$

当 $R_F = R_1 = R_2$ 时,则有

$$u_{IN0} = -u_i - U_{offset}$$

取 $U_{offset} = -2.5V$, u_i 输入范围 $-2.5 \sim +2.5V$, u_{IN0} 即为 u_i 的反相信号。该电路还可以通过改变 R_F 来改变输入量程。

2. 16 位 A/D 转换器

(1) 16 位 A/D 转换器 AD976 芯片

AD976 芯片是 AD 公司设计的 16 位 A/D 转换器,主要特性如下:

① 带有高速并行接口。

② 最高采样速率可达 100kS/s,AD976A 芯片的采样速率可达 200kS/s。

③ 功耗低,采用单 5V 电源供电,最大功耗仅为 100mW。

④ 精度高,具有 16 位分辨力,其最大积分非线性误差仅为 2LSB,并可做到 16 位不失码。

⑤ 可选内部或外部的 2.5V 参考电源。

⑥ 带有片上时钟。

AD976 芯片的内部结构框图如图 6.56(a)所示。该芯片内部逻辑由带开关电容式的逐次逼近型 A/D 转换单元、高速并行接口、转换控制逻辑、内部时钟、自动调整电路及 2.5V 内部参考电源组成。它是采用电荷重分布技术的逐次逼近型模数转换器,其结构比传统逼近型 ADC 简单,且不再需要完整的模数转换器作为核心。由于电容网络直接使用电荷作为转换参量,而且这些电容已经达到了采样电容的作用,因而不必另加采样保持器。特别是由于使用电容网络代替电阻网络,消除了电阻网络中因温度变化及电阻修调不当所引起的线性误差。AD976 芯片的内部校准功能可在用户不做任何调整的情况下,消除芯片内部的零位误差和由于电容不匹配造成的误差。

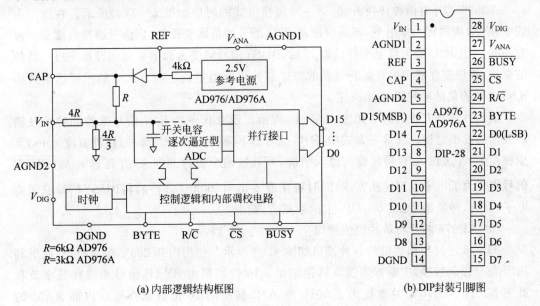

(a) 内部逻辑结构框图　　　　　　　　(b) DIP封装引脚图

图 6.56　AD976 芯片内部结构及引脚图

AD976 芯片的引脚如图 6.56(b)所示,各引脚功能如下。

- D0~D15:16 位数据转换结果输出引脚。
- V_{IN}:模拟电压输入信号,输入信号源到 V_{IN} 之间需要连接一个 200Ω 电阻,输入电压范围为 $-10\sim+10V$。
- REF:参考电压输入/输出信号,该引脚可接内部的 2.5V 参考电压,也可选用外部的参考电源。通常需在 AGND1 和 REF 引脚之间连接一个 $2.2\mu F$ 的钽电容。
- CAP:参考缓冲输出,在 CAP 和 AGND2 引脚之间需连接一个 $2.2\mu F$ 的钽电容。
- V_{ANA}:模拟电源电压,通常接 $+5V$。
- AGND1、AGND2:模拟地,用于 REF 引脚的参考点。
- V_{DIG}:数字电源电压,通常接 $+5V$。
- DGND:数字地。
- R/$\overline{C}$:读/转换输入信号,当 CS 引脚为低电平时,可在 R/$\overline{C}$ 引脚的下降沿使内部采样/保持器进入保持状态并启动一次转换。上升沿允许输出数据。
- $\overline{CS}$:片选信号输入,当 R/$\overline{C}$ 引脚为低电平时,可在 CS 引脚的下降沿启动一次转换;当 R/$\overline{C}$ 引脚为高电平时,在 CS 引脚的下降沿输出数据位有效;当 $\overline{CS}$ 引脚为高电平时,输出数据位将呈高阻状态。
- $\overline{BUSY}$:A/D 转换忙输出信号,BUSY 为低电平时,表示正在进行 A/D 转换,一旦 BUSY 变为高电平,表示转换结束,其上升沿锁存输出数据。
- BYTE:字节选择控制信号,BYTE 为低电平时,6~13 引脚上的数据为高字节,15~22 引脚上的数据为低字节;当 BYTE 为高电平时,6~13 引脚上的数据为低字节,15~22 引脚上的数据为高字节。

AD976 芯片控制转换的时序如图 6.57 所示。

AD976 芯片有两种转换方式,第一种转换方式的时序如图 6.57(a)所示。在这一方式中,$\overline{CS}$ 引脚固定为低电平,转换时序由 R/$\overline{C}$ 信号的负跳变控制,该信号脉冲宽度至少应为 50ns。当 R/$\overline{C}$ 变为低电平并延迟 t_3 后,$\overline{BUSY}$ 信号将变为低电平直到转换完成。转换结束后,移位寄存器中的数据将被新的二进制补码数据更新。该方式下的采样速率可由 R/$\overline{C}$ 信号的负脉冲间隔 t_{13} 来决定。

第二种转换方式的时序如图 6.57(b)所示。该方式通过 R/$\overline{C}$ 信号来控制转换及输出数据的读出过程。在这一方式中,R/$\overline{C}$ 信号的下降沿必须比 CS 脉冲(脉冲宽度 40ns)至少提前 10ns 送到 A/D 转换器的输入引脚,一旦这两个负脉冲到来,并延迟 t_3 后,$\overline{BUSY}$ 信号将变为低电平直到转换完成,同时将在最多 $8\mu s$(100kS/s 时)后将 $\overline{BUSY}$ 信号返回高电平,这时,转换结果在 D0~D15 上的数据有效。

（2）AD976 芯片与单片机的接口

AD976 芯片与单片机的一种接口如图 6.58 所示。使用内部 2.5V 参考电源,这里利用 $\overline{CS}$ 信号控制转换,中断方式读取转换结果。16 位数据由 BYTE 信号来选择低字节和高字节。设 AD976 芯片地址为 2000H,将 A/D 转换的 16 位数据存放在内部 RAM 的 30H 和 31H 两单元中。A/D 控制转换程序如下:

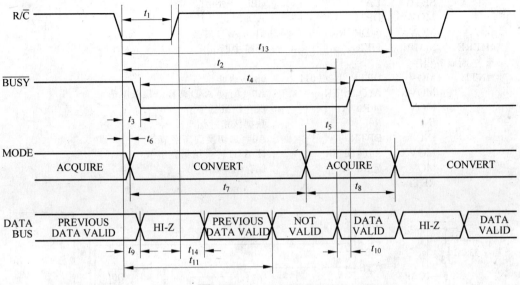

(a) $\overline{CS}$固定为低电平转换后允许输出

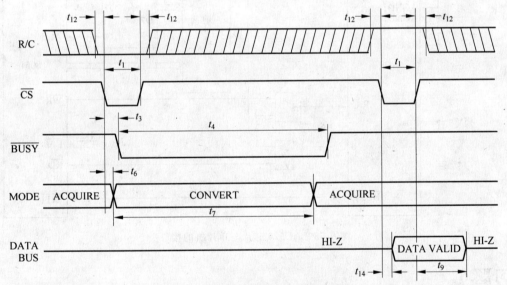

(b) 利用$\overline{CS}$控制转换及读操作

图 6.57　AD976 芯片控制转换时序

```
          ORG    0000H          ; 主程序入口地址
          LJMP   MAIN           ; 跳转主程序
          ORG    0013H          ; INT1中断入口地址
          LJMP   INT1           ; 跳转中断服务程序
   ; 主程序：
   MAIN:  MOV    SP, #60H
          MOV    R0, #30H
          SETB   IT1            ; INT1为边沿触发
          SETB   EX1            ; 允许INT1中断
```

```
            SETB    EA                  ;CPU 开放中断
            MOV     DPTR,#2000H         ;AD976 芯片地址
            MOVX    @DPTR,A             ;启动 A/D 转换
    HERE:   SJMP    HERE                ;等待中断
;中断服务程序:
    INTI:   MOV     DPTR,#2000H         ;0809 地址
            MOVX    A,@DPTR             ;A0=0,读 A/D 转换结果低字节
            MOV     @R0,A               ;保存结果低字节
            INC     R0                  ;数据区指针加 1
            INC     DPTR                ;A0=1,切换到高字节
            MOVX    A,@DPTR             ;读 A/D 转换结果高字节
            MOV     @R0,A               ;保存结果高字节
            RETI
```

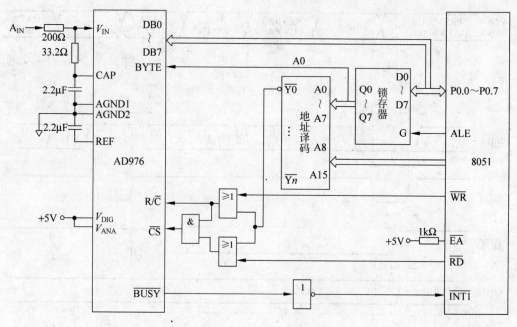

图 6.58　AD976 芯片与单片机的接口

习题 6

6.1　LED 的静态显示电路和动态扫描显示电路各有什么特点?

6.2　写出共阴极和共阳极 LED 数码管仅显示小数点"."的段码。

6.3　请设计一个利用 8031 单片机串行口外接移位寄存器 74LS164 扩展 4 个 LED 数码管的静态显示电路。编写显示程序,使显示器轮流显示"8031"和"PASS",每秒钟翻转一次。

6.4　对于图 6.7 所示动态扫描显示电路,怎样才能使显示时看不出闪烁? CPU 在执行其他操作时,如何保持稳定显示?

6.5　编写显示程序,使图 6.7 所示动态扫描显示电路的显示器轮流显示"1 2 3 4 5 6"和"PLEASE",每隔 2s 翻一次。

6.6 图 6.59 所示为一个 8×8 点阵 LED 显示器接口电路,编写完成下列功能程序。

(1) 分时逐个显示"H"、"E"、"L"、"L"、"O",每个字母显示 500ms。

(2) 顺序显示"H"、"E"、"L"、"L"、"O",并不断左移。

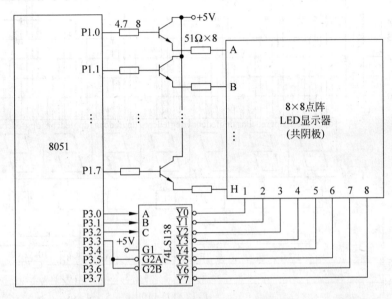

图 6.59 8×8 点阵 LED 显示器电路

6.7 为何要消除按键的机械抖动? 有哪些去抖动方法?

6.8 根据图 6.12 所示的简单键盘电路,编写按键输入子程序,将所得的键值送入单片机内部 RAM 的 KEY 单元。

6.9 根据图 6.22 所示电路,利用单片机 P1 口设计 4×4 矩阵式键盘电路,编写键盘扫描子程序,将所得的键值存放在累加器 A 中。

6.10 对键盘的扫描有哪几种工作方式? 它们各自的工作原理及特点是什么? 在键盘接口电路中,采用中断方式有何特点?

6.11 说明矩阵式键盘有键按下的识别原理。

6.12 图 6.60 所示为键盘/显示器接口电路,编写显示程序和数字键输入程序,使按下各数字键时,显示器能显示相应的数字。

6.13 8279 芯片中扫描计数器有两种工作方式,这两种工作方式各应用在什么场合?

6.14 采用 8279 芯片设计键盘/显示器接口方案,与本章介绍的其他键盘/显示器的接口方案相比有什么特点?

6.15 采用 8279 芯片设计一个 8×2 键盘和 8 位 LED 数码显示器应用系统,并编写有关程序。

6.16 简述 TP-μP-16A 微型打印机的 Centronics 接口的主要信号线的功能。与 MCS-51 单片机相连接时,如何连接控制线和数据线?

6.17 用 8031 单片机的 P1 口和微型打印机的 8 根数据线连接以输出数据,P3 口和打印机的联络线 $\overline{STB}$、$\overline{ACK}$ 或 BUSY 连接,以构成查询方式/中断方式的打印机接口。请

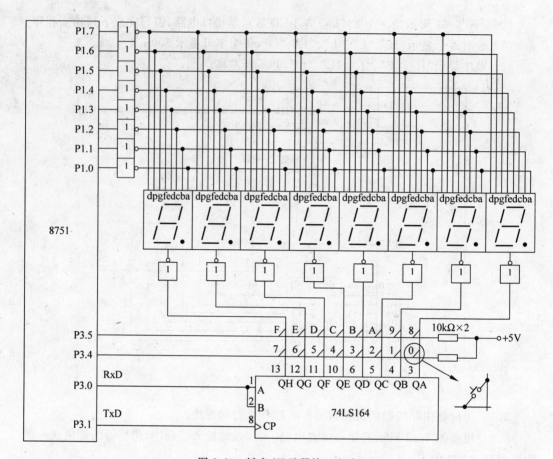

图 6.60　键盘/显示器接口电路

画出电路连接图,并分别按查询方式和中断方式编写打印程序,将 8031 内部 RAM 从 20H 单元开始的 50 个数据送打印。

6.18　根据图 6.45 所示的单缓冲方式的 D/A 转换接口电路编写程序,使 DAC 0832 芯片输出以下几种波形:负向锯齿波、三角波、阶梯波、梯形波、矩形波和正弦波。

6.19　根据图 6.54 所示的 A/D 转换接口电路,按下列要求编程:

(1) 对 8 路模拟信号依次进行 A/D 转换,并把转换结果分别存放在工作寄存器组 3 的 R0～R7 中。

(2) 利用 8051 单片机内部定时器来控制对模拟信号的采集,每分钟对 8 路模拟信号采集一遍,采集到的数据存放在内部 RAM 中。

(3) 利用 8051 单片机内部定时器来控制对 ADC 0809 芯片的通道。信号进行数据采集和处理,每分钟对 IN0 引脚上的模拟信号采集一次,连续采集 5 次,若 5 次的平均值超过 80H,则由 P1.0 输出高电平控制信号,否则使 P1.0 电平为低。

(4) 如果 ADC 0809 芯片需要采集双极性模拟电压信号(-5～+5V),电路如何改进?

6.20　试用 ADC 0809 芯片和 DAC 0832 芯片设计一个数字录/放音机,编写有关程序。

6.21　D/A 转换器和 A/D 转换器各有哪些主要技术指标?

## CHAPTER 7

MCS-51派生型单片机

由于 MCS-51 单片机功能强大、指令系统完备,深受用户的青睐。同时 Intel 也相继推出了许多增强型的 MCS-51 系列单片机,如 8XC52/54/58 是基于 MCS-51 结构的具有多处理器通信、帧错误检测和自动地址识别的全双工串行口以及增/减定时器计数器的 8 位增强型单片机。而后,其他公司也不断推出以 MCS-51 为内核的单片机,如 Atmel 公司 AT89C51/52/53 系列的 Flash Memory 单片机、Philips 公司 P8xC5x 系列具有 I²C 总线的单片机、Cypress 公司 EZ 系列带 USB 接口的单片机等。这些单片机指令系统、硬件资源以及引脚功能和 MCS-51 兼容,但功能却增强了许多,可称它们为 MCS-51 派生型单片机。事实上 Intel 已不再生产 MCS-51 标准型的 8031/32、8051/52、8751/52 单片机,而 MCS-51 派生型单片机则是 MCS-51 生命的延续,继续扮演着 8 位单片机的重要角色,活跃在各种应用领域的舞台上。对于熟悉 MCS-51 单片机的用户掌握 MCS-51 派生型单片机是轻而易举的事。

7.1 Atmel 89 系列单片机

7.1.1 AT89 系列单片机分类

AT89 系列是 Atmel 公司推出的以 MCS-51 为内核的一种带 Flash Memory 程序存储器的 CMOS 单片机。该器件采用 Atmel 高密度非易失存储器制造技术,与工业标准的 MCS-51 指令集和输出引脚兼容。该系列的单片机分为标准型、低档型和高档型 3 类,见表 7.1。

1. 标准型单片机

89 系列标准型单片机包括 89C5X 和 89LV5X,后者为低电源电压型,可在 2.7~6V 电压范围工作,其他功能与前者相同。标准型单片机内部含 4~8KB Flash 程序存储器;可进行 1000 次以上的擦写。全静态时钟振荡频率 0~24MHz;3 级程序存储器锁定;内部含 128~256 字节 RAM;

表 7.1　AT89 系列单片机一览表

类别	型号	编程方式	Flash容量/KB	内部RAM/bit	保密位	引脚数	中断源	定时器	串行口	电源电压/V	Watch-dog Timer	最高振荡频率/MHz
标准型	89C51	专用编程器	4	128×8	3	40	5	2	1个全双工	4.5~5.5	无	24
	89LV51									2.7~6		
	89C52		8	256×8			6	3		4.5~5.5		
	89LV52									2.7~6		
低档型	89C1051		1	64×8	2	20	3	1	无			
	89C2051		2	128×8			5	2				
高档型	89S51	ISP下载	4	128×8	3	40	5	2	1	4.5~5.5	有	33
	89S52		8	256×8	3		6	3				
	89S8252						7					24

有 32 条可编程 I/O 端口线；2~3 个定时器；6~8 个中断源；全双工 UART；低电压空闲方式及调电方式。

2. 低档型单片机

AT89C1051/2051 仅有 20 条引脚的封装，内部只有 1~2KB 的 Flash，内部 RAM 只有 64~128 字节，中断源只有 3 个，并行 I/O 口也比标准型少。

3. 高档型单片机

具有 ISP(In-System Programming)在系统编程功能，可以通过 PC 串行或并行下载编程。其中 89S8252 内部除了 8KB Flash 外，还含有 2KB 的 E²PROM，多达 9 个中断源，内部设有监视定时器 Watch-dog Timer，带双数据指针、电源下降的恢复中断等。

7.1.2　AT89C51/52 单片机

1. AT89C51/52 基本特性

AT89C51 是标准型中的基本型，实质上是用 Flash 代替 EPROM 的 87C51；而 AT89C52 也相当于用 Flash 代替 EPROM 的 87C52。此外，它们设有静态逻辑，其工作频率可降到 0。其主要特性和配置如下：

① 与标准 MCS-51 完全兼容。

② 4KB(89C52 为 8KB)可重复编程 Flash 存储器(擦写次数：1000 个写/擦周期)。

③ 片内振荡器和时钟电路，全静态时钟振荡频率为 0~24MHz。

④ 3 级程序存储器锁定加密。

⑤ 128×8bit 内部 RAM(89C52 有 256B 内部 RAM)。

⑥ 32 条可编程 I/O 线。

⑦ 两个 16 位定时器/计数器(89C52 有 3 个定时器)。

⑧ 5 个中断源(89C52 有 6 个中断源),两级中断优先级。

⑨ 可编程串行口。

⑩ 低功耗的空闲和掉电方式。

2. AT89C52 Flash 的编程接口

对 AT89C51 Flash 的编程在第 2 章已介绍过。对 AT89C52 Flash 的编程与对 AT89C51 的编程很类似,简述如下。

(1) 程序存储器加密位

AT89C52 和 AT89C51 一样有 3 个加密位,可以通过加密位不编程(U)或编程(P)来获得附加功能,见表 7.2。

表 7.2 加密位保护方式

方式	程序加密位			保 护 类 型
	LB3	LB2	LB1	
1	U	U	U	不加密
2	U	U	P	禁止从内部存储器取代码字节来执行外部程序存储器的 MOVC 指令;复位时,$\overline{EA}$被采样并锁存,禁止对 Flash 存储器编程
3	U	P	P	与方式 2 相同,但禁止检验
4	P	P	P	与方式 3 相同,但禁止执行指令

当对加密位 1 编程时,复位期间采样并锁存$\overline{EA}$引脚上的逻辑电平。若装置没有复位而通电,锁存器预置一个随机值,这个值一直保存到启动复位。为了更好地发挥装置的功能,$\overline{EA}$锁存值应与引脚当前的逻辑电平一致。

(2) Flash 编程电压 V_{PP}

AT89C51 和 AT89C52 片内的 Flash 在编程之前处于擦除状态(存储阵列全为 1)。编程接口有高电压(+12V)编程和低电压(V_{CC})编程两种方式。高电压编程方式可兼容第 3 方厂家生产的通用 Flash 或 EPROM 编程器,而低电压的编程方式给用户提供一个更方便使用的途径。它们的标记和特征码如表 7.3 所示。

表 7.3 AT89C52 标记和特征码

编程电压	$V_{PP} = 12V$	$V_{PP} = 5V$
标记	AT89C52 ××××	AT89C52 ××××−5
特征码	(030H)=1EH (031H)=52H (032H)=FFH	(030H)=1EH (031H)=52H (032H)=05H

无论是高电压还是低电压,对 Flash 编程都是按字节单元顺序进行的。要对片内 Flash 任何非空字节单元编程,都必须用片整体擦除方式擦除整个存储阵列。

(3) 对 Flash 的编程与检验

在对 AT89C52 编程前,应根据图 7.1(a)所示的 Flash 编程逻辑、图 7.1(b)所示的

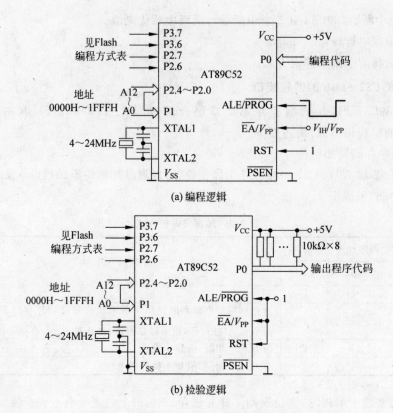

图 7.1　AT89C52 Flash 编程与检验逻辑

Flash 检验逻辑和表 7.4 所列的编程方式对地址线、数据线和控制信号进行设置。编程步骤如下：

表 7.4　Flash 编程方式

操作方式		RST	$\overline{PSEN}$	ALE/$\overline{PROG}$	$\overline{EA}/V_{PP}$②	P2.6	P2.7	P3.6	P3.7
写代码		H	L	⎍	H/12V	L	H	H	H
读代码		H	L	H	H/12V	L	L	H	H
写加密位	位 1	H	L	⎍	H/12V	H	H	H	H
	位 2	H	L	⎍	H/12V	H	H	L	L
	位 3	H	L	⎍①	H/12V	H	L	H	L
芯片擦除		H	L	⎍	H/12V	H	L	L	L
读特征字节		H	L	H	H	L	L	L	L

注：① 片擦除操作时要求 $\overline{PROG}$ 的脉冲宽度为 10ms。

② 根据特征码(地址为 032H)的内容选择合适的编程电压($V_{PP}=12V$ 或 $V_{PP}=5V$)。

① 将要编程的存储单元的地址送到地址线上。

② 将写入的字节数据送数据线上。

③ 根据表 7.4 启动一组编程控制信号。

④ 在高电压编程方式下,将 $\overline{EA}/V_{PP}$ 升到 12V。

⑤ 在 Flash 阵列或加密位编程一个字节,发一次 ALE/$\overline{PROG}$ 脉冲。字节写入周期是自动定时的,典型值不超过 1.5ms,改变待写入的存储单元的地址和数据。

⑥ 重复①~⑤,直到目标文件结束。

(4) 数据查询方式

AT89C52 单片机用数据查询方式来检测一个写周期是否结束。在一个写周期期间,如果试图读出最后写入的字节,则读出数据的最高位(P0.7)是原来写入字节最高位的反码。写周期一旦完成后,有效的数据就会出现在所有输出端上,这时可开始下一个写周期。一个写周期开始后,可在任何时间开始进行数据查询。

(5) READY/$\overline{BUSY}$(P3.4)信号

字节编程过程可通过 P3.4(READY/$\overline{BUSY}$,简记 RDY/$\overline{BSY}$)的输出信号来监视,在编程期间,ALE 变高后,P3.4 被拉低,表示忙。当编程结束时,P3.4 重新拉高,表示处于就绪状态。

(6) 程序检验

若没有对加密位 LB1 和 LB2 编程,程序代码可通过用于检验的地址线和数据线一一读出。对加密位不能进行检验,加密位的检验是通过观测它们的允许功能实现的。

(7) 片擦除

整个 Flash 阵列可通过控制信号的适当组合,并使 ALE/$\overline{PROG}$ 保持低电平 10ms 进行电擦除,将所有代码阵列写 1。片擦除操作必须在编程前进行。

(8) 读特征字节

读特征字节的过程和程序读出检验相仿,但必须使 P3.7P3.6=00,读出以下特征字节。

(030H)=1EH,表示 Atmel 公司制造。

(031H)=51H,表示 89C51;(031H)=52H,表示 89C52。

(032H)=FFH,表示 $V_{PP}=12V$;(032H)=05H,表示 $V_{PP}=5V$。

7.1.3 AT89C1051/2051 单片机

1. AT89C1051/2051 单片机的基本特性

AT89C1051/2051 单片机是以 MCS-51 为内核、带 1KB(89C2051 带 2KB)Flash 程序存储器、仅有 20 引脚的 CMOS 单片机。其基本特性如下:

① 与 MCS-51 单片机结构和指令系统兼容。

② 内含 1KB(89C1051)或 2KB(89C2051)的 Flash 程序存储器。

③ Flash 擦写次数:1000 个写/擦周期。

④ 工作电压:2.7~6V。

⑤ 全静态时钟方式工作：0～24MHz。

⑥ 2 级程序存储器锁定加密。

⑦ 64×8bit(89C1051)或 128×8bit(89C2051)内部 RAM。

⑧ 15 条可编程 I/O 线。

⑨ 1 个(89C1051)或 2 个(89C2051)16 位定时器/计数器。

⑩ 3 个(89C1051)或 5 个(89C2051)中断源,两级中断优先级。

⑪ 可编程串行 UART(仅 89C2051)。

⑫ 直接 LED 驱动输出。

⑬ 内置模拟比较器。

⑭ 低功耗的空闲和掉电方式。

2. 引脚功能及内部结构

图 7.2 给出了 AT89C1051/2051 单片机 PDIP 和 SOIC 封装的引脚图。图 7.3 所示为 AT89C1051/2051 单片机的内部结构框图。引脚功能描述如下。

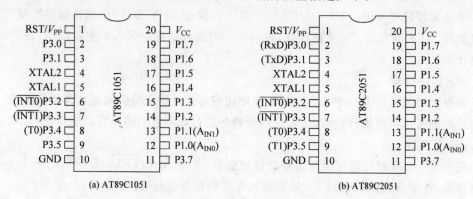

图 7.2　AT89C1051/2051 单片机引脚图

(1) P1 口

P1 口是 8 位准双向 I/O 口,其中 P1.0 和 P1.1 还分别作为片内精密模拟比较器的同相输入端 A_{IN0} 和反相输入端 A_{IN1}。P1.0 和 P1.1 内部无上拉电阻,而 P1.2～P1.7 内部提供上拉电阻。P1 口输出缓冲器能吸收 20mA 电流,并能直接驱动 LED 显示。当 P1 口的某些位用作输入时,应对 P1 口的相应位锁存器写入 1。

此外,在对片内 Flash 编程和检验时,P1 口用作数据线。

(2) P3 口

P3 口的 P3.0～P3.5 和 P3.7 是 7 位的内部带有上拉电阻的准双向 I/O 口。P3.6 固定用做接收片内比较器输出信号,用户不能把它作为一般的 I/O 口来使用。P3 缓冲器可吸收 20mA 电流。当 P3 口的某些位用作输入时,应对 P3 口的相应位锁存器写入 1。

此外,在对片内 Flash 编程和检验时,P3 口用作控制信号线。P3 口还有第二功能,见表 7.5。

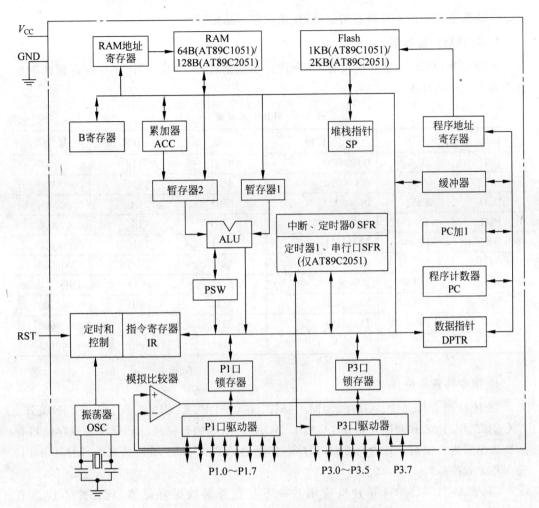

图 7.3　AT89C1051/2051 单片机内部结构框图

表 7.5　P3 口第二功能

P3 口引脚	第二功能	P3 口引脚	第二功能
P3.0	RxD(串行输入口)*	P3.3	$\overline{INT1}$(外部中断 1 输入)
P3.1	TxD(串行输出口)*	P3.4	T0(定时器 0 外部输入)
P3.2	$\overline{INT0}$(外部中断 0 输入)	P3.5	T1(定时器 1 外部输入)*

注：带"＊"号者仅 AT89C2051 才有。

(3) RST/V_{PP}

RST 为高电平复位信号输入,当 RST 保持 2 个机器周期以上的高电平,便可完成复位操作,复位后所有 I/O 引脚为高电平。在对片内 Flash 编程和检验时,该引脚又是编程电压 V_{PP} 端。

(4) XTAL1 和 XTAL2

XTAL1 为时钟振荡器的反相放大器输入端,XTAL2 为时钟振荡器的反相放大器输出端。这两个端子用来外接石英晶体,振荡频率为晶振频率。

3. 特殊功能寄存器

AT89C1051/2051 单片机仅有 19 个特殊功能寄存器 SFR,SFR 在片内存储区的地址分布及复位值见表 7.6。

表 7.6　SFR 地址映像

地址	SFR	复位值	地址	SFR	复位值
F0H	B	00000000	8DH	TH1	00000000
E0H	ACC	00000000	8CH	TH0	00000000
D0H	PSW	00000000	8BH	TL1	00000000
B8H	IP	×××00000	8AH	TL0	00000000
B0H	P3	11111111	89H	TMOD	00000000
A8H	IE	0××00000	88H	TCON	00000000
99H	SBUF	××××××××	87H	PCON	0×××0000
98H	SCON	00000000	83H	DPH	00000000
90H	P1	11111111	82H	DPL	00000000
			81H	SP	00000111

4. 指令约束条件

① 转移指令 LJMP、AJMP、SJMP、JMP @ A＋DPTR、CJNE、DJNZ、JB、JNB、JC、JNC、JBC、JZ、JNZ 和调用子程序 LCALL、ACALL 指令的目标地址必须在程序存储器有效物理空间内。如对于片内带 2KB 程序存储器的 AT89C2051 单片机来说,LJMP 900H 是一条无效指令。

② AT89C1051/2051 单片机应用系统不存在外部数据存储器,程序中不应该有 MOVX 指令。

③ 中断服务程序也必须设置在程序存储器有效物理空间内。

5. AT89C1051/2051 单片机模拟比较器的应用举例

图 7.4 所示为利用 AT89C2051 单片机的内置模拟比较器构成双积分式 A/D 转换器接口。比较器的正、反相输入端分别连接到 P1.0 和 P1.1 引脚,比较器输出端与 P3.6 连接,从 P3.6 读取比较器的输出结果。I 为恒流源,其电流约为 $0.5\sim2\text{mA}$,C 是积分电容,C 与 I 的选择取决于 A/D 转换分辨力,V_{REF} 为参考电压,一般取模拟输入电压最大值的一半,4051 芯片是一个 8 选 1 通道模拟开关,其中通道 0 接参考电压,通道 1~7 接模拟量输入,即该 A/D 转换器有 7 个模拟输入通道。P1.2、P1.3 和 P1.4 用作多路模拟开关的通道选择,通道选择编码见表 7.7。

电容器 C 对恒流源 I 积分,电容器两端的电压 u_C 为

$$u_C = \frac{1}{C}\int I\mathrm{d}t = \frac{1}{C}It + C_1$$

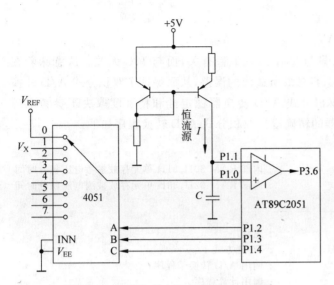

表 7.7 4051 芯片通道选择编码

P1.4 C	P1.3 B	P1.2 A	所选通道
0	0	0	0
0	0	1	1
0	1	0	2
0	1	1	3
1	0	0	4
1	0	1	5
1	1	0	6
1	1	1	7

图 7.4 双积分式 A/D 转换器接口电路

u_C 与时间 t 成线性比例关系,只要获得积分时间 t,就可求得电压 u_C。这里利用定时器 T0 工作于方式 1(16 位计数器)来测量积分时间。转换过程分以下 5 步:

(1) 积分电容 C 放电。向 P1.1 输出锁存器写 0,C 放电,同时将 T0 计数器清 0。

(2) 测量参考电压,即多路模拟开关选择通道 0,相当于 V_{REF} 接至比较器同相输入端,并向 P1.1 端口锁存器写 1,同时启动定时器 T0,此时,电容 C 开始对 I 积分。然后不断检测比较器的输出 P3.6 的状态,当积分电容上的积分电压稍大于参考电压 V_{REF} 时,比较器的输出 P3.6 发生由高至低的跳变。当程序检测到这个跳变后,停止 T0 计数,保存此时的计数结果,获得积分时间 T_{REF},此时测量的参考电压 V_{REF} 为

$$V_{REF} = u_C = I \times T_{REF}/C \tag{7-1}$$

(3) 积分电容 C 放电,T0 计数器清 0,即重复步骤(1)。

(4) 测量被测模拟输入电压 V_x。此时模拟开关可选择通道 1~7 之一,相当于模拟输入电压 V_x 接至比较器的正输入端,重复步骤(2),可得到积分时间 T_x,因此,被测电压 V_x 为

$$V_x = I \times T_x/C \tag{7-2}$$

图 7.5 给出了积分电容 C 上以上 4 步的积分电压波形变化情况。

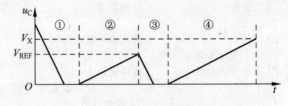

图 7.5 双积分式 A/D 转换 u_C 的变化

(5) 计算 A/D 转换结果,式(7-1)与式(7-2)相除得

$$V_{REF}/V_x = T_{REF}/T_x$$

变换后得 A/D 转换的结果为

$$V_X = V_{REF} \times T_X / T_{REF} \qquad (7\text{-}3)$$

由此可见，A/D 转换结果 V_X 只与 V_{REF}、T_X、T_{REF} 有关，而与 I、C 无关。这意味着在转换过程中抑制了恒流源和积分电容温漂所造成的误差，从而保证了双积分式 A/D 转换器的稳定性和精确度。理论上，双积分式 A/D 转换器稳定性和精确度取决于参考电压 V_{REF} 的稳定性和单片机定时计数器的精确度。双积分式 A/D 转换程序如下：

```
; 初始化主程序
TREFL   EQU     30H                  ; 内部 RAM 30H,31H 单元存放参考电压积分时间
TX      EQU     32H                  ; 内部 RAM 32H,33H 单元存放被测电压积分时间
        ORG     0000H
        LJMP    MAIN
        ORG     0100H                ; 主程序
MAIN:   MOV     TMOD, #01H           ; T0 置方式 1
        LCALL   ATOD                 ; 调用 A/D 转换子程序
        LCALL   CALCULAT             ; 调用计算程序
        SJMP    $                    ; 停机

; A/D 转换子程序
ATOD:   CLR     P1.1                 ; P1.1=0,C 放电
        MOV     TL0, #0              ; 计数器初值为 0
        MOV     TH0, #0
        ACALL   DELAY20              ; 延时 20ms,给 C 足够放电时间
        ANL     P1, #11100011B       ; 选择 A/D 通道 0
        SETB    P1.1                 ; P1.1=1,C 开始充电
        SETB    TR0                  ; 启动 T0 开始计数
        JB      P3.6, $              ; 等待 P3.6 出现负跳变
        CLR     TR0                  ; 是,立即停止 T0 计数
        CLR     C
        MOV     A, TL0               ; 得到积分时间
        MOV     R0, TREF
        MOV     @R0, A
        MOV     A, TH0
        INC     R0
        MOV     @R0, A
        CLR     P1.1                 ; P1.1=0,C 放电
        MOV     TL0, #0              ; 计数器清 0
        MOV     TH0, #0
        ACALL   DELAY20              ; 给足够的放电时间
        ANL     P1, #11100011B
        ORL     P1, #00000100B       ; 选择通道 1
        SETB    P1.1                 ; P1.1=1,C 开始充电
        SETB    TR0                  ; T0 开始计数
        JB      P3.6, $              ; 等待 P3.6 出现负跳变
        CRL     TR0                  ; 是,停止 T0 计数
        CLR     C
        MOV     A, TL0               ; 得到积分时间
        MOV     R1, TX
```

```
        MOV     @R1,A
        MOV     A,TH0
        INC     R1
        MOV     @R1,A
        RET

; 延时 20ms 子程序(略)
DELAY20:        …
        RET

; 计数子程序(略)
CALCULAT:       …
        RET
        END
```

7.1.4 AT89S51/52 单片机

1. AT89S51/52 单片机的基本特性

AT89S51/52 单片机的基本特性和配置如下：

① 与 MCS-51 兼容。

② 4KB/8KB ISP(In-System Programmable,在系统可编程)Flash 程序存储器。

③ 工作电源电压：4.0～5.5V。

④ 全静态时钟频率：0～33MHz。

⑤ 3 级程序存储器加密。

⑥ 128/256×8bit 内部 RAM。

⑦ 32 根可编程 I/O 线。

⑧ 两个 16 位定时器/计数器。

⑨ 6/8 个中断源。

⑩ 全双工 UART 串行口。

⑪ 低功耗空闲方式和掉电方式。

⑫ 监视定时器(Watch-dog Timer)。

⑬ 双数据指针寄存器。

⑭ 电源关闭标志。

⑮ 快速编程。

⑯ 灵活的 ISP 编程模式：字节模式和页模式。

2. AT89S51/52 单片机引脚和内部结构

图 7.6 所示为 AT89S51/52 单片机 PDIP 封装的引脚图。图 7.7 所示为 AT89S51/52 单片机内部结构框图。引脚功能和 87C51/52 单片机完全相同。其中 P1.5～P1.7 的第二功能是为 ISP 使用的,见表 7.8。

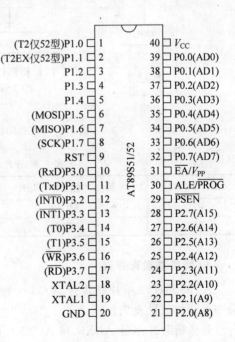

图 7.6 AT89S51/52 单片机引脚图

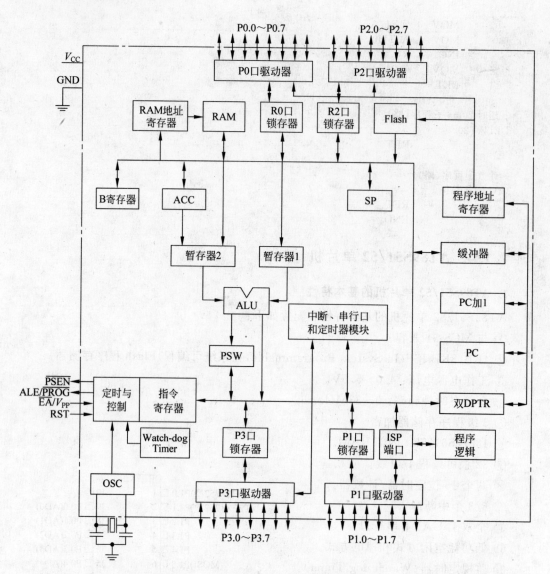

图 7.7　AT89S51/52 单片机内部结构框图

表 7.8　P1.5～P1.7 的第二功能

P1 口引脚	第二功能(用于 ISP)	P1 口引脚	第二功能(用于 ISP)
P1.5	MOSI	P1.7	SCK
P1.6	MISO		

3. 特殊功能寄存器

　　AT89S51/52 单片机共有 26/32 个特殊功能寄存器 SFR,SFR 在片内存储区的地址分布及复位值见表 7.9。

　　这里辅助寄存器 AUXR 和 AUXR1、监视与复位寄存器 WDTRST 和第二数据指针 DPTR1(DP1)是 AT89S51/52 单片机所特有的 SFR。以下对这些特有的 SFR 作简要介绍。

表 7.9 AT89S51/52 单片机 SFR 地址映像

地址	SFR	复 位 值	地址	SFR	复 位 值
F0H	B	00000000	98H	SCON	00000000
E0H	ACC	00000000	90H	P1	11111111
D0H	PSW	00000000	8EH	AUXR	×××00××0
CDH	TH2+	00000000	8DH	TH1	00000000
CCH	TL2+	00000000	8CH	TH0	00000000
CB	RCAP2L+	00000000	8BH	TL1	00000000
CAH	RCAP2L+	00000000	8AH	TL0	00000000
C9H	T2MOD+	×××××00	89H	TMOD	00000000
C8H	T2CON+	00000000	88H	TCON	00000000
B8H	IP	××000000	87H	PCON	0×××0000
B0H	P3	11111111	85H	DP1H	00000000
A8H	IE	0×000000	84H	DP1L	00000000
A6H	WDTRST	××××××××	83H	DP0H	00000000
A2H	AUXR1	×××××××0	82H	DP0L	00000000
A0H	P2	11111111	81H	SP	00000111
99H	SBUF	××××××××	80H	P0	11111111

注：带"+"的 SFR 仅在 AT89S52 单片机中存在。

(1) 辅助寄存器 AUXR(字节地址 8EH,不可位寻址)。AUXR 格式如图 7.8 所示。

bit	D7	D6	D5	D4	D3	D2	D1	D0	字节地址
AUXR	—	—	—	WDIDLE	DISRTO	—	—	DISALE	8EH

图 7.8 辅助寄存器 AUXR 格式

DISALE 允许/禁止 ALE。当 DISALE＝0,ALE 以 $f_{osc}/6$ 速率发出；当 DISALE＝1,仅在执行 MOVC 和 MOVX 指令期间被激活。

DISRTO 允许/禁止复位信号 Reset 输出。当 DISRTO＝0,在 WDT(监视定时器)时间溢出后,RST 引脚输出高电平复位信号。当 DISRTO＝1,RST 引脚禁止 WDT 溢出复位信号输出,RST 仅为外部复位信号输入。

WDIDLE 在 IDLE(空闲)方式下,允许/禁止 WDT。当 WDIDLE＝0,在空闲状态下,WDT 继续计数；当 WDIDLE＝1,在空闲状态下,WDT 暂停计数。

(2) 辅助寄存器 AUXR1(字节地址 A2H,不可位寻址)。AUXR1 格式如图 7.9 所示。

bit	D7	D6	D5	D4	D3	D2	D1	D0	字节地址
AUXR1	—	—	—	—	—	—	—	DPS	A2H

图 7.9 辅助寄存器 AUXR1 格式

DPS 数据指针选择位。当 DPS＝0 时,所选数据指针寄存器 DPTR 是由 DP0H 和 DP0L 组成；当 DPS＝1 时,所选数据指针寄存器 DPTR 是由 DP1H 和 DP1L 组成。在对各自的数据指针寄存器 DPTR 进行存取之前总是应该对 DPS 设置适当的值,如选择 DP1H 和 DP1L 作为数据指针,对 AUXR1 初始化指令如下:

```
AUXR1   EQU    0A2H
        ORL    AUXR1,#01H                    ；使 DPS=1
```

(3) DP0、DP1 双数据指针寄存器:更方便对内部和外部数据存储器进行存取操作。有两组 16 位数据指针寄存器 DP0(由 DP0H 和 DP0L 组成)和 DP1(由 DP1H 和 DP1L 组成)。

(4) 电源控制寄存器 PCON 中的 POF 电源关闭标志位(不可位寻址)。PCON 格式如图 7.10 所示。

bit	D7	D6	D5	D4	D3	D2	D1	D0	字节地址
PCON	SMOD	—	—	POF	GF1	GF0	PD	IDL	87H

图 7.10 电源控制寄存器 PCON 格式

POF 位于 PCON 寄存器中的 D4 位,在上电期间使 POF=1。POF 能在软件控制下置 1 或清 0,复位操作不影响 POP。

PCON 中的其他位与标准的 MCS-51 单片机一样,在第 2 章已介绍过。

4. 监视定时器 WDT(Watch-dog Timer)

(1) WDT 的功能与基本用法

监视定时器 WDT 是能引起自动复位的电路,当应用系统受到环境干扰导致软件运行紊乱时,WDT 能使系统恢复工作。WDT 由一个 14 位(89S51)或 13 位(89S52)计数器和 WDT 复位(WDTRST)SFR 组成,如图 7.11 所示。

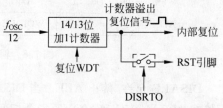

图 7.11 AT89S51/52 单片机监视定时器

系统复位后默认关闭 WDT,且使 WDT 计数器清 0。为了使 WDT 工作,必须向 WDTRST 寄存器先后写入 1EH 和 E1H,指令序列如下:

```
AUXR    EQU    8EH
WDTRST  EQU    0A6H                  ; WDTRST 的地址为 A6H
        ...
        ORL    AUXR,#08H            ; DISRTO=1,允许复位信号输出
        MOV    WDTRST,#1EH          ; 先写入 1EH
        MOV    WDTRST,#0E1H         ; 后写入 E1H
```

一旦启动 WDT,当振荡器工作时,每个机器周期使 WDT 计数器加 1。当计数到 16383(3FFFH)(89S51 单片机)或 8191(1FFFH)(89S52 单片机)时,下一个机器周期将 WDT 计数器溢出,该溢出信号迫使单片机复位。如果将 DISRTO 设置为 1,WDT 输出一个高电平 RESET 复位脉冲施加在单片机 RST 复位引脚上,即 RST 引脚也输出一个高电平复位脉冲,使连接在单片机 RST 引脚上的其他外围器件也同步复位。复位后,重新开始执行程序。RESET 复位脉冲的持续时间为 98 个振荡周期($98/f_{OSC}$),以保证外围

器件可靠复位。禁止 WDT 工作的唯一方法是硬件复位或 WDT 计数器溢出复位。启动 WDT 后,意味着每 16384(89S51)或 8192(89S52)个机器周期内至少要复位 WDT 一次,以防止在正常工作期间 WDT 计数器溢出导致系统复位。WDT 在运行期间复位 WDT 计数器是将 1EH 和 E1H 顺序写入 WDTRST。WDTRST 是只写寄存器,用户也不能对 WDT 计数器进行读或写。

不提倡用定时器中断的方法来复位 WDT,因为即使系统软件发生紊乱之后,定时器中断仍能正常工作,若定时器中断服务程序仍在复位 WDT,WDT 功能将永远不起作用。为了能更好地发挥 WDT 作用,WDT 应服务于那些在防止 WDT 复位所需的时间内周期性执行的程序代码。

(2) 掉电(Power-down)方式和空闲(Idle)方式期间的 WDT

在掉电方式下,振荡器停止工作,因此 WDT 也停止工作,这种状态下无须关心 WDT。有两种退出掉电方式的方法:一是硬件复位;二是通过在进入掉电方式之前被激活的电平触发外部中断。若用硬件复位方法退出掉电方式,像常规一样每当 AT89S51/52 单片机复位时,WDT 作用将发生。用外部中断退出掉电方式则大为不同,中断应保持低电平使器件退出掉电方式并启动振荡器。系统必须维持中断低电平足够长的时间直到振荡器稳定下来。当中断变为高电平时,对中断进行服务。在中断引脚保持低电平时,为防止 WDT 复位器件,WDT 在中断引脚拉为高电平时才启动。建议在退出掉电方式的中断期间复位 WDT。

为了确保 WDT 在退出掉电方式的几个状态中不发生溢出,最好在进入掉电方式之前复位 WDT。如按下列指令序列执行掉电操作:

```
WDTRST    EQU     0A6H            ; WDTRST 的地址为 A6H
          ...
          MOV     WDTRST,#1EH     ; 先写入 1EH
          MOV     WDTRST,#0E1H    ; 后写入 E1H
          ORL     PCON,#02H       ; 使 PD=1,强迫进入掉电方式
```

在空闲方式下,振荡器继续工作,为了防止 WDT 在空闲方式期间复位 AT89S51/52 单片机,应设置一个定时器以周期性退出空闲方式来关注 WDT,然后再进入空闲方式。显然,定时时间应小于 16384(89S51)或 8192(89S52)个机器周期。程序设计如下:

```
; 初始化程序
          MOV     WDTRST,#1EH
          MOV     WDTRST,#0E1H    ; 启动 WDT
          ANL     TMOD,#0FH
          ORL     TMOD,#01H       ; 选择 T0 为方式 1,软件启动
          MOV     TL0,#80H        ; 适当选取 T0 定时时间
          MOV     TH0,#0C1H       ; 计数器初值为 C180H
          SETB    ET0             ; 允许 T0 中断
          SETB    EA              ; 开放中断
          SETB    TR0             ; 启动 T0
          ORL     PCON,#01H       ; 使 IDL=1,进入空闲方式
          ...
; 定时器 T0 中断服务程序
T0ISR:    PUSH    PSW
```

```
MOV      TL0,#80H              ;重装初值 C180H
MOV      TH0,#0C1H
MOV      WDTRST,#1EH           ;强制 WDT 复位并重新开始计数
MOV      WDTRST,#0E1H
ORL      PCON,#01H             ;使 IDL=1,重新进入空闲方式
POP      PSW
RETI                          ;中断返回
```

因为 T0 中断使 IDL=0,退出空闲方式。因此在 T0 中断服务程序中应将 IDL 置 1,再次进入空闲方式。在进入正常运行状态(非空闲方式)时应关闭 T0,以防止在正常运行状态下响应 T0 溢出中断而导致 WDT 失效。

5. AT89S51/52 单片机 Flash 编程接口

AT89S51/52 单片机 Flash 的编程接口有两种方式:并行编程方式和串行编程方式。

(1) 程序存储器加密位

AT89S51/52 与 AT89C51/52 完全相同。

(2) 并行方式的 Flash 编程

① 并行方式的 Flash 编程接口。编程接口需要+12V 高电压作为编程电压,兼容第 3 方常规的 Flash 或 EPROM 编程器。AT89S51/52 单片机 Flash 存储器阵列是按字节编程的。

编程法则:在对 Flash 编程前,应根据表 7.10 所列 Flash 编程方式对地址、数据和控制信号进行设置,如图 7.12 所示。编程步骤如下:

表 7.10　Flash 编程方式

方式		RST	$\overline{PSEN}$	ALE/ $\overline{PROG}$	EA/ V_{PP}	P2.6	P2.7	P3.3	P3.6	P3.7	P0 数据	P2.3～ P2.0	P1.7～ P1.0
												地址	
写代码		1	0	⎍	12V	0	1	1	1	1	D_{IN}	A12～A8	A7～A0
读代码		1	0	1	1	0	0	0	1	1	D_{OUT}	A12～A8	A7～A0
写加 密位	位 1	1	0	⎍	12V	1	1	1	1	1	×	×	×
	位 2	1	0	⎍	12V	1	1	1	0	0	×	×	×
	位 3	1	0	⎍	12V	1	0	1	0	0	×	×	×
读加密位		1	0	1	1	1	1	0	1	0	P0.2 P0.3 P0.4	×	×
芯片擦除		1	0	⎍	12V	1	0	0	1	0	×	×	×
读 Atmel ID		1	0	1	1	0	0	0	0	0	1EH	×0000	00H
读设备 ID		1	0	1	1	0	0	1	0	0	52H	×0001	00H
读设备 ID		1	0	1	1	0	0	1	0	0	06H	×0010	00H

注:① 芯片擦除操作、写代码操作及写加密位时,每个 $\overline{PROG}$ 脉冲宽度为 200～500ns。

② 在编程期间,P3.0 输出 RDY/$\overline{BSY}$ 信号。

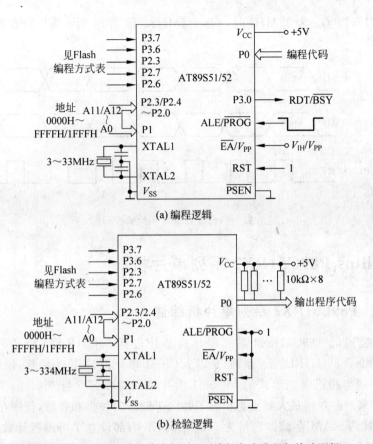

(a) 编程逻辑

(b) 检验逻辑

图 7.12 AT89S51/52 单片机 Flash 并行方式编程与检验逻辑

a. 将要编程的存储单元的地址送到地址线上。

b. 将写入的字节数据送到数据线上。

c. 根据表 7.10 启动一组编程控制信号。

d. 将 $\overline{EA}/V_{PP}$ 升到 12V。

e. 在 Flash 阵列或加密位编程一个字节,发一次 ALE/$\overline{PROG}$ 脉冲。字节写入周期是自动定时的,典型值不超过 50μs,改变待写入的存储单元的地址和数据。

f. 重复 a~f,直到目标文件结束。

② 串行方式的 Flash 编程接口。当 RST = 1 时,也可采用串行 ISP(In-System Programming)接口对 Flash 程序存储器编程,如图 7.13 所示。串行接口信号有移位时钟 SCK、MOSI(输入)和 MOSO(输出)。在 RST 设置为高电平后,在其他操作执行之前,首先需要执行编程允许指令。每次编程前,需安排芯片擦除操作,擦除后存储单元的内容为 FFH。

移位时钟 SCK 信号频率 f_{SCK} 为振荡频

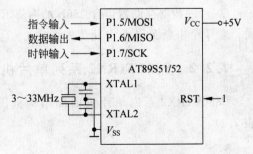

图 7.13 串行方式编程接口

率 f_{osc} 的 1/16，当 f_{osc} 为 33MHz 时，$f_{SCK} = 2MHz$。图 7.14 所示为串行方式编程和检验波形图。

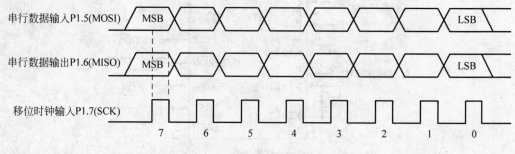

图 7.14   串行方式编程和检验波形图

7.2   Philips P89C51RX2 系列单片机

7.2.1   P89C51RX2 系列单片机综述

Philips 公司的 P89C51RX2 系列单片机芯片包括 89C51RA2XX、P89C51RB2XX、P89C51RC2XX、P89C51RD2XX 系列，是以 MCS-51 单片机 CPU 为内核，硬件资源、指令系统、引脚排列与相同封装形式的 MCS-51 单片机保持兼容。与 MCS-51 单片机相比，P89C51RX2 系列芯片的最大特点是扩展了片内存储器的种类和容量，程序存储器容量最大为 64KB，片内 RAM 存储器容量为 512～1024B，内部设置了可编程计数器阵列 PCA（Programmable Counter Array），且与 Intel 8XC51FX 系列内置可编程计数阵列兼容。此外，片内还设置了监视定时器 WDT（Watch-dog Timer）。P89C51RX2 的主要特点如下：

① 采用 80C51 CPU 内核。

② 具有带 ISP 和 IAP 在线编程功能的片内 Flash 程序存储器。

③ 片内 Boot ROM 包含底层 Flash 编程子程序以实现通过 UART 下载程序。

④ 与 87C51 兼容的并行编程硬件接口。

⑤ 有两种时钟运行模式：6 时钟和 12 时钟模式。

⑥ 每机器周期采用 6 时钟时，振荡频率可高达 20MHz（相当于 MCS-51 的 40MHz 振荡频率），采用 12 时钟模式时，振荡频率可达 33MHz。

⑦ 片内数据存储器包含 256B 的内部 RAM 和 256～768B 的内部扩展 RAM。

⑧ 7 个中断源，4 个中断优先级。

7.2.2   P89C51RX2 系列单片机内部结构

P89C51RX2 系列单片机内部结构框图如图 7.15 所示，各类型号的内部配置见表 7.11。

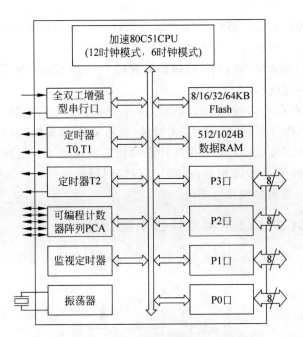

图 7.15 P89C51RX2 系列单片机结构框图

表 7.11 P89C51RX2 系列单片机内部配置

型 号	片内驻留 RAM		片内程序存储器 Flash /KB	定时器/计数器				中断系统		程序保密	每机器周期时钟数		时钟频率范围 /MHz	
	内部 RAM /B	扩展 RAM /B		计数器数	脉宽调制 PWM	可编程计数阵列 PCA	监视定时器 WD	串行口 UART /个	中断源	中断优先级		默认	可选	6 时钟模式	12 时钟模式
P89C51RD2XX	256	768	64	4	有	有	有	1	7	4	有	12 时钟	6 时钟	0~20	0~33
P89C51RC2XX	256	256	32	4											
P89C51RB2XX	256	256	16	4											
P89C51RA2XX	256	256	8	4											

Philips 公司 P89C51RX 系列单片机是在 Philips 公司的第一代产品 P89C51RXH 的基础上升级的第二代产品,P89C51RX 系列与第一代 P89C51RXH 系列芯片相比主要区别如下:

① P89C51RX 系列单片机在器件型号命名中没有字母"H"。

② 第一代 P89C51RXH 芯片时钟模式配置位 FX2 的片内程序存储器为 OTP ROM,默认为 6 时钟模式,可编程为 12 时钟模式,但编程后不能再改为 6 时钟模式。而第二代 P89C51RX 系列芯片时钟模式配置位 FX2 的片内程序存储器 Flash ROM,默认为 12 时钟模式,可编程为 6 时钟模式,这样就可以通过并行编程方式擦除、恢复为 12 时钟模式。

③ 增加了时钟控制寄存器 CKCON,即当 FX2 位处于擦除或未编程状态(FX2 位为 1)时,可通过软件修改时钟控制寄存器 CKCON 的 X2 位选择系统时钟模式(值得注意的是位于 Flash ROM 保密字节内的系统时钟配置位 FX2 比 CKCON 寄存器内的 X2 位优先,即当 FX2 位被编程后,X2 位无效)。

④ 当 CPU 运行在 6 时钟/机器周期状态时,可通过时钟控制寄存器 CKCON 来选择外设时钟模式。但是当 CPU 运行在 12 时钟/机器周期状态时,所有外设时钟固定为 12 时/机器周期模式,与 CKCON 寄存器外设时钟选择位无关。例如不对 FX2 编程,而 X2=0,即 CPU 时钟模式为 12 时钟/机器周期时,则所有外设时钟均为 12 时钟/机器周期,与 CKCON 的外设时钟选择位无关。

7.2.3　P89C51RX2 系列单片机引脚功能

P89C51RX2 系列单片机引脚与 80C51 兼容,DIP 封装形式也保持 40 脚,引脚逻辑图如图 7.16 所示。

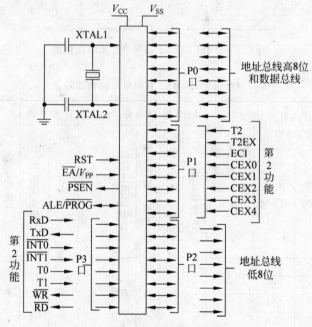

图 7.16　P89C51RX2 引脚逻辑图

由于内部增加有 T2 和 PCA,这两个功能部件引脚由 P1 口的第二功能来实现。P1 口第 2 功能说明如下。

- T2(P1.0):定时器/计数器 T2 外部计数输入/时钟输出。
- T2EX(P1.1):定时器/计数器 T2 重装/捕捉/方向控制。
- ECI(P1.2):PCA 外部时钟输入。
- CEX0(P1.3):PCA 方式 0 捕捉/比较外部 I/O。
- CEX1(P1.4):PCA 方式 1 捕捉/比较外部 I/O。
- CEX2(P1.5):PCA 方式 2 捕捉/比较外部 I/O。

- CEX3(P1.6)：PCA 方式 3 捕捉/比较外部 I/O。
- CEX4(P1.7)：PCA 方式 4 捕捉/比较外部 I/O。

其他引脚功能与标准的 MCS-51 单片机引脚相同。

7.2.4　存储器组织

P89C51RX2 系列单片机存储器与 MCS-51 单片机一样，在物理上划分为程序存储器
(Flash)、片内数据 RAM、内部扩展 RAM 和外部数据 RAM 四大存储区域，如图 7.17 所示。

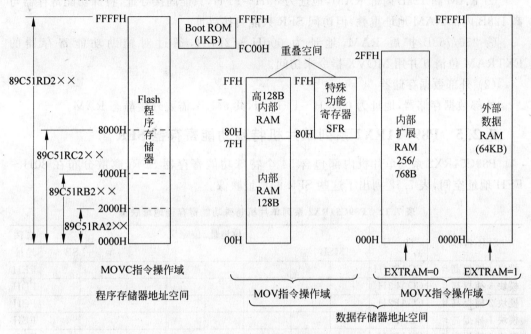

图 7.17　P89C51RX2 单片机存储器组织

1. 程序存储器

（1）Flash 存储器空间

P89C51RA2/RB2/RC2/RD2××单片机具有 8KB/16KB/32KB/64KB 并行可编程
的非易失性 Flash 程序存储器，它们以 4KB 程序块为单位，并可实现对器件串行在系统
编程 ISP 和在应用编程 IAP(In-Application Programming)。对于 ISP 方式编程，单片机
安装在用户板上时允许用户下载新的代码；对于 IAP 方式编程，单片机可以在系统中获取
新代码，用户程序通过使用片内 ROM 中的标准程序对 Flash 存储器进行擦除和重新编程。

（2）Boot ROM

P89C51RX2 单片机内部固化了 1KB 的 Boot ROM，包含了一个底层 Flash 编程子程
序和一个默认的串行装载程序，以实现通过 UART 下载程序。当微控制器对自身的
Flash 存储器进行编程时，所有底层操作的细节都由固化在 1KB Boot ROM 中的代码进
行处理。用户程序简单调用 Boot ROM 中带适当参数的公共入口即可实现所需要的操
作。Boot ROM 的操作包括以下内容：擦除程序块、编程字节、检验字节和编程保密位
等。Boot ROM 与 Flash 存储器是各自独立的，当 Boot ROM 打开时，它与从 0FC00H 到

0FFFFH 的程序存储器的地址相重叠,可以将 Boot ROM 关闭,这样就可对这一部分的程序存储区进行访问。

2. 数据存储器

(1) 内部 RAM

P89C51RX2 系列单片机内部数据存储器分为三部分。

① RAM 低 128B 内部 RAM,地址为 00H~7FH,可直接或间接寻址。

② RAM 高 128B 内部 RAM,地址为 80H~FFH,只能间接寻址,特殊功能寄存器与高 128B 内部 RAM 地址重叠,但访问 SFR 只能直接寻址。

③ 256/768B 扩展 RAM,地址为 000H~2FFH,通过对辅助功能寄存器的 EXTRAM 位清 0 并用 MOVX 指令来访问。

(2) 外部数据存储器

外部数据存储器,地址为 0000H~FFFFH,共 64KB,需要外接静态 RAM。

7.2.5　P89C51RX2 系列单片机特殊功能寄存器 SFR

P89C51RX2 系列单片机内部包含 54 个特殊功能寄存器 SFR,离散分布在 80H~FFH 地址空间,表 7.12 列出了这些 SFR 的地址映像。

表 7.12　P89C51RX2 系列单片机特殊功能寄存器地址映像

SFR 名称	符　号	位地址/位定义								直接地址
		MSB							LSB	
模块 4 捕捉高 #	CCAP34H									FEH
模块 3 捕捉高 #	CCAP3H									FDH
模块 2 捕捉高 #	CCAP2H									FCH
模块 1 捕捉高 #	CCAP1H									FBH
模块 0 捕捉高 #	CCAP0H									FAH
PCA 计数器高 #	CH									F9H
B 寄存器 *	B	F7	F6	F5	F4	F3	F2	F1	F0	EEH
模块 4 捕捉低 #	CCAP4L									EDH
模块 3 捕捉低 #	CCAP3L									EDH
模块 2 捕捉低 #	CCAP2L									ECH
模块 1 捕捉低 #	CCAP1L									EBH
模块 0 捕捉低 #	CCAP0L									EAH
PCA 计数器低 #	CL									E9H
累加器 A *	ACC	E7	E6	E5	E4	E3	E2	E1	E0	E0H
模块 4 方式 #	CCAPM4	—	ECOM	CAAP	CAPN	MAT	TOG	PWM	ECCF	DEH
模块 3 方式 #	CCAPM3	—	ECOM	CAAP	CAPN	MAT	TOG	PWM	ECCF	DDH
模块 2 方式 #	CCAPM2	—	ECOM	CAAP	CAPN	MAT	TOG	PWM	ECCF	DCH
模块 1 方式 #	CCAPM1	—	ECOM	CAAP	CAPN	MAT	TOG	PWM	ECCF	DBH
模块 0 方式 #	CCAPM0	—	ECOM	CAAP	CAPN	MAT	TOG	PWM	ECCF	DAH
PCA 计数方式 #	CMOD	CIDL	WDTE	—		—	CPS1	CPS0	ECF	D9H
PCA 计数控制寄存器 * #	CCON	DF	DE	DD	DC	DB	DA	D9	D8	D8H
		CF	CR	—	CCF4	CCF3	CCF2	CCF1	CCF0	

续表

SFR 名称	符 号	位地址/位定义 MSB							LSB	直接地址
程序状态字*	PSW	D7	D6	D5	D4	D3	D2	D1	D0	D0H
		CY	AC	F0	RS1	RS0	0V	—	P	
T2 高字节+	TH2									CDH
T2 低字节+	TL2									CCH
T2 捕获高+	RCAP2H									CBH
T2 捕获低+	RCAP2L									CAH
T2 方式控制#	T2MOD	—	—	—	—	—	—	T2OE	DCEN	C9H
T2 控制+*	T2CON	CF	CE	CD	CC	CB	CA	C9	C8	C8H
		TF2	EXF2	RCLK	TCLK	EXEN2	TR2	C/T2	CP/RL2	
从地址屏蔽#	SADEN									B9H
中断优先级*	IP	BF	BE	BD	BC	BB	BA	B9	B8	B8H
		—	PPC	PT2	PS	PT1	PX1	PT0	PX0	
中断优先级高#	IPH		PPCH	PT2H	PSH	PT1H	PX1H	PT0H	PX0H	B7H
I/O 端口 3*	P3	B7	B6	B5	B4	B3	B2	B1	B0	B0H
		P3.7	P3.6	P3.5	P3.4	P3.3	P3.2	P3.1	P3.0	
从地址寄存器#	SADDR									A9H
中断允许*	IE	AF	AE	AD	AC	AB	AA	A9	A8	A8H
		EA	EC	ET2	ES	ET1	EX1	ET0	EX0	
监视定时器复位	WDTRST									A6H
辅助寄存器 1#	AUXR1	—	—	ENBOOT	—	GF2	0	—	DPS	A2H
I/O 端口 2*	P2	A7	A6	A5	A4	A3	A2	A1	A0	A0H
		P2.7	P2.6	P2.5	P2.4	P2.3	P2.2	P2.1	P2.0	
串行数据缓冲	SBUF									99H
串行控制*	SCON	9F	9E	9D	9C	9B	9A	99	98	98H
		SM0	SM1	SM2	REN	TB8	RB8	TI	RI	
I/O 端口 1*	P1	97	96	95	94	93	92	91	90	90H
		P1.7	P1.6	P1.5	P1.4	P1.3	P1.2	P1.1	P1.0	
时钟控制#	CKCON	—	WDX2	PCAX2	SIX2	T2X2	T1X2	T0X2	X2	8FH
辅助寄存器#	AUXR	—	—	—	—	—	—	EXTRAM	AO	8EH
T1 高字节	TH1									8DH
T0 高字节	TH0									8CH
T1 低字节	TL1									8BH
T0 低字节	TL0									8AH
定时器方式	TMOD	GATE	C/T	M1	M0	GATE	C/T	M1	M0	89H
定时器控制*	TCON	8F	8E	8D	8C	8B	8A	89	88	88H
		TF1	TR1	TF0	TR0	IE1	IT1	IE0	IT0	
电源控制	PCON	SMOD	—	—	—	GF1	GF0	PD	IDL	87H
数据指针高	DPH									83H
数据指针低	DPL									82H
堆栈指针	SP									81H
I/O 端口 0*	P0	87	86	85	84	83	82	81	80	80H
		P0.7	P0.6	P0.5	P0.4	P0.3	P0.2	P0.1	P0.0	

注：带"*"SFR 表示具有位地址,可位寻址；"+"表示仅 8032/8052 型存在；"#"表示仅 P89C51RX2 系列存在；"—"为保留位。

7.2.6 时钟模式

P89C51RX2 系列单片机有两种时钟运行模式：12 时钟模式和 6 时钟模式。12 时钟模式是与标准 MCS-51 相同的每机器周期 12 个时钟脉冲模式，该器件在出厂时默认为 12 时钟模式。也可选择 6 时钟模式，即每机器周期 6 个时钟脉冲，在相同振荡频率下，执行指令的速度后者要比前者快 1 倍。

P89C51RX2 系列单片机设置了时钟控制寄存器 CKCON（直接地址为 8FH，不可位寻址，复位值为 00×00000B），各位定义如图 7.18 所示。

bit	D7	D6	D5	D4	D3	D2	D1	D0	
CKCON	—	WDX2	PCAX2	SIX2	T2X2	T1X2	T0X2	X2	8FH

图 7.18　CKCON 寄存器格式

WDX2：监视定时器时钟选择位。WDX2＝0，选择 6 时钟；WDX2＝1，选择 12 时钟。

PCAX2：PCA 时钟选择位。PCAX2＝0，选择 6 时钟；PCAX2＝1，选择 12 时钟。

SIX2：串行口 UART 时钟选择位。SIX2＝0，选择 6 时钟；SIX2＝1，选择 12 时钟。

T2X2：定时器 T2 时钟选择位。T2X2＝0，选择 6 时钟；T2X2＝1，选择 12 时钟。

T1X2：定时器 T1 时钟选择位。T1X2＝0，选择 6 时钟；T1X2＝1，选择 12 时钟。

T0X2：定时器 T0 时钟选择位。T0X2＝0，选择 6 时钟；T0X2＝1，选择 12 时钟。

X2：CPU 时钟选择位。X2＝0，选择 6 时钟；X2 ＝1，选择 12 时钟。

另外，通过 CKCON 位 X2 或 Flash 配置位 FX2（位于保密 Flash 块中）编程，可对 6 时钟/12 时钟模式进行设置，当 FX2 编程为 6 时钟模式时，X2 将不起作用。CKCON 还支持单独对外围功能的时钟速率进行设置，当运行于 6 时钟模式时，外围功能可单独由 $f_{osc}/6$ 或 $f_{osc}/12$ 驱动，运行于 12 时钟模式时，则只能使用 $f_{osc}/12$。外围功能的时钟源真值见表 7.13。

表 7.13　外围功能时钟源真值表

FX2 时钟模式位	X2	外围功能时钟模式位（如 T0X2）	CPU 模式	外围功能时钟速率
擦除	0	×	12 时钟（默认）	12 时钟（默认）
擦除	1	0	6 时钟	6 时钟
擦除	1	1	6 时钟	12 时钟
编程	×	0	6 时钟	6 时钟
编程	×	1	6 时钟	12 时钟

7.2.7 中断优先级结构

P89C51RX2 系列单片机有 7 个中断源，共 4 个中断优先级，可通过 IE、IP 和 IPH 这 3 个 SFR 来设置中断优先级。

同级中断源的优先顺序由硬件排队,见表 7.14。表 7.14 还给出了 7 个中断源的入口地址,注意 PCA 与串行口的中断优先次序。

表 7.14　同级中断优先次序

中断源	优先顺序	请求位	硬件清除	入口地址
$\overline{INT0}$	1(最高)	IE0	N(L)1Y(T)2	0003H
T0	2	TP0	Y	000BH
$\overline{INT1}$	3	IE1	N(L) Y(T)	0013H
T1	4	TF1	Y	001BH
PCA	5	$CF,CCFn(n=0\sim4)$	N	0033H
串行口	6	R1,T1	N	0023H
T2	7(最低)	TF2,EXF2	N	002BH

注:L 为电平激活,T 为翻转激活。

① 中断允许寄存器 IE(直接地址为 A8H,可位寻址,复位值为 0×000000B),各位定义如图 7.19 所示。

bit	AF	AE	AD	AC	AB	AA	A9	A8	
IE	EA	EC	ET2	ES	ET1	EX1	ET0	EX0	A8H

图 7.19　IE 寄存器格式

EA:全局中断控制位。如果 EA=0,禁止所有中断;如果 EA=1,通过置位或清除各中断源对应的中断控制位允许或禁止中断。

EC:PCA 中断控制位。

ET2:定时器 T2 中断控制位。

ES:串行口中断控制位。

ET1:定时器 T1 中断控制位。

EX1:外部中断 1 中断控制位。

ET0:定时器 T0 中断控制位。

EX0:外部中断 0 中断控制位。

当相应的控制位为 1 时,允许中断;控制位为 0 时,禁止中断。

② 中断优先级寄存器 IP(直接地址为 B8H,可位寻址,复位值为×0000000B),各位定义如图 7.20 所示。

bit	BF	BE	BD	BC	BB	BA	B9	B8	
IP	—	PCC	PT2	PS	PT1	PX1	PT0	PX0	B8H

图 7.20　IP 寄存器格式

PCC:PCA 中断优先级控制位。

PT2:定时器 T2 中断优先级控制位。

PS:串行口中断优先级控制位。

PT1：定时器 T1 中断优先级控制位。

PX1：外部中断 1 中断优先级控制位。

PT0：定时器 T0 中断优先级控制位。

PX0：外部中断 0 中断优先级控制位。

当中断优先级控制位为 1 时，定义为高优先级中断；中断优先级控制位为 0 时，定义为低优先级中断。

③ 中断优先级高寄存器 IPH(直接地址为 B7H，不可位寻址，复位值为×0000000B)组成 4 级中断结构，各位定义如图 7.21 所示。

bit	D7	D6	D5	D4	D3	D2	D1	D0	
IPH	—	PPCH	PT2H	PSH	PT1H	PX1H	PT0H	PX0H	B7H

图 7.21　IPH 寄存器格式

PPCH：PCA 中断优先级控制位高。

PT2H：定时器 T2 中断优先级控制位高。

PSH：串行口中断优先级控制位高。

PT1H：定时器 T1 中断优先级控制位高。

PX1H：外部中断 1 中断优先级控制位高。

PT0H：定时器 T0 中断优先级控制位高。

PX0H：外部中断 T0 中断优先级控制位高。

当中断优先级控制位为 1 时，定义为高优先级中断。中断优先级控制位为 0 时，定义为低优先级中断。

IPH 寄存器的功能很简单，IPH 和 IP 组合可设置 4 个中断优先级，使得 P89C51RX2 比标准的 MCS-51 多 2 个中断优先级。每一个中断的优先级见表 7.15。

表 7.15　中断优先级

优先级位		中断优先级
IPH. x	IP. x	
0	0	0(最低)
0	1	1
1	0	2
1	1	3(最高)

7.2.8　降低 EMI

当执行程序存储器 Flash 中的程序时，ALE 信号是无用的，ALE 的输出有可能引起干扰。为了避免无效 ALE 输出产生的 EMI(Electro Magnetic Interference，电磁干扰)辐射，可通过 AUXR 寄存器的 AO 位置 1 来切断 ALE 信号输出。当程序读取外部数据存储器或跳转到执行外部程序存储器中的程序时，被关闭的 ALE 将自动被激活。一旦访问外部数据存储器完毕或返回到片内程序存储器执行程序时，ALE 将再次被关断。

辅助寄存器 AUXR(直接地址为 8EH，不可位寻址，复位值为××××××00B)的各位定义如图 7.22 所示。

bit	D7	D6	D5	D4	D3	D2	D1	D0	
AUXR	—	—	—	—	—	—	EXTRAM	AO	8EH

图 7.22　AUXR 寄存器格式

AO：ALE 信号输出控制位。当 AO＝0 时，以恒定的 $f_{osc}/3$ 发出 ALE 信号，而在 12 时钟模式下，ALE 信号频率为 $f_{osc}/6$；当 AO＝1 时，禁止 ALE 输出，仅当执行 MOVX 或 MOVC 指令时 ALE 才有效。

EXTRAM：外部数据存储器操作模式控制位。当 EXTRAM＝0 时，使用 MOVX @Ri/@DPTR 访问内部扩展 RAM；EXTRAM＝1 时，访问外部数据存储器。

如将扩展 RAM 100H 地址单元的内容送入外部 RAM 2000H 地址单元中，程序如下：

```
AUXR    EQU     8EH                 ; 用等值伪指令定义 AUXR1 直接地址
        ANL     AUXR, #11111101B    ; 使 EXTRAM=0
        MOV     DPTR, #0100H
        MOVX    A, @DPTR            ; 访问内部扩展 RAM
        ORL     AUXR, #00000010B    ; 使 EXTRAM=1
        MOV     DPTR, #2000H
        MOVX    @DPTR, A           ; 访问外部 RAM
```

7.2.9　双数据指针寄存器 DPTR0 和 DPTR1

P89C51RX2 系列单片机提供了两个 DPTR 寄存器，分别命名为 DPTR0 和 DPTR1。它们通常用于寻址外部数据存储器。可以寻址外部存储器，通过对辅助寄存器 AUXR1 的 DPS 位编程可实现两个数据指针寄存器的切换。

辅助寄存器 AUXR1（直接地址为 A2H，不可位寻址，复位值为×××000×0B）的各位定义如图 7.23 所示。

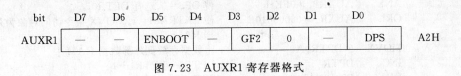

图 7.23　AUXR1 寄存器格式

ENBOOT：Boot ROM 允许位。如果复位时状态字节非零或 $\overline{PSEN}$ 被拉低，ALE 悬浮为高且在复位下降沿时 EA＞VIH，那么硬件将使 ENBOOT＝1。

GF2：是一个由用户定义的标志位，通常在切换 DPTR 时作为用户标志。

AUXR1 的 D2 位不能写，而读出值总是为 0。

DPS：数据指针切换控制位。当 DPS＝0 时，选择 DPTR0；DPS＝1 时，选择 DPTR1。

DPTR0 和 DPTR1 是物理上完全独立的两个数据指针寄存器，在指令中仍使用标准的 MCS-51 数据指针寄存器名 DPTR，只是由 DPS 的状态来决定当前数据指针寄存器是 DPTR0 还是 DPTR1，如图 7.24 所示。

如使用 DPTR1 来寻址外部数据 RAM 2000H 单元，由下列指令程序来完成：

```
AUXR1   EQU     0A2H           ; 用等值伪指令定义 AUXR1 直接地址
        ORL     AUXR1, #09H    ; 使 DPS=1，选择 DPTR1，并建立 GF2 标志位
        MOV     DPTR, #2000H   ; DPTR1 指向外部 RAM 2000H 单元
        MOVX    A, @DPTR       ; 取外部 RAM 2000H 单元的数据
```

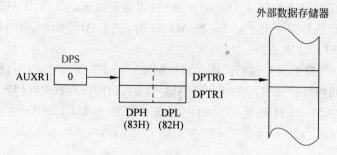

图 7.24　双 DPTR 示意图

又如，要求将内部扩展 RAM 地址为 0000H～00FFH 共 256B 单元中的数据搬到外部 RAM 1000H～10FFH 区域中，程序如下：

```
AUXR    EQU    8EH
AUXR1   EQU    0A2H
        ANL    AUXR1,#0FEH          ; 使 DPS=0,选择 DPTR0
        MOV    DPTR,#1000H          ; DPTR0 指向外部数据 RAM 1000H 单元
        ORL    AUXR1,#01H           ; 使 DPS=1,选择 DPTR1
        MOV    DPTR,#0000H          ; DPTR1 指向内部扩展 RAM 首单元
        MOV    R7,#0                ; 计数器初值为 256
LOOP:   ORL    AUXR1,#01H           ; 使 DPS=1,选择 DPTR1
        ANL    AUXR,#11111101B      ; 使 EXTRAM=0,MOVX 指令访问对象为内部扩
                                    ;    展 RAM
        MOVX   A,@DPTR              ; 从内部扩展 RAM 中取数
        INC    DPTR                 ; DPTR0←DPTR0+1
        ANL    AUXR1,#0FEH          ; 使 DPS=0,选择 DPTR0
        ORL    AUXR,#00000010B      ; 使 EXTRAM=1,MOVX 指令访问对象为外部数
                                    ;    据 RAM
        MOVX   @DPTR,A              ; 将数据存放到外部数据 RAM 中
        INC    DPTR                 ; DPTR1←DPTR1+1
        DJNZ   R7,LOOP              ; 循环 256 次
```

7.2.10　可编程计数器阵列 PCA

1. PCA 的基本结构

P89C51RX2 系列单片机的可编程计数器阵列 PCA（Programmable Counter Array）是由 5 个 16 位捕获/比较模块组成的特殊定时器，每个模块都可以经编程实现捕获模式、软件定时器模式、高速输出模式和 PWM 脉宽调制模式。每个模块都有一个 P1 口的引脚与之对应。如模块 0 连接到 P1.3（CEX0），模块 1 连接到 P1.4（CEX1）等。PCA 的基本配置如图 7.25 所示。

PCA 每个模块有以下几种工作方式。

① 16 位捕捉方式。

② 16 位定时器方式。

③ 16 位高速输出方式。

④ 8 位 PWM 输出方式。

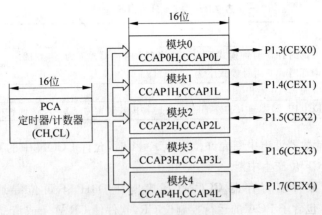

图 7.25 PCA 的基本配置

⑤ 监视定时器方式(仅模块 4)。

2. PCA 有关的 SFR

(1) PCA 计数器 CH、CL(直接地址为 F9H、E9H,不可位寻址,复位值均为 00H)。PCA 中的 5 个模块共享一个 16 位加 1 计数器作为计时基准,该计数器由两个 8 位的特殊功能寄存器 CH(高 8 位计数器)和 CL(低 8 位计数器)构成。计数脉冲源由 CMOD 中的 CPS1 和 CPS0 来设定。每来一个脉冲,计数器加 1,当 CH 溢出时,将使 CCON 寄存器中的溢出标志位 CF 置 1,如图 7.26 所示。

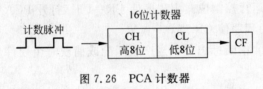

图 7.26 PCA 计数器

(2) PCA 计数器方式寄存器 CMOD(直接地址 D9H,不可位寻址,复位值 00××000B)。PCA 计数器的计数信号源由 CMOD 中的 CPS1 和 CPS0 来设置,并可编程为 1/2 或 1/6 振荡器频率、定时器 T0 溢出脉冲或者 ECI(P1.2)外部脉冲输入。

PCA 计数器方式寄存器 CMOD 定义如图 7.27 所示。

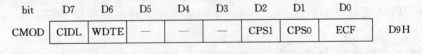

图 7.27 CMOD 寄存器格式

CIDL:计数器空闲控制位。CIDL=0 时,PCA 在空闲模式下继续工作;CIDL=1时,PCA 在空闲模式下关闭。

WDTE:监视定时器允许位。WDTE=0 时,禁止 PCA 模块 4 的监视功能;WDTE=1时,允许监视。

CPS0、CPS1:PCA 计数脉宽选择位,见表 7.16。

表 7.16　PCA 计数脉宽选择

CPS1	CPS0	所择 PCA 输入
0	0	内部时钟 6 时钟模式下为 $f_{osc}/6$(12 时钟模式下为 $f_{osc}/12$)
0	1	内部时钟 6 时钟模式下为 $f_{osc}/2$(12 时钟模式下为 $f_{osc}/4$)
1	0	定时器 T0 溢出
1	1	ECI(P1.2)脚输入的外部时钟(6 时钟模式最大为 $f_{osc}/4$,12 时钟模式下为 $f_{osc}/8$)

ECF：PCA 计数器溢出中断允许位。ECF=1 时,允许 CCON 中的 CF 位产生中断;ECF=0 时,禁止 CF 位产生中断。

(3) PCA 计数控制寄存器 CCON(直接地址 D8H,不可位寻址,复位值 00×00000B)。CCON 包含了 PCA 的运行控制位 CR,软件使 CR 置 1 或清 0 来控制 PCA 计数器允许计数或禁止计数。此外,CCON 中还包含 PCA 模块的中断标志位。

PCA 计数控制寄存器 CCON 定义如图 7.28 所示。

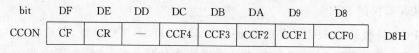

bit	DF	DE	DD	DC	DB	DA	D9	D8	
-----	----	----	----	----	----	----	----	----	
CCON	CF	CR	—	CCF4	CCF3	CCF2	CCF1	CCF0	D8H

图 7.28　CCON 寄存器格式

CF：PCA 计数器溢出标志。计数器溢出时由硬件使 CF 置 1。计数器方式寄存器 CMOD 中 ECF 置 1 时,CF 为中断标志位,CF 可由硬件或软件置位,但只能由软件清 0。

CR：PCA 计数器运行控制位。由程序使 CR=1 时,打开 PCA 计数器。如果试图关闭 PCA 计数器,必须由程序使 CR 清 0。

CCF4：PCA 模块 4 中断标志位。当产生匹配或捕获时由硬件使 CCF4 置 1,但必须由软件清 0。

CCF3：PCA 模块 3 中断标志位。当产生匹配或捕获时由硬件使 CCF3 置 1,但必须由软件清 0。

CCF2：PCA 模块 2 中断标志位。当产生匹配或捕获时由硬件使 CCF2 置 1,但必须由软件清 0。

CCF1：PCA 模块 1 中断标志位。当产生匹配或捕获时由硬件使 CCF1 置 1,但必须由软件清 0。

CCF0：PCA 模块 0 中断标志位。当产生匹配或捕获时由硬件使 CCF0 置 1,但必须由软件清 0。

(4) PCA 模块比较/捕捉寄存器 CCAPnH、CCAPnL(直接地址 FAH～FEH、EAH～EEH,不可位寻址,复位值不确定,n=0～4),模块工作方式寄存器 CCAPMn(直接地址 DAH～DEH,不可位寻址,复位值×0000000B,n=0～4)。PCA 每一个模块有一个 16 位比较/捕捉寄存器和一个模块工作方式寄存器。其中比较/捕捉寄存器由两个 8 位特殊功能寄存器 CCAPnH(高 8 位)和 CCAPnL(低 8 位)构成。每一个模块的工作方式由对应的 CCAPMn 来设定。模块工作方式寄存器 CCAPM0～CCAPM4 各位定义如图 7.29 所示。

bit	D7	D6	D5	D4	D3	D2	D1	D0	n=0~4
CCAPMn	—	ECOM	CAPP	CAPN	MAT	TOG	PWM	ECCF	DAH~DEF

图 7.29 CCAPMn(n=0~4)寄存器格式

ECOM：比较器控制位。当 ECOM＝1,允许比较器功能。

CAPP：上升沿捕获控制位。当 CAPP＝1,允许上升沿捕获。

CAPN：下降沿捕获控制位。当 CAPN＝1,允许下降沿捕获。

MAT：匹配控制位。如果 MAT＝1,则当 PCA 计数器值与该模块比较/捕获寄存器值相同时,使 CCON 中的中断标志位 CCF 置 1。

TOG：触发输出控制位。如果 TOG＝1,则当 PCA 计数器值与该模块比较/捕获寄存器值相同时,使 CEX 引脚的电平发生翻转。

PWM：脉宽调制模式控制位。当 PWM＝1 时,允许脉宽调制信号从 CEX 引脚输出。

ECCF：CCF 中断控制位。当 ECCF＝1 时,允许 CCON 中的比较/捕获标志 CCF 产生中断。

(5) PCA 的控制逻辑。图 7.30 所示为 PCA 的定时器/计数器控制逻辑。CH 和 CL 组成 PCA 的 16 位计数器,同时将 PCA 的计数值送各 PCA 模块。计数脉冲源有 4 种选择,由 CMOD 中的 CPS1 和 CPS0 设置。CCON 中的运行控制位 CR 用于软件控制 PCA 计数器开始计数(CR＝1)或停止计数(CR＝0)。CMOD 中的 CIDL 位允许 PCA 在空闲模式时停止计数。当 PCA 计数溢出时,使 CCON 中的计数溢出标志 CF＝1,CF 位只能由软件清 0。CMOD 中 ECF 用于控制溢出产生的中断,当 ECF 为 1 时,允许溢出产生中断;ECF 为 0 时,禁止中断。

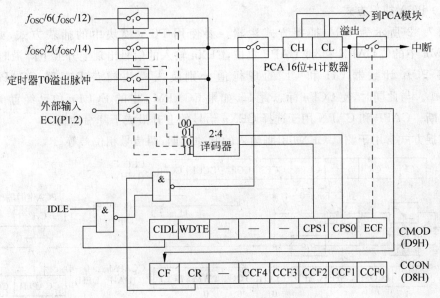

图 7.30 PCA 定时器/计数器控制逻辑

（6）PCA 中断控制系统。PCA 中断控制系统如图 7.31 所示。CCON 寄存器中的位 0～4 为各个模块的中断标志位 CCFn，当发生捕获/匹配时，由硬件对各模块的中断标志位 CCFn 置 1，但只能由软件清 0。PCA 16 位计数器溢出中断和 5 个模块中断共 6 个中断请求，分别由 PCA 方式寄存器 CMOD 的溢出中断控制位 ECF 以及各模块工作方式寄存器 CCAPMn 的中断控制位 ECCF 控制各中断允许或禁止。6 个中断请求源相或后作为一个中断源，PCA 中断入口地址为 0033H。

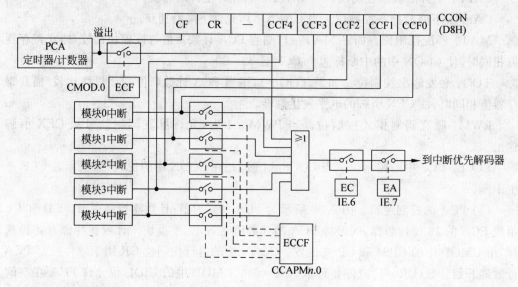

图 7.31　PCA 中断系统

3. PCA 模块的工作方式

（1）PCA 捕捉方式

图 7.32 所示为 PCA 捕捉方式逻辑。要使用 PCA 模块中的捕获方式，必须将 CCAPMn 中的位 CAPN 和/或 CAPP 置位，CEXn 输入的信号出现上升或下降沿时，PCA 硬件将 PCA 计数器 CH 和 CL 的现行值分别装入模块捕获寄存器 CCAPnH 和 CCAPnL。与此同时，使 CCFn 标志置 1。如果 CCAPMn 中的 ECCFn 位已经置 1，则将产生中断。CAPP 和 CAPN 用于选择 CEXn 信号的上升沿或下降沿捕捉。

捕捉方式常用于测量 CEXn 引脚输入的脉冲周期、两信号相位差等。

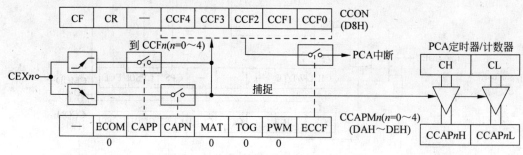

图 7.32　PCA 捕捉方式逻辑

(2) 16 位软件定时器方式

图 7.33 所示为软件定时器方式逻辑。要使用 PCA 模块中的软件定时器工作方式，必须将 CCAPMn 中的 ECOM 和 MAT 都置 1。定时时间由 CH/CL 的初值和 CCAPnH/CCAPnL 决定，PCA 计数器和模块的捕获寄存器进行比较，当两者的值相同（发生匹配）时，使对应模块的 CCFn 置 1。如果 ECCF 位为 1，此时允许中断。

当 PCA 模块工作在软件定时器模式时，不影响有关的引脚状态，即相应的 CEXn 引脚仍然可作为通用 I/O 引脚使用。

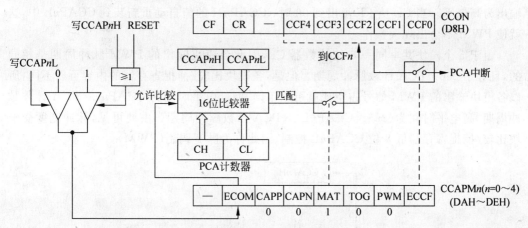

图 7.33 软件定时器方式逻辑

(3) 高速输出方式

图 7.34 所示为 PCA 高速输出方式逻辑。要使用高速输出方式，必须将 CCAPMn 中的 TOG、MAT 和 ECOM 都置 1。在该工作方式下，每次当 PCA 定时器和模块的捕获寄存器的值相匹配时，模块对应的输出引脚的电平将会发生翻转。触发引脚发生翻转的同时，也将产生 PCA 中断请求。

使用 PCA 高速输出方式从触发引脚获取的定时信号比软件定时器在中断服务程序中通过使用 SETB P1.X、CLR P1.X 和 CPL P1.X 指令获取的定时信号要精确得多。

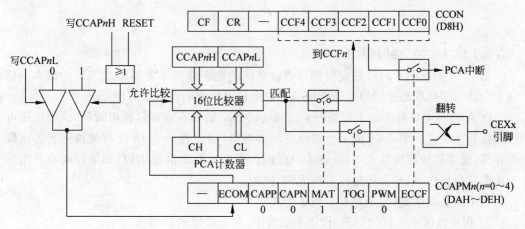

图 7.34 高速输出方式逻辑

（4）8 位 PWM 输出方式

图 7.35 所示为 8 位 PWM(Pulse Width Modulation,脉宽调制)输出方式逻辑。要使用 PWM 输出方式,必须将 CCAPMn 中的位 PWM 和 ECOM 都置 1。所有的 PCA 模块都可用做 PWM 输出,输出的频率由 PCA 定时器决定。由于所有的模块共享 PCA 定时器,因此它们具有相同的输出频率。每个模块的占空比可通过各自的捕获寄存器 CCAPnL 单独设置。当 PCA 低 8 位计数器 CL 中的值小于 CCAPnL 的值时,对应的 CEXn 引脚输出为低电平;当 CL 的值等于或大于 CCAPnL 的值时,对应的 CEXn 引脚输出为高电平。当 CL 从 FF 溢出到 00 时,CCAPnH 的值自动重新装到 CCAPnL 中,这就使 PWM 不会出现误操作。

由于 5 个模块共享同一 8 位计数器 CL,因此各模块输出的 PWM 脉冲周期是相同的,且等于 256×PCA 计数脉冲周期。但是,各模块比较/捕捉寄存器的内容可以不同,所以各模块输出的 PWM 信号占空比就可以不同,而低电平时间为 CCAPnL×PCA 计数脉冲周期,高电平时间为(256−CCAPnL)×PCA 计数脉冲周期。由此可见,脉冲宽度受模块比较/捕捉寄存器低 8 位 CCAPnL 控制,因此称为脉宽调制(PWM)。

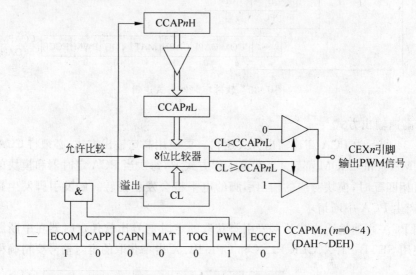

图 7.35　PWM 输出方式逻辑

（5）PCA 监视定时器方式

由 PCA 实现的片内监视定时器可改善系统的稳定性而不需要增加芯片的成本。监视定时器对于那些易受噪声电源杂波或者静电放电影响的系统很有用处。

PCA 模块中只有模块 4 可编程为监视定时器。如果不需要监视定时器,该模块还可以用做其他模式。图 7.36 所示为监视定时器逻辑,用户将一个 16 位数值预先装入比较寄存器,就像其他比较模式一样,该 16 位值与 PCA 计数器值相比较,如果相同则产生一个内部复位操作,但不会将复位引脚 RST 拉高。

为了防止发生复位,用户有下列 3 个选择。

① 周期性改变比较的数值,使之不会与 PCA 定时器的值相同。

② 周期性改变 PCA 定时器的值,使之不会与比较的数值相同。
③ 在发生匹配之前将 WDTE 位清 0,然后再重新允许。

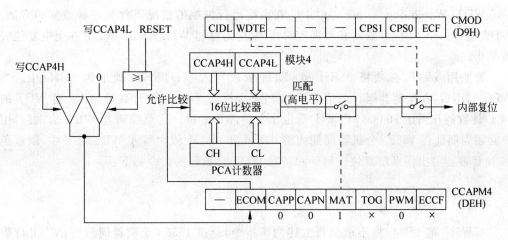

图 7.36 监视定时器逻辑

前两个选择更为可行,因为监视定时器从来不像第 3 项那样被禁止。如果程序指针"跑飞"最终会发生匹配,并产生内部复位信号;如果其他模块在使用时,最好不用第 2 个选择,因为 PCA 定时器是所有模块的时基,改变了它对其他模块都有影响。因此,在大多数应用中第 1 个选项是最好的。

要使用 PCA 监视定时器,PCA 模块 4 应设置为比较模式,同时 CMOD 中的 WDTE 位必须置 1。用户软件必须周期性改变 CCAP4H 和 CCAP4L 的值,以防止发生复位。下列指令使 PCA 模块 4 工作在监视定时器方式:

```
INIT_WDT:                    ;初始化程序
    MOV   CCAPM4,#4CH        ;模块 4 为比较模式
    MOV   CCAP4L,#0FFH       ;先写低字节
    MOV   CCAP4H,#0FFH       ;在 PCA 定时器计数到 FFFF 之前必须改变该比较值
    ORL   CMOD,#40H          ;WDTE=1,允许监视定时器
```

下列子程序用于重写模块 4 捕捉/比较寄存器 CCAP4L、CCAP4H,主程序中应该在小于 PCA 定时器 2^{16} 个计数的间隔内调用该子程序,以防止产生内部复位操作。

```
WATCHDOG:                    ;需要周期性调用的子程序
    CLR   EA                 ;关中断
    MOV   CCAP4L,#00H        ;下一个比较值与当前 PCA 定时器值相差不超过 255 个计数
    MOV   CCAP4H,CH
    SETB  EA                 ;开中断
    RET
```

注意:该子程序不能作为一个中断服务程序,因为如果程序指针"跑飞"并进入一个死循环时,仍然会执行中断服务程序,并将监视定时器重写,这样达不到使用监视定时器的目的。

7.2.11　硬件监视定时器 WDT

WDT(Watch-dog Timer)为 CPU 在系统运行失控的情况下作为一种恢复的方法。WDT 包含一个 14 位计数器和监视定时器、复位寄存器 WDTRST。WDT 在上电复位时被禁止。

要使用 WDT，必须将 01EH 和 0E1H 依次写入 WDTRST(地址为 A6H)中。当 WDT 启动后，在振荡器运行的情况下，每过一个机器周期 14 位计数器加 1。当 WDT 的 14 位计数器在到达 16383(3FFFH)后溢出并将芯片复位。这意味着当 WDT 启动后，用户必须周期地在 16383 个机器周期内将 01EH 和 0E1H 依次写入 WDTRST 中，以避免 14 位计数器溢出使系统复位。启动和清除 WDT 计数器的指令如下：

```
MOV    WDTRST, #1EH        ; 先写 1EH
MOV    WDTRST, #0E1H       ; 后写 E1H
```

当程序"跑飞"时，将不能执行上述两条指令，经过 16383 个机器周期后，WDT 计数器计数溢出，强制系统复位，系统重新启动，恢复系统运行工作。

P89C51RX2 系列单片机的硬件监视定时器和 PCA 模块 4 软件监视定时器都是为系统抗干扰而设计的，其目的是使系统从"失灵"中恢复正常状态。这两个监视定时器有各自的特点，硬件监视定时器溢出时不仅能使 CPU 复位，同时在 RST 引脚输出高电平复位脉冲，这适合应用系统含有需要同步复位的其他器件，但硬件监视定时器定时时间仅有 16383 个机器周期，且不能改变。PCA 模块 4 软件监视定时器定时时间与 PCA 计数脉冲周期、捕捉/比较寄存器 CCAP4H 和 CCAP4L 初值有关，定时时间可由用户设置，灵活性大；但缺点是 PCA 模块 4 软件监视定时器仅复位 CPU，不能输出复位信号。

7.2.12　P89C51RX2 系列单片机在系统编程和在应用编程

1. P89C51RX2 系列单片机编程特性

① 对 Flash 的读/编程/擦除操作可使用 ISP(在系统编程)或 IAP(在应用编程)来实现。

② 内部固化了 1KB 的 Boot ROM，包含了一个低级的在系统编程子程序和一个默认的串行装载程序，用户可调用这些程序来实现在应用编程。可将 Boot ROM 关闭，以提供对整个 64KB Flash 存储器的访问。

③ Boot 向量允许用户将 Flash 装载代码放入 Flash 存储器内的任何位置。

④ Boot ROM 中的默认装载子程序允许通过串口进行编程。

⑤ 如果内部程序存储区被禁止(EA=0)，外部程序空间最多可达 64KB。

⑥ 编程和擦除电压为+5V(最高为+12V)。

⑦ 并行编程的硬件接口与 87C51 单片机兼容。

⑧ 可对 Flash 程序代码进行编程加密。

2. Flash 的编程和擦除

有 3 种方法可实现对 Flash 的编程或擦除。

① 在串行方式的 IAP 编程中，调用 Boot ROM 中的擦除/写入等子程序。

② 用 Boot ROM 固件由主机进行串行的在系统编程(ISP)。

③ 使用编程器进行并行编程，对该器件进行并行编程的方法与 87C51 单片机相似。

3. 在系统编程

ISP 不需要将器件从系统中取出，在电路板上可直接对空白器件编程，写入最终应用程序代码，已经编程的器件也可以用 ISP 方式擦除或再编程。

ISP 特性包含了一系列内部的硬件资源，与内部固件相结合可实现通过串行口对 P89C51RX2 的远程编程。ISP 使嵌入式应用中的在电路编程成为可行，并最大限度减小了额外的组件开销和电路板面积。ISP 方式有关的信号有 TxD、RxD、V_{PP} 和 $\overline{PSEN}$。MAX232 芯片完成 RS-232 电平与 TTL 电平相互转换，然后通过串行口与 PC 连接起来，如图 7.37 所示。

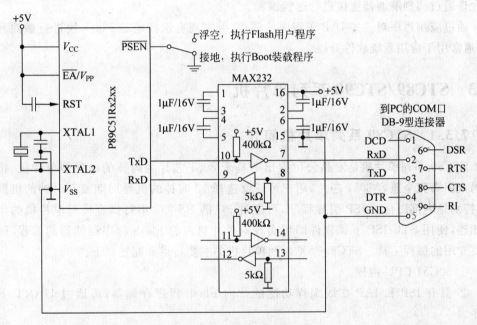

图 7.37　在系统编程 ISP

Boot 装载程序的激活可以通过将 $\overline{PSEN}$ 接地，ALE 悬浮为高，且在复位下降沿时 $\overline{EA}>$ VIH 来启动执行。在图 7.37 所示电路中，$\overline{PSEN}$ 接上开关是便于手动强制进入 ISP 操作。

MAX232 芯片包含了 2 驱动器、2 接收器和一个电压发生器电路以提供 TIA/EIA-232-F 电平。该器件符合 TIA/EIA-232-F 标准，每一个接收器将 TIA/EIA-232-F 电平转换成 5V 的 TTL/CMOS 电平。每一个发送器将 TTL/CMOS 电平转换成 TIA/EIA-232-F 电平。顺便指出，MAX232 芯片还可用于获得正负电源的一种方法。某些需要正负电源的场合如 DAC 或 ADC 接口电路往往需要±12V 电源，而这些电源仅仅作为数字和模拟控制转换接口部件的小功率电源。在控制系统里,通常只有 5V 电源,当然有很多获得非 5V 电源的方法。在输出最大电流不大于 20mA 时,用 MAX232 芯片按推荐电路连接,取振荡电容为 $1\sim10\mu F$,驱动器输入为 5V,输出可以达到 $-14V$ 左右;驱动器输入为 0V,输出可以达到 $+14V$;在输出电流为 20mA 时,输出电压可以稳定在 $\pm12V$。因此,在负载电流不是很大的情况下,可以将 MAX232 芯片作为 DC—DC 电源变换器使用,如图 7.38 所示。

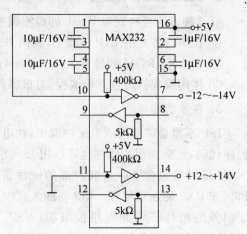

图 7.38　MAX232 芯片用做 DC—DC 变换器

4. 在应用编程

IAP 是指器件可以在系统中获取新代码,并重新编程,即可用程序来改变程序。这种方法允许通过调制解调器连接进行远程编程。

通过应用程序对一些 IAP 子程序的调用,可实现有选择地对 Flash 块进行擦除和编程,通常用于应用系统软件升级。

7.3　STC89/STC90 系列单片机

7.3.1　STC89 系列单片机简介

STC89 系列单片机是宏晶公司推出的基于 8051 芯片为内核的增强型单片机,指令代码及引脚完全兼容 8051 芯片,用户可任意选择 12 时钟的机器周期或 6 时钟的机器周期,特别是内部固化了 ISP 引导程序,可通过 PC 的 RS-232 串行口直接与单片机的串行口相连,使用 STC-ISP 下载软件即可实现对单片机内的 Flash 程序存储器的编程,而不需要专用的编程工具。STC89C5X 系列单片机的主要特点和配置如下。

① 80C51 CPU 内核。

② 具有 ISP 和 IAP 在线编程功能的片内 Flash 程序存储器,可通过 UART 下载程序。

③ 3 个 16 位定时器/计数器。

④ 通用 4 个 8 位并行口和 1 个 4 位并行口。

⑤ 有两种时钟运行模式:6 时钟模式和 12 时钟模式。

⑥ 增强型 6 时钟/机器周期和 12 时钟/机器周期,振荡频率高达 80MHz。

⑦ 片内数据存储器包含 256B 的内部 RAM 和 1024B 的内部扩展 RAM。

⑧ 8 个中断源,4 个中断优先级。

⑨ 监视定时器(Watch-dog Timer),具有降低 EMI 措施。

⑩ 宽范围的电源电压:$3.8\sim5.5V$ 和 $2.4\sim3.6V$。

STC89C5X 系列单片机一览表见表 7.17。

表 7.17　STC89C5X 系列单片机一览表

型号	V_{DD}/V	f_{osc}/MHz	程序Flash/KB	内部RAM/B	Watch-dog Timer	双倍速	P4口	ISP	IAP	E^2PROM/KB	定时器	串行口	中断源	A/D转换器	兼容芯片
STC89C51RC	5	0~80	4	512	√	√	√	√	√	1	3	1	8		P89C51
STC89C52RC	5	0~80	8	512	√	√	√	√	√	1	3	1	8		P89C52
STC89C53RC	5	0~80	15	512	√	√	√	√	√		3	1	8		P89C54 AT89C55
STC89C54RD	5	0~80	16	1280	√	√	√	√	√	8	3	1	8		P89C54 AT89C55
STC89C58RD	5	0~80	32	1280	√	√	√	√	√	8	3	1	8		P89C58 AT89C51RC
STC89C516RD	5	0~80	63	1280	√	√	√	√	√	8	3	1	8		P89C51RD2 AT89C51RD2
STC89LE51RC	3	0~80	4	512	√	√	√	√	√	1	3	1	8		AT89LV51
STC89LE52RC	3	0~80	8	512	√	√	√	√	√	1	3	1	8		AT89LV52
STC89LE53RC	3	0~80	14	512	√	√	√	√	√		3	1	8		AT89LV55
STC89LE54RD	3	0~80	16	1280	√	√	√	√	√	8	3	1	8		AT89LV55
STC89LE58RD	3	0~80	32	1280	√	√	√	√	√	8	3	1	8		AT89LV51RC
STC89LE516RD	3	0~80	63	1280	√	√	√	√	√		3	1	8		P89LV51RD2 AT89LV51RD2
STC89LE516AD	3	0~80	64	512			√	√	√		3	1	8	√	
STC89LE516X2	3	0~80	64	512			√	√	√		3	1	8	√	

7.3.2　STC89 系列单片机的内部结构及封装形式

1. STC89 系列单片机内部结构

STC89 系列单片机内部结构框图如图 7.39 所示。它是以 8051 芯片为内核,片内包含 8~64KB 的 Flash 程序存储器,用户可通过 ISP 或 IAP 机制对程序存储器编程,并自动加密,使得程序代码写入后无法读出。内部 RAM 在基本的 256B 基础上再扩展了 1024B。STC89C5X 系列单片机内部都包含 3 个 16 位定时器/计数器,一个全双工串行口。PLCC 和 PQFP 封装形式 44 引脚的单片机还增加了 4 位 P4 口,并利用 P4.2(INT3) 和 P4.3(INT2) 引脚增加了两个附加外部中断。因此,中断系统包括 3 个定时器中断、1 个串行口中断和 4 个外部中断,即共有 8 个中断源。另外,STC89LE516AD/X2 单片机内置一个 8 位和 8 模拟输入通道 A/D 转换器。

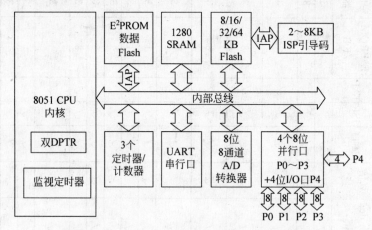

图 7.39　STC89C5X 系列单片机内部结构框图

2. STC89C 系列单片机的封装形式及引脚排列

STC89C 系列单片机的封装形式主要有 40 引脚的 DIP 封装,以及 44 引脚的 PLCC 和 PQFP 封装,如图 7.40 所示。

7.3.3　STC89C 系列单片机的特殊功能寄存器

STC89C 系列单片机特殊功能寄存器在原有 8052 芯片的 27 个特殊功能寄存器的基础上增加了 14 个特殊功能寄存器,共 41 个特殊功能寄存器。各特殊功能寄存器定义见表 7.18。

7.3.4　STC89 系列单片机的新特性

(1) 扩展 RAM 管理及禁止 ALE 信号输出

STC89C58RD 系列单片机扩展了 1024B RAM,STC89C52RC 系列单片机扩展了 256B RAM,使用 MOVX @DPTR 指令或 MOVX @Ri 指令来访问,但需要通过辅助寄存器 AUXR(直接地址为 8EH,不可位寻址,复位值×××××00B)的 EXTRAM 位来管理扩展 RAM。AUXR 寄存器为只写寄存器,格式如图 7.41 所示。

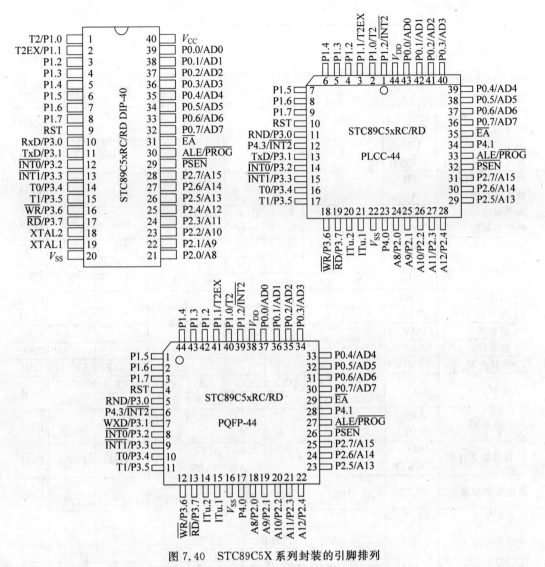

图 7.40 STC89C5X 系列封装的引脚排列

表 7.18 STC89C5X 系列单片机 SFR 定义

SFR 名称	符 号	位地址/位定义								直接地址
		MSB							LSB	
B 寄存器*	B	F7	F6	F5	F4	F3	F2	F1	F0	EEH
I/O 端口 4*	P4	EF	EE	ED	EC	EB	EA	E9	E8	E8H
		—	—	—	—	P4.3	P4.2	P4.1	P4.0	
ISP/IAP 控制寄存器	ISP_CONTR	ISPEN	SWBS	SWRST	—	—	WT2	WT1	WT0	E7H
ISP/IAP Flash 命令触发器	ISP_TRIG									E6H

续表

SFR 名称	符　号	位地址/位定义								直接地址
		MSB							LSB	
ISP/IAP Flash 命令寄存器	ISP_CMD	—	—	—	—	MS2	MS1	MS0		E5H
ISP/IAP Flash 低 8 位地址	ISP_ADDRL									E4H
ISP/IAP Flash 高 8 位地址	ISP_ADDRH									E3H
ISP/IAP Flash 数据寄存器	ISP_DATA									E2H
监视定时器控制寄存器	WDT_CONTR	—	—	EN_WDT	CLR_WDT	IDLE_WDT	PS2	PS1	PS0	E1H
累加器 A *	ACC	E7	E6	E5	E4	E3	E2	E1	E0	E0H
程序状态字 *	PSW	D7	D6	D5	D4	D3	D2	D1	D0	D0H
		CY	AC	F0	RS1	RS0	OV	—	P	
T2 高字节	TH2									CDH
T2 低字节	TL2									CCH
T2 捕获高	RCAP2H									CBH
T2 捕获低	RCAP2L									CAH
T2 方式控制	T2MOD	—	—	—	—	—	—	T2OE	DCEN	C9H
T2 控制＋ *	T2CON	CF	CE	CD	CC	CB	CA	C9	C8	C8H
		TF2	EXF2	RCLK	TCLK	EXEN2	TR2	C/T2	CP/RL2	
A/D 转换结果	ADC_DATA									C6H
A/D 控制寄存器	ADC_CONTR	—	—	ADC_FLAG	ADC_START	CHS2	CHS1	CHS0		C5H
辅助中断控制 *	XICON	C7	C6	C5	C4	C3	C2	C1	C0	C0H
		PX3	EX3	IE3	IT3	PX2	EX2	IE2	IT2	
从地址屏蔽	SADEN									B9H
中断优先级 *	IP	BF	BE	BD	BC	BB	BA	B9	B8	B8H
		—	—	PT2	PS	PT1	PX1	PT0	PX0	
中断优先级高	IPH	PX3H	PX2H	PT2H	PSH	PT1H	PX1H	PT0H	PX0H	B7H
I/O 端口 3 *	P3	B7	B6	B5	B4	B3	B2	B1	B0	B0H
		P3.7	P3.6	P3.5	P3.4	P3.3	P3.2	P3.1	P3.0	
从地址	SADDR									A9H
中断允许 *	IE	AF	AE	AD	AC	AB	AA	A9	A8	A8H
		EA	—	ET2	ES	ET1	EX1	ET0	EX0	
辅助寄存器 1	AUXR1	—	—	—	—	GF2	0	—	DPS	A2H
I/O 端口 2 *	P2	A7	A6	A5	A4	A3	A2	A1	A0	A0H
		P2.7	P2.6	P2.5	P2.4	P2.3	P2.2	P2.1	P2.0	
串行数据缓冲	SBUF									99H
串行控制 *	SCON	9F	9E	9D	9C	9B	9A	99	98	98H
		SM0/FE	SM1	SM2	REN	TB8	RB8	TI	RI	
P1 口为 A/D 转换输入	P1_ADC_EN	ADC_P17	ADC_P16	ADC_P15	ADC_P14	ADC_P13	ADC_P12	ADC_P11	ADC_P10	97H

续表

SFR 名称	符 号	位地址/位定义								直接 地址
		MSB							LSB	
I/O 端口 1 *	P1	97	96	95	94	93	92	91	90	90H
		P1.7	P1.6	P1.5	P1.4	P1.3	P1.2	P1.1	P1.0	
辅助寄存器	AUXR	—	—	—	—	—		EXTRAM	ALEOFF	8EH
T1 高字节	TH1									8DH
T0 高字节	TH0									8CH
T1 低字节	TL1									8BH
T0 低字节	TL0									8AH
定时器方式	TMOD	GATE	C/T	M1	M0	GATE	C/T	M1	M0	89H
定时器控制 *	TCON	8F	8E	8D	8C	8B	8A	89	88	88H
		TF1	TR1	TF0	TR0	IE1	IT1	IE0	IT0	
电源控制	PCON	SMOD	—	—	POF	GF1	GF0	PD	IDL	87H
数据指针高	DPH									83H
数据指针低	DPL									82H
堆栈指针	SP									81H
I/O 端口 0 *	P0	87	86	85	84	83	82	81	80	80H
		P0.7	P0.6	P0.5	P0.4	P0.3	P0.2	P0.1	P0.0	

注: ① 带"*"SFR 表示具有位地址,可位寻址;"—"为保留位。

② STC89LE516AD/89LE516X2 系列单片机没有 EXTRAM 控制位。

③ STC89LE516AD 系列单片机没有 XICON、PX3H、PX2H,因为 P4.2/P4.3 无中断。

④ STC89LE516AD/89LE516X2 系列单片机 P4 口地址为 C0H,而不是 E8H。

bit	D7	D6	D5	D4	D3	D2	D1	D0	字节地址
AUXR	—	—	—	—	—	—	EXTRAM	ALEOFF	8EH

图 7.41 AUXR 寄存器格式

EXTRAM:内部扩展 RAM 控制位。该位为 0 时,允许访问内部扩展 RAM;为 1 时,仅允许对外部数据存储器存取,禁止访问内部扩展 RAM。在访问内部扩展 RAM 时,对于 RD 系列单片机,在 000H~3FFH 单元(1024 字节),使用 MOVX @DPTR 指令访问,在 400H 及以上的地址空间总是访问外部数据存储器。MOVX @Ri 只能访问 00H~FFH 单元。对于 RC 系列单片机,在 00H~FFH 单元(256 字节),使用 MOVX @DPTR 指令访问,在 100H 及以上的地址空间总是访问外部数据存储器。MOVX @Ri 只能访问 00H~FFH 单元。

ALEOFF:ALE 信号输出控制位。该位为 0 时,在 12 时钟模式时,ALE 引脚输出固定的 $f_{osc}/6$ 信号;在 6 时钟模式时,输出固定的 $f_{osc}/3$ 信号。该位为 1 时,ALE 引脚仅在执行 MOVX 或 MOVC 指令时才输出信号,这样可以进一步降低系统对外界的 EMI。例如,执行下列指令,禁止 ALE 信号输出:

```
AUXR  EQU  8EH        ; 对 AUXR 的直接地址进行定义
     MOV  AUXR, #00000001B
```

注意：AUXR 寄存器为只写寄存器（不允许读），只能用 MOV 指令进行写入操作，不能用逻辑运算指令来修改 AUXR 的状态，因为逻辑指令是"读-改-写"指令。

原有的 MCS-51 单片机一个机器周期包含 12 个振荡周期，称为 12 时钟（12T）模式。为了在不改变振荡频率的情况下进一步提高执行指令的速度，STC89C5X 设计有 6 时钟（6T）模式，即一个机器周期仅包含 6 个振荡周期，在该模式下工作又称为双倍速。两种时钟模式在同样的执行速度下，6T 模式可将振荡频率降低一半，有效降低了振荡信号对外界的 EMI。时钟模式的设置是由 ISP 对 Flash 程序存储器编程时进行的，一旦选择了某种时钟模式，系统就按所设置的时钟模式工作，不能由软件来改变时钟模式。

（2）中断系统

中断与普通 8052 芯片完全兼容，有 4 级优先级，另增加 2 个外部中断 INT2(P4.3) 和 INT3(P4.2)。

中断优先级寄存器除了原有的 IP 外，还增加了一个高级中断优先级寄存器 IPH 和辅助中断控制寄存器 XICON。

中断优先级寄存器 IPH（直接地址为 B7H，不可位寻址，复位值为 00000000B）的格式如图 7.42 所示。

bit	D7	D6	D5	D4	D3	D2	D1	D0	字节地址
IPH	PX3H	PX2H	PT2H	PSH	PT1H	PX1H	PT0H	PX0H	B7H

图 7.42 IPH 寄存器格式

PX3H：外部中断 3(INT3)优先级控制位高。

PX2H：外部中断 2(INT2)优先级控制位高。

PT2H：定时器 T2 中断优先级控制位高。

PSH：串行口中断优先级控制位高。

PT1H：定时器 T1 中断优先级控制位高。

PX1H：外部中断 1 中断优先级控制位高。

PT0H：定时器 T0 中断优先级控制位高。

PX0H：外部中断 0 中断优先级控制位高。

当中断优先级控制位＝1 时，定义为高优先级中断；中断优先级控制位＝0 时，定义为低优先级中断。

IPH 寄存器的功能很简单，IPH 和 IP 组合可设置 4 个中断优先级，使得 STC89C5X 系列单片机比标准的 MCS-51 单片机多 2 个中断优先级，见表 7.19。

同优先级中断，硬件查询顺序及各个中断入口地址见表 7.20。

辅助中断控制寄存器 XICON（直接地址为 C0H，可位寻址，复位值为 00000000B）的格式如图 7.43 所示。

PX3：外部中断 3(INT3)中断优先级(1：高；0：低)。

EX3：外部中断 3(INT3)中断允许(1：允许；0：禁止)。

IE3：外部中断 3(INT3)请求标志位(1：有请求；0：无请求)。

表 7.19　中断优先级

优先级位		中断优先级
IPH. x	IP. x	
0	0	0(最低)
0	1	1
1	0	2
1	1	3(最高)

表 7.20　各中断向量及同级中断硬件查询顺序

中断源	向量地址	硬件查询顺序
$\overline{INT0}$	0003H	0(最先)
定时器 T0	000BH	1
$\overline{INT1}$	0013H	2
定时器 T1	001BH	3
串行口	0023H	4
定时器 T2	002BH	5
$\overline{INT2}$	0033H	6
$\overline{INT3}$	003BH	7(最后)

bit	C7	C6	C5	C4	C3	C2	C1	C0	字节地址
XICON	PX3	EX3	IE3	IT3	PX2	EX2	IE2	IT2	C0H

图 7.43　XICON 寄存器格式

IT3：外部中断 3($\overline{INT3}$)中断触发方式控制位(1：下降沿触发；0：电平触发)。

PX2：外部中断 2($\overline{INT2}$)中断优先级(1：高；0：低)。

EX2：外部中断 2($\overline{INT2}$)中断允许(1：允许；0：禁止)。

IE2：外部中断 2($\overline{INT2}$)请求标志位(1：有请求；0：无请求)。

IT2：外部中断 2($\overline{INT2}$)中断触发方式控制位(1：下降沿触发；0：电平触发)。

(3) P4 口

对于 44 引脚的 STC89C5X 系列单片机增加了一个 4 位的 P4 I/O 口，P4 的结构与 P3 口相同，其中 P4.3 和 P4.2 有第二功能，可分别用于外部中断 2($\overline{INT2}$)和外部中断 3($\overline{INT3}$)输入。对$\overline{INT2}$和$\overline{INT3}$的中断控制由辅助中断控制寄存器 XICON 来设置。

对 P4 口可用字节操作，例如：

```
P4   EQU   0E8H          ; 对 P4 口直接地址进行定义
     MOV   P4, #05        ; 使 P4.3～P4.0 为 0101
     MOV   A, P4          ; 读 P4.3～P4.0 的引脚状态到 ACC.3～ACC.0 中
     ORL   P4, #00000001B ; 使 P4.0=1
     ANL   P4, #11111110B ; 使 P4.0=0
```

P4 口各位有位地址，也可对 P4 的各位进行位操作，例如：

```
P4.0  BIT   0E8H          ; 对位地址进行定义
P4.1  BIT   0E9H
      CLR   P4.0
      SETB  P4.1
```

(4) 双数据指针 DPTR0 和 DPTR1

STC89C5X 系列单片机设置了两个 16 位数据指针 DPTR0 和 DPTR1，由辅助寄存器 AUXR1(直接地址为 A2H，不可位寻址，复位值为×××××00×B)的 DPS 位来控制，AUXR1 的格式如图 7.44 所示。

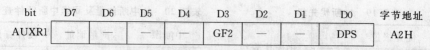

图 7.44 AUXR1 寄存器格式

GF2：是一个由用户定义的标志位，通常用于切换 DPTR 时作为用户标志。

DPS：数据指针切换控制位。当 DPS＝0 时，选择 DPTR0；DPS＝1 时，选择 DPTR1。

注意：DPTR0 和 DPTR1 是物理上完全独立的两个数据指针寄存器，在指令中仍使用标准的 MCS-51 数据指针寄存器名 DPTR，只是由 DPS 的状态来决定当前数据指针寄存器是 DPTR0 还是 DPTR1。

由于 AUXR1 不可位寻址，所以 DPS 位不可用位操作指令快速访问。但由于 DPS 位于 D0 位，所以执行 INC AUXR1 指令可使 DPS 变反，即可实现双数据指针的快速切换。

如将程序存储器表格的 16 字节数据传送到外部 RAM 1000H 地址开始的区域中，这里使用 DPTR0 装载源地址，DPTR1 装载目的地址，程序如下：

```
MOVE:   SJMP    DONE
AUXR1   EQU     0A2H
TAB:    DB      0,1,2,3,4,5,6,7,8,9,0AH,0BH,0CH,0DH,0EH,0FH
DONE:   MOV     R7,#16
        MOV     AUXR1,#00H          ;此时 DPS 为 0,DPTR0 有效
        MOV     DPTR,#TAB
        INC     AUXR1
        MOV     DPTR,#1000H
        INC     AUXR1
LOOP:   CLR     A
        MOVC    A,@A+DPTR
        INC     DPTR
        INC     AUXR1
        MOVX    @DPTR,A
        INC     DPTR
        INC     AUXR1
        DJNZ    R7,LOOP
        RET
```

（5）监视定时器 WDT

STC89C5X 系列单片机内部设置了一个监视定时器 WDT(Watch-dog Timer)，由预分频器和 15 位计数器组成。WDT 的目的是复位进入错误状态的系统。在一个指定的时间内，如果程序没有重新初始化 WDT，WDT 的计数器将溢出而强迫系统复位。

WDT 控制寄存器（直接地址为 E1H，不可位寻址，复位值为××000000B）的格式如图 7.45 所示。

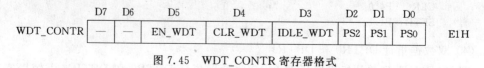

图 7.45 WDT_CONTR 寄存器格式

EN_WDT：监视定时器允许位，当设置为"1"时，启动监视定时器。

CLR_WDT：监视定时器清 0 位，当设置为"1"时，监视定时器将重新计数，硬件将自

动对此位清 0。

IDLE_WDT：监视定时器"空闲模式"计数控制位，当设置为"1"时，监视定时器在"空闲模式"时计数；当该位清 0 时，监视定时器在"空闲模式"时不计数。

PS2、PS1、PS0：监视定时器预分频值，其与溢出时间的关系为

$$\text{监视定时器溢出时间} = (\text{时钟模式} \times \text{预分频值} \times 32768)/f_{\text{osc}}$$

如设振荡频率 $f_{\text{osc}} = 12\text{MHz}$，系统工作在 12 时钟模式，PS2、PS1、PS0 都设置为 0，因此预分频值为 2，监视定时器溢出时间为

$$\text{WDT 溢出时间} = (\text{时钟模式} \times \text{预分频值} \times 32768)/f_{\text{osc}}$$
$$= (12 \times 2 \times 32768)/12000000 = 0.065536\text{s} = 65.536\text{ms}$$

表 7.21 列出了振荡频率 $f_{\text{osc}} = 11.0592\text{MHz}$，系统工作在 12 时钟模式的常见 WDT 溢出时间。

表 7.21 常见 WDT 溢出时间

PS2	PS1	PS0	预分频值	($f_{\text{osc}} = 11.0592\text{MHz}$，12 时钟模式) WDT 溢出时间
0	0	0	2	71.1ms
0	0	1	4	142.2ms
0	1	0	8	284.4ms
0	1	1	16	568.8ms
1	0	0	32	1.1377s
1	0	1	64	2.2755s
1	1	0	128	4.5511s
1	1	1	256	9.1022s

下面是使用监视定时器程序结构的示例。

```
WDT_CONTR  EQU      0E1H
           ORG      0000H          ；复位入口
           LJMP     Initial
           …
           ORG      0050H
Initial:   MOV      WDT_CONTR,#00110100B; WDT 控制寄存器初始化
                    ; EN_WDT=1,CLR_WDT=1,IDLE_WDT=0,PS2PS1PS0=100
           …
Main:      LCALL    Display
           LCALL    Keyboard
           …
           MOV      WDT_CONTR,#00110100B  ；在主程序循环内重新初始化 WDT_CONTR
           …
           LJMP     Main
```

主程序循环周期应远小于 WDT 的溢出时间，在主程序循环体内重新初始化 WDT_CONTR，即可防止 WDT 溢出。如果发生软件或硬件故障，将不能执行重新初始化 WDT_CONTR 指令，这时 WDT 的溢出导致系统复位，程序重新运行，使系统恢复正常。

（6）A/D 转换器

STC89LE516AD/X2 单片机，内置分辨力为 8 位和 8 模拟输入通道的高速 A/D 转换器，模拟输入通道由 P1.0～P1.7 输入模拟电压。如果时钟振荡频率在 40MHz 以下时，完成一次转换的时间仅需要 17 个机器周期。A/D 转换器通常可用作按键扫描、电池电压检测以及频谱分析等。与 A/D 转换器有关的 SFR 有 P1_ADC_EN、ADC_CONTR 和 ADC_DATA。

P1_ADC_EN 是允许 P1.x 为 A/D 模拟输入口的寄存器，其格式如图 7.46 所示。

	D7	D6	D5	D4	D3	D2	D1	D0	
P1_ADC_EN	ADC_P17	ADC_P16	ADC_P15	ADC_P14	ADC_P13	ADC_P12	ADC_P11	ADC_P10	97H

图 7.46　P1_ADC_EN 寄存器格式

相应位为"1"时，对应的 P1.x 口作为 A/D 转换使用，内部上拉电阻自动断开。

ADC_CONTR 是 A/D 转换控制寄存器，其格式如图 7.47 所示。

	D7	D6	D5	D4	D3	D2	D1	D0	
ADC_CONTR	—	—	—	ADC_FLAG	ADC_START	CHS2	CHS1	CHS0	C5H

图 7.47　ADC_CONTR 寄存器格式

ADC_START：模拟/数字转换（ADC）启动控制位，设置为"1"时，开始转换。

ADC_FLAG：模拟/数字转换结束标志位，当 A/D 转换完成后，ADC_FLAG ＝1。

CHS2、CHS1、CHS0：模拟输入通道选择位，见表 7.22。

表 7.22　模拟输入通道选择

模拟输入通道选择			所选通道
CHS2	CHS1	CHS0	
0	0	0	P1.0
0	0	1	P1.1
0	1	0	P1.2
0	1	1	P1.3
1	0	0	P1.4
1	0	1	P1.5
1	1	0	P1.6
1	1	1	P1.7

ADC_DATA 是 A/D 转换结果寄存器，其格式如图 7.48 所示。

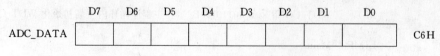

	D7	D6	D5	D4	D3	D2	D1	D0	
ADC_DATA									C6H

图 7.48　ADC_DATA 寄存器格式

A/D 转换结果为 $256 \times V_{in}/V_{CC}$。其中，V_{in} 为模拟输入通道输入电压，V_{CC} 为单片机实际工作电压，用单片机工作电压作为模拟参考电压。

A/D 转换参考程序如下：

```
P1_ADC_EN    EQU        97H              ; A/D 转换功能允许寄存器
ADC_CONTR    EQU        0C5H             ; A/D 转换控制寄存器
ADC_DATA     EQU        0xC6             ; A/D 转换结果寄存器

ATOD:        ORL        P1, #0FFH
             MOV        P1_ADC_EN, #0FFH
             MOV        R0, #30H
             MOV        R7, #8
             MOV        ADC_CONTR, #0
LOOP:        ORL        ADC_CONTR, #00001000B  ; 启动 A/D 转换
Wait:        MOV        A, ADC_CONTR
             ANL        A, #00010000B          ; 取 ADC_FLAG
             JZ         Wait
             ANL        ADC_CONTR, #11110111B  ; 使 ADC_START=0,停止转换
             MOV        A, ADC_DATA
             MOV        @R0, A
             INC        R0
             INC        ADC_CONTR
             DJNZ       R7, LOOP
             RET
```

7.3.5 STC89 系列单片机 ISP

STC89 系列单片机出厂前已固化有 ISP 系统引导程序,在无须借助任何编程工具,仅配合 PC 的 ISP 控制软件的环境下,即可将应用程序代码加载到单片机内部 Flash 程序存储器中,然后直接观察运行状况,已经编程的器件也可以用 ISP 方式擦除或再编程,对开发过程带来极大方便。

ISP 不需要将器件从应用系统中取出,在电路板上可直接对器件编程,写入最终应用程序代码,已经编程的器件也可以用 ISP 方式擦除或再编程。

ISP 方式是通过单片机串行口 TxD、RxD 与 PC 的 RS-232 口连接起来,可采用 MAX232 芯片完成 RS-232 电平与 TTL 电平相互转换,如图 7.49 所示。

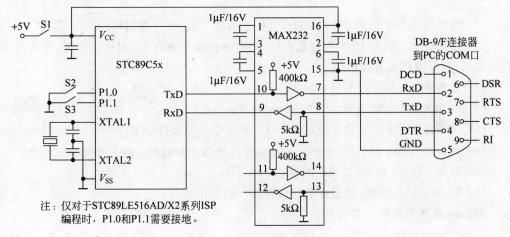

注: 仅对于STC89LE516AD/X2系列ISP
编程时, P1.0和P1.1需要接地。

图 7.49 ISP 硬件连接图

注意：不要用通用编程器编程，否则有可能将单片机内部已固化的 ISP 系统引导程序擦除，造成无法使用 STC 提供的 ISP 软件下载用户的程序代码。

7.3.6　新一代的 STC90 系列单片机

STC90 系列单片机是 STC89 系列的升级版本，指令系统和引脚与 STC89 系列完全兼容，具有超高速、抗干扰、低功耗以及超强的加密特性等优点。

1. 内部结构和特点及封装形式

STC90 系列单片机内部结构框图如图 7.50 所示。它是在 STC89 系列的基础上，内部集成了一个 MAX810 专用复位电路，使得时钟振荡钟频率在 12MHz 以下时，复位脚可直接接地；内部 RAM 也扩展到 1280～4352B；还增加了 7 位 P4 口，并利用 P4.2（$\overline{\text{INT3}}$）和 P4.3（$\overline{\text{INT2}}$）引脚增加了 2 个附加外部中断。对于 STC90C/LEXXAD 系列单片机，内部还带有一个 10 位/8 模拟输入通道 A/D 转换器。STC90 系列单片机的特点和配置如下：

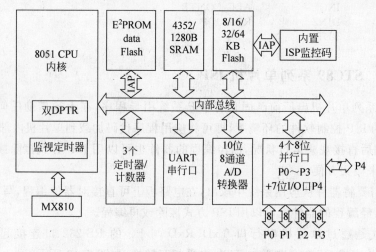

图 7.50　STC90 系列单片机内部结构框图

（1）时钟振荡频率范围 0～40MHz，可任意选择 6 或 12 机器周期。

（2）内部集成 MAX810 专用复位电路，当时钟振荡频率在 12MHz 以下时，可省外部复位电路，复位引脚可直接接地。

（3）片内 Flash 程序存储器容量为 4～64KB。

（4）内部 RAM 容量为 256～（256＋4096）B。

（5）I/O 端口有 4 个 8 位并行口 P0～P3 和 1 个 7 位并行口 P4。

（6）有 4 个外部中断，Power Down 模式可由外部中断低电平触发中断方式唤醒。

（7）带 E²PROM 功能、监视定时器、双 DPTR。

（8）带 ISP/IAP 功能，可通过串行口直接下载应用程序。

STC90 系列单片机一览表见表 7.23。

表7.23 STC90系列单片机一览表

型 号	V_{DD}	内置复位	程序Flash/KB	内部RAM/B	Watch-dog Timer	双倍速	P4口	ISP	IAP	E²PROM/KB	定时器	串行口	中断源	A/D
STC90C51	5	√	4	256	√	√	√	√	√	—	3	1	8	—
STC90C51RC	5	√	4	512	√	√	√	√	√	5	3	1	8	—
STC90C52	5	√	8	256	√	√	√	√	√	—	3	1	8	—
STC90C52RC	5	√	8	512	√	√	√	√	√	5	3	1	8	—
STC90C10RC	5	√	10	512	√	√	√	√	√	3	3	1	8	—
STC90C53RC	5	√	12	512	√	√	√	√	√	1	3	1	8	—
STC90C13RC	5	√	13	512	√	√	√	√	√	—	3	1	8	—
STC90C54RD+	5	√	16	1280	√	√	√	√	√	45	3	1	8	—
STC90C58RD+	5	√	32	1280	√	√	√	√	√	29	3	1	8	—
STC90C510RD+	5	√	40	1280	√	√	√	√	√	21	3	1	8	—
STC90C512RD+	5	√	48	1280	√	√	√	√	√	13	3	1	8	—
STC90C514RD+	5	√	56	1280	√	√	√	√	√	5	3	1	8	—
STC90C516RD+	5	√	61	1280	√	√	√	√	—	—	3	1	8	—
STC90C51AD	5	√	4	4352	√	√	√	√	√	45	3			√
STC90C52AD	5	√	8	4352	√	√	√	√	√	45	3			√
STC90C54AD	5	√	16	4352	√	√	√	√	√	45	3			√
STC90C58AD	5	√	32	4352	√	√	√	√	√	29	3			√
STC90C514AD	5	√	56	4352	√	√	√	√	√	5	3			√
STC90C516AD	5	√	61	4352	√	√	√	√	√	—	3			√
STC90LE516AD	3	√	61	4352	√	√	√	√	√	—	3			√

STC90 系列单片机有多种封装形式供用户选择,以典型的 STC90C58AD 单片机为例,其封装形式主要有 40 引脚的 PDIP 封装,以及 44 引脚的 LQFP 和 PLCC 封装,如图 7.51 所示。其中,PDIP-40 封装由于受到 40 引脚的限制,P4 口只有 3 条线:P4.4/$\overline{\text{PSEN}}$、P4.5/ALE 和 P4.6/$\overline{\text{EA}}$。

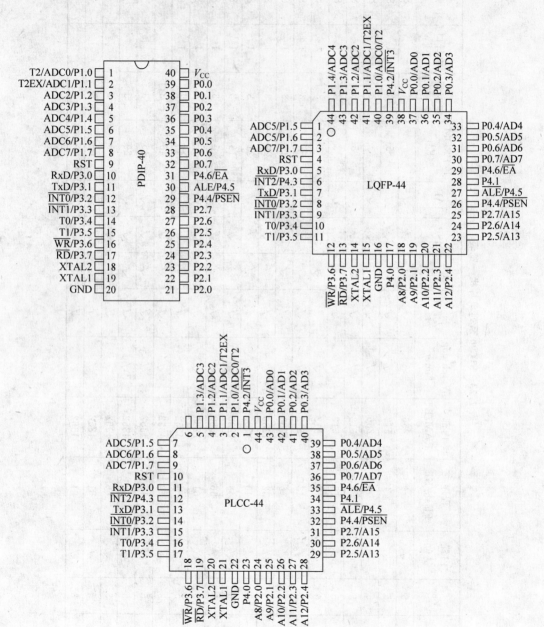

图 7.51 STC90C58AD 单片机封装及引脚排列

2. STC90C58AD 单片机特殊功能寄存器

STC90C58AD 单片机特殊功能寄存器在原有 8052 芯片的 27 个特殊功能寄存器的

基础上增加了 14 个特殊功能寄存器,共有 41 个特殊功能寄存器。各特殊功能寄存器定义见表 7.24。

表 7.24 STC90C58AD 单片机 SFR 定义

SFR 名称	符 号	位地址/位定义 MSB							LSB	直接地址
B 寄存器 *	B	F7	F6	F5	F4	F3	F2	F1	F0	EEH
辅助中断控制寄存器 *	XICON	EF	EE	ED	EC	EB	EA	E9	E8	E8H
		PX3	EX3	IE3	IT3	PX2	EX2	IE2	IT2	
ISP/IAP 控制	ISP_CONTR	ISPEN	SWBS	SWRST	—	—	WT2	WT1	WT0	E7H
ISP/IAP Flash 命令触发	ISP_TRIG									E6H
ISP/IAP Flash 命令	ISP_CMD	—					MS2	MS1	MS0	E5H
ISP/IAP Flash 低地址	ISP_ADDRL									E4H
ISP/IAP Flash 高地址	ISP_ADDRH									E3H
ISP/IAP Flash 数据	ISP_DATA									E2H
监视定时器控制寄存器	WDT_CONTR	—		EN_WDT	CLR_WDT	IDL_WDT	PS2	PS1	PS0	E1H
累加器 A *	ACC	E7	E6	E5	E4	E3	E2	E1	E0	E0H
程序状态字 *	PSW	D7	D6	D5	D4	D3	D2	D1	D0	D0H
		CY	AC	F0	RS1	RS0	OV	F1	P	
T2 高字节	TH2									CDH
T2 低字节	TL2									CCH
T2 捕获高	RCAP2H									CBH
T2 捕获低	RCAP2L									CAH
T2 方式控制	T2MOD	—	—	—	—	—	—	T2OE	DCEN	C9H
T2 控制＋ *	T2CON	CF	CE	CD	CC	CB	CA	C9	C8	C8H
		TF2	EXF2	RCLK	TCLK	EXEN2	TR2	C/$\overline{T2}$	CP/$\overline{RL}$	
A/D 转换结果低 2 位	ADC_LOW2	—	—	—	—	—	—			C7H
A/D 转换结果高 8 位	ADC_DATA									C6H
A/D 控制寄存器	ADC_CONTR	—	ADC_SPEED1	ADC_SPEED0	ADC_FLAG	ADC_START	CHS2	CHS1	CHS0	C5H
I/O 端口 4 *	P4	C7	C6	C5	C4	C3	C2	C1	C0	C0H
		PX3	P4.6	P4.5	P4.4	P4.3	P4.2	P4.1	P4.0	
从地址屏蔽	SADEN									B9H

续表

SFR 名称	符 号	位地址/位定义 MSB							LSB	直接地址
中断优先级 *	IP	BF	BE	BD	BC	BB	BA	B9	B8	B8H
		—	—	PT2	PS	PT1	PX1	PT0	PX0	
中断优先级高	IPH	PX3H	PX2H	PT2H	PSH	PT1H	PX1H	PT0H	PX0H	B7H
I/O 端口 3 *	P3	B7	B6	B5	B4	B3	B2	B1	B0	B0H
		P3.7	P3.6	P3.5	P3.4	P3.3	P3.2	P3.1	P3.0	
从地址	SADDR									A9H
中断允许 *	IE	AF	AE	AD	AC	AB	AA	A9	A8	A8H
		EA	—	ET2	ES	ET1	EX1	ET0	EX0	
辅助寄存器 1	AUXR1	—	—	—	—	GF2	0	—	DPS	A2H
I/O 端口 2 *	P2	A7	A6	A5	A4	A3	A2	A1	A0	A0H
		P2.7	P2.6	P2.5	P2.4	P2.3	P2.2	P2.1	P2.0	
串行数据缓冲	SBUF									99H
串行控制 *	SCON	9F	9E	9D	9C	9B	9A	99	98	98H
		SM0/FE	SM1	SM2	REN	TB8	RB8	TI	RI	
P1 口为 A/D 输入	P1_ADC_EN	ADC_P17	ADC_P16	ADC_P15	ADC_P14	ADC_P13	ADC_P12	ADC_P11	ADC_P10	97H
I/O 端口 1 *	P1	97	96	95	94	93	92	91	90	90H
		P1.7	P1.6	P1.5	P1.4	P1.3	P1.2	P1.1	P1.0	
辅助寄存器	AUXR	UART_P1	—	—	—	—	—	EXT_RAM	ALE_OFF	8EH
T1 高字节	TH1									8DH
T0 高字节	TH0									8CH
T1 低字节	TL1									8BH
T0 低字节	TL0									8AH
定时器方式	TMOD	GATE	C/T	M1	M0	GATE	C/T	M1	M0	89H
定时器控制 *	TCON	8F	8E	8D	8C	8B	8A	89	88	88H
		TF1	TR1	TF0	TR0	IE1	IT1	IE0	IT0	
电源控制	PCON	SMOD	SMOD0	—	POF	GF1	GF0	PD	IDL	87H
数据指针高	DPH									83H
数据指针低	DPL									82H
堆栈指针	SP									81H
I/O 端口 0 *	P0	87	86	85	84	83	82	81	80	80H
		P0.7	P0.6	P0.5	P0.4	P0.3	P0.2	P0.1	P0.0	

注：① 带"*"SFR 表示具有位地址，可位寻址；"—"为保留位。

② STC90 系列单片机 P4 口地址为 C0H，辅助中断控制寄存器 AICON 的地址为 E8H。

3. STC90C58AD 单片机新特性

下面就 STC90 系列单片机与 STC89 系列单片机不同的特性作一介绍。

(1) 串行口切换

辅助寄存器 AUXR 的最高位 UART_P1，用于切换串行口的 RxD 和 TxD 引脚，格式如图 7.52 所示。

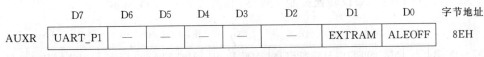

	D7	D6	D5	D4	D3	D2	D1	D0	字节地址
AUXR	UART_P1	—	—	—	—	—	EXTRAM	ALEOFF	8EH

图 7.52　AUXR 寄存器格式

UART_P1：串行口切换位。该位为 0 时，串口/UART 在 P3 口（P3.0/RxD，P3.1/TxD）；为 1 时，串口/UART 在 P1 口（P1.6/RxD，P1.7/TxD）。

EXTRAM：内部扩展 RAM 控制位。该位为 0 时，允许使用 MOVX @DPTR 指令访问内部扩展 0000H～0FFFH 单元（4096 字节），超过 0FFFH 的地址空间总是访问外部数据存储器。为 1 时，禁止访问内部扩展 RAM，直接访问外部数据存储器。

ALEOFF：ALE 信号输出控制位。该位为 0 时，ALE 信号正常输出。为 1 时，禁止ALE 信号输出。但在访问外部数据空间及外部程序空间时 ALE 有信号输出，不受控制。

（2）P4 口

P4 口直接地址为 C0H，是 7 位并行口，其结构与 P3 口相同，可位操作。其中，P4.3 和 P4.2 有第二功能，可分别用于外部中断 2（$\overline{INT2}$）和外部中断 3（$\overline{INT3}$）输入。对 $\overline{INT2}$ 和 $\overline{INT3}$ 的中断控制由辅助中断控制寄存器 XICON 来设置。如下列指令对 P4 口操作是合法的：

```
P4      EQU     0C0H        ；定义字节地址
P4.0    BIT     0C0H        ；定义位地址
P4.1    BIT     0C1H
P4.2    BIT     0C2H
P4.3    BIT     0C3H
P4.4    BIT     0C4H
P4.5    BIT     0C5H
P4.6    BIT     0C6H

        MOV     A,P4
        MOV     P4,#3FH
        ANL     P4,#0F0H
        SETB    P4.6
        CLR     P4.5
```

（3）A/D 转换器

STC90C58AD 单片机，内置分辨力为 10 位和 8 模拟输入通道的高速 A/D 转换器，模拟输入通道由 P1.0～P1.7 输入模拟电压。如果时钟振荡频率在 40MHz 以下，完成一次转换时间仅需要 17 个机器周期。A/D 转换器通常可用作按键扫描、电池电压检测以及频谱分析等。与 A/D 转换器有关的 SFR 有 P1_ADC_EN、ADC_CONTR 和 ADC_DATA。

P1_ADC_EN 是允许 P1.x 为 A/D 模拟输入口的寄存器，其格式如图 7.53 所示。

	D7	D6	D5	D4	D3	D2	D1	D0	
P1_ADC_EN	ADC_P17	ADC_P16	ADC_P15	ADC_P14	ADC_P13	ADC_P12	ADC_P11	ADC_P10	97H

图 7.53　P1_ADC_EN 寄存器格式

相应位为"1"时,对应的 P1. x 口作为 A/D 转换使用,内部上拉电阻自动断开。

ADC_CONTR 是 A/D 转换控制寄存器,其格式如图 7.54 所示。

	D7	D6	D5	D4	D3	D2	D1	D0	
ADC_CONTR	—	ADC_SPEED1	ADC_SPEED0	ADC_FLAG	ADC_START	CHS2	CHS1	CHS0	C5H

图 7.54 ADC_CONTR 寄存器格式

ADC_SPEED1、ADC_SPEED0:ADC 转换速度控制位,见表 7.25。

表 7.25 转换速度选择

ADC_SPEED1	ADC_SPEED0	完成 1 次 A/D 转换时间
0	0	89 个振荡时钟
0	1	178 个振荡时钟
1	0	356 个振荡时钟
1	1	543 个振荡时钟

ADC_START:模拟/数字转换(ADC)启动控制位,设置为"1"时,开始转换。

ADC_FLAG:模拟/数字转换结束标志位,当 A/D 转换完成后,ADC_FLAG =1。

CHS2、CHS1、CHS0:模拟输入通道选择,见表 7.26。

表 7.26 模拟输入通道选择

模拟输入通道选择			所选通道
CHS2	CHS1	CHS0	
0	0	0	P1.0
0	0	1	P1.1
0	1	0	P1.2
0	1	1	P1.3
1	0	0	P1.4
1	0	1	P1.5
1	1	0	P1.6
1	1	1	P1.7

ADC_DATA、ADC_LOW2 为 A/D 转换结果寄存器,其格式如图 7.55 所示。

	D7	D6	D5	D4	D3	D2	D1	D0	
ADC_DATA	bit9	bit8	bit7	bit6	bit5	bit4	bit3	bit2	C6H
ADC_LOW2	—	—	—	—	—	—	bit1	bit0	C7H

图 7.55 ADC_DATA、ADC_LOW2 寄存器格式

A/D 转换结果为

$$(\text{ADC\_DATA}[7\sim0]:\text{ADC\_LOW2}[1\sim0]) = 1024 \times V_{in}/V_{CC}$$

式中,V_{in} 为模拟输入通道输入电压,V_{CC} 为单片机实际工作电压,用单片机工作电压作为

模拟参考电压。

A/D 转换参考程序如下:

```
P1_ADC_EN   EQU   97H                          ; A/D 转换功能允许寄存器
ADC_CONTR   EQU   0C5H                         ; A/D 转换控制寄存器
ADC_DATA    EQU   0C6H                         ; A/D 转换结果高 8 位寄存器
ADC_LOW2    EQU   0C7H                         ; A/D 转换结果低 2 位寄存器
ADC_H2      EQU   20H                          ; A/D 转换结果高 2 位暂存器

ATOD:       ORL   P1, #0FFH
            MOV   P1_ADC_EN, #0FFH
            MOV   R0, #30H
            MOV   R7, #8
            MOV   ADC_CONTR, #20H              ; 转换时间为 178 个振荡时钟
LOOP:       ORL   ADC_CONTR, #00001000B        ; 启动 A/D 转换
Wait:       MOV   A, ADC_CONTR
            ANL   A, #00010000B                ; 取 ADC_FLAG
            JZ    Wait
            ANL   ADC_CONTR, #11110111B        ; 使 ADC_START=0,停止转换
            MOV   A, ADC_DATA
            MOV   B, ADC_LOW2
            ANL   B, #03H                       ; 屏蔽高 6 位
            CLR   C
            RL    A
            MOV   ADC_H2.1, C
            CLR   C
            RL    A
            MOV   ADC_H2.0, C
            ORL   A, B
            MOV   @R0, A                        ; 保存结果低 8 位
            ANL   ADC_H2, #03H
            INC   R0
            MOV   @R0, ADC_H2                   ; 保存结果高 2 位
            INC   R0
            INC   ADC_CONTR
            DJNZ  R7, LOOP
            RET
```

(4) 软件复位

用户应用程序在运行过程当中,有时会有特殊需求,需要实现单片机系统软复位,传统的 8051 单片机由于硬件上未支持此功能,用户必须用软件模拟实现,比较麻烦。STC 新推出的增强型 8051 单片机根据客户要求增加了 ISP_CONTR 特殊功能寄存器,实现了此功能。用户只需简单地设置 ISP_CONTR 寄存器其中的两位 SWBS 和 SWRST 就能实现系统复位。ISP_CONTR 格式如图 7.56 所示。

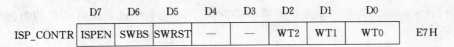

	D7	D6	D5	D4	D3	D2	D1	D0	
ISP_CONTR	ISPEN	SWBS	SWRST	—	—	WT2	WT1	WT0	E7H

图 7.56 ISP_CONTR 寄存器格式

ISPEN：ISP/IAP 功能允许位。该位为 0 时，禁止 ISP/IAP 编程，为 1 时，允许编程。

SWBS：软件选择是从用户应用程序区启动（该位为 0），还是从 ISP 程序区启动（该位为 1）。该位要与 SWRST 配合才可以实现。

SWRST：软件复位控制位。该位为 0 时，禁止软件复位；为 1 时，产生软件系统复位，复位后硬件自动将该位清 0。软件复位是使整个系统复位，所有的特殊功能寄存器都将复位到初始值。

WT2、WT1、WT0：对 Flash 编程时的 CPU 等待时间选择位。

例如，用户应用程序（AP）区与 ISP 区的软件复位操作如下。

从系统 ISP 监控程序软件复位，并切换到 AP，执行指令：

```
MOV ISP_CONTR, #00100000B              ; SWBS=0(选择 AP), SWRST=1(软复位)
```

从 AP 软件复位，并切换到 AP，执行指令：

```
MOV ISP_CONTR, #00100000B              ; SWBS=0(选择 AP), SWRST=1(软复位)
```

从 AP 软件复位，并切换到 ISP 监控程序，执行指令：

```
MOV ISP_CONTR, #01100000B              ; SWBS=1(选择 ISP), SWRST=1(软复位)
```

从 ISP 监控程序软件复位，并切换到 ISP 监控程序，执行指令：

```
MOV ISP_CONTR, #01100000B              ; SWBS=1(选择 ISP), SWRST=1(软复位)
```

习题 7

7.1　什么是 MCS-51 派生型单片机？试列举一些派生型单片机产品。

7.2　Atmel 89 系列 Flash 单片机有何特点？

7.3　AT89C1051/2051 单片机有何特点？在什么场合下选用该器件为最佳方案？试举例说明。

7.4　AT89S 系列单片机有何特点？如何对 AT89S 系列单片机进行 ISP 编程？

7.5　P89C51RX2 系列单片机有何特点？

7.6　P89C51RX2 系列单片机运行在 6 时钟模式和运行在 12 时钟模式有什么区别？

7.7　P89C51RX2 系列单片机有哪些中断源？几个中断优先级？

7.8　如何访问 P89C51RX2 系列单片机内部扩展 RAM？

7.9　简述 P89C51RX2 系列单片机 PCA 功能及应用。

7.10　P89C51RX2 系列单片机 PCA 模块 4 软件监视定时器与硬件监视定时器各有什么特点？

7.11　如何对 P89C51RX2 系列单片机进行在系统编程（ISP）？

7.12　STC89C5X 系列单片机有哪些措施用于降低单片机系统对外界的电磁干扰（EMI）？

7.13　如何使用 Atmel 和 Philips 单片机的双数据指针？举例说明。

8 第◆章

C51语言程序设计

高级语言编程与汇编语言相比,在功能上、结构性、可读性、可维护性上有明显的优势。特别是用 C 语言编程可大大提高工作效率和项目开发周期,同时还能嵌入汇编语言程序,使应用程序达到接近于汇编语言程序的工作效率。Keil C51 是专门为 8051 设计的 C 语言程序编译器,并符合 ANSI 标准,同时针对 8051 自身的特点作了特殊的扩展。此外,Keil C51 还提供了丰富的库函数和功能强大的集成开发环境 μVision。本章将简要介绍 C51 语言程序设计方法。

8.1 Keil C51 概述

8.1.1 Keil C51 对 MCS-51 单片机存储空间的定义

对于采用高级语言编程的用户,要充分了解 8051 单片机存储器组织结构,这样才能保证对变量合理分配存储空间,最大限度实现代码优化。从 C 语言编程角度来看,8051 单片机有 3 个存储空间:程序存储器、片内 RAM 和外部 RAM,如图 8.1 所示。

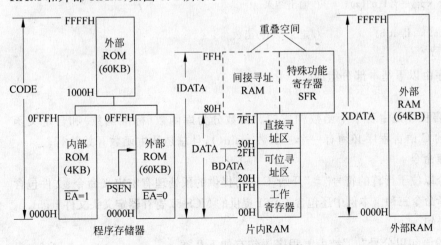

图 8.1　MCS-51 存储器组织结构

此外，Keil C51 还对 MCS-51 存储器各空间作了命名，见表 8.1。

表 8.1   存储器空间定义

空 间 名 称	地 址 范 围	说 明
DATA	D:00H~D:7FH	片内 RAM 直接寻址
BDATA	D:20H~D:2FH	片内 RAM 位寻址
IDATA	I:00H~I:FFH	片内 RAM 间接寻址
XDATA	X:0000H~X:FFFFH	64KB 外部 RAM
CODE	C:0000H~C:FFFFH	64KB 程序 ROM 代码区
BANK0~BANK31	B0:0000H~B0:FFFFH … B31:0000H~B31:FFFFH	分组程序代码区，最大可扩展到 $64KB \times 2^5$

8.1.2   C51 程序结构与调试

1. 一个简单的 C51 程序

【例 8.1】   要求由键盘输入两个数，完成两数相加运算，然后输出计算结果。程序如下：

```
#include <stdio.h>            //include head file
#include <reg51.h>
float add(float a , float b);    //声明 add()函数
main()
{ float x,y,z;
    SCON = 0x52;             //串行口方式 1,8 位 UART
    TMOD = 0x20;             //定时器 T1,方式 22
    TH1 = 0xE8;              //时钟振荡频率为 11.0592MHz,串行通信波特率为 1200
    TL1 = 0xE8;              //定时器 T1 初值
    TR1 = 1;                 //启动定时器 T1
    scanf("%f,%f",&x,&y);    //输入 x,y
    z = add(x,y);            //调用 add()函数
    printf("\n x+y=%f\n",z); //输出结果
}
float add(float a , float b)  //定义 add()函数
{ return(a+b); }
```

C 语言程序由以下基本部分组成。

（1）函数

一个 C 语言程序是由若干个函数构成的。函数分为库函数（标准函数）和自定义函数。一个完整的 C 语言程序必须有一个主函数 main()，且总是从主函数开始执行。

（2）预处理命令

预处理命令以位于行首的符号"#"开始，C 语言提供的预处理有宏定义命令、文件包含命令和条件编译命令三种。本例中还包含了 C51 提供的 MCS-51 寄存器定义头文件 reg51.h。

（3）程序语句

一条完整的语句以分号";"结束。程序语句有如下几类：

① 说明语句

用来说明变量的类型和初值。本例中把 x、y、z 变量定义为单精度浮点数：

float x,y,z;

还允许在说明变量的数据类型的同时对变量初始化(赋初值)，例如：

int sum=0;

② 表达式语句

有变量、常数及运算符构成的式子称为表达式，在表达式后面加一个分号就构成了一个语句。例如，在赋值表达式 SCON=0x52 后面加"；"，就构成一个赋值表达式语句。

③ 程序控制语句

用来描述执行条件与执行顺序的语句称为程序控制语句。C 语言的控制语句有9 种，见表 8.2。其中的括号()中的内容是条件，~表示内嵌的语句。

表 8.2 程序控制语句

控制语句关键字	说　　明	控制语句关键字	说　　明
if()~else	条件转移语句	continue	结束本次循环语句
for()~	for 循环语句	break	中止循环式 switch 语句
while()~	while 循环语句	goto	无条件转移语句
do~while()	do-while 循环语句	return	从函数返回语句
switch	多分支选择语句		

④ 复合语句

复合语句是用大括号"{ }"把若干条简单语句组合在一起形成一种功能模块，使功能模块在语法上等价于一个语句。例如：

```
if (a>b){
  c=a-b;
  d=c*a;
}
else{
  c=a+b;
  d=c*b;
}
```

⑤ 函数调用语句

函数调用语句是由一个函数调用后加一个分号而构成的语句，例如本例中：

z=add(x,y);

⑥ 空语句

空语句是只有分号"；"的语句，什么也不做。例如：

;

(4) 注释

可用//……或/*……*/在程序任何处作注释，以增强程序的可读性。

　　注意：C 语言对大小写敏感，如 A 与 a 被认为不同的标识符。C 语言中所有的保留关键字都为小写。

2. 上机调试程序

　　在 Keil μVision2 开发环境下，上机调试步骤如下：

　　① 双击 Keil μVision2 图标，打开 μVision2 开发环境主界面。

　　② 选择 File→New 菜单项，从打开的编辑窗口中输入例 8.1 源程序。输入完成后，选择 File→Save As 菜单项，将其另存为扩展名为.C 的源程序文件（如 test.c），保持在指定的目录路径下，如图 8.2 所示。

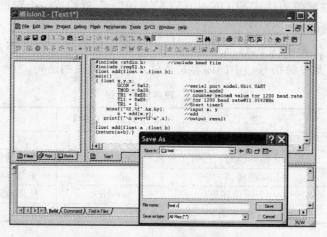

图 8.2　保存源程序文件

　　③ 选择 Project→New Project 菜单项，在弹出的对话框中输入项目文件名，如 test，并设置合适的保存路径，然后单击 Save 按钮，将出现的选择器件对话框。在选择器件对话框中首先选择 Atmel 公司；然后单击 ATMEL 前面的"＋"号，展开目录，选择其中的AT89C52 芯片，右边描述区将显示有关该器件的基本特性；最后单击 OK 按钮，回到主界面。此时，在项目窗口的文件标签页中，出现了 Target1，前面有"＋"号，单击"＋"号展开，可以看到下一层的 Source Group1。创建项目过程如图 8.3 所示。

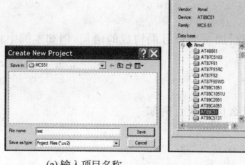

(a) 输入项目名称

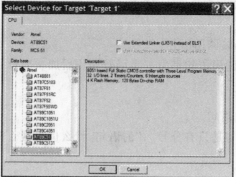

(b) 选择器件

图 8.3　创建一个新项目的过程

④ 将鼠标指向项目窗口文件标签页的 Source Group 1 文件组，并单击鼠标右键，打开快捷菜单。在快捷菜单中选择 Add Files to Group "Source Group 1"菜单项，将弹出一个添加文件选择对话框，请选择源程序文件 test.c，并单击"Add"按钮，如图 8.4 所示。

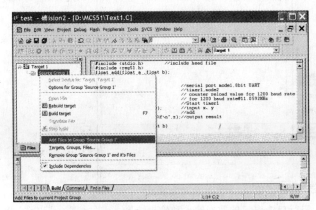

(a) 选择Add Files to Group "Source Group 1"快捷菜单项　　　　(b) 选择源程序文件添加到项目中

图 8.4　加入源程序文件

⑤ 选择 Project→Rebuild all target files 菜单项，对源程序进行编译和连接。结果将在输出窗口中提示，如图 8.5 所示。

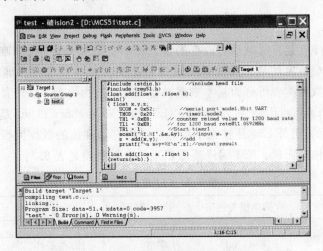

图 8.5　编译连接完成后的输出窗口的提示信息

⑥ 选择 Debug→Start/Stop Debug Session 菜单项，进入仿真调试状态。

⑦ 选择 Debug→Go 菜单项，全速运行程序。

⑧ 选择 View→Serial Window ♯1 菜单项，打开调试状态下的串行口 1 窗口，由键盘输入两个数（两数之间用逗号分隔），按回车键结束输入。在串行窗口可立即看到运算结果，如图 8.6 所示。

注意：源程序中 scanf()和 printf()函数所进行的输入、输出操作都是通过串行窗口实现的。为了使串行口工作，C 程序中需要增加对 MSC-51 串行口初始化的语句。

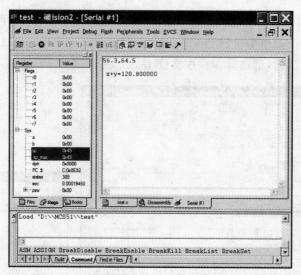

图 8.6　串行口 1 窗口的数据输入和输出结果

8.2　C51 数据类型和运算符及表达式

8.2.1　数据类型

1. 变量

变量是指程序在运行时其值可改变的量。每个变量由一个变量名唯一标识,同时,每个变量又具有一个特定的数据类型。变量的数据类型是指变量在存储器中的分配情况(即数据结构)。数据类型可分为基本数据类型和复杂数据类型。C 语言的基本数据类型有 char、int、short、long、float 和 double。对于 C51 来说 short 和 int 是相同的,float 和 double 也是相同的,另外 C51 还扩充了特殊功能寄存器和位的数据类型。复杂数据类型由简单数据类型构造而成。C51 编译器能识别的数据类型见表 8.3。

表 8.3　C51 数据类型

数据类型名称	数据类型关键字	长　度	值　域
无符号字符型	unsigned char	1 字节	0～255
有符号字符型	signed char	1 字节	-128～$+127$
无符号整型	unsigned int	2 字节	0～65535
有符号整型	signed int	2 字节	-32768～$+32767$
无符号长整型	unsigned long	4 字节	0～4294967295
有符号长整型	signed long	4 字节	-2147483648～$+2147483647$
浮点型	float	4 字节	$\pm 1.175494E-38$～$\pm 3.402823E+38$
指针型	*	1～3 字节	变量的地址
位类型	bit	1bit	0 或 1
特殊功能寄存器类型	sfr	1 字节	0～255
16 位寄存器类型	sfr 16	2 字节	0～65535
可寻址位类型	sbit	1bit	0 或 1

2. 常量

常量是指在程序运行过程中其值不能改变的量。常量具有类型属性,类型决定了各种常量在内存中占据存储空间的大小。常量的数据类型:整型、浮点型、字符型、字符串型、布尔型和枚举型。

（1）整型常量

整型常量常见有 3 种形式表示:十进制、十六进制和长整型,见表 8.4。

表 8.4　整型常量

整型常量	示　　例	说　　明
十进制常量	+13,-27	通常占一个机器字长
十六进制常量	0x13,0xA7,-0x1f	以 0x 或 0X 开头,其后由若干 0~9 的数字及 A~F(或 a~f)的字母组成
长整型	1024L,0xfe00L	数字后缀为 L

（2）浮点数常量

浮点数也称为实型数。只能以十进制形式表示,共有两种表示方法:小数表示法和指数表示法,见表 8.5。

表 8.5　浮点数表示法

浮点数常量	示　　例	说　　明
小数表示法: 整数部分.小数部分	3.14、-0.27、0.0.2、2.	分为整数部分和小数部分,其中小数点不能省略
指数表示法: [±]数字.数字 e[±]数字	12e3、-7.0e-8 1.2e20	指数部分以 E 或 e 开始,而且必须是整数,E 或 e 的两边都至少有一位数

（3）字符常量

字符常量是用单引号括起的一个字符。在内存中,字符数据以 ASCII 码存储,如字符'a'的 ASCII 码为 97。字符常量包括两类,一类是可显字符,如字母、数字和一些符号(如@、+等);另一类是不可显示的控制字符,如 ASCII 码为 13 的字符表示回车。在 C 语言中要实现控制字符代码,可在规定的特殊字符前面加"\",如"\n"表示换行。表 8.6 列出了常用的转义字符。

表 8.6　常用的转义字符

转移字符	ASCII 码	说　　明
\0	0x00	空字符(null)
\n	0x0A	换行(line feed)
\r	0x0D	回车(carriage return)
\t	0x09	水平制表(horizontal tab)
\v	0x0B	垂直制表(vertical tab)
\b	0x08	退格(backspace)
\f	0x0C	换页(form feed)
\'	0x27	单引号(single quote)
\"	0x22	双引号(double quote)
\\	0x5C	反斜线(backslash)

（4）字符串常量

字符串常量是由一对双引号括起来的零个或多个字符序列，如"I am a student"。当双引号内的字符个数为0时，称为空字符串常量。由于字符串常量是以双引号作为界限符，如果要表示双引号字符串时，可用""\""转义字符来表示。

C语言在处理字符串常量时，实际上是用字符数组来存储字符串中的各字符常量，组成数组的字符除显示给出的外，还包括字符串最后的一个转义字符'\0'，'\0'是空字符表示字符串结束字符。

需要注意的是'a'和"a"的区别，'a'是一个字符常量，在内存中占一个字节的存储单元；"a"是一个字符串常量，在内存中占两个字节，除了存储'a'以外，还要存储字符串结束符'\0'。

3. 数据类型转换

C语言中数据类型转换有两类，即隐式类型转换和显式类型转换。

（1）隐式类型转换

隐式类型转换是由编译器自动完成的类型转换。当编译器遇到不同类型的数据参与同一运算时，会自动将它们转换为相同类型后再进行运算，赋值时会把所赋值的类型转换为与被赋值变量类型一样。C51只有 char、int、long 和 float 数据类型可以进行隐式类型转换。

例如，把浮点数赋给整型变量，则小数部分将丢失；又如将整型数赋给字符型变量，则整数的高8位数将丢失。

（2）显式类型转换

显式类型转换是由程序员强制指出的类型转换，转换形式为

类型名(表达式)　或　(类型名)表达式

这里的"类型名"是任何合法的C语言数据类型，例如 float、int 等。通过类型的显式转换可以将"表达式"转换成适当的类型。例如

```
float f=3.14;        //浮点变量 f 初值为 3.14
int i=(int)f;        // 整形变量 i 的值为 3,f 的值不变
```

8.2.2　运算符和表达式

C语言的运算符是用于完成某种运算的符号，而表达式则是由运算符及运算对象所组成的式子。在表达式后面加一个分号";"就变为一个语句。

运算符按其在表达式中所起的作用可分为十几类，见表8.7。按其在表达式中与运算对象的关系（连接运算对象的个数）又可分为以下3种。

单目运算符　只有一个操作数，例如++i。

双目运算符　有两个操作数，例如 a+b。

三目运算符　有三个操作数，例如(a>b)? a：b。

表 8.7　**C 语言常用的运算符**

名　　称	运　算　符
赋值运算符	=
算术运算符	+、-、*、/、%
自增、自减运算符	++、--
关系运算符	<、<=、>=、==、!=
逻辑运算符	!、&&、||
位运算符	<<、>>、~、|、^、&
条件运算符	?:
逗号运算符	,
指针和地址运算符	* 和 &
分量运算符	.、->
求字节运算符	sizeof
复合运算符	+=、-=、*=、/=、%=、<<=、>>=、&=、^=、|=

1. 赋值运算符

符号"="是 C 语言的赋值运算符,其作用是将一个数据值赋给一个变量。利用赋值运算符将一个变量和一个表达式连接起来的式子构成赋值表达式,在赋值表达式后加一个符号";"便构成赋值语句。赋值语句的一般格式为

变量=表达式;

赋值语句执行过程是先计算出赋值运算符右侧表达式的值,然后将该值赋给赋值运算符左侧的变量。例如:

```
int x,y,z;              //定义两个整形变量 x、y 和 z
x=3;                    //x 的值为 3
y=z=5;                  //y 和 z 的值都为 5
```

2. 算术运算符

C 语言算术运算符有以下 5 种。

① +加法运算符,如 1+2;或取正值运算符,如+3。

② -减法运算符,如 1-2;或取负值运算符,如-3。

③ * 乘法运算符,如 1 * 2。

④ / 除法运算符,如 1/2。

⑤ % 模运算符或称取余运算符,如 7%3。

例如:

```
int x,y;
x=7/3;                  //x 的值为 2(7÷3 的商)
y=a%b;                  //y 的值为 1(7÷3 的余数)
```

3. 自增、自减运算符

自增"++"和自减"--"运算符的功能是使变量的值加 1 或减 1。它们都是单目运

算符,为变量的增 1 和减 1 运算提供紧凑格式。例如:

```
int x=5;              //整型变量 x 的初值为 5
i++;                  //x 自身加 1 后的值为 6
```

自增、自减运算符有前置和后置两种格式。

(1) 前置格式(先对变量加/减 1,然后再使用该变量当前值)

例如:

```
int a=3,b;
b=++a;               //先将 a 自身加 1,然后将 a 的当前值赋给 b
```

运行结果:a 和 b 的值都为 4。

(2) 后置格式(先使用变量的值,然后再对该变量加/减 1)

例如:

```
int x=5,y;
y=x--;               //先取 x 原值 5 赋给 y,然后 x 自身减 1
```

运行结果:x 的值为 4,y 的值为 5。

此外,C 语言编译器在处理多个运算符时,总是自左向右将运算符结合在一起。例如:a+++b 解析为(a++)+b 而不是 a+(++b)。

4. 关系运算符

C 语言的关系运算符以下 6 种。

① ＜　小于。

② ＜＝　小于等于。

③ ＞　大于。

④ ＞＝　大于等于。

⑤ ＝＝　等于。

⑥ ！＝　不等于。

关系运算符为双目运算符,用于两操作数之间建立某种关系,如果关系成立,结果就为 TRUE(真),其值为 1;关系不成立,结果为 FALSE(假),其值为 0。例如:2＞3 表达式的值为 0。

(5−1)＝＝(1+3)表达式的值为 1。

5. 逻辑运算符

C 语言有以下 3 种逻辑运算符。

① ＆＆　逻辑与。

② ||　逻辑或。

③ !　逻辑非。

逻辑运算符用于求关系表达式或逻辑量的逻辑值,逻辑运算的结果只有 TRUE(真值为 1)和 FALSE(假值为 0)两种。逻辑运算真值表见表 8.8。其中"＆＆"和"||"是双目运算符,它们都要求有两个操作对象,如(a＞b)＆＆(x＞y);"!"是单目运算符,只要求有一个操作对象,如!(a＞b)。

表 8.8 逻辑运算真值表

a	b	a&&b	a‖b	！a	！b
0	0	0	0	1	1
0	非 0	0	1	1	0
非 0	0	0	1	0	1
非 0	非 0	1	1	0	0

6. 位运算符

C 语言提供了以下 6 种位运算符。

① ～　按位求反。

② <<　左移。

③ >>　右移。

④ &　按位与。

⑤ |　按位或。

⑥ ^　按位异或。

位运算符是对其操作数按其二进制形式逐位进行运算,参加位运算的操作数必须为整数。位运算操作是按位对变量进行位运算,并不改变参与运算的变量的值。位运算符除了～是单目运算符外,其余都为双目运算符。位运算的真值表见表 8.9。

表 8.9 逻辑运算真值表

x	y	～x	～y	x&y	x‖y	x^y
0	0	1	1	0	0	0
0	1	1	0	0	1	1
1	0	0	1	0	1	1
1	1	0	0	1	1	0

左移运算符是位串向左移动 n 位,最低位移入 0,最高位移出被丢失。例如:

```
int x= ,y;
y=x<<2;                //取 x 的内容左移 2 位后赋给 y
```

运算结果: x 的值不变(仍然为 0x0fff),y 的值为 0x3ffc。

右移运算符是位串向右移动 n 位,最低高移入 0,最低位移出被丢失。例如:

```
int x=0xaa55,y;
y=x>>1;                //取 x 的内容右移 1 位后赋给 y
```

运算结果: x 的值不变(仍然为 0xaa55),y 的值为 0x552a。

7. 条件运算符

条件运算符"？:"是 C++中唯一三目运算符,条件运算表达式为

条件表达式？T 表达式:F 表达式

如果条件表达式的值为真,则 T 表达式值就是整个表达式的最终结果;否则,F 表达式的

值就是整个表达式的值。例如,求 a 和 b 两数中的最大值语句如下:

max＝(a＞b)?a:b;

8. sizeof 运算符

sizeof 运算符是求操作数字节数的单目运算符,用于计算运算对象在内存中所占字节数,一般形式为

sizeof(数据类型)或 sizeof(表达式)

例如:int x＝sizeof(int);其运算结果 x 的值为 2,说明 C51 整型数据为 2 个字节。

又如:float y;则 sizeof(y)表示求变量 a 在内存中所占字节数。

再如:int a[10];则 sizeof(a)表示求数组 a 在内存中所占字节数。

9. 逗号运算符

逗号运算符用于将多个表达式连在一起,并将各表达式按从左到右的顺序依次求值,但只有其最右端的表达式的结果,作为整个逗号表达式的结果。逗号表达式的一般格式为

表达式 1,表达式 2,…,表达式 n

例如:int a=1,b=2,c=3,x;
　　　x=(a+b,b+c,c+a);　　　//最后一个表达式 c+a 的值为 4 赋给 x
结果 x 的值为 4。

10. 复合赋值运算符

在赋值运算符前面加其他运算符号,就构成了以下复合赋值运算符:

+＝	加赋值;	－＝	减赋值;
＊＝	乘赋值;	/＝	除赋值;
%＝	取模赋值;	＜＜＝	左移赋值;
＞＞＝	右移赋值;	&＝	逻辑与赋值;
^＝	逻辑异或赋值;	|＝	逻辑或赋值。

凡是双目运算符都可和赋值运算符一起构成复合运算符。复合运算首先对变量进行某种运算,然后将运算的结果再赋给该变量,复合运算的格式为

变量　复合运算符 表达式

例如:a+＝b;　　等价于 a=a+b;
　　　x＊＝y+2;等价于 x=x＊(y+2);
采用复合运算符可以提高编译效率。

8.2.3　运算符的优先级和结合性

表 8.10 列出了各种运算符的优先级和结合性。位于同一行中的各运算符优先级相同,位于不同行的运算符优先级从高到低递减。

表 8.10 运算符的优先级和结合性

运 算 符	结合性	运 算 符	结合性
()	从左至右	^	从左至右
!、~、++、--	从左至右	|	从左至右
*、/、%	从左至右	&&	从左至右
+、-	从左至右	||	从左至右
<<、>>	从左至右	? :	从右至左
==、! =	从左至右	=、+=、-= 及其他复合运算符	从右至左
&	从左至右		

如果在一个表达式中包含由几个位于同一行中的运算符,它们的计算顺序由结合性决定。若结合性为从左至右,则表达式中左侧先计算,否则反之。例如:

a＝b＝c＝1;

结果 a、b、c 皆赋值为 1。但是运算符的计算顺序可用括号组改变,例如:

a＝(b＝1)＋2;

结果 b 为 1,a 为 3。

8.3 控制语句

8.3.1 顺序控制语句

顺序结构,是指按照语句在程序中的先后次序一条一条地顺次执行。顺序控制语句是一类简单的语句,上述介绍的表达式语句即是顺序控制语句。

【例 8.2】 求 $\sqrt{x}$,要求由键盘输入 x ,然后将计算结果输出显示。程序如下:

```
# include <stdio.h>            //include head file
# include <math.h>
# include <reg51.h>
main()
{   float x,y;
    SCON = 0x52;               //串行口方式 1,8 位 UART
    TMOD = 0x20;               //定时器 T1 方式 2
    TH1 = 0xE8;                //串行通信波特率为 1200,时钟振荡频率为 11.0592MHz
    TL1 = 0xE8;                //定时器 T1 初值
    TR1 = 1;                   //启动定时器 T1
    scanf("%f", &x);           //输入 x
    y=sqrt(x);
    printf("\n square root is %f\n",y);      //输出结果
}
```

运行以上程序,输入数据:12.9,输出为

square root is 3.591657

对程序作几点说明。

（1）包含函数库头文件

程序中使用了 scanf() 和 printf() 函数，这两个函数都在"stdio. h"头文件中定义，所以程序一开始包含程序中所使用有关函数所在的头文件。math. h 头文件是为使用 sqrt(x)函数包含进来的，reg51. h 头文件是为使用给特殊功能寄存器赋值包含进来的。

（2）输入/输出操作

C 语言程序没有输入/输出控制语句，输入/输出功能由函数 scanf()/printf()函数来实现。

① scanf()函数

scanf()函数是格式化输入函数，其功能是从标准输入设备（键盘）读取输入的信息。其调用格式为

scanf("格式化字符串", <地址表>);

格式化字符串中包含规定的格式控制字符，它以"％"开始，后跟格式字符。常用格式字符见表 8.11。

表 8.11　格式字符

格式字符	说　　明	格式字符	说　　明
c	单个字符	s	字符串
d	十进制有符号整数	x 或 X	十六进制整数
f	十进制浮点数，预留 6 位小数		

地址表是需要读入的所有变量的地址，其个数必须与格式化字符串的格式字符数一样多，且顺序要一一对应。对于多个变量地址时，它们之间用","分隔；如果是一般的变量，通常要在变量名前加上取字符"&"。如果是数组，用数组名就代表了该数组的首地址；如果是指针，直接用指针名本身，不要加上"＊"。

② printf()函数

printf()函数是格式化输出函数，一般用于向标准输出设备按规定格式输出信息。printf()函数的调用格式为

printf("格式化字符串",参量表);

其中，格式化字符串包括两部分内容：一部分是正常字符，这些字符将按原样输出；另一部分是格式化规定字符，以"％"开始，后跟格式控制字符，用来确定输出内容格式。printf()函数中的格式字符与 scanf()的格式字符基本相同。printf()格式化字符串中还可使用转移控制字符。

参量表是需要输出的一系列参数，其个数必须与格式化字符串所说明的输出参数个数一样多，各参数之间用","分开，且顺序要一一对应。

（3）对串行口初始化

另外，为了能使 scanf() 和 printf() 函数能在 μVision2 仿真调试状态下工作，应在 C 源程序中增加对串行口初始化语句，或者将串行口初始化代码加入到 startup. a51 文件中，再将应用程序与 startup. a51 连接在一起。在进行输入/输出调试时，要打开串行口调

试窗口。为简化简述；下文例子中，凡是出现 scanf() 和 printf() 函数时，不在程序中出现那 5 行串行口初始化语句，读者在调试程序时自行添加。

8.3.2 if 语句

if 语句又称为条件二路分支语句，它根据给定的条件进行判断，从而决定执行哪一个分支。if 语句有 3 种形式。

1. if(expression) statement；

功能：如果表达式 expression 的值为真，则执行 statement 语句，然后继续执行下一条语句；如果表达式 expression 的值为假，则不执行 statement 语句，直接执行下一条语句。例如：

```
if(a>b)printf("%d",a);          //只有在满足 a>b 的条件下，才能输出 a 的值
```

statement 可以是一条语句，也可以是多条语句构成的复合语句块，凡是复合语句块都需要用花括号{…}括起来。例如：

```
if(a>b){
    c=a-b;
    printf("c=%d",c);
}
```

2. if(expression) statement1；
     else statement2；

功能：如果表达式 expression 的值为真，则执行 statement1 语句，否则执行 statement2 语句，然后继续执行下一条语句。例如：

```
if(a>b)printf("max=%d",a);
    else printf("max=%d",b);
```

等价于 printf("max=%d",(a>b)?a∶b);

3. if(expression1) statement1；
     else if(expression2) statement2；
     else if(expression3) statement3；
              …
     else if(expressionm) statementm；
     else statementn；

这是 if...else 语句复合形式，用于进行多重比较。为了避免二义性，规定 else 部分总是与最近的 if 匹配。例如，按百分制成绩分 5 个等级的程序段：

```
if(score>=90) ch='A';
    else if(score>=80) ch='B';
    else if(score>=70) ch='C';
    else if(score>=60) ch='D';
    else ch='E';
```

该程序用 score 的取值范围来决定 ch 的字符内容：

```
score>=90,ch='A';
90>score>=80,ch='B';
80>score>=70,ch='C';
70>score>=60,ch='D';
60>score, ch='E';
```

8.3.3 switch 语句

switch 语句是多分支的选择语句。复合形式的 if 语句可以处理多分支选择,但用 switch 语句更加直观。switch 语句的语法格式为

```
switch(integral_expression){
        case constant1:
            statements1;
            break;
        case constant2:
            statements2;
            break;
            ...
        case constantn:
            statementsn;
            break;
        default: statements;
}
```

switch 语句的执行过程是:首先对整数表达式 integral_expression 进行计算,得到一个整型常量结果,然后从上到下寻找与此结果相匹配的常量表达式 constant 所在的 case 语句,以此作为入口,开始顺序执行入口处后面的各语句,直到遇到 break 语句,才结束 switch 语句,转而执行 switch 结构后的其他语句。如果没有找到与此结果相匹配的常量表达式,则从 default 处开始执行语句序列,执行完后,结束 switch 语句。

例如,用 switch 语句来编写按百分制成绩转换为 5 个等级的程序段如下:

```
switch(int(score/10)){
        case 9:
            ch='A';
            break;
        case 8:
            ch='B';
            break;
        case 7:
            ch='C';
            break;
        case 6:
            ch='D';
            break;
        default: ch='E';
}
```

程序中 int(score/10)是将表达式的值强制转换为整型常量。

8.3.4　循环语句

C语言提供了3种循环控制语句：while语句，do...while语句，for语句。三种语句都有相似的3个组成部分，即进入循环的条件、循环体、退出循环的条件，功能也类似。

1. while语句

while语句的语法格式为

```
while(test_exp)
    statements;
```

while语句的执行过程是：首先对表达式test_exp进行测试判断，若判断结果为真，则执行循环体statements语句序列，执行完一次循环体语句后，再对表达式test_exp进行测试判断，若判断结果仍然为真，则再执行一次循环体语句，以此类推，直到表达式test_exp的判断结果为假时，退出while循环语句，转而执行while结构后续语句。若表达式test_exp测试判断结果为假，则跳过循环体，执行while结构后续语句。

由此可见，while循环语句是"先判断后执行"，每当条件满足时进入循环体，直到条件不满足时退出。例如，求 $\sum\limits_{n=1}^{100} n$，程序如下：

```
int i=1,sum=0;
while(i<=100){
    sum=sum+i;
     i++;
}
```

2. do...while语句

do...while语句的语法格式为

```
do
    statements;
while(test_exp);
```

do...while语句的执行过程是：首先执行循环体statements语句，然后再对表达式test_exp进行测试判断。若判断结果为真，则重复执行循环体statements语句。直到表达式test_exp的判断结果为假时，退出循环，转而执行do...while结构后续语句。

可见，do...while循环语句是"先执行后判断"，一开始无条件进入循环体，执行一次循环体后判断是否满足条件，当条件满足时重复执行循环体，直到条件不满足时退出。例如，求 $\sum\limits_{n=1}^{100} n$，用do...while循环语句编程如下：

```
int i=1,sum=0;
do{
    sum+=i;
    i++;
```

```
}while(i<=100);
```

3. for 语句

for 语句的语法格式为

```
for(init_exp; test_exp; incr_exp)
    statements;
```

for 语句的执行过程是：在循环开始之前先执行初始化表达式 init_exp，并且仅执行一次；然后对循环控制表达式 test_exp 进行测试判断，如果判断结果为真，就执行循环体 statements 语句，执行完循环体 statements 语句之后，再执行 incr_exp 表达式运算，继而继续对 test_exp 进行测试判断，以决定是否进行下一次循环。如果 test_exp 表达式的判断结果为假，就退出 for 结构。

可见，for 循环语句是当循环变量在指定范围内变化时，重复执行循环体，直到循环变量超出指定的范围时退出。例如，求 $\sum\limits_{n=1}^{100} n$，用 for 循环语句编程如下：

```
sum=0;
    for(int i=1; i<=100; i++){
        sum+=i;
}
```

此外，for 语句中的表达式还可被省略。例如，最简单的表示无限循环的方式如下：

```
for( ; ; )                     //分号不能省略
```

8.3.5 goto 和 break 及 continue 语句

C 语言除了提供顺序执行和选择控制、循环控制语句外，还提供了一类跳转语句。跳转语句的总体功能是中断当前某段程序的执行，并跳转到程序的其他位置继续执行。常见的跳转语句有 3 种：goto、break 和 continue 语句。

1. goto 语句

goto 语句的语法格式为

```
goto   标号；
```

其中，标号是用户自定义的跳转目标的标识符。跳转目标处，由标号后面跟一个":"冒号来标明。跳转目标必须在 goto 语句所在同一函数的任何位置。

goto 语句的功能是无条件转移到指定的跳转目标处。例如，求 $\sum\limits_{n=1}^{100} n$，用 goto 语句编程如下：

```
int i=1,sum=0;
repeat: if(i>100)goto quit;
        sum+=i;
        i++;
```

```
        goto repeat;
quit: printf("sum=%d", sum);
```

这里需要用 if 语句进行条件判断,以便结束循环。

2. break 语句

break 语句的语法格式为

```
break;
```

break 语句常用于结束当前正在执行的多路分支(switch 结构)或循环(while、do…while、for 结构)的程序结构,转而执行这些结构后续语句。

前面介绍的 switch 语句中,用 break 用来使流程跳出 switch 结构,继续执行 switch 后的语句。

在循环语句中,break 语句用于提前退出循环。例如以下程序段,在求和程序中插入 break 语句,将提前终止循环:

```
sum=0;
for(int i=1; ; i++){
    sum+=i;
    if(i==100)break;
}
```

3. continue 语句

continue 语句的语法格式为

```
continue;
```

continue 语句用于结束当前正在执行的本次循环(for、while、do…while),紧跟执行下一次循环。即当遇到 continue 语句时,将跳过循环体中尚未执行的部分,接着进行下一次循环,而不是终止整个循环的执行。

例如,输出 1~100 之间的不能被 3 整除的数。

```
for (int i=1; i<=100; i++){
    if (i%3==0)continue;
    printf("%d\n", i);
}
```

当 i 被 3 整除时,执行 continue 语句,结束本次循环,即跳过 printf()语句,转去判断 i<=100 是否成立。只有 i 不能被 3 整除时,才执行 printf()函数,输出 i 的值。

8.4 函数

函数是 C 语言程序中一个能完成某一独立功能的子程序,称为程序模块。也是组成 C 语言程序的基本单位。一个最简单的 C 语言程序至少要有一个 main()函数。系统总是从 main()函数开始执行程序。

8.4.1　函数的定义与声明

1. 函数的定义

定义一个函数的语法格式为

```
类型 函数名(形式参数表){
    函数体;
    return ();
}
```

函数的类型是该函数的返回值的数据类型。函数的返回值,由函数体中最后一条 return 语句给出。一个函数可以有返回值,也可以无返回值(称为无返回值函数或无类型函数)。如果是无返回值函数,在定义函数时用保留字 void 作为函数的类型名,且可省略 return 语句,或者 return 后面没有任何参数。

在定义函数时,如果没有明确指出函数类型,则默认类型为 int。

在函数名后面必须跟一对圆括号"()",在圆括号内为形式参数表项。即使没有参数,圆括号也不能缺少。如果是无参数的函数,形式参数表也可用 void 取代。主函数的名称规定取编译器默认的名称 main()。

形式参数表又称参数表,每个形式参数必须独立说明数据类型,有多个形式参数时,各参数项用逗号分隔。

函数体通常为复合语句,它以左花括号开始,到右花括号结束。

2. 函数的声明

函数声明也称函数原型。在主调函数中,如果要调用另一个函数,则要在主函数中或本文件中的开头将要被调用的函数事先作一声明。函数声明的一般格式为

```
类型 函数名(形式参数表);
```

除了需在函数声明的末尾加上一个分号";"之外,其他内容与函数定义中的第一行(称函数头)的内容一样。

如果被调函数在主调函数之前定义,在主调函数之前就不必另加函数的声明,因为编译器已知道了定义的被调函数的类型。

8.4.2　函数调用及参数传递

1. 函数的调用形式

函数调用是指一个函数中引用另一个已定义了的函数,前者为主调用函数,后者为被调用函数。函数调用的一般形式:

```
函数名(实际参数表);
```

当调用一个函数时,整个调用过程分为以下 3 步。

① 参数传递,即实际参数取代形式参数。

② 执行函数体。

③ 返回，即返回到调用函数语句的下一条语句。

函数调用时实际参数的个数、排列顺序、数据类型要与形式参数完全一致。

2. 参数传递

参数传递是实参向形参传递信息，使形参具有确切的含义（即具有对应的存储空间和初值）。这种传递又分为两种不同的方式：按值传递和按地址传递或引用传递。

（1）值传递

按值传递方式进行参数传递是将实参的值直接送给对应的形参变量，作为参变量的初值，供被调用函数执行时使用。这种方式被调用函数本身不对实参进行操作，也就是说，即使形参的值在函数中发生了变化，实参的值也完全不会受到影响，仍为调用前的值。这种传送方式是单向的。

【例 8.3】 以下程序不能实现 a、b 两变量的数据交换。

```
# include "stdio.h"
void swap(int x, int y);
main()
{ int a=3, b=4;
  printf("a=%d, b=%d\n", a, b);
  swap(a, b);
  printf("a=%d, b=%d\n", a, b);
}
void swap(int x, int y){
  int t=x;
  x=y;
  y=t;
}
```

此程序的运行结果为

```
a=3, b=4
a=3, b=4
```

（2）地址传递

按地址传递是指在函数定义时将形式参数的类型说明成的地址（形参前面加上取地址运算符"&"），函数进行调用时把实参的存储地址传送给对应的形参。被调用的函数获得实参变量的地址后，可以使得对形参的任何操作都能改变相应的实参的数据。这种传送方式能实现双向传递。

【例 8.4】 以下程序能实现 a、b 两变量的数据交换。

```
# include "stdio.h"
void swap(int &x, int &y);
void main()
{ int a=3, b=4;
  printf("a=%d, b=%d\n", a, b);
  swap(a, b);
  printf("a=%d, b=%d\n", a, b);
}
void swap(int &x, int &y){
```

```
    int t=x;
    x=y;
    y=t;
}
```

此程序的运行结果为

```
a=3,b=4
a=4,b=3
```

8.4.3 函数的返回值

函数的返回值由 return 语句来实现。return 语句的格式为

```
return(expression);
```

或

```
return expression;
```

它将 expression 的值返回给调用程序,同时将控制返回。

【例 8.5】 简易计数器程序。

```c
# include <stdio.h>
float add(float x, float y);
float sub(float x, float y);
float mul(float x, float y);
float div(float x, float y);
main()
{ float x,y,z;
  char c;
  scanf("%f%c%f", &x, &c, &y);
  switch(c){
     case '+':
       z=add(x,y);
       break;
     case '-':
       z=sub(x,y);
       break;
     case '*':
       z=mul(x,y);
       break;
     case '/':
       z=div(x,y);
       break;
     default:
       printf("Operator error\n");
  }
printf("answer=%f",z);
}
float add(float x, float y){return(x+y); }
float sub(float x, float y){return(x-y); }
float mul(float x, float y){return(x*y); }
float div(float x, float y){return(x/y); }
```

8.4.4 函数的嵌套与递归调用

1. 函数的嵌套调用

C 函数不能嵌套定义,即一个函数不能在另一个函数体中进行定义。但允许嵌套调用,即在调用一个函数的过程中又调用另一个函数。如图 8.7 所示。

例如:

```
func1(int a, float b){
    float c;
    c=func2(b-1,b+1);
}
int func2(float x, float y){
    函数体;
}
```

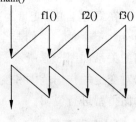

图 8.7 函数嵌套调用

func1 和 func2 是分别独立定义的函数,互不从属。

2. 函数的递归调用

一个函数直接或间接地调用自身,这种现象就是函数的递归调用。

递归调用有两种方式:直接递归调用和间接递归调用。直接递归调用即在一个函数中调用自身,间接递归调用即在一个函数中调用了其他函数,而在该其他函数中又调用了本函数。

利用函数的递归调用,可将一个复杂问题分解为一个相对简单且可直接求解的子问题("递推"阶段);然后将这个子问题的结果逐层进行回代求值,最终求得原来复杂问题的解("回归"阶段)。

【例 8.6】 采用函数递归调用方法求 n!。

```
#include "stdio.h"
main()
{ float f(int n);
  int n;
  float y;
  scanf("%d",&n);
  y=f(n);
  printf("%d! = %f\n",n,y);
}
float f(int n)
{ if(n<0){
    printf("error!\n");
      return(-1);
  }
  else
    if(n<=1)return(1);
      else return (n * f(n-1));
}
```

此程序的运行结果为

键盘输入：5
屏幕显示：5！＝120

8.4.5　变量的存储类型

在 C 语言中，变量的存储类型分为自动（auto）、外部（extern）、静态（static）和寄存器
（register）4 种。它们与全局变量和局部变量之
间的关系如图 8.8 所示。在定义变量时，应该根
据对变量的作用范围和变量的生命期的要求，对
存储类型进行说明。

变量 ⎧ 函数内部变量 ⎧ 自动变量（auto）
⎨ 　　　　　　　⎨ 静态变量（static）
⎩ 　　　　　　　⎩ 寄存器变量（register）
　　　函数外部变量（extern）⎧ 全局变量（global）
　　　　　　　　　　　　　⎩ 静态变量（static）

图 8.8　变量的存储类型

1. 自动变量（auto）

在定义变量时，在前面加存储类型说明符
auto，即将该变量说明为自动变量。在函数内部
定义自动变量（或在复合语句体内定义自动变量），在调用该函数（或执行复合语句块）时，
系统将为自动变量动态分配存储空间，一旦函数调用结束（或复合语句块执行完毕）就自
动释放这些存储空间。通常 auto 可省略，省略 auto 说明的变量隐含为动态分配的存储
类别，程序中大多数变量都属于自动变量。例如：auto int x；和 int x；两者等价。

2. 外部变量（extern）

用关键字 extern 定义的变量称为外部变量。实际上，在函数外部定义的变量都是外
部变量，定义时可以省略 extern 说明符。在同一源程序文件中，从外部变量定义点开始，
到该文件结束为外部变量的作用范围。但是，在同一源程序文件的外部变量定义点之前，
或在不同的源程序文件中，希望使用这些外部变量则必须用 extern 加以说明。

外部变量被定义后，就分配了固定的存储空间，外部变量的生命期是程序的全程运行
时间。也就是在程序运行过程中，外部变量存储空间不被释放，直到程序结束。例如：

```
/ * 源程序文件 c1 * /
int a,b;                      //外部变量定义
char c;
main()
{ ...
}
/ * 源程序文件 c2 * /
extern int a,b;              //外部变量说明
extern char c;
func (int x,inty)
{ ... }
```

在 c1 和 c2 两个文件中都要使用 a、b、c 3 个变量。在 c1 文件中把 a、b、c 都定义为外
部变量，所以这 3 个变量在 c1 的整个主函数中都有效。而在 c2 文件中也要用这 3 个外
部变量，必须用 extern 对 3 个变量加以说明，表示这些变量已在其他文件中定义。

3. 静态变量（static）

对同一函数进行多次调用时,有时需要保持某些局部变量值的连续性,即在本次调用时为这些局部变量的值,在下次调用时仍保持不变。为此,C 语言提供了一种静态存储类型,例如:

static int y;

局部静态变量始终存在,但只能在定义它的函数内部使用,函数退出后,变量的值仍然保留,但不能在别处使用。

4. 寄存器变量（register）

为了提高程序的执行效率,允许将一些使用频率最高的变量,前冠 register 关键字后将变量定义为直接使用 CPU 内部寄存器的寄存器变量。例如:

register int x;

寄存器变量也是自动变量,但由于 CPU 内部寄存器数量十分有限,所以不能定义太多寄存器变量。事实上,用户定义的所谓寄存器变量能否真正成为寄存器变量,要由编译器根据实际资源来决定。

8.4.6 中断服务函数

C51 编译器支持在 C 源程序中直接编写中断处理程序,从而减轻了使用汇编语言编写中断处理程序的烦琐工作,大大提高开发效率。C51 的中断处理程序是由中断服务函数来实现的。中断服务函数的语法格式如下:

```
void   函数名(void)interrupt n [using r]
{
    中断服务函数体;
}
```

关键字 interrupt 后面的 n 是中断号。C51 把 MCS-51 系列单片机所有中断进行编号,见表 8.12。n 的取值范围为 $0 \sim 31$,意味着最多允许 32 个中断。编译器按下式根据 n 计算中断向量(即中断服务程序入口地址):

中断向量＝8n＋3

表 8.12　中断号 n 与中断向量

中断号 n	中断源	中断向量
0	外部中断 0	0003H
1	定时器 T0 中断	000BH
2	外部中断 1	0013H
3	定时器 T1 中断	001BH
4	串行口中断	0023H
5	定时器 T2 中断（仅 8052）	002BH

MCS-51 片内 RAM 00H～1FH 地址空间为工作寄存器区,共分成 4 组,每组 8 个工作寄存器(R0～R7),关键字 using 后面的 r 为工作寄存器组号,用于选择该中断服务函数中所使用的工作寄存器,r 的取值范围为 0～3。[using r]是可选项,如果省略该项,则由编译器自动选择一个工作寄存器组作为中断函数使用的寄存器。

[using r]是可选项,如果省略该项,则由编译器自动选择一个工作寄存器组作为中断函数使用的绝对工作寄存器组。如果指明 using r,在中断发生时,中断函数入口处将所选的工作寄存器组 r 的 8 个寄存器中的数据压入堆栈,在函数退出之前将被保护的工作寄存器组的数据从堆栈中恢复。

C51 编译器及其对 C 语言的扩充允许编程者对中断所有方面的控制和寄存器组的使用,用户只需在 C 语言下关心中断和必要的寄存器组切换操作。

【例 8.7】 设单片机的 $f_{osc}=12\mathrm{MHz}$,要求用 T0 的方式 1 编程,每 1ms 发生一次溢出中断,在 P1.0 脚输出周期为 2ms 的方波。用 C 语言编写的中断服务程序如下:

```
# include <stdio.h>
# include <reg51.h>
sbit P1_0=P1^0;                  //位定义
void timer0(void)interrupt 1 using 1  //T0 中断服务程序入口
{ P1_0=!P1_0;                    //对 P1.0 求反
  TH0=-(1000/256);               //重装计数初值
  TL0=-(1000%256);
}
void main(void)
{ TMOD=0x01;                     //定时器 T0 工作在方式 1
  P1_0=0;
  TH0=-(1000/256);               //预置计数初值
  TL0=-(1000%256);
  EA=1;                          //CPU 开中断
  ET0=1;                         //允许 T0 中断
  TR0=1;                         //启动 T0
  do{ }while(1);                 //等待中断
}
```

在编写中断服务程序时必须注意任何情况下都不能直接调用中断函数,不能进行参数传递,中断不能有返回值。

【例 8.8】 设置串行口工作于方式 1,使用串行中断发送方式,从串行口发送字符串"Happy birthday!",程序如下:

```
# include <at89x51.h>
# define f_osc      22118400UL            //时钟振荡频率为 22.1184MHz
# define baudrate   9600UL                //波特率为 9600
unsigned int i=0;
code unsigned char ucString[]="Happy birthday!";
void InitUart(void)
{ TMOD=0x20;                              //定时器 T1 方式 2
  SCON=0x40;                              //串行口方式 1(8 位 UART)
  PCON=0x80;                              //SMOD=1
  TH1=256-2*f_osc/(baudrate*384);         //定时器 T1 初值
```

```
    TL1=TH1;
    ES=1;
    TR1=1;
    EA=1;
}
void UartInt(void) interrupt 4 using 1      //串行口中断服务函数
{   if(TI)TI=0;                              //清除发送中断标志
    else RI=0;
    if(ucString[i]!='\0'){
        SBUF=ucString[i];
        i++;
    }
}
main()
{ InitUart();
    SBUF=ucString[i];
    i++;
    while(1){; }                             //等待中断
}
```

【**例 8.9**】 设置串行口工作于方式 1,使用串行中断接收方式,从串行口接收字符并送 P1 口显示,程序如下:

```
# include <at89x51.h>
# define f_osc      22118400UL              //时钟振荡频率为 22.1184MHz
# define baudrate    9600UL                 //波特率为 9600
unsigned char x;
void InitUart(void)
{ TMOD=0x20;                                 //定时器 T1 方式 2
    SCON=0x50;                               //串行口方式 1(8 位 UART),REN=1(允许接收)
    PCON=0x80;                               //SMOD=1
    TH1=256-2*f_osc/(baudrate*384);          //定时器 T1 初值
    TL1=TH1;
    ES=1;
    TR1=1;
    EA=1;
}
void UartInt(void) interrupt 4 using 1      //串行口中断服务函数
{ if(RI)RI=0;                                //清除发送中断标志
    else TI=0;
    x=SBUF;
}
main()
{ InitUart();
    while(1)
    P2=x;                                    //等待中断
}
```

8.5　数组

数组是由一组具有相同数据类型的元素组成的集合。构成数组的这组元素在内存中占用一组连续的存储单元。可以用一个统一的数组名标识这一组数据,而用下标来指明数组中各元素的序号。

根据数组的维数,数组分为一维数组和多维数组。

8.5.1 一维数组

1. 一维数组的定义

定义一维数组的语法格式为

类型　数组名［常量表达式］;

其中,类型是数组类型,即数组中各元素的数据类型。数组名是一个标识符,代表着数组元素在内存中的起始地址;常量表达式又称下标表达式,其值表示一维数组中元素的个数,即数组长度(也称为数组大小),用一对方括号"[ ]"括起来。方括号"[ ]"的个数代表数组的维数,一个方括号表示一维数组。例如:

```
int   b[10];                          // 定义了具有 10 个元素的整型数组 b
```

对上面定义的数组 b,也可以采用下面这种定义方法:

```
#define SIZE   10;
int a[SIZE];
```

注意:在定义数组时,不能用变量来描述数组定义中的元素个数。例如,下面的定义方式是不合法的:

```
int n=10;
int b[n];                             //非法,编译器将提示"unknown size"的错误信息
```

下标指明了数组中每个元素的序号,下标值为整数,用数组名加下标值就可以访问数组中对应的某个元素。下标值从 0 开始,因此对于一个具有 n 个元素的一维数组来说,它的下标值是 0～ n−1。例如,对于上例中定义的数组 a,a[0]是数组中的第一个元素,a[1]是数组中的第二个元素,……,a[9]是数组中的最后一个元素,而不存在 a[10]。

数组元素在内存中是顺序存储的。对于一维数组,就是简单地按下标顺序存储。上例中数组 a 中的各元素在内存中的存放顺序如图 8.9 所示。

| a[0] | a[1] | a[2] | a[3] | ··· | a[9] |

图 8.9　一维数组存放顺序

2. 一维数组的初始化

在定义数组时对其中的全部或部分元素指定初始值,这称为数组的初始化。只有存储类别为静态的(static)或外部的(extren)数组才可以进行初始化。初始化的语法格式为

类型　数组名［数组范围］=｛值1,值2,…,值n｝

例如:对在 5.5.1 小节中定义的数组 a 进行初始化。

```
static char b[5]={'h','e','l','l','0'};
```

或

```
static char b[]={'h','e','l','l','0'};      //编译器认为数组长度为5
```

在对数组初始化时,也可以只对数组中的部分元素指定初始值。也即,初始化值的个数可以少于或等于数组定义的元素的个数,但不可以多于数组元素的个数,否则会引起编译错误。

当初始化值的个数少于数组元素个数时,前面的元素按顺序初始化相应的值,后面不足的部分由系统自动初始化为零(对数值型数组)或空字符'\0'(对字符型数组)。例如:

```
static   int c[5]={1,2};
```

定义整型数组 c 有 5 个元素,但只初始化前两个元素 c[0]=1、c[1]=2。对于后面的 3 个元素没有说明初始值,此时由系统自动给后 3 个元素赋 0。

也允许用字符串给字符数组赋初值,这种情况下,最后一个元素为字符串结束符'\0'。例如:

```
static char s[]={"hello"};                //省略长度,由编译器自动计算长度
```

或

```
static char s[]= "hello";                 //省略花括号,由编译器自动计算长度
```

或

```
static char s[6]= "hello";
```

但不能写出成:

```
static char s[5]= "hello";                //错误,数组长度不足
```

3. 一维数组的引用

数组在定义后即可引用,其引用形式为

数组名[下标]

指明了引用数组名的数组中下标所标识的元素。下标可以是整常数或整型表达式。例如 a[2]、a[i]和 a[i+2]等(i 和 j 为整型变量)。引用时数组下标值不能越界。

【例 8.10】 利用字符数组查表方法,可以很方便地实现 7 段 LED 数码显示。图 8.10 是动态扫描 LED 数码显示电路,89C51 的串行口外接移位寄存器 74LS164 对 4 个 LED 数码显示器输出字段码,P1.0~P1.3 对数码显示器输出位码。为了方便查表,需要制作一张表示数字 0~10 字型(段码)表,用一维字符数组来定义,且存放在程序存储器 ROM 中,定义该数组时加 code 关键字。以下程序显示"8951"4 个数字:

```
#include<reg51.h>
#define DELAY   255
char code seg[]={0xc0,0xf9, 0xa4, 0xb0, 0x99, 0x92, 0x82, 0xf8, 0x80, 0x90};
void disp(char digit,char n)
{
    int i;
```

```
      P1＝n;
      SBUF＝seg[digit];
      for(i＝0; i＜＝DELAY; i＋＋);           //保持一段显示时间
}
main()
{ SCON＝0x00;                              //串行口方式0(8位移位寄存器方式)
    while(1){
      disp(0x08,0xf7);
      disp(0x09,0xfb);
      disp(0x05,0xfd);
      disp(0x01,0xfe);
    }
}
```

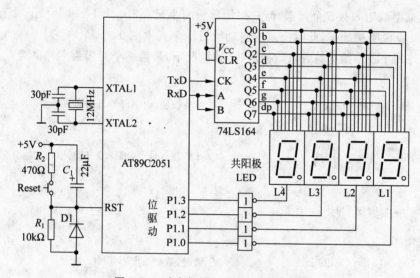

图 8.10　动态扫描 LED 数码显示电路

8.5.2　多维数组

在定义数组的语句中,如果有多个"[常量表达式]"称为多维数组,[常量表达式]的个数代表数组的维数。

1. 二维数组的定义

定义一个二维数组的语法格式:

类型　数组名[常量表达式 1][常量表达式 2];

二维数组相当于矩阵,二维数组的定义格式中有两个常量表达式,第一个常量表达式的值标识数组行数,第二个常量表达式的值标识数值列数。

二维数组在内存中的排列顺序是"先行后列",即在内存中先存第一行的元素,然后再存第二行的元素。从数组下标变化来看,先变第二个下标,第一个下标先不变化(即 a[0][0], a[0][1],a[0][2],…);待第二个下标变到最大值时,才改变第一个下标,第二个下标又从 0 开始变化。由此可见二维数组在内存中是线性排列的,一个 m 行× n 列的二维数组记为 a[m][n],其中第 i 行第 j 列元素 a[i][j]在数组中的位置为 i×n+j+1。

2. 二维数组初始化

二维数组在定义时也可以被初始化,只是要注意必须按照存储顺序列出数组元素的值。初始化方式有以下几种。

① 分别对各元素赋值,每一行的初始值用一对花括号括起来。例如:

static int a[2][3]={{1,2,3},{4,5,6}};

这个二维数组相当于 2 行 3 列的矩阵,第一对花括号内的 3 个初始值分别赋给 a 数组第一行 3 个元素,第二对花括号内的 3 个初始值赋给第二行的 3 个元素。数组中各元素为

```
1  2  3
4  5  6
```

② 将各初始值全部连续地写在一个花括号内,在程序编译时会按内存中排列的顺序将各初始值分别赋给数组元素。例如:

static　int a[2][3]={1,2,3,4,5,6};

数组中各元素为

```
1  2  3
4  5  6
```

③ 只对数组的部分元素赋值。例如:

static　int a[2][3]={1,2,3,4};

数组共有 6 个元素,但只对前面 4 个元素赋初值,后面两个未赋初值,其值为 0。数组中各元素为

```
1  2  3
4  0  0
```

④ 可以在分行赋初值时,只对该行中一部分元素赋初值。例如:

static　int a[2][3]={{1,2},{1}};

对第一行中的第一、二列元素赋初值,而第三个元素未赋初值。第二行中只有第一列元素赋初值。数组中各元素为

```
1  2  0
1  0  0
```

⑤ 若在定义数组时给出了全部数组元素的初值,则数组的第一维下标可以省略,但第二维下标不能省略。例如,下面两种定义方式:

static int a[ ][3]={1,2,3,4,5,6}; 等价于 static　int a[2][3]={1,2,3,4,5,6};

3. 二维数组引用

二维数组的元素的引用形式为

数组名[行下标][列下标]

行下标和列下标都可为整数表达式,例如 a[i+1][j-1]。但下标表达式的值必须在数组的大小范围之内。

【例 8.11】 查找一个 2×3 矩阵中的最大元素。

```
#include<stdio.h>
int max(int array[2][3])
{ int i,j,max;
  max=array[0][0];
    for(i=0; i<2; i++)
     for(j=0; j<3; j++)
       if(array[i][j]>max) max=array[i][j];
    return(max);
}
 main()
 { static int a[2][3]={{3,5,2},{7,8,6}};
   printf("max=%d\n",max(a));
 }
```

程序运行的结果为 max=8。

8.6　指针

8.6.1　指针的概念

1. 指针的定义

C 语言提供一种用于存放变量地址的特殊变量,称为指针变量,简称指针。有了指针,对变量的访问提供了另外一种途径。

定义指针变量的语法格式如下:

基类型 * 指针变量名;

指针变量名前的星号"*"是指针运算符,也称为间接访问运算符,用于说明所定义的变量是指针变量。指针变量的基本类型用于指定所定义的指针变量只允许存放的这种类型的变量的地址,而不允许存放其他类型的变量的地址。一个指针变量存放着另外一个变量的地址,称为该指针指向该变量。例如:

```
int x=12;                    //整型变量 x
int * p;                     //指针变量 p
p=&x;                        //p 指向 x
```

& 是取地址符,&x 是提取变量 x 的地址的表达式。图 8.11 形象描绘了使用指针指向一个变量的概念。

C51 对指针变量的定义作了扩展,在一般的指针定义格式基础上,增加了两个存储类型可选项,其格式如下:

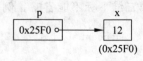

图 8.11　指针示意图

基类型［存储器类型 1］ * ［存储器类型 2］指针变量名；

可选项"存储器类型 1"是将指针变量定义为基于存储器的指针（memory specific pointers）。C51 存储器指针变量一般占 3 个字节，首字节存放存储类型码后两个字节存放所指向的变量的地址。存储器类型码见表 8.13。

表 8.13　存储器类型码

存储器类型 1	data/idata/bdata	xdata	pdata	code
编码	0x00	0x01	0xFE	0xFF

可选项"存储器类型 2"用于指定指针变量本身所在的存储空间。如果省略此项，默认在 MCS-51 片内 RAM 中。如果需要指定指针的存储位置，可以在" * "后加上存储类型。例如：

```
char   data * p;            //指向 data 空间,指针变量在片内 RAM 中
int    xdata * p;           //指向 xdata 空间,指针变量在片内 RAM 中
long   code * p;            //指向 code 空间,指针变量在片内 RAM 中
char * data   p;            //与 char * p 等价的一般指针
int   * xdata  p;           //指针变量在片外 RAM 中的一般指针
int   * idata  p;           //指针变量在 idata 中的一般指针
int   * pdata  p;           //指针变量在 pdata 中的一般指针
char   data * xdata p;      //指向 data 空间,指针变量在外部 RAM 中
int    xdata * data p;      //指向 xdata 空间,指针变量在片内 RAM 中
long   code * idata p;      //指向 code 空间,指向 xdata 空间,指针变量在 idata 中
```

2. 指针的使用

（1）指针变量的初始化

允许定义指针时对指针变量初始化。由于指针变量是用于存放地址的变量，所以初始化时赋予它的初值必须是地址量。例如：

```
int a, * ptr=&a;           //将整型变量 a 的地址作为初始值赋予 int 型指针 ptr
int * p=0;                 //指针 p 的值初始化为 0,值为 0 的指针叫空指针
int a[10], * pa=a;         //数组名是该数组的首地址
```

或

```
int a[10], * pa=&a[0];
```

（2）指针的引用

一般指针的引用表达式为

```
* 指针变量名
```

【例 8.12】　用指针来实现 a、b 两变量的数据交换。

```
# include <stdio.h>
void swap(int * p1,int * p2);
void main()
{ int a=3,b=4;
  int * pa, * pb;
```

```
    pa=&a,pb=&b;
    printf("a=%d,b=%d\n",a,b);
    swap(pa,pb);
    printf("a=%d,b=%d\n",a,b);
}
void swap(int * p1,int * p2)
{ int p;
   p= * p1;
   * p1= * p2;
   * p2=p ;
}
```

程序运行的结果为

```
a=3,b=4
a=4,b=3
```

（3）二级指针

由于指针是一个变量,在内存中也占据一定的空间,具有一个地址,这个地址也可以用指针来保存。因此,可以定义另一个指针来指向它,这个指针称为指向指针的指针,即二级指针。定义二级指针的格式如下：

存储类型　　数据类型　　** 指针变量名

其中,两个星号"**"表示其后的指针变量是二级指针变量,数据类型是指通过两次间接寻址后所访问的变量的类型。例如：

```
int x, * p=&x;
int ** pp=&p;
```

上述语句声明了一个二级指针 pp,它指向指针变量 p。

【例 8.13】 二级指针的使用。

```
# include<stdio. h>
void main()
{  int a=10;
   int * p=&a, ** pp=&p;
   printf("a=%d\n",a);
   printf(" * p=%d\n", * p);
   printf(" ** pp=%d\n", ** pp);
}
```

程序运行的结果为

```
a=10
 * p=10
 ** pp=10
```

8.6.2 指针运算

指针运算是以指针变量所持有的地址值为运算量进行运算。因此,指针运算的实质是地址的计算。

1. 指针的算术运算

设 p1 和 p2 是指向具有相同数据类型的一组数据的指针,n 是整数,则下列算术运算表达式是合法的:

p1+n、p1-n、p1++、++p1、p1--、--p1、p1+p2、p1-p2

例如:

```
int x;
static a[5]={0,12,3,4,5};
int * p1=&a[1], * p2=&a[4];
x=p2-p1;                    //x的值是a[1]和a[4]之间相隔的元素的个数,即3
```

2. 指针的关系运算

在两个指向相同类型变量的指针之间可以进行各种关系运算。两指针之间的关系运算表示它们指向的地址位置之间的关系。例如有 2 个指向整型变量的指针 p 和 q,下列关系表达式是合法的:

p==q、p<q、p!=0 或 q==0(判断是否为空指针)

3. 指针的赋值运算

当向指针变量赋值时,赋的值必须是地址常量或变量,不能是普通整数。指针赋值运算常见的有以下几种形式。

① 把一个变量的地址赋予一个指向相同数据类型的指针,例如:

```
char a, * p;
p=&a;
```

② 把一个指针的值赋予相同数据类型的另外一个指针,例如:

```
int * p, * q;
p=q;
```

③ 把数组的地址赋予指向相同数据类型的指针。例如下列语句序列:

```
char a[ ]="apple", * p;
p=a;
printf("a[3]=%c\n", *(p+3)); //输出结果 a[3]=1
```

8.6.3 数组指针与指针数组

数组指针就是一个指向数组的指针,指针数组就是其元素为指针的数组,两者不同。

1. 数组指针

数组指针是一个指向一维数组的指针变量,定义数组指针的格式为

数据类型 (* 指针名)[常量表达式];

例如:int (* p)[10];

定义了一个数组指针 p,它指向一个包含 5 个元素的一维数组,数组元素为整型。注意,* p 两侧的圆括号不能省略,它表示 p 先与星号" * "结合,是指针变量。如果省略了

圆括号,即写成 ∗p[5]的形式,由于方括号的优先级比星号高,则 p 先与方括号[ ]结合,是数组类型,那么语句 int ∗p[5];是定义了一个指针数组。

【例 8.14】 输出一个二维数组任一行任一列元素的值。

```
#include<stdio.h>
main()
{  static int a[2][3]={1,2,3,4,5,6};
   int i,j,(∗p)[3];              //p指向包含3个元素的一维数组
   p=a;
   scanf("%d,%d",&i,&j);
   printf("a=[%d,%d]=%d\n",i,j,∗(p+i)+j);
}
```

运行程序:键盘输入 1,2;屏幕输出 a[1][2]=6。

指针 p 的示意图如图 8.12 所示。

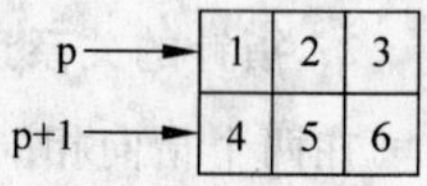

图 8.12 数组指针 p

2. 指针数组

指针数组就是其元素为指针的数组。它是指针的集合,它的每一个元素都是指针变量,并且它们具有相同的存储类型和指向相同的数据类型。

定义指针数组的语法格式为

数据类型 ∗指针数组名[常量表达式];

其中,数据类型是指数组中各元素指针所指向的类型,同一指针数组中各指针元素指向的类型相同;指针数组名也即数组的首地址,是一个标识符;常量表达式指出这个数组中的元素个数。例如:

int ∗p[3];   //数组中包含有3个指向整型变量的指针

又如:

static char ∗name[5]={"Tom","John","Mary","Smith Black","Rose"};

其中,name 是一维数组,每一个元素都是指向字符数据的指针类型数据,其中 name[0]指向第一个字符串"Tom",name[1]指向第二个字符串"John",……

8.6.4 指针与函数

1. 指针作为函数参数

如果函数的形参是指针,调用该函数时的实参就是变量的地址。对这个函数的调用就是传址调用。

【例 8.15】 由键盘输入两个数,求两数之和,用指针作为函数的参数。

```
#include "stdio.h"
int add(int ∗px,int ∗py)
{  int z;
   z=∗px+∗py;
   return(z);
}
```

```
main()，
{ int a,b,c;
  scanf("%d,%d",&a,&b);
  c=add(&a,&b);                   //将变量 a,b 的地址传送给 add()函数
  printf("sum=%d\n",c);
}
```

运行程序：键盘输入 3,5；屏幕输出 sum=8。

2. 指针型函数

通常非指针型函数调用结束后，可以返回一个变量，但是这样每次调用只能返回一个数据。有时需要从被调函数返回一批数据到主调函数中，这时可以通过指针型函数来解决。指针型函数在调用后返回一个指针，通过指针中存储的地址值，主调函数就能访问该地址中存放的数据，并通过指针算术运算访问这个地址的前、后内存中的值。因此，通过对空间的有效组织（如数组、字符串等能前后顺序存放多个变量的数据类型），就可以返回大量的数据。

除了 void 类型的函数之外，函数在调用结束后都会有返回值，指针同样也可以作为函数的返回值。当一个函数的返回值是指针类型时，这个函数就是指针型函数。

定义指针型函数的函数头的一般语法格式为

数据类型 * 函数名(参数表)

其中，"数据类型"是函数返回的指针所指向数据的类型；"* 函数名"声明了一个指针型的函数；"参数表"是函数的形参列表。

【例 8.16】 使用函数求两个变量的最大值。

```
#include <stdio.h>
int * max (int * a, int * b)     // 函数 max()的返回值为指向整型的指针
{ int * p;
  p= * a> * b ? a : b;           // p 为指向最大值的指针
  return ( p );                  // 返回指针 p
}
main ( )
{ int a, b, * pmax;              // 指针 pmax 指向最大值变量
  scanf ("%d,%d",&a, &b);
  pmax=max(&a, &b);              // 调用 max()函数时,实参为变量 a 和 b 的地址
  printf ("max=%d\n", * pmax);
}
```

运行程序：键盘输入 3,5；屏幕输出 max=5。

3. 函数指针

函数指针就是指向函数的指针。定义函数指针的语法格式为

数据类型 (* 函数指针名)(参数表);

其中，"数据类型"是指函数指针所指向函数的返回值的类型；"参数表"指明该函数指针所指向函数的形参类型和个数。

特别值得注意的是,由于 C 语言中,()的优先级比 * 高,因此,"* 指针变量名"外部必须用括号,否则指针变量名首先与后面的()结合,就是前面介绍的返回指针的函数。试比较下面两个说明语句:

```
int ( * p)();              // 定义一个指向函数的指针,该函数的返回值为整型数据
int * p( );                // 定义一个返回值为指针的函数,该指针指向一个整型数据
```

函数指针和变量指针一样也需要赋初值,才能指向具体的函数。由于函数名代表了该函数的入口地址,因此,一个简单的方法是直接用函数名为函数指针赋值,即:函数指针名=函数名。例如:

```
double func();             // 函数说明
double ( * p)();           //定义函数指针
p=func;                    //f 指向 func()函数
```

函数型指针经定义和初始化之后,在程序中可以引用该指针,目的是调用被指针所指的函数,由此可见,使用函数型指针,增加了函数调用的方式。

【例 8.17】 用指针调用函数,实现从两个数中输出较大者。

```
# include<stdio. h>
int max ( int x, int y )            //定义求最大值的函数 max()
{ return ( x>y ) ? x : y; }
main()
{ int ( * pf)(int x, int y);        // 定义函数指针,类型和参数要与被指向的函数一致
  int a, b, c;
  pf=max;                           //将函数的入口地址赋给指针
  scanf("%d,%d", &a, &b);
  c=( * pf)(a,b);                    //用指针调用函数,c 为 a 和 b 中较大者
  printf("max=%d\n",c);
}
```

运行程序:键盘输入 8,5;屏幕输出 max=8。

在上例中,语句"c=(* pf)(a,b);"等价于" c=max(a,b); ",因此当一个指针指向一个函数时,通过访问指针,就可以访问它指向的函数。

需要注意的是,一个函数指针可以先后指向不同的函数,将一个函数的地址赋给它,它就指向该函数,使用该指针,就可以调用该函数。但是,必须用函数的地址为函数指针赋值。另外,如果有函数指针(* pf)(),则 pf+n、pf++、pf−−等运算是无意义的。

8.7　结构、联合及枚举

在实际的处理对象中,有许多信息是由多个不同类型的数据组合在一起进行描述,而且这些不同类型的数据互相联系组成了一个有机的整体。此时,就要用到一种新构造的数据类型——结构(structure)。结构类型的使用为处理复杂的数据结构(如动态数据结构等)提供了有效的手段。

8.7.1　结构的定义

定义一个结构类型的一般格式为

```
struct 结构名
{ 数据类型      成员名1;
  数据类型      成员名2;
  …
  数据类型      成员名n;
};
```

在花括号中的内容是结构体,主要是"成员表列"或"域表"。其中,每个成员名的命名规则与变量名相同;数据类型可以是基本变量类型和数组类型,也可以是指针变量类型,或者是一个结构类型;用分号";"作为结束符。整个结构的定义也用分号作为结束符。例如,定义一个学生的结构如下。

```
struct student
{ long number;                //学号
  char name[20];              //姓名
  char sex;                   //性别
  int   age;                  //年龄
};
```

结构只是用户自定义的一种数据类型,因此要通过定义结构类型的变量来使用这种类型。通常有下列3种形式来定义一个结构类型变量。

1. 先定义结构类型再定义变量名

这是 C++语言中定义结构类型变量最常见的方式,一般语法格式如下:

```
struct 结构名
{ 成员表列; };
struct 结构名 变量名;
```

例如:

```
struct student
{ long number;                //学号
  char name[20];              //姓名
  char sex;                   //性别
  int   age;                  //年龄
};
struct student s1, s2;        //s1 和 s2 是两个具有 student 结构类型的变量
```

2. 在定义类型的同时定义变量

这种形式的定义的一般格式为

```
struct 结构名
{成员表列; }变量名;
```

例如:

```
struct student
{ long number;                //学号
  char name[20];              //姓名
  char sex;                   //性别
```

```
    int   age;                        //年龄
} s1, s2;                             //s1 和 s2 是两个具有 student 结构类型的变量
```

3. 直接定义结构类型变量

其一般格式为

```
struct                                //没有结构名
{ 成员表列 }变量名;
```

例如：

```
struct
{ long number;                        //学号
  char name[20];                      //姓名
  char sex;                           //性别
  int   age;                          //年龄
} s1, s2;                             //s1 和 s2 是两个具有 student 结构类型的变量
```

8.7.2　结构变量的初始化

与其他类型变量一样,允许在定义结构变量时为每个成员赋初值,这称为结构变量初始化。有两种初始化形式,一种是在定义结构变量时进行初始化,一般语法格式如下：

```
struct　结构名 变量名={初始数据表};
```

另一种是在定义结构类型时进行结构变量的初始化,一般语法格式如下：

```
struct　结构名
{ 成员表列; }变量名={初始数据表};
```

例如,前述 student 结构类型的结构变量 s1 在说明时可以初始化如下：

```
struct student s1={23, "david", 'm', 18};
```

或

```
struct student
{ long number;                        //学号
  char name[20];                      //姓名
  char sex;                           //性别
  int age;                            //年龄
} s1={23, "david", 'm', 18};
```

8.7.3　结构成员的访问

参与各种运算和操作的是结构变量的各个成员项数据,结构变量的成员用以下一般格式引用：

```
结构变量名.成员名
```

其中"."是成员运算符。

例如,给以上 s1 结构的各成员赋值:

```
s1.number=1;
strcpy(s1.name, "david");          //strcpy()函数在 string.h库文件中定义
s1.sex='m';
s1.age=18;
```

如果成员本身又属于一个结构类型,则要用若干个成员运算符,一级一级地找到最低的一级成员。只能对最低级的成员进行赋值或存取以及运算。例如,有以下结构:

```
struct date
{ int year;                    //年
  char month[10];              //月
  char day;                    //日
};
struct student
{ long number;                 //学号
  char name[20];               //姓名
  char sex;                    //性别
  int age;                     //年龄
  struct date   birthday;      //出生日期
}s1;
```

对成员变量 birthday 中的成员赋值:

```
s1.birthday.year=1996;
strcpy (s1.birthday.month, "December");
s1.birthday.day=18;
```

【例 8.18】 用结构定义时、分、秒成员变量,设计一个数字时钟。

```
#include<stdio.h>
struct clock{
   int hour;
   int minute;
   int second;
}time;
void update(){
time.second++;
if(time.second==60){
   time.second=0;
   time.minute++;
}
if(time.minute==60){
   time.minute=0;
   time.hour++;
}
if(time.hour==24){
   time.hour=0;
}
}
void display(){
   printf("%d:%d:%d\b\b\b\b\b\b\b\b", time.hour, time.minute, time.second);
}
```

```
void delay(int cyc){
    int i,j;
    for(j=0; j<cyc; j++)
        for(i=0; i<65535; i++);
}
main()
{ time.hour=time.minute=time.second=0;
    int i,j;
    while(1){
        update();
        display();
        delay(60000);                    //软件延迟1s
    }
}
```

主程序不断调用 update() 和 display() 函数,使每秒钟更新显示时间。

8.7.4 结构数组

具有相同结构类型的结构变量也可以组成数组,称它们为结构数组。结构数组的每一个数组元素都是结构类型的数据,它们都分别包括各个成员(分量)项。

1. 结构数组的定义

定义结构数组的方法和定义结构变量的方法相仿,只需说明其为数组即可。同样有三种方法。

① 先定义结构类型,再用它定义结构数组,例如:

```
struct student
{ long number;
    char name[20];
    char sex;
    int age;
};
struct student s[3];
```

② 在定义结构类型同时定义结构数组,例如:

```
struct student
{ long number;
    char name[20];
    char sex;
    int age;
}s[3];
```

③ 直接定义结构数组,例如:

```
struct                          //没有结构名
{ long number;
    char name[20];
    char sex;
    int age;
}s[3];
```

结构数组名表示该结构数组的存储首地址。

2．结构数组的初始化

结构数组在定义的同时也可以进行初始化，并且与结构变量的初始化规定相同，只能对全局的或静态存储类别的结构数组初始化。

结构数组初始化的一般格式是

```
struct 结构名
{ 成员表列; };
struct 结构名 数组名[元素个数]={初始数据表};
```

或

```
struct 结构名
{ 成员表列; }数组名[元素个数]={初始数据表};
```

在对结构数组进行初始化时，方括号[ ]中元素个数可以不指定。编译时，系统会根据给出初始的结构常量的个数来确定数组元素的个数。例如：

```
struct student
{ long number;
  char name[20];
  char sex;
  int age;
}s[3]={{101, "David", 'm', 18}, {102, "Mary", 'f', 17}, {103, "Martin", 'm', 19}};
```

3．结构数组的使用

一个结构数组的元素相当于一个结构变量，因此前面介绍的有关结构变量的规则也适用于结构数组元素。以上面定义的结构数组 s[3]为例说明对结构数组的引用。

① 引用某一元素中的成员。例如，要引用数组第二个元素 s[1]的 name 成员，则可写为

s[1]. name

若数组已如前面所述进行了初始化，则 s[1]. name 的值为"Mary"。

② 将一个结构数组元素值赋给同一结构类型的数组中的另一个元素，或赋给同一类型的变量。例如：

struct student s[3], s1;

现在定义了一个结构类型的数组，它有 3 个元素，又定义了一个结构类型变量 s1，则下面的赋值是合法的。

```
s1=s[0];
s[0]=s[1];
s[1]=s1;
```

8.7.5　结构与指针

1．指向结构变量的指针

（1）结构指针的定义

可以设一个指针变量用来指向一个结构变量，此时该指针变量的值是结构变量的起

始地址,该指针称为结构指针。结构指针在程序中的一般定义格式为

>struct 结构名 * 结构指针名;

其中,"结构名"必须是已经定义过的结构类型。

例如,对于前述的结构类型 struct student,可以说明使用这种结构类型的结构指针如下:

>struct student * p;

其中,p 是指向 struct student 结构类型的指针。结构指针的说明规定了它的数据特性,并为结构指针本身分配了一定的内存空间。

(2) 结构指针的初始化

但指针的内容尚未确定,指针在使用之前,必须通过初始化或赋值运算把实际存在的某个结构变量的地址赋给它。在定义结构变量时对结构指针初始化的一般格式为

>struct 结构名 * 结构指针名=结构变量名;

或先定义结构指针和结构变量,然后再给结构指针赋值,格式如下:

>struct 结构名 * 结构指针名,结构变量名;
>结构指针名=& 结构变量名;

(3) 结构指针访问成员

如果指针变量 p 指向一个结构变量时,由指针 p 来访问该结构中的成员,有以下 2 种形式:

>(* 结构指针名). 成员名

或

>结构指针名->成员名

第一种形式总是需要使用圆括号,显得不简练;第二种表示方法在意义上与第一种形式完全等价。例如,结构指针 p 指向的结构变量中的成员 name 可以表示如下:

>(* p). name 或 p->name

在后种表示方法中,"->"是指向运算符,表示形式非常简洁明了。

【例 8.19】 用结构指针编写数字钟程序。

```
#include<stdio.h>
struct clock{int hour, minute, second; };
void update(clock * pu);
void display(colck * pd);
void delay(int cyc);
main()
{ clock time;
  time. hour=time. minute=time. second=0;
  while(1){
  update(&time);
    display(&time);
```

```
        delay(60000);                    //软件延迟 1s
    }
}
void update(clock * pu){
    pu->second++;
    if(pu->second==60){
        pu->second=0;
        pu->minute++;
    }
    if(pu->minute==60){
        pu->minute=0;
        pu->hour++;
    }
    if(pu->hour==24){
        pu->hour=0;
    }
}
void display(clock * pd){
    printf("%d:%d:%d\b\b\b\b\b\b\b\b",pd->hour,pd->minute,pd->second);
}
void delay(int cycle){
    int i,j;
    for(j=0; j<cycle; j++)
        for(i=0; i<65535; i++);
}
```

2. 指向结构数组的指针

指向结构数组或数组元素的指针称为结构数组指针。而在一个数组中,若每个元素都是一个结构指针,则称为结构指针数组。

【例 8.20】 用指向结构数组的指针来访问结构中的成员。

```
#include<stdio.h>
struct student{
    long number;
    char name[20];
    char sex;
    int age;
}s[3]={{101,"David",'m',18},{102,"Mary",'f',17},{103,"Martin",'m',19}};
main()
{ struct student * p;
    for(p=s; p<s+3; p++)
        printf("%d,%s,%c,%d\n",p->number,p->name,p->sex,p->age);
}
```

程序运行结果为

101,David,m,18
102,Mary,f,17
103,Martin,m,19

8.7.6 结构与函数

在调用函数时,可以把结构变量的值作为参数传递给函数。由于结构是多个数据的集合体,当把它们传递给函数时,C++的编译系统不允许把结构变量整体作为一个参数传递到函数中去。因此,只能把每个结构变量的成员作为一个一个的参数传递到函数中去。例如,用 stu[1].name 或 stu[2].age 作函数实参,将实参值传给形参。这种用法和用普通变量作实参是一样的,属"值传递"方式,这种方式一般不常用。

一种常用的方式是,与数组在函数间传递一样,结构传递给函数时,一般采用地址传递方式,即把结构变量(或数组)的存储地址作为参数向函数传递,函数中用指向相同结构类型的指针接收该地址值;然后,在函数中通过这个结构指针来处理结构变量(或数组)中的各项数据。

1. 传递结构值

结构可以按值传递,这种情况下整个结构值都将被复制到形参中去。

【例 8.21】 结构值传递给函数的形参中。

```
#include<stdio.h>
struct str{int a,b; };
void fun(struct str t){ t.a=++; t.b--; }
main()
{ struct str s;
    s.a=10;
    s.b=10;
    fun(s);
    printf("s.a=%d\ns.b=%d\n",s.a,s.b);
}
```

程序运行结果为

```
s.a=10
s.b=10
```

2. 传递结构地址

结构也可以引用传递,这种情况下只是把结构变量地址传递给形参。引用传递效率较高,因为它不用传递整个结构变量的值,节省了传递的时间和空间。

【例 8.22】 结构变量地址传递给函数的形参中。

```
#include<stdio.h>
struct str{int a,b; };
void fun(const struct str &t){
    printf("t.a=%d\nt.b=%d\n",t.a,t.b);
}
main()
{ struct str s;
    s.a=99;
    s.b=100;
    fun(s);
}
```

程序运行结果为

```
s..a=99
s.b=100
```

为了防止引用修改实参的值,函数 fun 的形参加了关键字 const。这里 s 引用实参 t。

3. 返回结构的函数

函数的返回参数也可以是结构类型,下面的例子是说明返回结构类型的函数。

【例 8.23】 函数的返回参数为结构类型。

```
#include<stdio.h>
struct str{int a,b; };
struct str fun(){
struct str t;
    t.a=9;
    t.b=10;
    return(t);
}
main()
{ struct str s;
    s=fun();
    printf("s.a=%d\ns.b=%d\n",s.a,s.b);
}
```

程序运行结果为

```
s.a=9
s.b=10
```

8.7.7 联合

1. 联合的定义

在 C 语言程序中,不同类型的数据可以使用共同的存储区域,这种数据构造类型称为联合(union)。联合在定义、说明和使用形式上与结构体相似。两者本质上的不同仅在于使用内存的方式上。定义一个联合类型的一般格式为

union 联合名 { 成员表列; };

例如,以下定义一个联合类型:

union data{float x; int y; char z; };

union data 联合类型包含 x、y 和 z 共 3 个不同数据类型的成员,这 3 个成员在内存中使用共同的存储空间,如图 8.13 所示。由于联合中各成员的数据长度往往不同,所以联合变量在存储时总是按其成员中数据长度最大的成员来设置内存空间。本例的联合类型 union data 中最大长度的变量为 x(浮点型,占用 4 字节)。在这一点上联合与结构体不同,

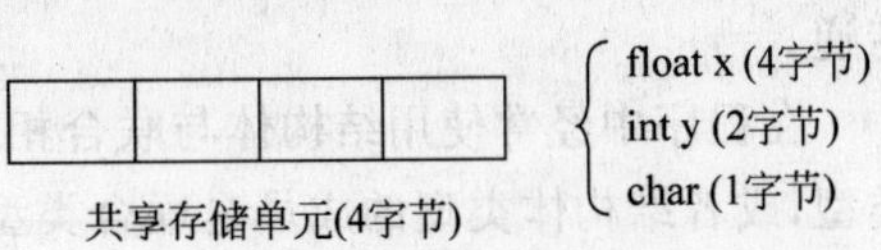

共享存储单元(4字节)

float x (4字节)
int y (2字节)
char z (1字节)

图 8.13 不同的成员变量共享内存单元

结构体类型变量在存储时总是按各成员的数据长度之和占用内存空间。

定义联合类型变量的方法与定义结构体类型变量的方法相似,也有 3 种方法。

① 在定义联合类型时紧跟说明联合类型变量,例如:

union data{ float x; int y; char z; }a,b,c;

② 将联合类型定义与联合变量定义分开,例如:

union data{ float x; int y; char z; };
union data a,b,c;

③ 直接定义联合变量,例如:

union { float x; int y; char z; }a,b,c;

上面 3 种方法都是定义了一个联合类型,同时又定义了几个联合类型变量 a、b 和 c。

与结构类型类似,也可以定义联合指针和联合数组。以下分别定义联合指针 pu 和联合数组 ua[3]:

union data * pu;
union data ua[3];

2. 联合变量的使用

由于联合变量的各个成员使用共同的内存区域,所以联合变量的内存空间在某个时刻只能保持某个成员的数据。由此可知,在程序中参加运算的必然是联合变量的某个成员,而不能直接使用联合变量。访问联合变量成员的形式与结构相同,它们也使用“.”或“->”运算符来访问成员。

例如,前面定义了 a、b 和 c 为联合类型变量,下面的应用形式是正确的:

a. x 引用联合变量中的实型变量 x。

a. y 引用联合变量中的整型变量 y。

a. z 引用联合变量中的字符变量 z。

在使用联合类型变量的数据时要注意:在联合类型变量中起作用的成员是最后一次存放的成员,在存入一个新的成员后原有的成员就失去作用。如有以下赋值语句:

a.x=5.5;
a.y=12;
a.z='A';

在先后完成以上 3 个赋值运算以后,a. z 是有效的,a. x 和 a. y 已经无意义了。联合类型变量可以向另一个相同联合类型的变量赋值。此外,联合类型变量可以作为参数传递给函数,也可以使用地址传送方式把联合类型变量的地址作为参数在函数间传递。

在程序中经常使用结构体与联合相互嵌套的形式,即联合类型的成员可以是结构体类型,或者结构体类型的成员是联合类型。例如,下列结构体类型 sdata 的第三个成员是联合类型。

```
struct sdata{
    char * ps;
    int type;
    union{
        float fdata;
        int idata;
        char cdata;
    }udata;
};
```

【例 8.24】 分析以下程序的打印输出结果。

```
#include<stdio.h>
union data{                      //定义一个联合
    int i;
    struct{                      //在联合中定义一个结构
        char first;
        char second;
    }half;
};
main()
{ union data number;
    number.i=0x4241;             //联合成员赋值
    printf("%c,%c\n", number.half.first, number.half.second);
    number.half.first='a';       //联合中结构成员赋值
    number.half.second='b';
    printf("%x\n", number.i);
}
```

程序运行的结果为

```
A,B
6261
```

从以上输出结果结果可见,当给 i 赋值后,其低 8 位也就是 first 和 second 的值;当给 first 和 second 赋字符后,这两个字符的 ASCII 码也将作为 i 的低 8 位和高 8 位。

8.7.8 枚举

枚举(enum)是一个被命名的整型常数的集合,枚举常用于描述非数值型。例如表示颜色 red、green、blue 等就是一个枚举。枚举的说明与结构和联合相似,其语法格式为

```
enum  枚举名{
    标识符[=整型常数],
    标识符[=整型常数],
        …
    标识符[=整型常数],
}枚举变量;
```

枚举标识符称为枚举元素或枚举常量,元素之间用逗号","分隔。如果枚举元素没有初始化,即省掉"[=整型常数]"时,则从第一个元素开始,顺次赋赋予 0,1,2,…。但当枚举中的某个成员赋值后,其后的成员按依次加 1 的规则确定其值。

例如,下列枚举说明后,元素 a,b,c,d 的值分别为 0,1,2,3。

enum letter{a, b, c, d}x;

当定义改变成:

enum letter{ a=-10, b, c=10, d}x;

则元素 a,b,c,d 的值分别为-10,-9,10,11。

【例 8.25】 将红绿蓝 3 种颜色定义为枚举类型,用数字选择输出对应的颜色。

```c
#include<stdio.h>
main()
{ enum colour{red=1,green,blue};        //定义枚举类型
  enum colour color;                      //定义枚举变量
  int i;
  printf("(1=red,2=green,3=blue)please select:");
  scanf("%d",&i);
  color=(enum colour)i;                   //类型强制转换
  switch(color){
  case red:
    printf("red\n");
    break;
  case green:
    printf("green\n");
    break;
  case blue:
    printf("blue\n");
    break;
  defalut:
    break;
  }
}
```

运行程序的结果为

(1=red,2=green,3=blue)please select: 2
green

8.8 编译预处理命令

用高级语言编写的源程序需要通过编译器翻译为目标程序才能被机器执行。C51 编译器的翻译过程实际分为编译预处理、编译两个阶段,广义的编译工作还包括连接,如图 8.14 所示。

在 C 语言源程序中,除了包含程序语句外,还可以使用编译预处理命令(又称编译命令)。编译预处理命令是对编译器的控制命令。这些控制命令告诉编译器在编译工作开始之前对源程序进行一些必要的处理。C 语言编译预处理主要包括宏定义、文件包含、条件编译。C 语言规定编译预处理命令的前缀符为"#"。由于编译预处理命令不是 C 语言

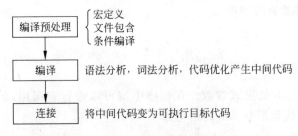

图 8.14　编译过程

的语句,所以其后不能有分号";"。

8.8.1　宏定义

宏定义是指用标识符来代表一个字符串,字符串可以是常数或其他任何形式的字符串,甚至可以为带参数的宏。C语言用"♯define"进行宏定义。编译器在编译前将这些标识符替换成所定义的字符串。

1. 不带参数宏定义

不带参数宏定义的格式如下:

♯define 标识符 常量表达式

其中,标识符是所定义的宏符号(又称宏名)。有了宏定义后,编写程序时可使用宏名来表示所定义的常量表达式,这种使用宏名的方法称为宏调用。程序中编译系统会自动将程序中所有宏符号用所定义的常量表达式来替换,这个替换过程称为宏展开。

【例 8.26】　用宏定义圆周率编写计算圆面积和周长的程序。

```
♯include<stdio.h>
♯define   PI   3.14              //宏定义
main()
{  float r=1.5,s,c;
   s=PI * r * r;                //宏调用
   c=2 * PI * r;
   printf("r=%f,s=%f,c=%f\n",r,s,c);
}
```

程序运行的结果为

r=1.500000,s=7.065000,c=9.420000

Keil C51编译器默认宏名(预先定义,注意首末带双下划线)见表 8.14。这些预定义的宏名不能用♯define和♯undef命令重复定义。

2. 带参数宏定义

带参数宏定义不只是进行简单的字符串替换,还要进行参数替换。带参数宏定义的格式如下:

表 8.14　C51 编译器默认的宏名

默认的宏名	说　明
_ _C51_ _	编译器版本号
_ _DATA_ _	编译开始日期
_ _FILE_ _	被编译的文件名
_ _LINE_ _	被编译文件当前行号
_ _MODEL_ _	编译时所选模式 0：SMALL 1：COMPACT 2：LARGE
_ _STDC_ _	始终为1
_ _TIME_ _	编译开始时间

#define 宏名(参数表)字符串

例如：

#define MAX(a,b) x>y?a:b

其中，MAX是宏名，a，b是形式参数。在程序中就可以进行宏调用，如调用 MAX(3,2) 时，用实参 3,2 分别代替形参 a、b 的语句如下：

max=MAX(3,2);

宏展开后为

max=3>2?3:2

【例 8.27】 带参数宏定义的应用。

```
#include <stdio.h>
#define   PI   3.14                          //宏定义
#define   AREA(r)   r*r*PI                   //允许使用已定义的宏名
#define   CIRCLE(r)   2*r*PI
main()
{ float r=1.5,s,c;
  s=AREA(r);                                 //宏调用
  c=CIRCLE(r);
  printf("r=%f,s=%f,c=%f\n",r,s,c);
}
```

程序运行的结果为

r=1.500000, s=7.065000, c=9.420000

此外，由于带参宏定义仍然是简单字符替换（除了参数替换），所以容易发生错误。例如：

#define MUL(a,b) a*b

有宏调用为

a=MUL(1+2,3+4);

宏展开后为

a=1+2*3+4;   //显然不是所需的结果

如果将宏定义中的形参用括号()括起来，即

#define MUL(a,b) (a)*(b)

有宏调用为

a=MUL((1+2),(3+4));

宏展开后为

```
a=(1+2)*(3+4);                                    //得到正确的结果
```

为了避免出错,建议将宏定义中的所有形参用括号()括起来。这样用实参替换时,实参就被括号括起来作为整体,不至于发生意想不到的结果。

8.8.2　文件包含

文件包含是指一个 C 源文件可以使用文件包含命令将另外一个 C 源文件的全部内容包含进来。文件包含格式如下:

＃include "文件名" 或 ＃include ＜文件名＞

被包含的文件常常称为"头文件"(＃include 一般写在模块的开头),头文件常常以".h"为扩展名(也可以用其他的扩展名,～.h 只是习惯或风格),如 C51 提供的输入/输出库函数的说明文件 stdio.h。头文件通常包含宏定义、结构类型定义、联合类型定义、全局变量定义等。

例如,将例 8.27 分成以下两个文件。

(1) file.h

```
＃define   PI   3.14                              //宏定义
＃define   AREA(r)   r * r * PI                   //允许使用已定义的宏名
＃define   CIRCLE(r)   2 * r * PI
```

(2) file.c

```
＃include＜stdio.h＞
＃include＜file.h＞                                //将 file.h 文件包含进来
main()
{ float r=1.5,s,c;
  s=AREA(r);                                      //宏调用
  c=CIRCLE(r);
  printf("r=%f,s=%f,c=%f\n",r,s,c);
}
```

首先将 file.h 头文件(文本文件)存放在编译器所能访问的目录路径中,然后编译file.c 源程序文件即可。

8.8.3　条件编译

条件编译是指根据不同的条件去编译程序的不同部分,因而产生不同的目标代码文件。这对于程序的移植和调试是很有用的。条件编译通过 if 系列预处理命令完成。预处理命令 ＃if 簇的用法在很多情况下与 if 控制 3 种形式。

1. ＃ifdef 标识符

```
程序段 1
[＃else
  程序段 2]
＃endif
```

当标识符已经被定义过(一般用＃define 命令定义),则对程序段 1 进行编译,否则对程序段 2 进行编译。＃else 子句可以省略,也可增加＃ifdef 子句构成嵌套。

【例 8.28】　用标识符作为条件进行编译。

```c
#include<stdio.h>
#define NUM ok
struct student{
   long number;
   char name[20];
   char sex;
   int age;
}s={101,"David",'m',18};
main()
{ struct student * p;
   p=&s;
   #ifdef NUM
       printf("%d,%s\n",p->number,p->name);
   #else
       printf("%c,%d\n",p->sex,p->age);
   #endif
}
```

由于标识符 NUM 已被定义,所以 printf("%d,%s\n",p->number,p->name);语句被编译,打印输出 101,David。

2.　＃ifndef 标识符

```c
程序段 1
   #else
     程序段 2
   #endif
```

与第一种形式的区别是将"ifdef"改为"ifndef"。其功能与第一种形式正好相反,当标识符未被定义过时,对程序段 1 进行编译;否则对程序段 2 进行编译。

3.　＃if 常量表达式

```c
   程序段 1
#else
   程序段 2
#endif
```

它的功能是,如常量表达式的值为真(非 0),则对程序段 1 进行编译;否则对程序段 2 进行编译。这里的常量表达式必须在程序未执行前有确定值。

【例 8.29】　常量表达式作为条件进行编译。

```c
#include<stdio.h>
#define PI 3.14159
#define T  1
main()
{ float r,x;
```

```
    printf("Input number:");
    scanf("%f",&r);
    #if (T==1)
        x=r*r*PI;
        printf("area=%f\n",x);
    #else
        x=2*r*PI;
        printf("circle=%f\n",x);
    #endif
}
```

程序运行的结果为

```
Input number: 3
area=28.274310
```

8.9 C51 与汇编语言混合编程

尽管在大多数场合下采用 C 语言能编写许多复杂应用程序,但某些特殊场合(如某些 I/O 端口的处理、中断向量的安排以及程序代码的优化)仍然需要采用一些汇编语言来编程。Keil C51 提供了与汇编语言程序的接口规程,允许 C 语言与汇编语言混合编程,用户只要按照接口规程,就可以很方便地进行 C 语言程序与汇编语言程序的相互调用。实际上,这两种不同语言之间的相互调用统一采用函数的调用方法,只不过采用不同语言来编写函数而已。

8.9.1 C 程序中直接嵌入汇编语言代码

在 C 程序中嵌入汇编语言代码的格式如下:

```
#pragma asm
    汇编语言程序代码
#pragma endasm
```

在 C 源程序的任意位置都可用 #pragma asm/#pragma endasm 预处理命令嵌入汇编语言语句。要注意在 C 语言程序中直接嵌入汇编语句时,编译系统并不输出~.obj 目标模块,而只输出汇编源文件~.src。

【例 8.30】 输入下列 C51 和汇编语言混合程序,文件名为 test.c。

```
#include <reg51.h>
void main(void)
{ unsigned char x=0xfe,h,l;
    while(1){                          //无限循环
    P1=x;                              //P1 口亮灯移位
    h=x>>7;
    l=x<<1;
    x=h|l;
    #pragma asm                        //插入汇编语言
            PUSH PSW
```

```
            SETB RS1
            SETB RS0
            MOV R7,♯255
    DEL1:MOV R6,♯255
    DEL2:MOV R5,♯255
            DJNZ R5,$
            DJNZ R6,DEL2
            DJNZ R7,DEL1
            POP PSW
  ♯pragma endasm                              //结束汇编语言
  }
}
```

然后,建立名为 test 的项目。在项目窗口中加入的 test.c 文件上右击打开快捷菜单,选择 Options for File 'test.c'菜单项,在弹出的 Options for File 'test.c'对话框的 Properties 标签页中勾选 Generate Assembler SRC File 和 Assemble SRC File 两个复选框,使它们都为选中状态(由灰色的"√"变成黑色的"√"),如图 8.15 所示。

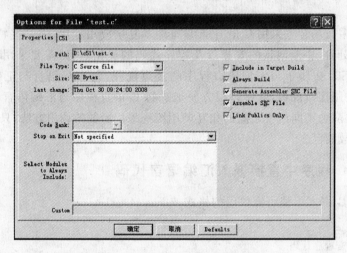

图 8.15　建立产生～.SRC 汇编源程序语言

最后,选择 Project→Rebuild all target files 菜单项,经编译后,即可生成 test.SRC 汇编语言源程序。该程序还不能直接调试运行,需要像调试汇编语言程序一样调试运行。

8.9.2　C51 调用汇编函数

1. 无参数传递的函数调用

以下两个文件 test.c 和 delay.a51 为 test 项目中的两个不同名文件(注意:c 文件和 a51 文件的文件名不能相同)。

(1) test.c C 语言程序

```
extern void delay();                          //声明 delay()为外部函数
♯include <reg51.h>
void main(void)
{ unsigned char x=0xfe,h,l;
```

```
    while(1){                          //无限循环
      P1=x;                            //P1口亮灯移位
      h=x>>7;
      l=x<<1;
      x=h|l;
      delay();
    }
}
```

（2）delay.a51 汇编语言程序

```
?PR?DELAY SEGMENT CODE             ;在程序存储区中定义段
PUBLIC  DELAY                       ;声明 DELA 函数
RSEG ?PR?DELAY                      ;函数可被连接器放置在任何地方
DELAY:MOV R7,#100                   ;延时程序
DEL1: MOV R6,#255
DEL2: MOV R5,#255
      DJNZ R5,$
      DJNZ R6,DEL2
      DJNZ R7,DEL1
      RET
      END
```

在 C 源程序 test.c 文件中，声明 delay() 为外部函数，然后在 main() 中调用 delay() 函数。在汇编语言 delay.a51 文件中前面 3 行语句的功能如下：

?PR?DELAY SEGMENT CODE；在程序存储区中定义段，DELAY 为段名，?PR? 表示段位于程序存储区内
PUBLIC DELAY；声明函数为公共函数
RSEG ?PR?DELAY；表示函数可被连接器放置在任何地方，RSEG 是段名的属性

段名的开头为"? PR?"是为了和 C51 内部命名转换兼容，命名转换关系见表 8.15。

表 8.15 命名转换关系

CODE	XDATA	DATA	BIT	PDATA
? PR?	? XD	? DT	? BI	? PD

2. 有参数传递的函数调用

在 C51 程序函数和汇编语言程序函数相互调用时，可通过工作寄存器来传递参数（最多为 3 个），不同类型的数据及其传递参数的寄存器见表 8.16。

表 8.16 传递函数参数的工作寄存器

参数类型	char、单字节指针	int、双字节指针	long、float	普通指针
第 1 个参数	R7	R6R7	R4R5R6R7	R3(存储类型)
第 2 个参数	R5	R4R5	R4R5R6R7	R2(高字节)
第 3 个参数	R3	R2R3	无	R1(低字节)

例如，被调用的函数 func(int a,int b,int * c)，参数 a 在 R6(高字节)R7(低字节)中传送，b 在 R4(高字节)R5(低字节)中传送，c 在 R3R2R1 中传送。

函数的返回值也是通过工作寄存器传递,见表 8.17。

表 8.17 传递函数返回值的工作寄存器

返回值类型	工作寄存器	返回值类型	工作寄存器
bit	CY	(unsigned)long	R4R5R6R7
(unsigned)char	R7	float	R4R5R6R7
(unsigned)int	R6R7	普通指针	R3(类型)R2R1

例如,一个 C51 程序 test.c 调用带参数的函数 delay(),按以下步骤操作。

① 编辑建立下列 C 源程序文件 test.c。

```
extern void delay(int a,int b);              //声明 delay()为外部函数
#include <reg51.h>
void main(void)
{ unsigned char x=0xfe,h,l;
    while(1){                                //无限循环
    P1=x;                                    //P1 口亮灯移位
    h=x>>7;
    l=x<<1;
    x=h|l;
    delay(0,50000);
  }
}
```

② 编辑建立下列 C 延时函数文件 delay.c。

```
void delay(int a,int b){                     //软件延时函数
    int i;
    for(i=a; i<b; i++);
}
```

③ 将 delay.c 编译为汇编程序文件 delay.SRC,然后将 delay.SRC 改名为 delay.a51。

在项目窗口中在 delay.c 文件上右击打开快捷菜单,选择 Options for File 'delay.c' 菜单项,在弹出的 Options for File 'delay.c'对话框的 Properties 标签页中选择 Generate Assembler SRC File 和 Assemble SRC File 两个复选框,使它们都为选中状态(由灰色的 "√"变成黑色的"√")。

delay.a51 汇编语言程序如下:

```
; .\delay.SRC generated from: D:\test\delay.c
; COMPILER INVOKED BY:
; C:\Keil\C51\BIN\C51.EXE D:\test\delay.c
; BROWSE DEBUG OBJECTEXTEND PRINT(.\delay.lst) SRC(.\delay.SRC)
NAME   DELAY
?PR?_delay?DELAY        SEGMENT CODE
    PUBLIC   _delay
; void delay(int x)
    RSEG   ?PR?_delay?DELAY
_delay:                                      //函数名前缀有下划线
    USING   0
```

```
            ; SOURCE LINE # 1
; ---- Variable 'x?040' assigned to Register 'R6/R7' ----
; {int i;
            ; SOURCE LINE # 2
; for(i=0; i<x; i++);
            ; SOURCE LINE # 3
; ---- Variable 'i?041' assigned to Register 'R4/R5' ----
        CLR     A
        MOV     R5,A
        MOV     R4,A
?C0001:
        CLR     C
        MOV     A,R5
        SUBB    A,R7
        MOV     A,R6
        XRL     A,#080H
        MOV     R0,A
        MOV     A,R4
        XRL     A,#080H
        SUBB    A,R0
        JNC     ?C0004
        INC     R5
        CJNE    R5,#00H,?C0005
        INC     R4
?C0005:
        SJMP    ?C0001
; }
            ; SOURCE LINE # 4
?C0004:
        RET
; END OF _delay

        END
```

④ 将以上 test.c 文件和 delay.c 文件都加入到一个项目中,然后编译、连接和调试、运行。本次编译要将 Generate Assembler SRC File 和 Assembler SRC File 两个复选框处于撤选状态,使它们变为无效,即需要产生～.OBJ 文件。

8.10　C51 编程举例

8.10.1　温度数据采集系统

【例 8.31】　利用 DS18B20 数字式温度传感器芯片与单片机连接,构成测温系统。

1. DS18B20 芯片内部结构和工作原理

DS18B20 芯片是 Dallas 半导体公司的"一线总线"接口的数字式温度传感器集成电路,DS18B20 芯片与单片机的连接非常简单,只需要将 DS18B20 芯片的数字输入/输出 DQ 端和单片机的一位 I/O 端口线相连就可以了,DS18B20 芯片与单片机之间采用串行方式传输数据。

（1）基本特性及引脚

温度传感元件及信号转换电路封装在一个形状如同三极管的集成电路内，如图 8.16 所示。仅有 3 个引脚，分别为＋5V 电源 V_{DD}、接地端 GND 和数字 I/O 端 DQ（漏极开路）。基本特性如下：

① 独特的单线接口，只需一个接口引脚即可通信。

② 多点 multidrop 能力使分布式温度检测应用得以简化。

③ 不需要 A/D 转换器。

④ 适应电压 3～5V，可用数据线供电。

⑤ 测量范围为－55 ～＋125℃，精度为±0.5℃。

⑥ 可程序设定 8～12 位分辨力，在 1s 内把温度变换为数字。

图 8.16　DS18B20 芯片封装

⑦ 用户可将告警温度值设定在内部非易失性存储器中。

（2）DS18B20 芯片内部结构

如图 8.17 所示，DS18B20 芯片有 3 个主要的数据部件：64 位光刻 ROM、感温元件、非易失性温度超限触发器 TH 和 TL。

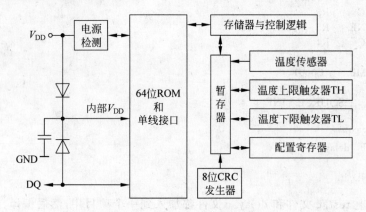

图 8.17　DS18B20 芯片内部结构框图

① 64 位光刻 ROM。光刻 ROM 中的 64 位编码是每个 DS18B20 芯片唯一的地址序列码，格式如图 8.18 所示。

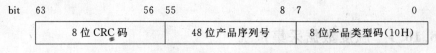

图 8.18　光刻 ROM 中编码格式

低 8 位为产品类型码（单一总线为 10H）；中间的 48 位是 DS18B20 芯片自身器件系列号，每个器件有各自的不同产品编号，这样可实现一根总线上连接多个单总线器件；高 8 位是低 56 位 CRC 循环冗余检验码，按下式计算：

$$CRC = X^8 + X^5 + X^4 + 1$$

CRC 发生器用该公式计算出 64 位 ROM 中的低 56 位的 CRC 值，提供给总线控制器

与存储在 DS18B20 芯片中的值进行比较,以检验 ROM 数据传输
是否正确。

② 内部存储器。DS18B20 芯片内部包含一个高速暂存器
RAM 和非易失性可电擦除 E²PROM 构成的温度上限触发器
TH、温度下限触发器 TL 和配置寄存器。

暂存器为连续 8 字节单元 RAM,如图 8.19 所示。字节单元
0 和 1 为所测的温度数据。单元 2 和 3 是 TH 和 TL 的复制,单元
4 是配置寄存器的复制。单元 2、3 和 4 每次上电复位时被刷新,
单元 5、6 和 7 用于内部计算时的暂存单元。

另外还有一个单元 8,用于以上 8 字节的冗余检验 CRC 码。

配置寄存器用于设置工作方式,格式如图 8.20 所示。

	暂存器
0	温度低字节
1	温度高字节
2	TH
3	TL
4	配置寄存器
5	内部用
6	内部用
7	内部用
8	CRC

图 8.19 暂存器映像

bit	D7	D6	D5	D4	D3	D2	D1	D0
	TM	R1	R0	1	1	1	1	1

图 8.20 配置寄存器格式

TM:测试方式位。为 1 时处于测试方式;为 0 时处于工作方式。出厂时,该位已被
设置为 0,一般情况下,用户不需要修改该位。

R1、R0:分辨力设置位。用户可按表 8.18 来设置所需分辨力。出厂时分辨力已被
预置为 12 位。

表 8.18 温度分辨力设置

R1 R0	有效位数	转换时间/ms	分辨力/℃
0 0	8	83.75	0.5
0 1	10	187.5	0.25
1 0	11	375	0.125
1 1	12	750	0.0625

③ DS18B20 芯片与单片机的连接。器件从单一 I/O 线 DQ 取得其电源,在信号为高
电平期间,通过二极管将能量存储在内部的电容器中;在信号为低电平期间,由电容储存
的能量维持器件工作,直到信号线变为高电平重新给寄生电容充电。当然 DS1820 芯片
也可用外部电源供电。在外部电源供电情况下,不要求外接强上拉电阻,也不要求在温度
转换期间 I/O 线总保持高电平,这样在转换期间可以在单线总线上进行其他数据传输。
另外,在单线总线上可以挂任意多片 DS18D20 芯片,而且如果每个 DS18D20 芯片都使用
外部电源供电,可以先发一个 Skip ROM 命令,再接一个 Convert T 命令,使得所有
DS18B20 芯片同时进行温度转换。图 8.21 给出了 DS18B20 芯片的两种供电方式与单片
机的连接图。

(3)测温原理

DS18B20 芯片通过一种片上温度测量技术来测量温度。图 8.22 所示为 DS18B20 芯
片测温原理框图。

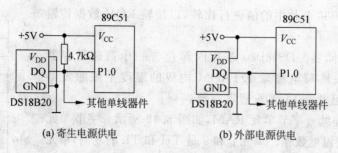

图 8.21 DS18B20 芯片与单片机的接口

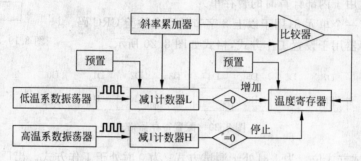

图 8.22 DS18B20 芯片测温原理框图

DS1820 芯片测温过程是：低温度系数振荡器的振荡频率受温度影响小,其振荡脉冲送计数器 L 进行减 1 计数。高温度系数振荡器的振荡频率随温度变化较大,其振荡脉冲送计数器 H 进行减 1 计数。计数器 L 和温度寄存器被预置为 -55℃ 所对应的基数值。当计数器 L 从预置值减到 0 时,温度寄存器的值加 1。与此同时,计数器 L 将重新装入预置值。计数器 L 重新对低温度系数振荡器的振荡脉冲减 1 计数,不断循环,直到计数器 H 计数到 0 时,迫使温度寄存器停止累加,此时,温度寄存器的值即所测温度的对应值。

斜率累加器用于补偿和修正感温元件的非线性特性,是通过改变计数器对温度每增加 1℃ 所需计数值来实现的。

(4) 测温控制步骤

单片机控制 DS18B20 芯片完成温度转换按下列 4 个步骤进行。

① 对 DS18B20 芯片复位操作。单片机向 DS18B20 芯片的 DQ 引脚发出 $480\mu s$ 以上低电平信号,使 DS18B20 芯片完成复位操作。复位低电平结束后,单片机应将 DQ 引脚变高;此后,DS18B20 芯片在 $15\sim60\mu s$ 后向单片机发出脉宽为 $60\sim240\mu s$ 的负脉冲,用于通知单片机 DS18B20 芯片已就绪。

② 向 DS18B20 芯片发送 ROM 命令。ROM 为 8 位编码,共 5 条,见表 8.19。ROM 命令是对片内 64 位 ROM 进行操作,其目的是能识别"单一总线"上连接的多个单总线器件(每个器件有不同 ID 码)。对于只有一个 DS18B20 器件的系统,可以执行"跳过 ROM"命令。

③ 向 DS18B20 芯片发送 RAM 命令。RAM 命令同样为 8 位编码,共 6 条,见表 8.20。RAM 命令的功能是控制 DS18B20 芯片完成指定的任务。

表 8.19 ROM 命令

ROM 命令	编码	功 能
读 ROM	33H	读出 64 位光刻 ROM 中的编码
符合 ROM	55H	发出此命令后,接着向所有器件发出 64 位 ROM 编码,以访问连接在单总线上与该编码相符合的器件,为下一步对该器件读写作准备
搜索 ROM	F0H	用于确定连接在单总线上器件的个数和识别 64 位 ROM 编码,为访问被寻址的器件作准备
跳过 ROM	CCH	忽略 64 位 ROM 编码,以便下一步直接向器件发出温度转换命令,适用于单一器件场合
告警搜索	ECH	执行后,只有温度超过设定上限或下限的器件才作出响应

表 8.20 RAM 命令

RAM 命令	编码	功 能
温度转换	44H	启动器件进行温度转换,12 位分辨力转换时间最长为 750ms,转换结果自动存入内部 8 字节 RAM 中
读暂存器	BEH	读内部 RAM 中 8 字节的内容
写暂存器	4EH	发出向内部 RAM 的单元 2 和 3 分别写入上、下限温度数据命令,接着就是传送 2 字节数据操作
复制暂存器	48H	将内部 RAM 单元 2、3 中的内容分别复制到 E^2PROM 的 TH 和 TL 中
重调 TH、TL	B8H	将 E^2PROM 的 TH 和 TL 中的内容分别复制到内部 RAM 单元 2 和 3 中
读供电方式	B4H	读器件供电方式,寄生供电时,器件将发出"0";外部供电时,器件将发出"1"

④ 读写数据操作。RAM 命令结束之后,将进行读写数据。该步骤要视 RAM 命令而定。如果 RAM 命令为温度转换,则单片机必须等待 DS18B20 芯片转换完成(转换时间约 $500\mu s$)后,才能作下一步对温度读取的操作。读取温度数据还需要复位器件、发送"跳过 ROM"命令、发送"读暂存器"命令、读温度值等一系列工作。

(5) 温度数据表示

DS18B20 芯片的温度数据是以 16 位带符号位扩展的二进制补码形式给出,格式如图 8.23 所示。

bit	15	14	13	12	11	10	9	8	7	6	5	4	3	2	1	0
温度值	S	S	S	S	S	2^6	2^5	2^4	2^3	2^2	2^1	2^0	2^{-1}	2^{-2}	2^{-3}	2^{-4}
				MSB								LSB				

图 8.23 DS18B20 芯片的温度数据格式

其中,高 5 位 S 是符号位,如果温度大于或等于 0,这 5 位都为 0;如果温度小于 0,这 5 位都为 1。以 12 位转换分辨力为例,即能分辨的最小温度为 0.0625℃,表 8.21 给出了温度值和输出数据的关系,如果输出数据的高 5 位为 0,则温度大于或等于 0,只要将输出数据乘以 0.0625 即换算为实际温度值;如果输出数据的高 5 位为 1,则表示温度小于 0,将输出数据各位取反后加 1,再乘以 -0.0625 即为实际温度值。

表 8.21 典型的温度数据

温度/℃	输出数据	温度/℃	输出数据
+125	0000 0111 1101 0000	−0.0625	1111 1111 1111 1111
+25.0625	0000 0001 1001 0001	−25.0625	1111 1110 0110 1111
+0.0625	0000 0000 0000 0001	−55	1111 1100 1001 0000
0	0000 0000 0000 0000		

2. 测温程序设计

例如,DS18B20 芯片采用外部供电方式,DQ 端与单片机 P1.0 相连接,接口电路如图 8.21(b)所示。数字温度分辨力为 12 位,要求把检测到的当前温度值以 16 位扩展补码形式存放在 TEMP_H(高字节)和 TEMP_L(低字节)两个单元中。一次测温过程需要两个工作周期,第一周期包含复位、跳过 ROM 命令、执行温度转换 RAM 命令、等待 500μs 温度转换时间等;紧跟的第二工作周期,包括复位、跳过 ROM 命令、执行读内部 RAM、读温度结果值等。测温程序流程图如图 8.24 所示。

汇编语言程序如下:

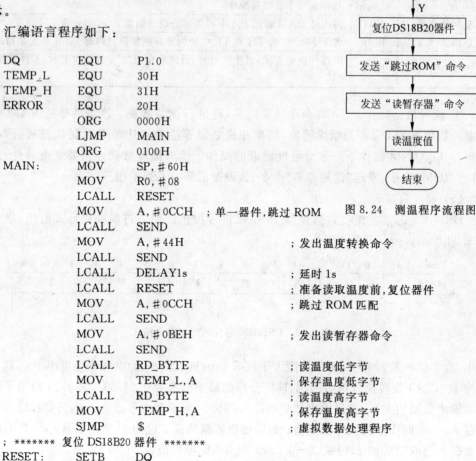

图 8.24 测温程序流程图

```
DQ        EQU    P1.0
TEMP_L    EQU    30H
TEMP_H    EQU    31H
ERROR     EQU    20H
          ORG    0000H
          LJMP   MAIN
          ORG    0100H
MAIN:     MOV    SP,#60H
          MOV    R0,#08
          LCALL  RESET
          MOV    A,#0CCH    ;单一器件,跳过 ROM
          LCALL  SEND
          MOV    A,#44H            ;发出温度转换命令
          LCALL  SEND
          LCALL  DELAY1s           ;延时 1s
          LCALL  RESET            ;准备读取温度前,复位器件
          MOV    A,#0CCH          ;跳过 ROM 匹配
          LCALL  SEND
          MOV    A,#0BEH          ;发出读暂存器命令
          LCALL  SEND
          LCALL  RD_BYTE          ;读温度低字节
          MOV    TEMP_L,A         ;保存温度低字节
          LCALL  RD_BYTE          ;读温度高字节
          MOV    TEMP_H,A         ;保存温度高字节
          SJMP   $                ;虚拟数据处理程序
;******* 复位 DS18B20 器件 *******
RESET:    SETB   DQ
```

```
                NOP
                CLR     DQ                  ;发出复位负脉冲
                MOV     R7,#255             ;延迟510μs
                DJNZ    R7,$
                SETB    DQ                  ;复位负脉冲结束
                MOV     R7,#100
WAIT_L:         JNB     DQ,LOW              ;等待器件返回就绪脉冲
                DJNZ    R7,WAIT_L
                MOV     ERROR,#1            ;建立错误代码1,表示器件没到位
                LJMP    EXIT
LOW:            MOV     R7,#120
WAIT_H:         JB      DQ,HIGH
                DJNZ    R7,WAIT_L           ;延迟240μs
                MOV     ERROR,#2            ;建立错误代码2
                LJMP    EXIT
HIGH:           MOV     ERROR,#0            ;表示DS18B20器件已就绪
EXIT:           RET
;  ******** 向DS18B20器件发送命令 ******
SEND:           MOV     R7,#8               ;命令字为8位
WR_NEXT:        CLR     DQ                  ;准备发送
                MOV     R6,#3
                DJNZ    R6,$                ;延迟6μs
                RRC     A
                MOV     DQ,C                ;发送
                MOV     R6,#26
                DJNZ    R6,$                ;延迟52μs
                SETB    DQ                  ;使接收
                NOP
                DJNZ    R7,WR_NEXT
                RET
;  ******** 读取DS18B20器件暂存器一个字节 ********
RD_BYTE:        MOV     R7,#8               ;读一个字节
RD_NEXT:        SETB    DQ                  ;向DS18B20器件发出负脉冲
                NOP
                NOP
                CLR     DQ
                NOP
                NOP
                NOP
                NOP
                SETB    DQ
                MOV     R6,#9H
                DJNZ    R6,$                ;延迟18μs
                MOV     C,DQ                ;读取一位
                RRC     A                   ;移入A中
                NOP
                NOP
                DJNZ    R7,RD_NEXT
                RET
;  ******** 延时1s子程序 *********
DELAY1s:        MOV     R7,#8
DEL1:           MOV     R6,#0FFH
DEL2:           MOV     R5,#0FFH
```

```
        DJNZ    R5, $
        DJNZ    R6,DEL2
        DJNZ    R7,DEL1
        RET
        END
```

采用 C51 语言编程如下：

```c
# include <reg51.h>
# include <stdio.h>
# define   JMP_ROM   0xCC
# define   START  0x44
# define   READ     0xBE
sbit DQ=P1^0;
unsigned char reset(void);
void send(unsigned char ucComm);
unsigned char rd_byte(void);
void   delay(unsigned int t);
//---------主函数---------
void main(void)
  { unsigned  uTEMP;
    unsigned char TEMP_H, TEMP_L;
    SCON = 0x52;              //串行口方式1,8 位 UART
    TMOD = 0x20;             //定时器 T1 方式 2
    TH1 = 0xE8;             //装入定时器 T1 初值,比特率为 1200b/s
    TL1 = 0xE8;             //时钟频率为 11.0592MHz
    TR1 = 1;               //启动定时器 T1
    reset();
    send(JMP_ROM);
    send(START);
    delay(1000);
    reset();
    send(JMP_ROM);
    send(READ);
    TEMP_L=rd_byte();
    TEMP_H=rd_byte();
    uTEMP= TEMP_H * 256+ TEMP_L;
    if(TEMP_H|0xf8!=0){uTEMP= ~uTEMP+1;
        printf("tempreture is -%d ℃", uTEMP);
    }
    else
        printf("tempreture is %d ℃", uTEMP);
  }
//---------复位 DS18B20 器件---------
unsigned char reset(void){
    unsigned char ucReady=0;
    DQ=1;
    delay(1);
    DQ=0;
    delay(28);
    DQ=1;
    delay(3);
    if(DQ==1)ucReady=1;
```

```
        delay(25);
        return(ucReady);
}
//--------向 DS18B20 器件发送命令--------
void send(unsigned char ucComm){
        unsigned i,x;
        for(i=0; i<8; i++){
                x=ucComm>>i;
                x=x&0x01;
                DQ=0;
                delay(3);
                if(x==1)DQ=1;
                else DQ=0;
                delay(9);
                DQ=1;
        }
}
//--------读取 DS18B20 器件暂存器一个字节--------
unsigned char rd_byte(void){
        unsigned char i,m=1,ucByte=0;
        for(i=0; i<8; i++){
        DQ=1;
                delay(1);
                DQ=0;
                delay(2);
                DQ=1;
                delay(3);
                if(DQ==1)ucByte=(ucByte<<1)|0x01;
                else ucByte=(ucByte<<1);
                delay(1);
        }
        return(ucByte);
}
//---------延时子程序-----------------
void   delay(unsigned int t){
        int i;
        for(i=0; i<t; i++);
}
```

8.10.2 数字式电子钟

【例 8.32】 用 AT89C2051 单片机设计一个数字式电子时钟。

1. 系统结构

数字式电子钟电路如图 8.25 所示,由一片 20 引脚的 AT89C2051 单片机和 4 个共阴极 7 段 LED 数码管组成。数码管低 2 位用于显示分钟,高 2 位用于显示小时,采用动态扫描显示方式,单片机 P1 口分时输出字段码,P3.0~P3.3 输出显示器位码(即输出对应的位选通信号)。为了给 LED 数码管提供足够的驱动电流,P1 口经反相放大来驱动 LED 数码显示器,以确保 LED 有足够的亮度。

P3.4、P3.5、P3.7 用于 3 个轻触按键的输入接口,S(set)为模式设定键、H(Hour)为

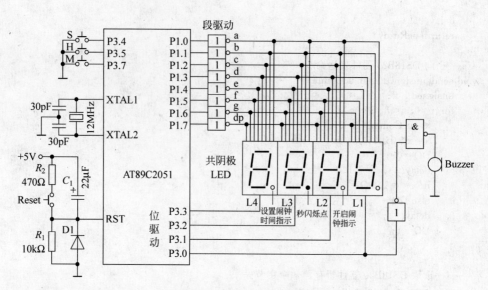

图 8.25　数字式电子钟电路

小时调整键,M(Minute)为分钟调整键。Buzzer 为蜂鸣器,用于闹钟响铃。C_1、R_1 和 D1 组成上电复位电路,Reset 为手动复位按钮。系统时钟振荡频率为 12MHz。

2. 电子钟功能

(1) 时钟实时运行(模式 0,set=0)

上电后,模式状态单元 set 初始化为 0,电子钟从 0 开始计时。高 2 位数码管 L4L3 显示小时,低 2 位数码管 L2L1 显示分钟,L3 小数点位为秒点,每秒闪烁一次,前 0.5s 点亮,后 0.5s 熄灭。

(2) 调整时钟实时时间(模式 1,set=1)

首次按下 S 键,使 set=1,L3 的小数点常亮(不再闪烁),表示此时处于调整实时时间状态。此时每按一次 H 键,对小时计数单元 hour 加 1,由 L4、L3 显示;每按一次 M 键,对分钟计数单元 minute 加 1,由 L2、L1 显示。

(3) 调整闹钟响铃时间(模式 2,set=2)

第二次按 S 键,使 set=2,L4 的小数点亮,表示此时处于调整闹钟响铃时间状态。此时每按一次 H 键,对闹钟的小时计数单元 alarm_h 加 1,由 L4、L3 显示;每按一次 M 键,对闹钟的分钟计数单元 alarm_m 加 1,由 L2、L1 显示。

(4) 控制启/停闹钟响铃

第三次按 S 键,使 set=3,此刻处于控制启动/停止闹钟响铃状态。此时若按下 H 键,响铃标志位 Alarm 置 1,L2 的小数点亮,闹钟被启动;按下 M 键,标志位 Alarm 被清 0,L2 的小数点灭,闹钟关闭。

第四次按 S 键,将 set=0,系统返回模式 0 状态,处于实时时钟运行模式,L4、L3 显示小时,L2、L1 显示分。L3 的小数点作秒点闪烁。如果在启动了闹钟的情况下,当实时时间到达设定的响铃时间时,则蜂鸣器 Buzzer 将持续发出 1min 的声音。在响铃过程中若按下 H 键或 M 键,将提前结束响铃。

3. 系统控制程序

图 8.26 所示为系统控制程序流程图。

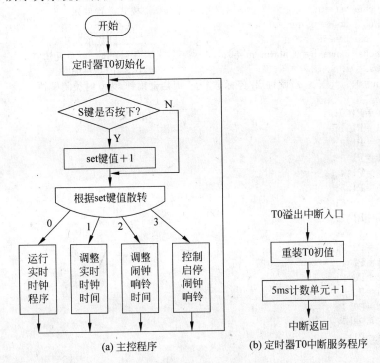

(a) 主控程序 (b) 定时器T0中断服务程序

图 8.26 数字钟系统控制程序流程图

  定时器 T0 设置为工作方式 1,为 5ms 的定时中断。本系统晶振频率为 12MHz,因此 5ms 定时的初值为 60536。实际上考虑中断函数重装计数器初值等消耗的时间,需要对定时作微调,经调整为 60736 较为精确。T0 每隔 5ms 产生溢出中断,使 base5ms 计数单元加 1。走时函数判断 base5ms≥200 时,使秒单元 sec 加 1,接着将 base5ms 清 0。秒单元 sec 计满 60 后,使分单元 min 加 1,而 sec 单元清 0。分单元 min 满 60 后,使小时单元 hour 加 1,而 minute 清 0。小时单元 hour 满 24 后清 0。

  程序中定义一些所需计数单元及状态标志位如下:

set 工作模式设置状态单元。

hour 实时时钟"小时"计数单元。

minute 实时时钟"分"计数单元。

sec 实时时钟"秒"计数单元。

base5ms "5ms"计数单元。

alarm_h 闹钟响铃设定时间"小时"单元。

alarm_m 闹钟响铃设定时间"分"单元。

flash05s 秒点闪烁标志位。每 0.5s 变反 1 次。每秒的前 0.5s 置 1,后 0.5s 清 0。

alarm 闹钟响铃启/停标志位。该位为 1 时启动闹钟,该位为 0 时关闭闹钟。

用 C51 编写的源程序如下:

```
#include <reg51.h>                              //包含器件配置文件
unsigned char code seg_code[10]={0xC0,0xF9,0xA4,0xB0,0x99,
            0x92,0x82,0xF8,0x80,0x90,};         //0~9 的 LED 数码管段码
unsigned char set=0;                            //模式设置单元
unsigned char hour=0,min=0,sec=0;               //时、分、秒单元清 0
unsigned char base5ms=0;                        //5ms 计数单元清 0
unsigned char alarm_h=0,alarm_m=0;              //闹钟的时、分单元清 0
bit flash05s=0;                                 //0.5s 闪烁标志位
bit Alarm=0;            //闹钟启/停标志,为 1 时启动闹钟,为 0 时关闭闹钟

sbit P1_0=P1^0;                                 //定义 I/O 位
sbit P1_1=P1^1;
sbit P1_2=P1^2;
sbit P1_3=P1^3;
sbit P1_4=P1^4;
sbit P1_5=P1^5;
sbit P1_6=P1^6;
sbit P1_7=P1^7;

sbit P3_0=P3^0;
sbit P3_1=P3^1;
sbit P3_2=P3^2;
sbit P3_3=P3^3;
sbit P3_4=P3^4;
sbit P3_5=P3^5;
sbit P3_7=P1^7;

//函数声明
void init_t0();                                 //T0 初始化
void scan_key();                                //扫描按键
void count_time();                              //计时函数
void disp_time();                               //显示实时时间
void check_alarm();                             //检查闹钟响铃时间
void clock();                                   //时钟
void delay(unsigned int k);                     //延时子函数
void alarm_on_off();                            //启/停响铃
void adj_time();                                //调整实时时间
void adj_alarm();                               //调整闹钟响铃时间
void disp_alarm();                              //显示闹钟响铃时间

//定时器 T0 5ms 定时中断服务函数
void timer0 (void) interrupt 1
{THO=60736/256;                                 //重装计数器初值
 TL0=60736%256;
 base5ms++;
}

//主函数
void main()
{ init_t0();                                    //定时器 T0 初始化
  while(1){                                     //无限循环
    if(P3_4==0)scan_key();                      //是否有按 S 键?若有,则调用扫描按键
  switch(set){                                  //根据 set 键值散转
```

```
    case 0: clock(); break;                //运行实时时钟程序
    case 1: adj_time(); break;             //调整实时时间
    case 2: adj_alarm(); break;            //调整闹钟响铃时间
    case 3: alarm_on_off(); break;         //设置启/停响铃
    default: break;                        //其他,则退出
    }
  }
}
```

```
//定时器 T0 初始化函数
void init_t0()
{
  TMOD=0x01;                               //定时器 T0 工作在方式 1(16 位计数方式)
  TH0=60736/256;                           //装入计数器初值
  TL0=60736%256;
  IE=0x82;                                 //允许定时器 T0 中断
  TR0=1;                                   //启动定时器 T0
}
```

```
//扫描按键函数
void scan_key()
{delay(1);                                //延迟去抖动
 if(P3_4==0)set++;
 if(set>=4)set=0;
 while(P3_4==0){;}                         //等待按键释放
}
```

```
//运行实时时钟程序函数
void clock()
{count_time();                            //计时
 disp_time();                             //显示实时时间
 check_alarm();                           //检查闹钟响铃时间
}
```

```
//实时的时、分、秒单元计数函数
void count_time()
{if(base5ms<=100)flash05s=0;
   else flash05s=1;
 if(base5ms>=200){sec++; base5ms=0;}
 if(sec==60){min++; sec=0;}
 if(min==60){hour++; min=0;}
 if(hour==24){hour=0;}
}
```

```
//显示实时时间函数
void disp_time()
{P1=seg_code[hour/10]; P3=0xf7; delay(1);
 P1=seg_code[hour%10]; P3=0xfb; delay(1);
 if(flash05s==1){
    if(P3_2==0)P1_7=0;                    //点亮 L3 小数点位
    else P1_7=1;                          //熄灭 L3 小数点位
 }
 delay(1);
```

```
    P1＝seg_code[min/10]; P3＝0xfd; delay(1);
    if(Alarm＝＝1){
        if(P3_1＝＝0)P1_7＝0;                        //点亮 L2 小数点位
        else P1_7＝1;                                //熄灭 L2 小数点位
        delay(1);
    }
    P1＝seg_code[min％10]; P3＝0xfe; delay(1);
}


//检查闹钟响铃时间函数
void check_alarm()
{if(Alarm＝＝1){
    if(hour＝＝alarm_h){
        if(min＝＝alarm_m)                           //响铃最长时间为 1min
            if(P3_0＝＝0){P1_7＝0; delay(1); }
            else P1_7＝1;
    }
    if(P3_5＝＝0||P3_7＝＝0){
        delay(1);                                    //提前结束响铃
    if(P3_5＝＝0||P3_7＝＝0)Alarm＝0;
    }
  }
}


//闹钟响铃启/停控制函数
void alarm_on_off()
{unsigned char i;
    if(P3_5＝＝0){
        delay(1);
        if(P3_5＝＝0)Alarm＝1;
        for(i＝0; i＜30; i＋＋){
            disp_alarm();
            P1＝seg_code[alarm_m/10]; P3＝0xfd; delay(1);
            if(P3_1＝＝0){
                if(Alarm＝＝1)P1_7＝0;
            }
            else P1_7＝1;
        delay(1);
        }
    }
    if(P3_7＝＝0){
        delay(1);
        if(P3_7＝＝0)Alarm＝0;
        for(i＝0; i＜30; i＋＋){
            disp_alarm();
            P1＝seg_code[alarm_m/10]; P3＝0xfd; delay(1);
            if(P3_1＝＝0){
                if(Alarm＝＝1)P1_7＝0;
                    else P1_7＝1;
            }
                delay(1);
        }
    }
```

```
}

//延时函数
void delay(unsigned int k)
{unsigned int i,j;
 for(i=0; i<k; i++){
   for(j=0; j<120; j++){; }
 }
}
//调整实时时间函数
void adj_time()
{unsigned char i;
        if(P3_5==0){
                delay(1);
                if(P3_5==0)hour++;
                if(hour==24)hour=0;
                for(i=0; i<30; i++) {
                disp_time();
                if(P3_2==0)P1_7=0;
                else P1_7=1;
                delay(1);
                }
        }
        if(P3_7==0){
                delay(1);
                if(P3_7==0)min++;
                if(min==60)min=0;
                for(i=0; i<30; i++) {
                disp_time();
                if(P3_2==0)P1_7=0;
                else P1_7=1;
                delay(1);
                }
        }
}

//调整闹钟响铃时间函数
void adj_alarm()
{unsigned char i;
        if(P3_5==0){
                delay(1);
                if(P3_5==0)alarm_h++;
                if(alarm_h==24)alarm_h=0;
                for(i=0; i<30; i++){
                disp_alarm();
                }
        }
        if(P3_7==0){
                delay(1);
                if(P3_7==0)alarm_m++;
                if(alarm_m==60)alarm_m=0;
                for(i=0; i<30; i++){
                disp_alarm();
```

```
        }
      }
}

//显示闹钟响铃时间函数
void disp_alarm()
{P1=seg_code[alarm_h/10]; P3=0xf7; delay(1);
 if(P3_3==0)P1_7=0; else P1_7=1; delay(1);
 P1=seg_code[alarm_h%10]; P3=0xfb; delay(1);
 P1=seg_code[alarm_m/10]; P3=0xfd; delay(1);
 P1=seg_code[alarm_m%10]; P3=0xfe; delay(1);
}
```

习题 8

8.1 C51 语言有哪些主要的数据类型? 说明各数据类型的数据长度和所能表示的数据范围。

8.2 C51 语言有哪些基本的运算符? 按运算符在表达式中与运算对象的关系,有哪些运算符是单目运算符? 哪些是双目运算符? 哪些是三目运算符?

8.3 C51 语言有哪些基本语句?

8.4 比较 C51 语言和汇编语言各自的特性,简述单片机 C51 语言的特点。

8.5 C51 编译器所支持的数据类型有哪些?

8.6 简述 C51 的数据储存类型。

8.7 阅读以下程序,并指出运行后屏幕的输出结果。

(1) include <stdio.h>
```
main()
{ int i,j,k,l;
  i=8;
  j=10;
  k=++i;
  l=j--;
  printf("%d,%d,%d,%d\n",i,j,k,l);
}
```

(2) #include <stdio.h>
```
int func(int a,int b);
main()
{  int k=4,m=1,p;
   p=func(k,m);
   printf("p=%d\n",p);
}
int func(int a,int b){
  int m=0,i=2;
  i+=m++;
  m=i+a+b;
  return m;
}
```

（3） #include <stdio.h>

```
void func(int * a,int b[ ]){b[0]= * a+6; }
main()
{ int a,b[5];
  a=0; b[0]=3;
  func(&a,b);
  printf("b[0]= %d\n",b[0]);
}
```

（4） #include <stdio.h>

```
int f(int x, int y, int cp, int dp){
  cp=x * x+y * y;
  dp=x * x-y * y;
}
main()
{ int a=4,b=3,c=5,d=6;
  f(a,b,c,d);
  printf("cp=%d,dp=%d\n",cp,dp);
}
```

（5） include <stdio.h>

```
main()
{ int a,n,s,count;
  a=2; n=1; s=0; count=1;
  while(count<=5){
    n=n * a;
    s=s+n;
    count++;
  }
  printf("s= %d",s);
}
```

（6） #include <stdio.h>

```
main()
{ unsigned char x=0x65,a,b,c;
  a=x>>2;
  b=~x<<3;
  c=a&b;
  printf("a=%x,b=%x,c=%x\n",a,b,c);
}
```

8.8 编程题

（1）计算 $\sum\limits_{i=0}^{10} 2i$。

（2）用 switch 语句编程实现如下函数关系：

$$y = \begin{cases} -1 & (x < 0) \\ 0 & (x = 0) \\ 1 & (x > 0) \end{cases}$$

（3）统计短整型变量 x 中二进制数 1 的个数。

（4）用下列幂级数公式近似计算 e^x 前 10 项的和：

$$e^x = 1 + x + \frac{x^2}{2!} + \frac{x^3}{3!} + \cdots + \frac{x^n}{n!} + \cdots$$

(5) 将一个无符号短整型变量 x 中的二进制数循环左移 3 位。

8.9　简述 C51 对 MCS-51 系列单片机特殊功能寄存器的定义方法。

8.10　C51 中 data、idata、bdata 和 xdata 的含义是什么？

8.11　按照给定的数据类型和储存类型，写出下列变量的说明形式。

(1) 在 data 区定义字符变量 cx。

(2) 在 idata 区定义整型变量 ix。

(3) 在 xdata 区定义无符号字符型数组 ucx[5]。

(4) 在 xdata 区定义指向 char 类型的指针 cp。

(5) 定义一个可位寻址的变量 bx。

(6) 定义特殊功能寄存器变量 P3。

8.12　C51 的中断函数和普通函数有什么不同？

8.13　阅读下列程序，分析程序的功能。

(1) 设 $f_{OSC} = 12\text{MHz}$，程序如下：

```
# include  <reg51.h>
sbit P10=P1^0;
void main()
{ TMOD=0x01;
  TH0=(65536-12500)/256;
  TL0=(65536-12500)%256;
  ET0=1;
  EA=1;
  TR0=1;
  while(1);
}
void T0_isr(void) interrupt 1 using 1
{ TH0=(65536-12500)/256;
  TL0=(65536-12500)%256;
  P10=! P10;
}
```

(2)
```
# include  <stdio.h>
# include  <reg51.h>
void init_serial(){
  SCON=0x50;
  TMOD=0x20;
  TH1=0xf3;
  TR1=1;
  TI=1;
}
long factorial(int n){
  long result;
  if(n==0)  result=1;
  else  result=n * factorial(n-1);
  return result;
}
void main()
```

```
{ int i;
  long t;
  long ( * p) (int n);
  init_serial();
  p=(void * )factorial();
  for(i=0; i<; i++){
      t=( * p) (i);
      printf("%d! =%ld\n",i,t);
  }
  for(; ; ){; }
}
```

8.14 在 89C51 单片机应用系统中,已知 f_{osc}=12MHz,用 C51 编程,利用定时器 T0 定时中断,实现从 P1.0 输出周期为 1s 的方波。

8.15 在 89C51 单片机应用系统中,已知 f_{osc}=12MHz,用 C51 编程,利用定时器 T1 定时中断,实现从 P1.0 产生高电平宽度为 5ms、低电平宽度为 10ms 的矩形波。

8.16 设接在 89C51 单片机 P1 口有 8 个 LED,用 C51 编写下列显示效果的子程序:

(1) 使一个亮点左移,不断循环。

(2) 8 个 LED 同时亮、暗闪烁。

(3) 奇数 LED 和偶数 LED 不断交替显示。

8.17 根据图 8.27 所示的点阵 LED 显示电路,在 16×16 点阵显示器上显示不断向左移动的"测试"两字。

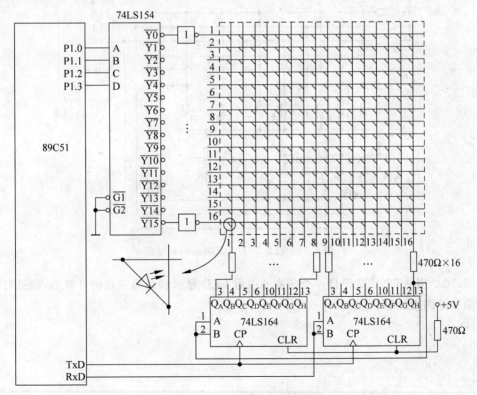

图 8.27 点阵 LED 显示电路

8.18 图 8.28 所示为 I/O 复用交互式准矩阵键盘,用 C51 编写键盘扫描程序。

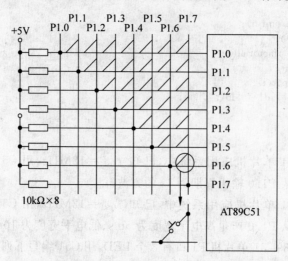

图 8.28 I/O 复用交互式准矩阵键盘

8.19 图 8.29 所示为改进型 I/O 复用编码式键盘,用 C51 编写键盘扫描程序。

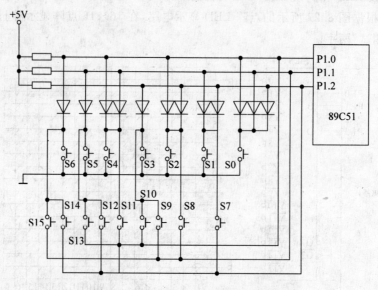

图 8.29 改进型 I/O 复用编码式键盘

8.20 用 AT89C52 设计一个带有 8 位数 LED 显示和简易键盘的计算器,能进行加、减、乘和除四则运算。

RTX51实时多任务操作系统

RTX51 是专门为 MCS-51 系列单片机配备的一种实时多任务操作系统(RTOS),RTX51 可用来设计具有多任务处理功能的复杂软件。本章将介绍 RXT51 特性、结构和功能,并列举利用 RTX51 来开发单片机实时多任务控制程序的实例,以实现多任务并行处理系统。

9.1 实时多任务处理

1. 多道程序的并发运行

单片机常规的应用软件通常由主程序加上中断服务程序构成。主程序一般为一个定时循环程序,中断服务程序用于处理各种随机事件或实时控制的处理。但对于系统功能强大、应用复杂的场合,例如一个系统需要控制多个对象,而且这些被控对象都要求实时控制,即各个控制对象的信息必须在规定的时间内进行处理并尽快作出响应。对于这些多被控对象的系统仍采用常规的方法来编写软件,无疑是很难实现多被控对象的实时处理。单片机常规软件设计的方法对于复杂应用场合存在很大局限性,主要有以下原因。

(1)程序结构复杂

系统功能越强、被控对象越多,使得软件就越复杂。单片机无论是程序存储空间还是数据存储空间都有限,如果使用大量的中断,会使程序非常庞大,且给设计和调试带来困难。

(2)实时性差

CPU 在处理某个中断过程中,不允许响应低级或同级中断。只有现行中断完成后,而且没有其他优先级别更高的中断请求,才能给予响应。为了进一步提高实时性,要求各中断服务程序尽可能短。类似这些情况,低级中断或同级中断很难给予及时处理。

(3)各控制处理之间难以相互通信

主程序与中断服务程序之间的通信可以在中断服务程序中采用保护

现场和恢复现场的堆栈操作来实现,但在各中断之间的通信就难以实现了。

解决以上问题的最好方法是把应用程序按所完成的功能划分成各自独立的、可以并行运行的任务。如数据采集程序、数据处理程序、输出控制程序、打印程序等。整个软件由各任务组成。这样做能使得各任务之间有一定横向的通信联系,包括同步操作和互斥操作。单一处理机同时运行多个任务,宏观上每个任务都在并行运行,系统所有资源都被这些任务共享。而中断则是多任务机构的有机组成部分,也就是说,对外部事件的实时响应仍由中断来实现,但响应的操作由控制结构通知对应的任务去完成,该控制机构就是实时多任务操作系统。

2. 实时多任务操作系统

操作系统是管理计算机资源的系统软件,它是应用程序与计算机硬件之间的接口。计算机实时多任务操作系统(Real Time Operating System)是指能支持实时控制系统工作的操作系统,实时是指能满足对时间的限制和要求,多任务是指许多个程序并行执行。

(1) 任务

为了便于处理,把应用程序按功能分成许多可独立运行的程序模块,通常这些功能模块之间往往要进行相互合作。这些具有独立处理功能的程序在计算机上对它的数据进行处理的运行的过程称为任务(task)或进程(process)。任务是一个动态过程,它有生命期的,要经过创建、执行和消亡等阶段。

每个任务具有相对独立性。例如一个带有键盘和显示器的单片机控制系统,可有数据采集、数据计算、控制输出、键盘扫描和显示输出等各个任务。这些任务在宏观上是在同时并行运行的;在微观上,每个任务有 3 种状态,即运行态、就绪态和阻塞态。一个任务一旦建立后,总是处于这 3 种状态之一。单 CPU 系统运行状态的任务每时每刻只有一个,且独占 CPU。就绪态的任务表示具有运行的一切条件,但由于其他任务在运行,故它只能排队等待运行;阻塞态就是该任务需要等待某个资源或某个事件发生,这时它无法运行而处于封锁状态,只有当条件满足后(中断或其他任务激励)才能进入就绪状态或运行状态。

(2) 实时多任务操作系统的功能

实时系统中的各任务运行是由实时多任务操作系统所控制的,通常具备以下基本功能。

① 任务管理(多任务和基于优先级的任务调度)。

② 任务间同步和通信(信号量和邮箱等)。

③ 存储器优化管理(含 ROM 的管理)。

④ 实时时钟服务。

⑤ 中断管理服务。

9.2　RTX51 的特性

RTX51 是 Keil Software 公司开发的一个专门为以 MCS-51 为内核的单片机应用系统而设计的实时多任务操作系统,源代码完全向用户开放,真正实现在单 CPU 的嵌入式系统上管理多个任务(进程)的并发运行。由于受单片机本身资源的限制,功能都相对比较简单,但其性能完全能够满足以 51 系列单片机为核心的嵌入式系统的应用需求,它能使复杂的系统和软件设计以及有时间限制的工程开发变得简单。

RTX51 有完全版 RTX51 Full 和最小模式版 RTX51 Tiny 两个不同的版本。

完全版 RTX51 Full 允许 4 个优先级的任务时间片轮转调度和抢先式的任务切换,可以并行地利用中断功能。各个任务之间信号和信息可以通过"邮箱"系统在任务之间互相传递,可以从一个存储池中分配和释放内存,可以强制一个任务停止执行,等待一个中断,可以强迫一个任务等待中断、超时以及从另一个任务或中断发出的信号或信息。

最小模式版 RTX51 Tiny 是 RTX51 的一个子集,非常精巧,它仅占用 800B 左右的程序存储空间,可以在没有扩展任何外部数据存储器 8051 系统中运行,但应用程序仍然可以访问外部数据存储器。RTX51 Tiny 仅支持时间片轮转任务切换和使用信号进行任务调度,可以并行地利用中断功能,可以强迫一个任务等待中断、超时以及从另一个任务或中断发出的信号。但 RTX51 Tiny 不支持抢占式的任务调度,不能进行信号量操作,也不支持存储器分配或释放。RTX51 的主要功能是任务管理和存储器管理。

1. RTX51 任务管理

(1) RTX51 任务

RTX51 有快速任务和标准任务两类。快速任务有很快的响应速度,每个快速任务使用 8051 一个单独的寄存器组,并且有自己的堆栈区域。RTX51 支持最大同时有 3 个快速任务。标准任务由自己的设备上下文存放在外部 RAM(XDATA)中。标准任务使用的内部 RAM 相对快速任务要少,所有的标准任务共用 1 个寄存器组和堆栈。当任务切换的时候,当前任务的寄存器状态和堆栈内容转移到外部存储器中。RTX51 支持最大 16 个标准任务。RTX51 任务状态可分为 5 种状态,每个 RTX51 的任务都必须处于下列 5 种状态之一。

① 运行(running):处于正在执行中的任务,同一时间仅任务可以处于运行状态。

② 就绪(ready):处于等待运行的任务,在当前运行的任务退出运行状态后,就绪队列中优先级最高的任务进入运行状态。

③ 阻塞(blocked):任务处于等待一个事件,如果事件发生且优先级比正在运行的任务高,此任务进入运行状态;如果优先级比正在运行的任务低,此任务进入 ready 状态。

④ 删除(deleted):任务不在轮转切换执行的环路中。

⑤ 超时(time out):任务由于时间片用完而处于 time out 状态,并等待再次运行。该状态与 ready 状态相似,但由于是内部操作过程,使一个循环任务被切换而被冠以标记。

任务状态转换图如图 9.1 所示。

RTX51 任务有 4 个优先级:0、1、2 可以分配给标准任务,优先级 3 是为快速任务保留的。每个任务都可以等待事件的发生,而并不增加系统的负担。

(2) RTX51 事件

RTX51 事件(event)可以是超时、等待消息、信号、时间间隔、中断事件或者它们的组合。

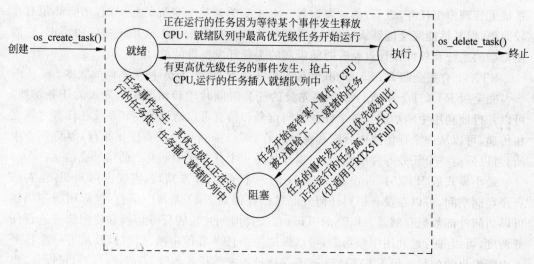

图 9.1　任务状态转换图

① 超时(time out)：由 os_wait()函数开始的时间延时，其持续时间可由定时节拍数确定。带有 time out 值调用 os_wait()函数的任务将被挂起，直到延时结束，才返回到 ready 状态，并可被再次执行。

② 时间间隔(interval)：由 os_wait()函数开始的时间间隔，其间隔时间可由定时节拍数确定。带有 interval 值调用 os_wait()函数的任务将被挂起，直到间隔时间结束，然后返回到 READY 状态，并可被再次执行。与 time out 不同的是，任务的节拍计数器不复位。类似于超时，但是软件定时器没有复位，典型应用是产生时钟。

③ 信号(signal)：作为任务之间通信的位，可以用系统函数置位或清除。如果一个任务调用 os_wait()函数等待 signal 而 signal 未置位，则该任务被挂起直到 signal 置位，才返回到 ready 状态，并可被再次执行。用于任务内部同步协调。

④ 等待消息(message)：适用于 RTX51 Full，用于信息的交换。可以把一个消息交送到一个特定的邮箱。消息由 2 字节组成，可以是用户按照自己的需求定主的数据，也可以是指向数据的指针。如果邮箱的消息列表满，而且是中断发送消息，这个消息将会丢失；如果是任务发送消息，那么任务将会进入等待状态，直到邮箱重新有了位置可以接收这一条消息。邮箱是按照 FIFO 的原则来管理消息的，如果几个任务都在等待接收消息，那么最先进入等待接收队列的将接收消息。一个邮箱最多可以存储 8 条消息。当邮箱满的时候，最多只能有 16 个等待任务。

⑤ 中断事件(interrupt)：适用于 RTX51 Full，信号量用于管理共享的系统资源。通过使用"令牌"，允许在同一时刻只有一个任务使用某些资源。如果几个任务申请访问同一个资源，那么首先提出申请的将允许访问，其他的任务进入等待队列，直到第一个任务操作完毕，下一个任务才能继续。

(3) 任务控制块

为了能描述和控制任务的运行，内核为每个任务定义了称为任务控制块的数据结构，主要包括三项内容。

① ENTRY[task_id]：task_id任务的代码入口地址，位于CODE空间，2字节。

② STKP[taskid]：taskid任务所使用堆栈栈底位置，位于片内RAM（IDATA空间），1字节。

③ STATE[taskid].time和STATE[tasked].state：前者表示任务的定时节拍计数器，在每一次定时节拍中断后都自减一次；后者表示任务状态寄存器，用其各个位来表示任务所处的状态。位于IDATA空间，占用两个字节。

（4）任务调度

任务调度是按一定的算法动态地把CPU分配给需要执行的任务。

RTX51 Tiny只能使用非剥夺抢占方式，它利用8051内部定时器T0来产生定时节拍，各任务只在各自分配的定时节拍数（时间片）内执行。当正在执行的任务时间片用完后，则运行任务被中断，从就绪队列中调入优先级高的任务执行；如果就绪状态的几个任务是同一个优先级，那么最先进入就绪状态的先执行。

而RTX Full还允许使用剥夺抢占方式，如果任务的事件发生，一旦优先级别比正在运行的任务高的任务被唤醒，就迫使正在运行的任务放弃CPU，而将CPU交给优先级更高的任务使用。

2. RTX51存储器管理

内核使用了KEIL C51编译器的对全局变量和局部变量采取静态分配存储空间的策略，因此，存储器管理简化为堆栈管理。内核为每个任务都保留一个单独的堆栈区，全部堆栈管理都在片内RAM（IDATA）空间进行。为了给当前正在运行的任务分配尽可能大的栈区，所以各个任务所用的堆栈位置是动态的，并用STKP[taskid]来记录各任务所用的堆栈位置是动态的，并用STKP[taskid]来记录任务堆栈栈底位置。当堆栈自由空间小于FREESTACK（默认为20个字节）时，就会调用宏STACK_ERROR，进行堆栈出错处理。

在以下情况会进行堆栈管理。

① 任务创建，将自由堆栈空间的两个字节分配给新创新的任务task_id，并将ENTRY[task_id]放入其堆栈。

② 任务调度，将全部自由堆栈空间分配正在运行的任务。

③ 任务删除，回收被删除的任务task_id的堆栈空间，并转换为自由堆栈空间。

堆栈管理如图9.2所示。

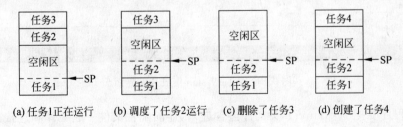

(a)任务1正在运行　(b)调度了任务2运行　(c)删除了任务3　(d)创建了任务4

图9.2　堆栈管理

3. RTX51 内核

内核代码用汇编语言写成,代码非常精悍,运行效率极高,但可读性差。主要由两个源程序文件 conf_tny.a51 和 rtxtny.a51 组成。前者是一个配置文件,用来定义系统运行所需要的全局变量和堆栈出错的宏 STACK_ERROR,这些全局变量和宏,用户都可以根据自己的系统配置灵活修改;后者是系统内核,完成系统调用的所有函数。

9.3 RTX51 运行机制

1. RTX51 系统运行环境

随着单片机软件开发技术的不断发展,编程语音也从传统的汇编语言走向高级语言,对于 MCS-51 系列单片机目前较为流行是 C51 编程语言,它能在 Keil μVision 集成开发环境下进行编程,μVision 提供了包括宏汇编、C 编译器、函数库、连接器以及仿真调试器组成的完善的开发方案。Keil μVision 还自带 RTX51 Tiny,而 RTX51 Full 需要另外安装。图 9.3 是 Keil μVision 集成开发界面。

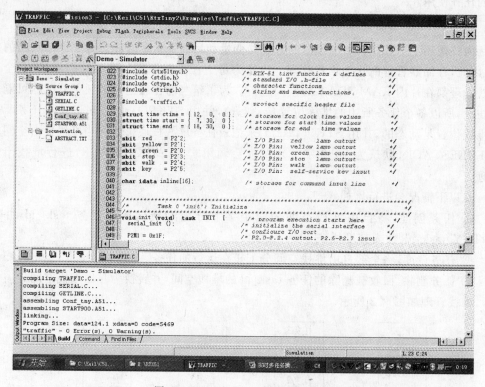

图 9.3 Keil μVision 集成开发界面

应用程序要把 rtx51tny.h 头文件包含进来,连同配置文件一起编译和连接。

2. RTX51 的使用

一个标准 C 程序总是从主函数开始执行。在嵌入式应用里,主函数经常被编写为一个无穷循环,每个功能独立的任务被编写成单独的函数模块,然后放在主函数体的循环中调用,也可以被认为是一个循环方式的多任务系统。

【例9.1】 一个伪多任务程序。

```
int counter;
void main(void)
{ init_sys( );                          //系统初始化
  while(1){                             //无限循环
    scan_kb_in( );                      //扫描键盘
    process_kb_cmds( );                 //处理键盘输入
    check_io( );                        //检测 I/O 状态
    process_io_ctrl( );                 //处理 I/O 控制
    adjust_io( );                       //调节 I/O
  }
}
```

由此可见,不需要操作系统的支持,也可以实现类似多任务的系统。尽管如此,但局限性仍然很大。

使用 RTX51 可以很容易地使用 KEIL C51 语言编写和编译一个多任务程序,并嵌入到实际应用系统中。RTX51 内核完全集成在 KEIL C51 编译器中,用户程序以系统函数调用的方式运行。例 9.2 是利用 RTX51 Tiny 时间片(time slice)轮转法来实现并行执行多个任务,每一个任务在预先定义好的时间片内得以执行。时间到使正在执行的任务挂起,并使另一个任务开始执行。

【例9.2】 利用 RTX51 Tiny 时间片轮转任务调度技术,任务 job0 利用 P1.0、P1.1 和 P1.3 引脚模拟一个与非门,任务 job1 利用 P1.4 检测输入脉冲,每输入一个脉冲 P1.7 变反输出,模拟 2 分频器,如图 9.4 所示。

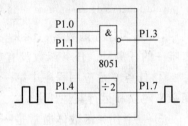

图 9.4 软件模拟数字逻辑

```
# include <rtx51tny.h>
# include <reg51.h>
sbit P1_0=P1^0;
sbit P1_1=P1^1;
sbit P1_2=P1^2;
sbit P1_3=P1^3;
sbit P1_4=P1^4;
sbit P1_5=P1^5;
sbit P1_6=P1^6;
sbit P1_7=P1^7;
P1=P1|0x13;                            //初始化 P1 口,P1.0、P1.1 和 P1.4 为输入
job0( )_task_0{
    os_create_task(1);                  //任务 1 已准备就绪
    while(1){                           //无限循环
        P1_3=~(P1_0&P1_1);              //P1.4=P1_0·P1_1
    }
}
job1( )_task_1 {
    while(1){                           //无限循环
```

```
wait_h:
    if(P1_4)==0)goto wait_h;              //检测 P1.3 引脚是否为高电平
wait_l:
    if(P1_4)==1)goto wait_l;              //检测 P1.3 引脚是否为低电平
    P1_7=~(P1_7);
    }
}
```

程序中包含头文件 rtx51tny.h,因此不需要在程序中拥有主函数,因为 RTX51 Tiny 操作系统内核中已经有它自己的主函数 main()。RTX51 Tiny 将自动开始执行任务 0。如果应用程序有主函数,那么需要在主函数中利用 RTX51 Tiny 中的 os_create_task()函数来创建任务或用 RTX51 中的 os_start_system()函数来启动 RTX51。

使用 RTX51 Tiny 编写多任务应用程序的要点如下:

① 包含头文件 rtx51tny.h 在应用程序中。rtx51tny.h 头文件在\Keil51\inc\目录下。

② 不需要写 C 语言主函数 main()。RTX51 Tiny 操作系统内核中已经有自己的主函数 main()。连接过程是任务 0 的程序代码,而且使用 _task_ 函数属性来声明任务。

③ 实时多任务应用程序通常包含若干的特殊功能的任务,RTX51 Tiny 至少应包括 1 个任务函数(task function),最多定义 16 个任务。RTX51 Tiny 的任务函数格式如下:

    void func(void)_task_ num

其中,func 为任务函数名,_task_ 是关键字,num 是任务号,取值为 0~15。每个任务必须有唯一的任务号。任务函数没有参数和返回值。

④ 任务 0 是应用程序中第一个执行的函数。在任务 0 中,必须调用 os_create_task 函数来建立和运行其他任务。

⑤ 一个任务函数体通常是一个循环结构。使用系统函数 os_delete_task 可暂停(挂起 halt)一个运行的任务。

⑥ 应用程序至少调用 1 个 RTX51 Tiny 系统函数(如 os_wait());否则,连接器将不会把 RTX51 Tiny 的系统库包含到应用程序中。

⑦ 由于 RTX51 Tiny 操作系统使用了定时器 T0 中断,所以 RTX51 Tiny 应用程序总是开放总中断(EA=1)。如果多任务应用程序需要其他中断,中断服务程序的编写仍然使用 Keil C51 中断服务函数的编写方式。此外,中断函数可以与 RTX51 通信并且可以发送信号或消息给 RTX51 任务。RTX51 Full 允许将中断指定给一个任务。

⑧ 编译和连接应用程序通常有两种方式,一种是使用集成开发环境 μVision 2 IDE,另一种是使用命令行工具 CommandLine Tools。

⑨ 优化 RTX51 Tiny 程序。在建立 RTX51 应用程序时,应该注意以下事项:

对于多重任务应尽可能采用 os_wait()函数触发,而不用时间片轮。因为,使用时间片轮切换任务需要 13 字节的堆栈空间来存储任务环境(寄存器等),如果由 os_wait()函数触发,则不需要环境存储器。os_wait()函数还会改善系统反应时间。

不要将报时信号的中断速率设得太快。因为,每个时钟报时中断约需 100~200 个时钟,所以应该把时间报时信号速率设置得足够高,以使中断等待时间减少到最低。

3. RTX51 Tiny 的配置

RTX51 Tiny 的配置文件 conf_tny.a51 在\c51\lib\子目录下，可以在这个配置文件中改变下列参数。

① 用于系统时钟报时中断的寄存器组。

② 系统计时器的间隔时间。

③ 时间片轮转超时值。

④ 内部数据存储器容量。

⑤ RTX51 Tiny 运行之后释放的堆栈大小。

配置文件 conf_tny.a51 列表如下：

```
$ DEBUGPUBLICS
;----------------------------------------------------------------
;   This file is part of the 'RTX51 Tiny' Real-Time Operating System Package
;   Copyright KEIL ELEKTRONIK GmbH 1991
;----------------------------------------------------------------
;   CONF_TNY.A51:   This code allows the configuration of the
;                       'RTX51 Tiny' Real-Time Operating System
;   To translate this file use A51 with the following invocation:
;       A51 CONF_TNY.A51
;   To link the modified CONF_TNY.OBJ file to your application use the following
;   BL51 invocation:
;       BL51 <your object file list>, CONF_TNY.OBJ <controls>
;----------------------------------------------------------------
;   'RTX51 Tiny' Hardware-Timer
;   ===============================
;   With the following EQU statements the initialization of the 'RTX51 Tiny'
;   Hardware-Timer can be defined ('RTX51 Tiny' uses the 8051 Timer 0 for
;   controlling RTX51 software timers).
;   define the register bank used for the timer interrupt.
INT_REGBANK  EQU  1   ; default is Register bank 1
      ; define Hardware-Timer Overflow in 8051 machine cycles.
INT_CLOCK  EQU  10000  ; default is 10000 cycles
;      ; define Round-Robin Timeout in Hardware-Timer Ticks.
TIMESHARING  EQU  5  ; default is 5 ticks.
;      ; note: Round-Robin can be disabled by using value 0.
;   Note:   Round-Robin Task Switching can be disabled by using '0' as
;               value for the TIMESHARING equate.
;----------------------------------------------------------------
;   'RTX51 Tiny' Stack Space
;   ===============================
;   The following EQU statements defines the size of the internal RAM used
;   for stack area and the minimum free space on the stack. A macro defines
;   the code executed when the stack space is exhausted.
;   define the highest RAM address used for CPU stack
RAMTOP      EQU  0FFH   ; default is address (256-1)
;
FREE_STACK  EQU  20  ; default is 20 bytes free space on stack
;
STACK_ERROR  MACRO
```

```
      CLR   EA   ; disable interrupts
      SJMP  $    ; endless loop if stack space is exhausted
      ENDM
;----------------------------------------------------------------
      NAME   ?RTX51_Tiny_CONFIG
PUBLIC  ?RTX _ REGISTERBANK, ?RTX _ TIMESHARING, ?RTX _ RAMTOP, ?RTX
_CLOCK
PUBLIC  ?RTX_ROBINTIME, ?RTX_SAVEACC, ?RTX_SAVEPSW
PUBLIC  ?RTX_FREESTACK, ?RTX_STACKERROR, ?RTX_CURRENTTASK

?RTX_TIMESHARING  EQU  -TIMESHARING
?RTX_RAMTOP         EQU   RAMTOP
?RTX_FREESTACK     EQU  FREE_STACK
?RTX_CLOCK          EQU  -INT_CLOCK
?RTX_REGISTERBANK EQU  INT_REGBANK * 8
      DSEG   AT   ?RTX_REGISTERBANK
      DS  2       ; temporary space
?RTX_SAVEACC:      DS 1
?RTX_SAVEPSW:      DS 1
?RTX_ROBINTIME:    DS 1
?RTX_CURRENTTASK: DS 1

?RTX?CODE          SEGMENT CODE
                   RSEG  ?RTX?CODE
?RTX_STACKERROR:  STACK_ERROR
      END
```

Conf_tny. a51 文件中用 EQU 伪指令来定义配置参数,下面对 Conf_tny. a51 文件的主要配置参数加以说明。

(1) 寄存器组的选择

RTX51 Tiny 规定所有任务使用寄存器组 0,因此,所有的任务函数都必须按 C51 默认设置 REGISTERBANK(0)来编译。而在 Conf_tny. a51 文件中,定时器 T0 中断寄存器组默认值为组 1,定义如下:

```
;   define the register bank used for the timer interrupt.
INT_REGBANK   EQU  1   ; default is Register bank 1
```

用户的中断函数可以使用其余的寄存器组。

(2) 时间片的设置

RTX51 使用一个 8051 内部定时器 T0 溢出中断作为时间片轮转控制,产生的周期性的中断用于驱动 RTX51 时钟。RTX51 Tiny 的配置参数中有以下两行:

```
; 用 8051 机器周期定义硬件定时器时钟周期
INT_CLOCK  EQU  10000                ;默认值为 10000 个机器周期
; 用硬件定时器的定时时间定义循环切换超时时间
TIMESHARING   EQU    5                ;默认值为 5 个硬件定时器时钟周期
                                      ; 0:禁止循环任务切换
```

INT_CLOCK 是时钟中断使用的周期数,也就是基本时间片,默认值为 1000 个机器周期假如系统时钟频率为 12MHz,一个机器周期为 $1 \times 12/12MHz = 1 \times 10^{-6} s = 1\mu s$。那么默认的基本时间片为 $10000\mu s=10ms$。

TIMESHARING 是每个任务一次使用的时间片数目,默认值为 5。当 TIMESHARING 设置为 0 时,系统就不会进行自动任务切换了,这时需要用 os_switch_task()函数进行任务切换。

由此可见,INT_CLOCK 和 TIMESHARING 两者共同决定了每个任务每次使用的最大时间片。例如在 INT_CLOCK＝10000 的条件下,那么当 TIMESHARING＝1 时,一个任务使用的最大时间片是 10ms;而当 TIMESHARING＝2 时,任务使用最大的时间片是 20ms;TIMESHARING＝5 时,任务使用最大的时间片是 50ms。

(3) 堆栈区

堆栈区在内部 RAM 中,默认的深度为 20 个字节,最高地址为 FFH。并用一个宏定义了堆栈空间耗尽时,将关中断,且停机。定义如下:

```
; 定义 CPU 堆栈最高内部 RAM 地址
RAMTOP          EQU   0FFH        ; 默认地址是(256-1)
FREE_STACK      EQU   20          ; 默认堆栈自由空间为 20 字节
STACK_ERROR     MACRO
                CLR   EA          ; 禁止中断
                SJMP  $           ; 如果堆栈被耗尽,则无限循环
                ENDM
```

9.4 RTX51 系统函数

1. RTX51 技术参数

RTX51 的主要技术参数见表 9.1。

表 9.1 RTX51 技术参数

描 述	RTX51 Tiny	RTX51 Full
任务数量	16 个	多 256 个,可同时激活 19 个
RAM 需求	7 字节 DATA 空间 3 倍于任务数量的 IDATA 空间	40~46B DATA 空间 20~200B IDATA 空间 (用户堆栈)最小 650B XDATA 空间
代码要求	900B	6~8KB
硬件要求	定时器 T0	定时器 T0 或定时器 T1
系统时钟	1000~65535 个周期	1000~40000 个周期
中断请求时间	小于 20 个周期	小于 50 个周期
任务切换时间	100~700 个周期,取决于堆栈的负载	70~100 个周期(快速任务) 180~700 个周期(标准任务),取决于堆栈的负载
邮箱系统	不提供	8 个分别带有整数入口的信箱
内存池	不提供	最多 16 个内存池
信号量	不提供	8×1 位

2. RTX51 函数

表 9.2 列出了 RTX51 的系统函数,并带有简要的说明。

表 9.2　RTX51 系统函数

函　　数	描　　述	振荡周期
isr_recv_message() *	收到消息(来自中断调用)	71(具有消息)
isr_send_message() *	发送消息(来自中断调用)	53
isr_send_signal()	给任务发去信号(来自中断调用)	46
os_attach_interrupt() *	分配中断资源给任务	119
os_clear_signal()	删除一个以前发送的信号	57
os_create_task()	将一个任务放入执行队列中	302
os_create_pool() *	定义一个内存池	644(大小 20 * 10B)
os_delete_task()	从执行队列中移走一个任务	172
os_detach_interrupt *	移走一个分配的中断	96
os_disable_isr() *	禁止 8051 硬件中断	81
os_enable_isr() *	允许 8051 硬件中断	80
os_free_block() *	归还一块存储空间给内存池	160
os_get_block() *	从内存池获得一块存储空间	148
os_send_message() *	发送一条消息(从任务中调用)	443(具有任务切换)
os_send_signal()	向任务发送一个信号(从任务中调用)	408(具有任务切换) 316(具有快速任务切换) 71(没有任务切换)
os_send_token() *	发送一个信号量(从任务中调用)	343(具有快速任务切换) 94(没有任务切换)
os_set_slice() *	设置 RTX51 系统时钟时间片	67
os_wait()	等待事件	68(用于等待信号) 160(用于等待消息)

注:* 标记的函数仅仅在 RTX51 Full 中具备,以 os_开头的函数可以由任务调用,但不能由中断服务程序调用。以 isr_开头的函数可以由中断服务程序调用,但不能由任务调用。

　　RTX51 Tiny 系统函数的说明都在头文件"RTX51TNY. H"中,该文件在\keil\c51\inc 目录下,应用程序需要使用系统函数都必须在应用程序开始处用 # include <rtx51tny. h>编译预处理命令。下面对 RTX51 Tiny 系统函数作简要说明。

　　(1) 给任务发送信号

　　函数原型:char isr_send_signal(unsigned char task_id);

　　功能:isr_send_signal 函数给任务 task_id 发送一个信号。如果指定的任务正在等待一个信号,则该函数使该任务就绪,但不启动它,信号存储在任务的信号标志中。该函数仅被中断函数调用。

　　参数:task_id 为要发送信号的任务。

　　返回值:成功调用后返回 0,如果指定任务不存在,则返回—1。

　　例如:

```
#include <rtx51tny.h>
void tst_isr_send_signal(void) interrupt 2
{ isr_send_signal(8);                          //给任务 8 发信号
}
```

（2）置任务为就绪状态

函数原型：char isr_set_ready{unsigned char task_id}；

功能：将由 task_id 指定的任务置为就绪态。该函数仅用于中断函数。

参数：task_id 为指定的任务。

返回值：无。

例如：

```
#include <rtx51tny.h>
void tst_isr_set_ready(void)interrupt 2
{ isr_set_ready(1);                            //置位任务 1 的就绪标志
}
```

（3）清除任务的信号标志

函数原型：char os_clear_signal(unsigned cahr task_id)；

功能：清除由 task_id 指定的任务信号标志。

参数：task_id 为要清除信号标志的任务。

返回值：信号成功清除后返回 0,指定的任务不存在时返回－1。

例如：

```
#include <rtx51tny.h>
void tst_os_clear_siganl(void)_task_3
{ …
  os_clear_signal(5);                          //清除任务 5 的信号标志
  …
}
```

（4）创建任务

函数原型：char os_create_task(unsigned char task_id)；

功能：启动任务 task_id,该任务被标记为就绪,并在下一个时间点开始执行。

参数：task_id 为要启动的任务,取值为 0～15。

返回值：任务成功启动后返回 0,如果任务不能启动或任务已在运行,或没有以 task_id 定义的任务,返回－1。

例如：

```
#include <rtx51tny.h>
#include <stdio.h>                             //用于 printf
void new_task(void)_task_2{…}
void tst_os_create_task(void)_task_0{
    …
    if(os_create_task(2)){
      printf("couldn't start task2\n");
    }
```

```
        …
    }
```

（5）删除任务

函数原型：char os_delete_task(unsigned char task_id);

功能：将以 task_id 指定的任务停止，并从任务列表中将其删除。如果任务删除自己，将立即发生任务切换。

参数：task_id 为要删除的任务，取值为 0~15。只有原来用"os_create_task"建立的任务才可被删除。

返回值：任务成功停止并删除后返回 0。指定任务不存在或未启动时返回 -1。

例如：

```
# include<rtx51tny.h>
# include<stdio.h>
void tst_os_delete_task(void)_task_0{
    …
    if(os_delete_task(2)){
        printf("couldn't stop task2\n");
    }
    …
}
```

（6）复位时间间隔

函数原型：void os_reset_interval(unsigned char ticks);

功能：用于纠正由于 os_wait() 函数同时等待 K_IVL 和 K_SIG 事件而产生的时间问题。在这种情况下，如果一个信号事件（K_SIG）引起 os_wait() 退出，时间间隔定时器并不调整，这样，会导致后续的 os_wait() 调用（等待一个时间间隔）延迟的不是预期的时间周期。允许将时间间隔定时器复位，这样，后续对 os_wait() 的调用就会按预期的操作进行。

参数：ticks 为滴答数。

返回值：无。

例如：

```
# include <rtx51tny.h>
void task_func(void)_task_2{
…
switch(os_wait2(KSIG|K_IVL,100)){
  case TMO_EVENT:                    //发生了超时,不需要 Os_reset_interval
    break;
  case SIG_EVCENT:                   //收到信号,需要 Os_reset_interval
    os_reset_interval(100);
    break;
}
…
}
```

（7）执行任务

函数原型：char os_running_task_id(void);

功能：函数确认当前正在执行的任务 ID。

参数：无。

返回值：返回当前正在执行的任务的任务号，该值为 0～15 之间的一个数。

例如：

```
#include<rtx51tny.h>
void tst_os_running_task(void)_task_3{
    unsigned char tid;
    tid=os_running_task_id( );              //tid=3
}
```

(8) 发信号

函数原型：char os_send_signal(char task_id);

功能：函数向任务 task_id 发送一个信号。如果指定的任务已经在等待一个信号，则该函数使任务准备执行但不启动它。信号存储在任务的信号标志中。

参数：task_id 为信号发往的任务。

返回值：成功调用后返回 0，指定任务不存在时返回−1。

例如：

```
#include<rtx51tny.h>
void signal_func(void)_task_2{
    ...
    os_send_signal(4);                      //向 4 号任务发信号
    ...
}
void tst_os_send_signal(void)_task_4{
    ...
    os_send_signal(2);                      //向 2 号任务发信号
    ...
}
```

(9) 使任务就绪

函数原型：char os_set_ready(unsigned char task_id);

功能：将以 task_id 指定的任务置为就绪状态。

参数：task_id 为指定的任务。

返回值：无。

例如：

```
#include<rtx51tny.h>
void ready_func(void)_task_2{
    ...
    os_set_ready(3);                        //置位任务 3 的就绪标志
    ...
}
```

(10) 切换任务

函数原型：char os_switch_task(void);

功能：该函数允许一个任务停止执行，并运行另一个任务。如果调用 os_switch_task 的任务是唯一的就绪任务，它将立即恢复运行。

参数：无。

返回值：无。

例如：

```
# include<rtx51tny. h>
# include<stdio>
void long_job(void)_task_1{
 float f1,f2;
 f1=0.0;
 while(1){
     f2=log(f1);
     f1+=0.0001;
       os_switch_task();                  //运行其他任务
 }
}
```

(11) 等待事件发生

函数原型：

```
char os_wait(unsigned char event_sel,        //要等待的事件
             unsigned char ticks,            //要等待的滴答数
             unsigned int dammy);            //无用参数
```

功能：该函数挂起当前任务，并等待一个或几个事件，如时间间隔，超时，或从其他任务和中断发来的信号。

参数：event_sel 指定要等待的事件，可以是以下独立事件或以下事件"相或"的组合。

K_IVL　　等待滴答值为单位的时间间隔。

K_SIG　　等待一个信号。

K_TMO　　等待一个以滴答值为单位的超时。

ticks 参数指定要等待的时间间隔事件(K_IVL)或超时事件(K_TMO)的定时器滴答数。参数是为了提供与兼容性而设置的。

返回值：当有一个指定的事件发生时，任务进入就绪态。任务恢复执行时，下面列出的由返回的常数指出使任务重新启动的事件。

RDY_EVENT　　任务的就绪标志是被或函数置位的。

SIG_EVENT　　收到一个信号。

TMO_EVENT　　超时完成，或时间间隔到。

NOT_OK　　参数的值无效。

例如：

```
# include <rtx51tny. h>
# include <stdio. h>
void tst_os_wait(void)_task_5{
   while(1){
     char event;
```

```
event＝os_wait(K_SIG|K_TMO,50.0);
switch(event){
    case   TMO_EVENT;                    //超时
        break;                           //50 次滴答超时
    case   SIG_EVENT;                    //收到信号
        break;
    default:                             //从不发生该情况
        break;
    }
  }
}
```

（12）等待事件发生 1

函数原型：char os_wait1(unsigned char event_sel);

功能：该函数挂起当前的任务等待一个事件发生。os_wait1()是 os_wait()的一个子集，它不支持 os_wait()提供的全部事件。

参数：event_sel 为要等待的事件，且只能为 K_SIG。

返回值：当指定的事件发生，任务进入就绪态。任务恢复运行时，os_wait1()返回的值表明启动任务的事件。返回值有以下 3 种。

RDY_EVENT　　任务的就绪标志位是被 os_set_ready 或 isr_set_ready 置位的。

SIG_EVENT　　收到一个信号。

NOT_OK　　event_sel 参数的值无效。

（13）等待事件发生 2

函数原型：

```
char os_wait2(unsigned char event_sel,      //要等待的事件
              unsigned char ticks);         //要等待的滴答数
```

功能：函数挂起当前任务等待一个或几个事件发生，如时间间隔，超时或一个从其他任务或中断来的信号。

参数：event_sel 指定的事件可以是下列参数之一或它们的组合。

K_IVL　　等待以滴答数为单位的时间间隔。

K_SIG　　等待一个信号。

K_TMO　　等待以滴答数为单位的超时。

返回值：当一个或几个事件产生时，任务进入就绪态。任务恢复执行时，os_wait2()的返回值有以下 4 种。

RDY_EVENT　　任务的就绪标志是被 os_set_ready()或 isr_set_ready()函数置位的。

SIG_EVENT　　收到一个信号。

TMO_EVENT　　返回时完成，或时间间隔到达。

NOT_OK　　参数 event_sel 的值无效。

3. RTX51 Full 中附加的调试和支持函数

RTX51 Full 中附加的调试和支持函数见表 9.3。

表 9.3　RTX51 Full 附加的调试和支持函数

函　　数	描　　述
oi_reset_int_mask()	禁止 RTX51 的外部中断资源
oi_set_int_mask()	允许 RTX51 的外部中断资源
os_check_mailbox()	返回指定信箱的状态信息
os_check_mailboxes()	返回所有的系统信箱的状态信息
os_check_pool()	返回内存池中的块信息
os_check_semaphore()	返回指定信号量的状态信息
os_check_semaphores()	返回所有的系统信号量信息
os_check_task()	返回指定任务的状态信息
os_check_tasks()	返回所有的系统任务的状态信息

4. CAN 函数

CAN 函数仅在 RTX51 Full 中提供,见表 9.4。CAN 控制器支持飞利浦 82C200 和 80C592 以及英特尔 82526。

表 9.4　RTX51 Full CAN 函数

函　　数	描　　述
can_bind_obj()	为一个任务绑定一个对象;当对象被接收的时候,任务启动
can_def_obj()	定义通信对象
can_get_status()	获取 CAN 控制器状态
can_hw_init()	初始化 CAN 控制器硬件
can_read()	直接读取一个对象的数据
can_receive()	接收所有无界的对象
can_request()	向一个指定的对象发送一个远程帧
can_send()	通过 CAN 总线发送一个对象
can_start()	开始 CAN 通信
can_stop()	结束 CAN 通信
can_task_create()	创建 CAN 通信任务
can_unbind_obj()	断开任务和对象之间的绑定
can_wait()	等待一个约束的对象被接收
can_write()	向一个对象写入新数据,不用发送

9.5　RTX51 多任务程序设计

9.5.1　多任务编程方法

1. 建立任务函数

当使用 RTX51 编程时,通常要为每个任务建立独立的任务函数。

【例 9.3】　为每个任务建立任务函数。

```
void scan_kb_in_task(void) _task_ 1
 {/*键盘扫描*/}
```

```
void process_kb_cmds_task(void) _task_ 2
 {/ * 处理键盘 * /}
void check_io_task(void) _task_ 3
 {/ * 检测 I/O * /}
void process_io_ctrl_task(void) _task_ 4
 {/ * I/O控制 * /}
void startup-_task(void) _task_ 0
{os_create_task(1);                      //建立扫描键盘任务
 os_create_task(2);                      //建立处理键盘命令任务
 os_create_task(3);                      //建立检测 I/O 任务
 os_create_task(4);                      //建立 I/O 控制任务
 os_delete_task(0);                      //删除启动任务
}
```

该例中,每个函数定义为一个 RTX51 Tiny 任务。RTX51 Tiny 程序可以不要 main()函数,取而代之的是 RTX51 Tiny 从任务 0 开始执行。在典型的应用中,任务 0 简单的建立所有其他的任务。

2. 时间片(time slice)轮转法任务切换

RTX51 Tiny 用标准 8051 的定时器 T0 方式 1 产生一个周期性的中断。该中断就是 RTX51 Tiny 的定时滴答(Timer Tick)。库函数中的超时和时间间隔就是基于该定时滴答来测量的。

默认情况下,RTX51 每 10000 个机器周期产生一个滴答中断。因此,对于运行于 12MHz 的标准 8051 来说,滴答的周期是 0.01s,也即频率是 100Hz(12MHz/12/10000)。该值可以在 CONF_TNY. A51 配置文件中修改。

【**例 9.4**】 用循环法处理多任务。程序中的两个任务是计数器循环。RTX51 Tiny 在启动时执行函数名为 job0 的任务 0,该函数建立了另一个任务 job1,在 job0 执行完它的时间片后,RTX51 Tiny 切换到 job1。在 job1 执行完它的时间片后,RTX51 Tiny 又切换到 job0,该过程无限循环。

```
# include <rtx51tny. h>
int counter0;
int counter1;
void job0(void) _task_  0{
   os_create(1);                      //标记任务 1 为就绪
   while(1) {                         //无限循环
      counter0++;                     //更新计数器
   }
}
void job1(void) _task_1{
   while(1) {                         //无限循环
      counter++;                      //更新计数器
   }
}
```

然而,可以用 os_wait()或 os_switch_task()让 RTX51 Tiny 切换到另一个任务而不是等待任务的时间片用完。os_wait()函数挂起当前的任务(使之变为等待态)直到指定的事件发生(接着任务变为就绪态)。在此期间,任意数量的其他任务可以运行。

3. 时间溢出事件（event）

RTX51 允许使用时间溢出事件来控制任务的调度。即在等待一个任务的时间片到达时，也可以使用 os_wait()函数通知 RTX51 可以让另一个任务开始执行。os_wait()函数挂起一个任务来等待一个事件的发生。这样可以同步多个任务。它的工作过程如下：当任务等待的事件没有发生的时候，系统挂起这个任务；当事件发生时，系统根据任务调度规则来切换任务。os_wait()函数支持以下事件。

① 超时（Timeout）：挂起运转的任务指定数量的时钟报时周期。

② 间隔（Interval）：仅在 RTX51 Tiny 中使用，类似于超时，但是软件定时器没有复位来产生循环的间隔（时钟所需要的）。

③ 信号（Signal）：用于任务内部协调。

④ 消息（Message）：仅适用于 RTX51 Full，用于消息的交换。

⑤ 中断（Interrupt）：仅适用于 RTX51 Full，一个任务可以等待 8051 硬件中断。

⑥ 信号量（Semaphore）：仅适用于 RTX51 Full，信号量用于管理共享的系统资源。

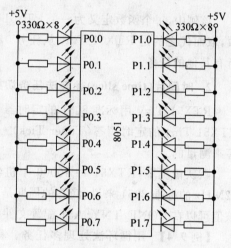

图 9.5　LED 亮灯电路

【例 9.5】 图 9.5 是 LED 亮灯电路，P0 和 P1 口用于驱动 LED，任务 0 和任务 1 分别使 P0 口和 P1 口亮灯循环移位，要求两个口的移位速度不同，任务使用等待时间溢出事件的发生作为切换显示的延时。编程如下：

```
# include <rtx51tny.h>
# include <reg51.h>
const char x[ ]={0xfe,0xfd,0xfb,0xf7,0xef,0xdf,0xbf,0x7f} ;
void job0 (void)_task_ 0 {
    int i=0;
    os_create_task (1);
    while (1) {
        P0=x[i++];
        if(i==8)i=0;
        os_wait (K_TMO,50,0);        //等待时间溢出
    }
}
void job1 (void)_task_ 1 {
    int i=0;
    while (1) {
        P1=x[i++];
        if(i==8)i=0;
        os_wait (K_TMO, 100,0);        //等待时间溢出
    }
}
```

job0 像前文所述的一样首先创建 job1，然后把显示数据送 P0 口后，job0 调用

os_wait()函数以暂停 50 个时钟报时信号的时间,这时 RTX51 切换到下一个任务 job1。在 job1 把显示数据送 P1 口后,它也调用 os_wait()函数以暂停 100 个时钟报时信号的时间,如果当前 RTX51 没有其他的任务需要执行,在它可以延续执行 job0 之前它进入一个空循环等待 50 个时钟报时信号时间的消逝。这个例子的结果是 P0 口的 LED 每 50 个时钟报时周期更新显示 1 次,而 P1 口的 LED 每 100 个时钟报时周期更新显示 1 次。

4. 任务之间的同步操作

RTX51 的发信号(signal)可用于任务之间的同步操作。使用 os_wait(K_SIG,0,0) 暂停一个任务并等待从另一个任务执行 os_send_signal()函数发出的信号唤醒而继续执行任务。这个唤醒信号被发送之前本任务将一直处于挂起状态。从执行先后次序来看,一个任务 os_send_signal()之前的程序要先于另一个任务 os_wait(K_SIG,0,0)后面的程序。

【例 9.6】 使 P1 口 8 个 LED 亮灯左右来回移位,每来回一趟,8 个 LED 一起亮、灭,闪烁 5 次,按移位、闪烁先后次序不断重复。

```
#include <rtx51tny.h>
#include <reg51.h>
const unsigned char table[] = {0xfe,0xfd,0xfb,0xf7,0xef,0xdf,0xbf,0x7f,0xbf,0xdf,0xef,0xf7,
0xfb,0xfd,0xfe};
void job0 (void) _task_ 0{
  int i;
  os_create_task(1);
  while(1) {
      for (i = 0; i < 15; i++) {
          P1 = table[i];
          os_wait(K_TMO,100,0);        //每隔 100 个时钟报时周期亮灯移位一次
      }
      os_send_signal(1);               //来回移位一次向 job1 发信号
      os_wait(K_SIG,0,0);              //等待信号
  }
}
void job1 (void) _task_ 1{
    int i;
    while(1) {
        os_wait(K_SIG,0,0);           //等待信号
        P1 =0x00;                     //点亮所有 LED
        for (i = 0; i < 5; i++) {
            P1=~P1;                   //使闪烁
            os_wait(K_TMO,150,0);     //延时一段时间
        }
        os_send_signal(0);            //闪烁完毕,向 job0 发信号
    }
}
```

5. 优先权机制(priority)

在例 9.6 中,当 job0 发出信号时 job1 并不是立即开始执行,只有当任务 0 发生了时间到事件后,任务 1 才会启动。这种情况在某些应用场合是不希望出现的。RTX51 允许指定

任务的优先级,一个具有较高优先级的任务能中断一个低优先级任务或抢在它前面执行,这叫做优先级抢占式多任务机制(RTX51 Tiny 不具备优先级抢占式多任务机制)。RTX51 Full 有 4 个优先级 0~3,系统默认所有任务的优先级为 0(最低优先级)。如果任务 1 被赋予了比任务 0 高的优先级,通过抢先任务切换,任务 1 收到了信号就会立即开始。

【例 9.7】 将例 9.6 的 job1 的优先级赋予 1,比 job0 高。

```
void job1 (void) _task_ 1 _priority_ 1{
    int i;
    while(1) {
        os_wait(K_SIG,0,0);              //等待信号
        P1 =0x00;                        //点亮所有 LED
        for (i = 0; i < 5; i++) {
            P1=~P1;                      //使闪烁
            os_wait(K_TMO,150,0);        //延时一段时间
        }
        os_send_signal(0);              //闪烁完毕,向 job0 发信号
    }
}
```

现在,每当 job0 发送一个信号给 job1 时 job1 将立即开始执行。但 job1 发送一个信号给 job0 时,job0 并不立即执行,因为 job0 的优先级比 job1 低。

6. 任务之间的互斥操作

RTX51 的信号量(semaphore)可用于任务之间的互斥操作。在多任务系统中,经常存在资源竞争。例如,当多个任务需要使用相同的存储区、相同的串行口等临界资源时,可以采用信号量的操作,来实现资源在不同任务间无冲突的共享,这种操作称为互斥操作(RTX51 Tiny 不支持信号量的操作)。RTX51 Full 可以通过发送令牌(token)和等待令牌函数完成信号量操作,使共享的临界资源每次只允许一个任务使用。发送令牌函数原型如下:

signed char os_send_token (unsigned char semaphore);

功能:置位 semaphore 指定的信号量。然后,就可以调用 os_wait()函数等待信号量事件触发。

参数:semaphore 为信号量,其值在 8~15 之间,共提供 8 个类型的信号量。

返回值:NOT_OK= 错误,OK= 成功。

一个任务在一种资源完成其自身的操作之后,将通过一个发送令牌函数,返回其相关令牌至信号量。一个任务依靠信号量请求一种资源控制,可以通过等待令牌(执行 os_wait(K_MBX+8,0,0)),在等待操作后,可以从这个信号量获得一个令牌。如果一个令牌可用,任务将继续执行。否则,它将被挂起直至令牌可用或超过一段可选择的限制时间。

【例 9.8】 设有两个任务都要使用唯一的一个串行口来发送字符串,那么串行口就是临界资源,对串行口的操作必须互斥。

首先由 main()函数启动 job0,对串行口初始化,然后由 job0 创建 job1。这时两个任

务都处于就绪状态,且属于同一个优先级,由 RTOS 负责调度。RTOS 先执行 job0 向串行口发送一组字符串"Hello",紧接着调用了 os_wait()函数使自己处于挂起状态,这时虽然 job1 已经就绪但是任务 1 占用串口资源,使得它不得不接着等待,直到 job0 的等待超时结束释放串口资源,这时 job1 向串行口发送"Thanks"。程序如下:

```
#include"reg51.h"
#include"RTX51.h"
#include"stdio.h"
void job0(void) _task_ 0{
    SCON = 0x52;                       //初始化串口
    TMOD = 0x20;
    TCON =0x69;
    TH1 =0xf3;
    os_create_task(1);                 //创建任务 1
    os_send_token(8);                  //释放信号量
    while(1){
        os_wait(K_MBX+8,0,0);          //等待串口资源
        printf("Hello\n");             //由串行口发送字符串 Hello
        os_send_token(8);              //释放串口资源
        os_wait(K_TMO,100,0);
    }
}
void job1(void) _task_ 1{
    while(1){
        os_wait(K_MBX+8,0,0);          //等待串口资源
        printf("Thanks\n");            //向串口发送字符串 Thanks
        os_send_token(8);
        os_wait(K_TMO,100,0);          //等待超时
    }
}
```

如果希望 RTX51 Tiny 环境中能使用信号量,可由用户另外添加信号量的定义及其操作过程。有了信号量才能实现 PV 操作。

7. 信箱(mail box)通信

信箱是存放信件(一组消息)的一种数据结构。信箱体由若干格子组成,每个格子存放一个信件。一个信箱最多能容纳 8 条信息,当信箱满以后,就不能接收信息。一条消息的长度是两个字节。任务向某个信箱发送信息以后,这个信息将一直有效,直到有任务在信箱中读取信息,信箱符合 FIFO 机制,即最先发送到信箱的消息会被最先读取出来。

RTX51 Full 支持 send_message()、receive_ message()和 wait_for_message()函数在任务间进行消息交换,消息是一个可以解释为指向存储块的指示字的 16 位数值。RTX51 Full 支持使用可分配存储区系统、可变大小的消息。

发送 Message 消息到 mailbox 指定邮箱的函数:

signed char os_send_message(unsigned char mailbox,unsigned int message,
　　　　　　　　　　　　　　　　unsigned char timeout);

参数:mailbox 邮箱号(0～7)。

message 发送的消息,两个字节。

timeout 等待有空邮箱的时钟数,255 时等待直到有一个空邮箱,0 时没有空邮箱直接返回。

返回值:NOT_OK=错误;OK=成功。

【例 9.9】 采用信箱通信。

```
#include"reg51.h"
#include"RTX51.h"
#include"stdio.h"
void main(void)                           //系统初始化和启动任务0
{ SCON = 0x52;                            //串口初始化
  TMOD = 0x20;
  TCON = 0x69;
  TH1 =   0xf3;
  os_start_system(0);                     //启动任务
}
void job0(void) _task_ 0{                 //创建其他任务并且删除本身
    os_create_task(1);                    //创建任务
    os_create_task(2);
    os_delete_task(0);                    //删除自己
}
void job1(void) _task_ 1 {                //把信息写入信箱中
    int msg=0x55;
    for(;;) {
      os_wait(K_TMO,150,0);
      if(os_send_message(1,msg,0))        //向信箱中发送数据
          printf("send message is failure!\n");
      else
          printf("send message successful!\n");
    }
}
void job2(void) _task_ 2 {                //读取信箱中 1 的信息
    unsigned int xdata mbx;
    for(;;){
      os_wait(K_MBX+1,0xff,&mbx);         //从信箱 1 中读取数据
      if(mbx==2) printf("get message successful!\n");
    }
}
```

8. CAN 总线通信

CAN(Controller Area Network)总线,即控制器局域网。由于具有高性能、高可靠性以及独特的设计,CAN 总线越来越受到人们的重视。控制器局域网可以很容易地用 RTX51/CAN 实现。RTX51/CAN 是一个统一在 RTX51 Full 中的 CAN 任务。RTX51 CAN 任务实现经由 CAN 网络的信息传送。其他的 CAN 工作站既可以使用 RTX51 配置也可以不使用 RTX51 配置。

9. BITBUS 通信

RTX51 Full 包括支持用 Intel 8044 传送信息的主和从 BITBUS 任务。

9.5.2　RTX51 Tiny 多任务应用程序实例

【例9.10】　现有 task1 和 task2 两个任务都要使用串行口输出,由于单片机仅有1个串行口,成为2个任务的共享资源,在多任务操作系统环境下编程,通常要通过信号量来实现对共享资源的互斥操作。

RTX51 Tiny 采用时间片轮转的办法来调度任务,不支持信号量的操作。为了在 RTX51 Tiny 环境中使用信号量,必须另外添加信号量的定义及其操作过程,用以实现任务之间通信操作。

信号量是一个数据结构,在多任务操作系统内核中用于解决任务之间的同步问题。每一个信号量都有一个计数值,它表示某种资源的可用数目。操作系统内核根据信号量的值,跟踪那些等待信号量的任务。

对信号量的操作通常有初始化、等待和释放三种。这三种操作过程如下:

① 初始化信号量:信号量初始化时要给信号量赋初值,并清空等待信号量的任务表。

② 等待信号量(P 操作):需要获取信号量的任务执行等待操作。如果该信号量值大于0,则信号量值减1,任务得以继续运行;如果信号量为0,等待信号量的任务就被列入等待该信号量的任务表。

③ 释放信号量(V 操作):已经获取信号量的任务在使用完某种资源后释放其信号量。如果没有任务等待该信号量,信号量值仅仅是简单地加1;如果有任务正在等待该信号量,那么就会有一个任务进入就绪态,信号量的值也就不加1。至于哪个任务进入就绪态,要看内核是如何调度的。

下面的程序是信号量的定义及有关操作:

```
#include <rtx51tny.h>
#define SMAX   3                                        //最多有3个结构相同的信号量
struct semaphore{                                       //信号量结构
  unsigned char max;                                    //最大值
  unsigned char count;                                  //当前计数值
  unsigned int pend_task;                               //等待该信号量任务表
} semaph[SMAX];
#pragma disable
void init_s(unsigned char n, unsigned char max, unsigned char count){   //初始化信号量
semaph[n].max = max;
semaph[n].count = count;
semaph[n].pend_task = 0;
}
#pragma disable
char pending(unsigned char n){                          //挂起原语
  if (semaph[n].count > 0) {                            //是,有资源可用
    semaph[n].count --;                                 //即分配资源,信号量减1
    return (-1);
  }
semaph[n].pend_task |= (1 << os_running_task_id());     //否,无资源可用
return (0);                                             //置为待状态
}

void P(unsigned char n){                                //P 操作,请求分配资源
```

```
        if (pending(n) == 0) {
        while (os_wait(K_TMO, 255, 0) != RDY_EVENT);   //等待,直到该任务就绪
        }
    }
    # pragma disable
    char release(unsigned char n){                     //释放原语
        unsigned char i;
        unsigned int temp = 1;
        if ((semaph[n].count > 0)||(semaph[n].pend_task == 0)){   //是
            semaph[n].count++;                         //释放一个资源,信号量加1
            return (-1);
        }
        for (i=0; i<16; i++) {
            if ((semaph[n].pend_task & (temp)) != 0){ 查任务表
            semaph[n].pend_task &= ~(1 << i);
            return (i);                                //返回等待信号量的任务号
            temp <<= 1;
        }
    }
    void V(unsigned char n){                           //V 操作,释放资源,唤醒等待任务
        char task_id;
        task_id = release(n);
        if (task_id != -1) {
            os_set_ready(task_id);                     //任务 task_i 置为就绪状态
            os_switch_task();
        }
    }
```

其中,函数 init_s()用于初始化信号量。函数 P()和 V()用于等待和释放信号量。SMAX 为应用程序中需要用到信号量的最大数目,根据设计需要做相应的修改。结构体 semaphore 记录信号量的相关信息,包括该信号量的最大值、当前值以及等待该信号量的任务表。其中,semaph[n].pend_task 中的 bit0~bit15 分别与任务 0~任务 15 一一对应,如果某一位置位,则表示与之相应的任务正在等待该信号量。函数 release 总是让等待信号量任务表中任务号最小的那个任务最先得到信号量。

对信号量的操作是原语,编译器伪指令 # pragma disable 保证程序在对信号量进行操作期间不被中断。

以下是任务 0 和任务 1 共享串行口程序。

```
# include <rtx51tny.h>
# include <stdio.h>
# include <reg51.h>
extern void P(unsigned char n);
extern void V(unsigned char n);
extern void init_s(unsigned char n, unsigned char max, unsigned char count);
void task0(void) _task_ 0{
    SCON = 0x50;                                       //初始化串行口
    TMOD |= 0x20;
    TH1 = 221;
    TR1 = 1;
    TI = 1;
    init_s(0, 1, 1);                                   //初始化信号量,只有 1 个资源,最大值为 1
```

```
    os_create_task(1);
    os_create_task(2);
    os_delete_task(0);
}
void task1(void) _task_ 1{                              //任务 1 和任务 2 对串行口互斥操作
    while (1) {
        P(0);
        puts( "first");
        V(0);
    }
}
void task2(void) _task_ 2{
    while (1) {
        P(0);
        puts( "second");
        V(0);
    }
}
```

该程序中的轮流使用串口输出数据。程序执行后在串口交替输出：first 和 second 字符数据。

习题 9

9.1 简述实时多任务操作系统的主要功能以及采用实时多任务操作系统的好处。

9.2 RTX51 Tiny 和 RTX51 Full 两个版本各有什么特性？

9.3 什么是任务？简要说明任务和程序的本质区别。

9.4 试说明 RTX51 对任务划分的各种状态以及各状态之间的转换关系。

9.5 RTX51 有哪些事件？说明发生每个事件的原因。

9.6 RTX51 Tiny 如何设置时间片？

9.7 利用 RTX51 Tiny 时间片轮转任务调度技术，实现下列两个软件模拟逻辑任务。

任务 0：$P1.3 = \overline{P1.0 + P1.2 + P1.3}$

任务 1：$P1.7 = P1.4 \oplus P1.5 \oplus P1.6$

9.8 如何实现任务之间的同步操作？试举例说明。

9.9 如何实现对临界资源的互斥操作？试举例说明。

9.10 有一由 89C52、ADC0809 和 DAC0832 组成的控制系统,用于控制容器的气压。RTX51 Tiny 实现多任务编程,包括下列任务：

(1) 键盘管理任务。按键动作并解释执行,用来设置参数和控制系统运行。

(2) 显示任务。显示系统当前状态和相关数据。

(3) 数据采集任务。读取气压传感器的当前数据。

(4) 数据处理任务。根据采集的数据与给定值比较对误差信号进行 PID 运算。

(5) 控制信号输出任务。输出控制信号,调节气压。

(6) 时钟任务。为系统提供时间基准,使各个任务可以按规定节奏来运行。

(7) 睡眠任务。让系统在空闲时间里进入睡眠状态,以提高系统的抗干扰能力。

请设计控制系统的整体方案。

MCS-51单片机汇编指令表

表 A1　8 位数据传送数指令

助 记 符			功　能	寻址范围	机 器 码	字节数	周期数
MOV A,	Rn		A←Rn	R0～R7	11101rrr	1	1
	direct		A←(direct)	00H～FFH	11100101,direct	2	1
	@Ri		A←(Ri)	(R0～R1) 00H～FFH	1110011i	1	1
	♯data		A←data	♯00H～♯FFH	01110100,data	2	1
MOV Rn,	A		Rn←A	R0～R7	11111rrr	1	1
	direct		Rn←(direct)	00H～FFH	10101rrr,direct	2	2
	♯data		Rn←data	♯00H～♯FFH	0111rrr,data	2	1
MOV direct1,	A		(direct1)←A	00H～FFH	11110101,direct1	2	1
	Rn		(direct1)←Rn	R0～R7	10001rrr,direct1	2	2
	direct2		(direct1)← (direct2)	00H～FFH	10000101, direct2,direct1	3	2
	@Ri		(direct1)←(Ri)	(R0～R1) 00H～FFH	1000011i,direct1	2	2
	♯data		(direct1)←data	♯00H～♯FFH	01110101, direct1,data	3	2
MOV @Ri,	A		(Ri)←A	(R0～R1) 00H～FFH	1111011i	1	1
	direct		(Ri)←(direct)	00H～FFH	0101011i,direct	2	2
	♯data		(Ri)←data	♯00H～♯FFH	0111011i,data	2	1

　　注：8 位数据传送类指令对状态标志没有影响。凡是改变累加器 A 中的内容的指令均对 P 有效(以下相同)。

表 A2　16 位数据传送数指令

助 记 符	功 能	寻址范围	机 器 码	字节数	周期数
MOV DPTR,#data16	DPTR←data16	0000H~FFFFH	10010000,data15~8, data7~0	3	2

注：16 位数据传送类指令对状态标志没有影响。

表 A3　外部数据传送指令

助 记 符		功 能	寻址范围	机 器 码	字节数	周期数
MOVX A,	@R0	A←(R0)	00H~FFH	11100010	1	2
	@R1	A←(R1)	00H~FFH	11100011	1	2
	@DPTR	A←(DPTR)	0000H~FFFFH	11100000	1	2
MOVX @R0,	A	(R0)←A	00H~FFH	11110010	1	2
MOVX @R1,	A	(R1)←A	00H~FFH	11110011	1	2
MOVX @DPTR,	A	(DPTR)←A	0000H~FFFFH	11110000	1	2

注：外部数据传送指令对状态标志没有影响。

表 A4　交换与查表类指令

助 记 符		功 能	寻址范围	机 器 码	字节数	周期数
SWAP A		A7~A4↔A3~A0	A	11000100	1	1
XCHD A,@Ri		A3~A0↔(Ri) 3~0	(R0~R1) 00H~FFH	1101011i	1	1
XCH A,	Rn	A↔Rn	R0~R7 00H~FFH	11001rrr	1	1
	Direct	A↔(direct)	00H~FFH	11000101,direct	2	1
	@Ri	A↔(Ri)	(R0~R1) 00H~FFH	1100011i	1	1
MOVC A,	@A+DPTR	A←(A+DPTR)	0000H~FFFFH	1010011	1	2
	@A+PC	A←(A+PC)	PC 向下 00H~FFH	10000011	1	2

注：交换与查表类指令对状态标志没有影响。

表 A5　算术运算类指令

助 记 符		功 能	对状态标志位的影响				机 器 码	字节数	周期数
			CY	AC	OV	P			
ADD A,	Rn	A←A+Rn	□	□	□	□	00101rrr	1	1
	direct	A←A+(direct)	□	□	□	□	00100101,direct	2	1
	@Ri	A←A+(Ri)	□	□	□	□	0010011i	1	1
	#data	A←A+data	□	□	□	□	00100100,data	2	1

续表

助 记 符		功　　能	对状态标志位的影响				机　器　码	字节数	周期数
			CY	AC	OV	P			
ADC A,	Rn	A←A+Rn+CY	□	□	□	□	00111rrr	1	1
	direct	A←A+(direct)+CY	□	□	□	□	00110101,direct	2	1
	@Ri	A←A+(Ri)+CY	□	□	□	□	0011011i	1	1
	#data	A←A+data+CY	□	□	□	□	00110100,data	2	1
INC	A	A←A+1	•	•	•	□	00000100	1	1
	Rn	Rn←Rn+1	•	•	•	•	00001rrr	1	1
	direct	(direct)←(direct)+1	•	•	•	•	00000101,direct	2	1
	@Ri	(Ri)←(Ri)+1	•	•	•	•	1010011i	1	1
	DPTR	DPTR←DPTR+1	•	•	•	•	10100011	1	2
DA　A		对 A 进行 BCD 码调整	□	□	□	□	11010100	1	1
SUBB A,	Rn	A←A−Rn−CY	□	□	□	□	10011rrr	1	1
	direct	A←A−(direct)−CY	□	□	□	□	10010101,direct	2	1
	@Ri	A←A−(Ri)−CY	□	□	□	□	1001011i	1	1
	#data	A←A−data−CY	□	□	□	□	10010100,data	2	1
DEC	A	A←A−1	•	•	•	•	00010100	1	1
	Rn	Rn←Rn−1	•	•	•	•	00011rrr	1	1
	direct	(direct)←(direct)−1	•	•	•	•	00010101,direct	2	1
	@Ri	(Ri)←(Ri)−1	•	•	•	•	0001011i	1	1
MUL AB		BA←A×B	0	•	□	□	10100100	1	4
DIV AB		A(商)…B(余数)←A/B	0	•	□	□	10000100	1	4

注：表中"□"表示对状态标志位有影响，"·"表示没有影响，以下相同。

表 A6　逻辑运算类指令

助 记 符		功　　能	寻址范围	机　器　码	字节数	周期数
CLR A		A←00H		11100100	1	1
CPL A		A←Ā		11010100	1	1
ANL A,	Rn	A←A∧Rn	R0~R7 00H~FFH	01011rrr	1	1
	direct	A←A∧(direct)	00H~FFH	01010101,direct	2	1
	@Ri	A←A∧(Ri)	(R0~R1) 00H~FFH	0101011i	1	1
	#data	A←A∧data	#00H~#FFH	01010100,data	2	1
ANL direct,	A	(direct)←(direct)∧A	00H~FFH	01010010,direct	2	1
	#data	(direct)←(direct)∧data	#00H~#FFH	01010011,direct, data	3	2

续表

助 记 符		功 能	寻址范围	机 器 码	字节数	周期数
ORL A,	Rn	A←A∨Rn	R0~R7 00H~FFH	01001rrr	1	1
	direct	A←A∨(direct)	00H~FFH	01000101,direct	2	1
	@Ri	A←A∨(Ri)	(R0~R1) 00H~FFH	0100011i	1	1
	#data	A←A∨data	#00H~#FFH	01000100,data	2	1
ORL direct,	A	(direct)←(direct)∨A	00H~FFH	01000010,direct	2	1
	#data	(direct)←(direct)∨data	#00H~#FFH	01000011,direct,data	3	2
XRL A,	Rn	A←A⊕Rn	R0~R7 00H~FFH	01101rrr	1	1
	direct	A←A⊕(direct)	00H~FFH	01100101,direct	2	1
	@Ri	A←A⊕(Ri)	(R0~R1) 00H~FFH	0110011i	1	1
	#data	A←A⊕data	#00H~#FFH	01100100,data	2	1
XRL direct,	A	(direct)←(direct)⊕A	00H~FFH	01100010,direct	2	1
	#data	(direct)←(direct)⊕data	#00H~#FFH	01100011,direct,data	3	2

注：逻辑运算类指令对状态标志没有影响。

表 A7　循环/移位类指令

助记符	功 能	对状态标志位的影响				机器码	字节数	周期数
		CY	AC	OV	P			
RL A		·	·	·	□	00100011	1	1
RLC A		□	·	·	□	00110011	1	1
RR A		·	·	·	□	00000011	1	1
RRC A		□	·	·	□	00010011	1	1

表 A8　转移类指令

助 记 符	功 能	寻址范围与状态标志	机 器 码	字节数	周期数
LJMP addr$_{16}$	PC←addr$_{15\sim0}$	0000H~FFFFH	00000010,addr$_{15\sim8}$,addr$_{7\sim0}$	3	2
ALMP addr$_{11}$	PC$_{10\sim0}$←addr$_{10\sim0}$	0000H~07FFH	a$_{10}$a$_9$a$_8$00001,addr$_{7\sim0}$	2	2
SJMP rel	PC←PC+rel	−128~+127	10000000,rel	2	2
JMP @A+DPTR	PC←A+DPTR	0000H~FFFFH	01110011	1	2

续表

助 记 符		功 能	寻址范围与状态标志	机 器 码	字节数	周期数
JZ rel		if A＝0 then PC←PC＋rel	−128～＋127	01100000,rel	2	2
JNZ rel		if A≠0 then PC←PC＋rel	−128～＋127	01110000,rel	2	2
JC rel		if CY＝1 then PC←PC＋rel	−128～＋127	01000000,rel	2	2
JNC rel		if CY＝0 then PC←PC＋rel	−128～＋127	01010000,rel	2	2
JB bit rel		if (bit)＝1 then PC←PC＋rel	−128～＋127	00100000,bit,rel	3	2
JNB bit rel		if (bit)＝0 then PC←PC＋rel	−128～＋127	00110000,bit,rel	3	2
JBC bit rel		if (bit)＝1 then PC←PC＋rel (bit)←0	−128～＋127	00010000,bit,rel	3	2
CJNE	A,# data,rel	if A≠data then PC←PC＋rel	若 A＜data,则 C 置 1,否则 C 置 0	10110100,data,rel	3	2
	Rn,# data,rel	if Rn≠data then PC←PC＋rel	若 Rn＜data,则 C 置 1,否则 C 置 0	10111rrr,data,rel	3	2
	@Ri # data,rel	if(Ri)≠data then PC←PC＋rel	若(Ri)＜data,则 C 置 1,否则 C 置 0	1011011i,data,rel	3	2
	A,direct,rel	if A≠(direct)then PC←PC＋rel	若 A＜(direct),则 C 置 1,否则 C 置 0	10110101,direct,rel	3	2
DJNZ	Rn,rel	Rn←Rn−1 if Rn≠0 then PC←PC＋rel	不影响状态标志	11011rrr,rel	2	2
	direct,rel	(direct)←(direct)−1 if (direct)≠0 then PC←PC＋rel	不影响状态标志	11010101,direct,rel	3	2

表 A9　子程序调用/返回类指令

助 记 符	功 能	机 器 码	字节数	周期数
LCALL addr₁₆	PC←PC＋3 SP←SP＋1 (SP)←PC7～0 SP←SP＋1 (SP)←PC15～8 PC←addr$_{15～0}$	00010010 addr$_{15～8}$ addr7～0	3	2

续表

助 记 符	功 能	机 器 码	字节数	周期数
ACALL addr$_{11}$	PC←PC+2 SP←SP+1 (SP)←PC7~0 SP←SP+1 (SP)←PC15~8 PC10~0←addr$_{10~0}$	$a_{10}a_9a_8$10001,addr$_{7~0}$	2	2
RET	PC15~8←(SP) SP←SP−1 PC7~0←(SP) SP←SP−1	00100010	1	2
RETI	PC15~8←(SP) SP←SP−1 PC7~0←(SP) SP←SP−1	00110010	1	2

注：调用/返回类指令对状态标志没有影响。

表 A10 堆栈操作类指令

助 记 符	功 能	机 器 码	字节数	周期数
PUSH direct	(SP)←(direct)	11000000,direct	2	2
POP direct	(direct)←(SP)	11010000,direct	2	2

注：堆栈操作类指令对状态标志没有影响。

表 A11 位操作类指令

助 记 符		功 能	机 器 码	字节数	周期数
MOV	C,bit	C←(bit)	10100010,bit	2	1
	bit,C	(bit)←C	10010010,bit	2	2
CLR	C	C←0	11000011	1	1
	bit	(bit)←0	11000010,bit	2	1
SETB	C	C←1	11010011	1	1
	bit	(bit)←1	11010010,bit	2	1
CPL	C	C←($\overline{C}$)	10110011	1	1
	bit	C←($\overline{bit}$)	10110010,bit	2	1
ANL	C,bit	C←C∧(bit)	10000010,bit	2	2
	C,/bit	C←C∧($\overline{bit}$)	10110000,bit	2	2
ORL	C,bit	C←C∨(bit)	01110010,bit	2	2
	C,/bit	C←C∨($\overline{bit}$)	10100000,bit	2	2

注：C 是指 PSW 中的 CY。除 CY 外,位操作类指令对状态标志没有影响。

表 A12 空操作类指令

助记符	功 能	机 器 码	字节数	周期数
NOP	PC←PC+1	00000000	1	1

Keil C51库函数

1. 字符函数,包含在 ctype. h 头文件中,见表 B1。

表 B1　ctype. h

函数原型	功能
bit isalnum(char c);	检查变量是否位于 A~Z、a~z 和 0~9 之间。若为真,则返回1;否则返回 0
bit isalpha(char c);	检查输入字符是否在 A~Z 和 a~z 或 0~9 之间。若为真,则返回1;否则返回 0
bit iscntrl(char c);	检查变量值是否在 0x00~0x1f 之间或等于 0x7f
bit isdigit(char c);	检查变量值是否在'0'~'9'之间。若为真,则返回1;否则返回 0
bit isgraph(char c);	检查变量是否为可打印字符(0x21~0x7f)。若为真,则返回1;否则返回 0
bit islower(char c);	检查字符变量是否位于 a~z 之间。若为真,则返回1;否则返回 0
bit isprint(char c);	与 isgraph 函数相同。此外,还接受空格符(0x20)
bit ispunct(char c);	检查字符变量是否为 ASCII 字符集中的标点符号或空格。若为真,则返回1;否则返回 0
bit isspace(char c);	检查字符变量是否为下列之一:空格符、制表符、回车符、换行符、垂直制表符和送纸符。若为真,则返回1;否则返回 0
bit isupper(char c);	检查字符变量是否位于 A~Z 之间。若为真,则返回1;否则返回 0
bit isxdigit(char c);	检查字符变量是否位于 0~9、A~Z 和 a~z 之间。若为真,则返回1;否则返回 0
bit toascii(char c);	用参数宏将字符数据的低 7 位取出,构成有效的 ASCII 字符,即(c)&0x7f
bit toint(char c);	将十六进制数对应的 ASCII 码字符转换为整型数 0~15,并返回该整型数
char tolower(char c);	将字符变量转换为小写字符
char _tolower(char c);	该宏相当于参数值加 0x20,即(c)—'A'+'a'
char toupper(char c);	将字符变量转换为大写字符
char _toupper(char c);	该宏相当于参数值减 0x20,即(c)—'a'+'A'

2. 内部函数,包含在 intrins. h 头文件中,见表 B2。

表 **B2**　intrins. h

函　数　原　型	功　　能
unsigned char _crol_(unsigned char c,unsigned char n);	将 c 左移 n 位
unsigned char _cror_(unsigned char c,unsigned char n);	将 c 右移 n 位
unsigned char _chkfloat_(float val);	检查浮点数 val 状态。若 val 为 0,则返回值为 1;否则返回值为 0
unsigned int _irol_(unsigned int i,unsigned char n);	将 i 左移 n 位
unsigned int _iror_(unsigned int i,unsigned char n);	将 i 右移 n 位
unsigned long _irol_(unsigned long l,unsigned char n);	将 l 左移 n 位
unsigned long _iror_(unsigned long l,unsigned char n);	将 l 右移 n 位
void _nop_(void);	产生一个 NOP 指令
bit _testbit_(bit b);	产生一条 JBC bit,rel 指令。若该位为 1,返回 1;否则返回 0。测试后将该位清 0

3. 标准输入输出函数,包含在 stdio.h 头文件中,见表 B3。

表 **B3**　stdio. h

函　数　原　型	功　　能
char getchar(void);	将串行口读入字符传送给 putchar 函数作为响应,并等待下一个字符输入
char _getkey(void);	从串行口读入字符,等待下一个字符输入
char * gets(char * string,int len);	通过 getchar 函数由输入设备读入字符串
int printf(const char * fmtstr[,argument]...);	以第一个参数指向的格式字符串指定的格式从串行口输出字符串和变量值
char putchar(char c);	通过串行口输入一个字符
int puts(const char * string);	将字符串 string 和回车符写入控制台设备
int scanf(const char * fmtstr.[,argument]...);	在第一个参数的格式字符串控制下,利用 getchar 函数从控制台读入字符序列,转换成指定的数据类型,并按照顺序赋予对应的指针变量
int sprintf(char * buffer,const char * fmtstr[;argument]);	功能与 printf 函数相似,但输出不显示在控制台上,而是输出到指针指向的缓冲区
int sscanf(char * buffer,const char * fmtstr[,argument]);	功能与 scanf 函数相似,但不是通过控制台获取输入值,而是从以 '\0' 为结尾的字符串获取输入值
char ungetchar(char c);	将输入字符返回给输入缓冲区,供下次调用 gets 或 getchar 函数时使用。成功时返回 char,失败时返回 EOF
void vprintf(const char * fmtstr,char * argptr);	送格式化输出到 stdout 中
void vsprintf(char * buffer,const char * fmtstr,char * argptr);	送格式化输出到串中

4. 动态内存分配函数,包含在 stdlib. h 头文件中,见表 B4。

表 B4　stdlib. h

函数原型	功　能
float atof(void * string);	把字符串转换成浮点数,返回值为浮点数
int atoi(void * string);	把字符串转换成整型数
long atol(void * string);	把字符串转换成长整型数
void * calloc (unsigned int num, unsigned int len);	在堆栈中分配 num 个 len 大小的内存块,返回值为内存块的首地址
void free(void xdata * p);	释放指针 p 所指向的内存块,指针清为 NULL
void init_mempool(void * data * p, unsigned int size);	初始化动态分配管理的堆栈
void * malloc (unsigned int size);	从堆栈中动态分配 size 大小的存储块,返回值为存储块的首地址
int rand(void);	产生随机数
void * realloc (void xdata * p, unsigned int size);	改变 p 所指的内存块的大小,将原分配块内容复制到新块中,新块较大时,多余的部分不会被初始化
void srand (int seed);	设置随机数种子。srand 函数通常用来设置 rand 函数产生随机数时的随机数种子

5. 字符串处理函数,包含在 string. h 头文件中,见表 B5。

表 B5　string. h

函数原型	功　能
void * memccpy (void * dest, void * src, char c, int len);	将 src 前 len 个字符复制到 dest 中,返回 NULL。复制过程中若遇到字符 val 则停止。并返回指向 dest 中下一个元素的指针
void * memchr (void * buf, char c, int len);	在字符串 buf 前 len 个字符中找出字符 val,查找成功则返回 buf 中的第一个指向 val 的指针,否则返回 NULL
char memcmp(void * buf1, void * buf2, int len);	逐个字符比较字符串 buf1 和 buf2 的前 len 个字符,相等时返回 0;否则返回正数或负数
void * memcopy (void * dest, void * src, int len);	由 src 所指向的内存中复制 len 个字符到 dest 中。返回指向 dest 中最后一个字符的指针;若 src 和 dest 相互交叠,结果不可预测
void * memmove (void * dest, void * src, int len);	功能与 memcopy 函数相同,但复制区域可以相互交叠
void * memset (void * buf, char c, int len);	用 c 填充指针 buf 指向的地址开始的前 len 个单元
char * strcat (char * dest, char * src);	将字符串 src 复制到 dest 的末尾。若 dest 的存储空间足以容纳两个字符串,则返回指向 dest 串的第一个字符的指针
char * strchr (const char * string, char c);	搜索字符串 string 中第一个出现的 c 字符,若成功,则返回指向该字符的指针;若搜索到一个空字符串时,返回指向该字符串结束符的指针

续表

函 数 原 型	功　能
char strcmp（char ＊ string1,char ＊ string2）；	比较两字符串 string1 和 string2,若相等则返回 0；若 string1＜string2,返回负数；若 string1＞string2,返回正数
char ＊ strcpy（char ＊ dest,char ＊ src）；	将字符串 src 复制到 dest 中(包括结束符)。返回指向 dest 的第一个字符的指针
int strcspn(char ＊ src,char ＊ set)；	功能与 strspn 函数相似,但搜索字符串 string 中第一个包含在 set 子集中的字符
int strlen（char ＊ string）；	取字符串 string 的长度,返回字符串 string 字符的个数(包含结束符)
char ＊ strncat（char ＊ dest,char ＊ src,int len）；	复制字符串 src 中的 len 个字符到 dest 的末尾,若 src 的长度小于 len,则仅复制 src(包括结束符)
char strncmp(char ＊ string1,char ＊ string2,int len)；	比较两字符串 string1 和 string2 前 len 个字符,返回值与 strcmp 函数相同
char strncpy（char ＊ dest,char ＊ src,int len）；	功能与 strcpy 函数相似,但仅复制前 len 个字符。若 src 的长度小于 len,则 dest 串补齐到长度 len
char ＊ strpbrk（char ＊ string,char ＊ set）；	功能与 strspn 函数类似,但返回值指向搜索到的字符的指针,而不是字符的个数；若搜索失败,则返回 NULL
int strpos（const char ＊ string,char c）；	功能与 strchr 函数相似,但返回的是字符 c 在字符串 string 中的位置。若 string 的第一个字符位置是 0 时,则返回—1
char ＊ strrchr（const char ＊ string,char c）；	搜索字符串 string 中第一次出现的字符 c。若成功,则返回该字符的指针,否则返回 NULL；若 string 为空字符串,返回指向 string 结束符的指针
char ＊ strrpbrk（char ＊ string,char ＊ set）；	功能与 strpbrk 函数类似,返回 string 中指向找到的 set 子集中最后一个字符的指针
int strrpos（const char ＊ string,char c）；	功能与 strrchr 函数相似,但返回字符 c 在字符串 string 中的位置,失败时返回—1
int strspn(char ＊ string,char ＊ set)；	在字符串 string 中搜索第一次出现字符串 set 的子集。返回 set 子集中字符的个数(不含结束符)；若 set 为空,则返回 0

6. 数学函数,包含在 math.h 头文件中,见表 B6。

表 B6　math.h

函 数 原 型	功　能
int abs(int x)； float fabs(float x)；	取变量 x 的绝对值
float exp(float x)；	指数运算函数,求 e 的 x 次幂函数
float log(float x)；	对数函数 ln(x)
float log10(float x)；	对数函数 log
float pow(float x, float y)；	指数函数 x^y(x 的 y 次方)
float sqrt(float x)；	计算平方根函数
float ceil(float x)；	向上舍入函数
float floor(float x)；	向下舍入函数

函 数 原 型	功　能
float ldexp(float x, int n);	装载浮点数函数
float frexp(float x, int * exp);	分解浮点数函数
float modf(float x, float * ip);	分解双精度数函数
float fmod(float x, float y);	求模函数
float sin(float x);	计算 x 的正弦值函数
float cos(float x);	计算 x 的余弦值函数
float tan(float x);	计算 x 的正切值函数
float asin(float x);	计算 x 的反正弦函数
float acos(float x);	计算 x 的反余弦函数
float atan(float x);	反正切函数 1
float atan2(float y, float x);	反正切函数 2
float sinh(float x);	计算 x 的双曲正弦值
float cosh(float x);	计算 x 的双曲余弦值
float tanh(float x);	计算 x 的双曲正切值

参 考 文 献

[1] 杨文龙.单片机原理及应用.西安：西安电子科技大学出版社,1993.

[2] 杨文龙.单片机原理及应用学习指导.西安：西安电子科技大学出版社,1997.

[3] 杨文龙.单片机技术及应用.2版.北京：电子工业出版社,2009.

[4] 余永权.ATMEL 89 系列 Flash 单片机原理及应用.北京：电子工业出版社,1997.

[5] 徐爱钧,彭秀华.Keil C51 V7.0 单片机高级语言编程与 Vision2 应用实践.北京：电子工业出版
社,2006.

[6] 谭浩强.C 程序设计.2 版.北京：清华大学出版社,1999.

[7] 徐爱卿,孙涵芳,盛焕鸣.单片微型计算机应用和开发系统.北京：北京航空航天大学出版社,1992.